교원 임용고사를 대비하기 위한
수학이론과 문제풀이 시리즈 1

고등미적분학 1

김광회 지음

KM 경문사

머리말

현대수학은 집합론을 기초로 하여 대수학, 위상수학, 기하학 그리고 해석학으로 구성되어 있다. 이들은 서로 유기적인 관계가 있다. 수학은 중등학교에서 배우는 수의 연산과 유클리드 기하를 기초로 하여 전개된다. 이를 바탕으로 이에 새로운 수학적 구조들을 주면 여러 가지 수학 이론이 형성되는 것이다. 예를 들어, 유클리드 평면 E^2에서 직선은 무정의 용어로서 직관적으로 점들이 평평하게 놓여 있는 것이다. E^2 위에 두 직선이 주어지면, 그 두 직선은 교차하거나 평행하거나 일치한다. 이때, 만일 두 직선이 교차하면, E^2에서는 그 교점의 위치를 나타내는 방법이 없다. 그러나 E^2 위에 직교좌표구조를 주면, 대수학적으로 $\mathbb{R}^2$ 위의 직선은 일차방정식으로 유일하게 나타낼 수 있으므로, 그 교점은 $\mathbb{R}^2$에서 그 위치를 나타낼 수 있는 장점이 있다. 이와 같은 기하를 해석기하라고 한다. 해석기하는 기하학적 대상을 대수적으로 표현하여 연구하는 것이다. 현대수학은 거의 대부분 해석기하학적으로 이루어져 있다고 해도 과언이 아니다.

고등미적분학은 실수체 $\mathbb{R}$에서부터 출발한다. $\mathbb{R}$은 데데킨드의 절단이론으로 유리수체 $\mathbb{Q}$를 포함하는 순서체이고 최소상계의 성질을 만족한다는 것이 증명되었다. 여기에 벡터의 구조와 거리의 개념을 주어 $\mathbb{R}$ 위에는 벡터공간과 거리공간을 정의한다. 또한, 거리 개념을 통하여 $\mathbb{R}$ 위에서는 유클리드 위상을 정의한다. 이 위상으로부터 일변수함수의 극한과 연속성 및 미분가능성을 정의하고, 이를 다변수함수로 일반화하는 것이다.

고등미적분학은 현대수학의 밑바탕을 이루고 있다. 이 책의 특징은 현재까지 출판된 미적분학을 대수학, 위상수학, 기하학, 해석학과 결합시켜 I, II권으로 나누어 논리적으로 저술한 것이다. 또한 이론 내용을 이해할 수 있도록 문제의 해답을 제시한 것이다.

이 책의 내용을 간략히 살펴보면, 제 1 장에서는 이 책을 공부하는 데 필요한 기초 개념인 논리규칙과 집합론, 실수체와 벡터공간 거리공간과 유클리드 공간, 행렬(식)과 연립방정식, 직선과 평면의 방정식, 선형사상의 고윳값과 고유벡터, 행렬의 대각화, 삼각함수, 유클리드 위상과 극한점, 긴밀집합과 연결집합 등을 서술하였다. 제 2 장에서는 고등미적분학을 이해하는 데 기본이 되는 함수의 극한과 연속성, 최댓값 · 최솟값의 정리와 중간값의 정리에 대하여 자세히 설명하였다. 제 3 장에서는 함수의 미분가능성과 도함수, 평균값의 정리, 역함수의 정리와 음함수의 정리, 함수의 오목 · 볼록과 극값, 역도함수와 미분방정식 등을 다루었고, 제 4 장에서는 넓이의 개념인 정적분의 개념을 아르키메데스의 원리에 따라 해석적으로 설명하였고 치환적분을 다루었다. 제 5 장에서는 고교수학에서 학습한 로그함수와 지수함수를 엄밀하게 새로이 정의하였으며, 로피탈의 법칙과 학생들이 처음 대하는 역삼각함수와 쌍곡선함수들에 대해서도 설명하였다. 제 6 장에서는 부분적분법과 여러 가지 치환적분에 대한 기교를 다루었다. 제 7 장에서는 정적분을 이용하여 다양한 형태의 회전체에 대한 부피와 겉넓이를 구하는 문제와 특이적분에 대하여 논의하였다. 제 8 장에서는 수열의 극한과 급수의 수렴 · 발산 판정법, 함수열과 그 급수의 평등수렴성과 극한함수의 연속성, 적분가능성 그리고 미분가능성을 다루었다. 또한, 거듭제곱급수와 테일러 급수, 이항급수에 대해서도 논의하였다. 제 9 장에서는 평면해석기하, 특히, 원뿔곡선에 대하여 설명하였다. 제 10 장에서는 매개변수방정식과 극좌표, 극방정식을 다루었다, 제 11 장에서는 공간에서의 직선과 평면에 대하여 논의하였다. 제 12 장에서는 곡면, 특히, 2차곡면에 대하여 설명하였다. 제 13 장에서는 벡터에 대한 물리학적 의미를 추상화함으로써 벡터들에 관한 수학적 의미를 다루었으며, 곡선의 곡률과 곡률원의 중심과 접촉평면에 대하여 설명하였다. 제 14 장에서는 다변수함수의 극한, 연속성, 편도함수, 미분가능성, 그리고 방향도함수를 다루었으며 이의 응용으로 극값에 대하여 논의하였다. 제 15 장에서는 다변수함수의 미분과 그의 응용으로 선적분을 다루었다. 또한 일반화된 역함수의 정리와 음함수의 정리를 증명하였다. 제 16 장에서는 다중적분과 그 응용을 다루었다. 또한, 참고적으로 특이적분과 관련된 이중적분에 대하여 살펴보았다. 제 17 장에서는 벡터장의 개념을 발전시켜 발산과 회전, 면적분에 대하여 설명하였다. 또한 그린 정리, 발산정리, 스토크스 정리를 증명하였다.

전공서적을 공부할 때에는 저자의 이론 내용 전개 방법과 순서에 충실해야 한다. 다른 전공서적에서는 같은 내용을 다른 전개 방법과 순서로 다루는 경우가 있기 때문에 문제해결력에서 차이점이 나타나므로 학생들이 공부하는 데 혼란을 야기할 수도 있다. 이 책을 공부할 때는 개념과 용어의 정의, 표기법 등을 유념하면서 문제를 풀어보기 바란다. 그래야만이 이론 내용을 일목요연하게 이해할 수 있다. 어떤 정리들의 증명은 이해하기 어려울 수 있지만, 이를 정독하면 해석학, 위상수학, 특히, 미분기하학을 이해하는 데 도움이 될 것이다.

끝으로, 이 책을 출판하는 데 도움을 준 경문사에 깊은 감사를 드린다.

2013년 2월
김광회

• 차례

Chap. 1 기초 개념

Chap. 2 함수의 극한과 연속성

Chap. 3 도함수

Chap. 4 정적분

Chap. 5 자연로그 함수와 지수함수

Chap. 6 적분의 기교

Chap. 7 적분의 응용

CHAPTER

1 기초 개념

이 장에서는 고등미적분학에 필요한 기초 개념을 다룬다. 특히, 집합론과 선형대수학을 비롯하여 해석기하학, $\mathbb{R}^n$ 위의 유클리드 위상, 그리고 해석학 등과 관련된 개념과 용어에 대하여 알아본다.

명제(proposition)는 참(true)이거나 거짓(false)이 명확히 구분되는 **열린 문장**(open sentence) 또는 식(equation)이고, **정리**(theorem)는 참으로 밝혀진 명제를 말한다.

어떤 명제의 증명이 옳다는 것을 동의하기 위해서는 꼭 합의해야 할 두 가지 약속이 있다.

약속 1. 더 이상 그 정당성을 보일 필요가 없는 "**공리**(axiom)"라고 불리는 명제를 인정해야 한다.

약속 2. 한 명제가 다른 명제로부터 "논리적으로 추론될 수 있다."는 사실, 즉, 추론에 관한 어떤 규칙을 동의해야 한다.

약속 2에서 언급한 추론 규칙은 전부 논의할 수는 없지만, 여기서는 이미 알고 있는 몇 가지 기본적인 추론 규칙만을 소개하기로 하자.

1.1 논리 규칙

H, C, S는 명제라고 하자. 이때, 조건명제 "$H \Rightarrow C$", 쌍조건명제 "$H \Leftrightarrow C$", 부정명제 "$\sim S$", 곱명제 "$S_1 \wedge S_2$", 합명제 "$S_1 \vee S_2$"는 각각 "만일 H이면, C이다.", "H이기 위한 필요충분조건은 C이다.", "S가 아니다", "S_1 그리고 S_2", "S_1 또는 S_2"를 의미한다.

논리율 1. 서술되지 않는 가정은 결코 증명에서 사용될 수 없다.

논리율 2. **(귀류법)** 명제 "$H \Rightarrow C$"를 증명하기 위하여 결론 C를 부정하고 가정 H를 이용하여 모순명제를 추론한다.

논리율 3. 명제 "$\sim(\sim S)$"는 명제 "S"와 동일한 의미를 갖는다.

논리율 4. 명제 "$\sim [H \Rightarrow C]$"는 명제 "$H \wedge (\sim S)$"와 동일한 의미를 갖는다.

논리율 5. 명제 "$\sim [S_1 \wedge S_2]$"는 명제 "$(\sim S_1) \vee (\sim S_2)$"와 동일한 의미를 갖는다.

논리율 6. 만일 $P \Rightarrow Q$이고 P가 참(true)이면, Q도 참이다.

논리율 7. (1) $P \Rightarrow [P \vee Q]$, $Q \Rightarrow [P \vee Q]$

(2) $[P \wedge Q] \Rightarrow P$, $[P \wedge Q] \Rightarrow Q$

(3) $[\sim Q \Rightarrow \sim P] \Leftrightarrow [P \Rightarrow Q]$

(4) 만일 $[P \Rightarrow Q] \wedge [Q \Rightarrow R]$이면, $[P \Rightarrow R]$이다.

논리율 8. 모든 명제 P에 대하여 P가 참(true)이든지 아니면 그의 부정 "$\sim P$"가 참이어야 한다.

참고 (a) "P는 Q이다."는 "P는 Q와 같다."를 의미하는 것이 아니고, "$P \Rightarrow Q$"를 의미하는 것임을 유의하자.

(b) "x가 존재하여 성질 $P(x)$가 성립한다."라는 명제는 "성질 $P(x)$를 만족(성립)하는 x가 존재한다."라는 명제와 동일한 의미이다.

(c) "모든 x에 대하여 성질 $P(x)$가 성립한다."라는 명제의 부정명제는 "x가 존재하여 $P(x)$가 성립하지 않는다."이고, "x가 존재하여 성질 $P(x)$가 성립한다."라는 명제의 부정명제는 "모든 x에 대하여 성질 $P(x)$가 성립하지 않는다."이다.

자연수와 관련된 명제가 참이라는 것을 증명할 때, 다음과 같은 수학적 귀납법이 종종 사용된다.

[수학적 귀납법] n이 자연수일 때, 명제 $P(n)$에 대하여 만일

(i) $P(1)$은 참(true)이고,

(ii) $P(n)$이 참일 때, $P(n+1)$이 참이면.

모든 자연수 n에 대하여 $P(n)$은 참이다.

예제 1.1.1 모든 자연수 n에 대하여

$$|\sin nx| \leq n|\sin x|$$

가 성립함을 증명하여라.

증명 $n=1$일 때는 자명하다.

자연수 n에 대하여 위의 부등식이 성립한다고 가정하자.

$$\sin(n+1)x = \sin nx \cos x + \cos nx \sin x$$

이므로, 삼각부등식에 의하여 다음을 알 수 있다.

$$\begin{aligned}|\sin(n+1)x| &\le |\sin nx||\cos x| + |\cos nx||\sin x| \\ &\le |\sin nx| + |\sin x| \\ &\le n|\sin x| + |\sin x| \\ &= (n+1)|\sin x|.\end{aligned}$$

따라서 $|\sin(n+1)x| \le (n+1)|\sin x|$이 성립한다. 그러므로 **수학적 귀납법**에 의하여 부등식이 모든 자연수 n에 대하여 성립한다. ◀

1.2 집합

집합(set, family)이란 명확한 의미를 갖는 대상들의 모임을 말하고, 그 집합을 구성하고 있는 대상들을 그 집합의 **원소**(element)라고 한다. 집합은 영문자의 대문자, 원소는 소문자로 나타낸다. 집합을 나타내는 방법에는 다음과 같은 두 가지가 있다.

(i) **원소나열법**(tabulation method) : 원소들을 나열하는 방법.
예를 들어, 집합 A는 영문자 a, e, i, o, u들의 집합, 즉,

$$A = \{a,\ e,\ i,\ o,\ u\}.$$

(ii) **조건제시법**(defining property method) : 원소들의 성질로 나타내는 방법.
예를 들어, 집합 A는 영문자의 모음들의 집합, 즉,

$$A = \{x \mid x\text{는 영문자의 모음}\}.$$

위의 집합 A에서 a는 영문자의 모음이므로, 이것을

$$a \in A \text{ 또는 } A \ni a$$

로 쓰고, a는 A의 원소이다 또는 a는 A에 속한다고 읽는다. 그러나 b는 영문자의 모음이 아니므로, 이것을

$$b \notin A \text{ 또는 } b \not\ni A$$

라고 쓰고, b는 A의 원소가 아니다 또는 A에 속하지 않는다고 읽는다.

원소들을 갖지 않는 집합을 **공집합**(empty set)이라 하고, $\varnothing$로 나타낸다.

$\mathbb{N}$, $\mathbb{Z}$, $\mathbb{Q}$, $\mathbb{R}$은 각각 자연수, 정수, 유리수, 실수들의 전체의 집합이라 하자. 즉,

$$\begin{aligned}
&\mathbb{N} = \{1,\ 2,\ 3,\ \cdots\},\\
&\mathbb{Z} = \{\cdots,\ -2,\ -1,\ 0,\ 1,\ 2,\ \cdots\},\\
&\mathbb{Q} = \left\{\frac{n}{m}\ \middle|\ n,\ m \in \mathbb{Z},\ m \neq 0\right\}.
\end{aligned}$$

유리수에 대해서는 예제 1.8.6에서, 실수에 대해서는 정리 1.9.7에서 설명하기로 하자.

집합 A가 **유한집합**(finite set)이라는 것은 A의 원소들이 어떤 $n \in \mathbb{N}$에 대하여 집합 $\{1,\ 2,\ \cdots,\ n\}$의 원소들과 일대일 대응할 때를 말한다.

참고 $\mathbb{R}$에서의 유한집합은 유계집합의 정의와 다르다는 것을 유의하여라. $\mathbb{R}$에서의 유한집합은 유계집합이지만, 그 역은 성립하지 않는다.

집합 A가 **가산 무한집합**(countably infinite set)이라는 것은 A의 원소들이 $\mathbb{N}$의 원소들과 일대일 대응할 때를 말한다.

집합 A가 **비가산 무한집합**(uncountably infinite set)이라는 것은 A가 유한집합도 아니고 가산 무한집합도 아닐 때를 말한다.

예제 1.2.1 (a) 집합 $A = \{a,\ b,\ c\}$는 유한집합이다.

(b) 정수 전체의 집합 $\mathbb{Z}$는 가산 무한집합이다.

(c) 집합 $A = [0,\ 1] = \{x \in \mathbb{R} \mid 0 \le x \le 1\}$은 비가산 무한집합이다. 여기서 $\mathbb{R}$은 실수 전체의 집합이다.

두 집합 A, B가 **같다**(equal), 즉, $A = B$라는 것은 집합 A에 속하는 모든 원소들이 집합 B에 속하고, 그 역도 성립할 때를 말한다. 예를 들어, 만일 $A = \{a\}$이고, $B = \{a,$

$a, a\}$ 이면, $A = B$이다.

집합 A가 집합 B에 포함된다 또는 집합 B의 **부분집합**(subset)이라는 것은 집합 A의 모든 원소들이 집합 B의 원소일 때를 말하고, 기호로는

$$A \subset B \text{ 또는 } B \supset A$$

로 나타낸다. 그러므로 $A = B$이기 위한 필요충분조건은 $A \subset B$이고 동시에 $B \subset A$이다.

특히, 공집합은 모든 집합의 부분집합이다. 포함관계 $\subset$는 다음과 같은 성질을 만족한다는 것을 알 수 있다.

(i) **(반사율)** 임의의 집합 A에 대하여 $A \subset A$이다.

(ii) **(비대칭율)** 만일 $A \subset B$이고 $B \subset A$이면, $A = B$이다.

(iii) **(추이율)** 만일 $A \subset B$이고 $B \subset C$이면, $A \subset C$이다.

참고 포함관계는 **부분순서관계**이다.

1.3 집합족 위의 연산

$\mathcal{F}$는 전체집합 U의 모든 부분집합들의 집합, 즉, 집합족(family of all sets)이라 하자. 집합족 $\mathcal{F}$ 위에 다음과 같은 **연산**(operation)들을 정의하자.

정의 1.3.1

$A, B \in \mathcal{F}$는 임의의 집합이라 하자.

(i) **합집합**(union) : $A \cup B$는 A, B 중에서 적어도 하나에 속하는 모든 원소들의 집합을 말한다. 즉,

$$A \cup B := \{x \in U \mid x \in A \text{ 또는 } x \in B\}.+$$

(ii) **교집합**(intersection) : $A \cap B$는 A, B에 동시에 속하는 모든 원소들의 집합을 말한다. 즉,

$$A \cap B := \{x \in U \mid x \in A \text{이고, } x \in B\}.$$

만일 $A \cap B = \varnothing$ 이면, A와 B는 **서로소(disjoint)**라고 한다.

(iii) **차집합(difference)** : $A-B$는 집합 A에는 속하지만 집합 B에는 속하지 않는 모든 원소들의 집합을 말한다. 즉,

$$A-B := \{x \in U \mid x \in A \text{이고, } x \notin B\}.$$

특히, $U-A$는 A^c로 나타내고, 이것을 A의 **여집합(complement)**이라 한다.

만일 I는 가산 무한집합, 즉, $I=\{\alpha_1, \alpha_2, \alpha_3, \cdots\}$이면, 합집합

$$A_{\alpha_1} \cup A_{\alpha_2} \cup A_{\alpha_3} \cup \cdots, \; A_{\alpha_i} \in \mathscr{F}$$

는 집합 $A_{\alpha_1}, A_{\alpha_2}, \cdots$ 중에서 적어도 하나의 집합에 속하는 모든 원소들의 집합, 즉,

$$\{x \in U \mid \text{적어도 하나의 } \alpha_i \in I\text{가 존재하여 } x \in A_{\alpha_i}\}$$

를 말하고, 이를 $\bigcup_{i \in I} A_i$ 또는 $\bigcup_{i=1}^{\infty} A_{\alpha_i}$로 나타낸다. 예를 들어, 자연수 n에 대하여 $A_n = \left(-\frac{1}{n}, \frac{1}{n}\right)$일 때, $\bigcup_{n=1}^{\infty} A_n = (-1, 1)$이다.

만일 I는 비가산 무한 집합(예를 들어, $I=[0, 1]$)이면, 합집합 $\bigcup_{\alpha \in I} A_\alpha$, $A_\alpha \in \mathscr{F}$는 적어도 하나의 첨자 $\alpha \in I$가 존재하여 집합 A_α에 속하는 모든 원소들의 집합을 말한다. 즉, $\bigcup_{\alpha \in I} A_\alpha = \{x \in U \mid \text{적어도 하나의 } \alpha \in I\text{가 존재하여 } x \in A_\alpha\}$.

예를 들어, 실수 $\alpha \in [0, 1]$에 대하여 $A_\alpha = (0, \alpha]$일 때, $\bigcup_{\alpha \in [0, 1]} A_\alpha = (0, 1]$이다.

만일 I는 가산 무한집합, 즉, $I=\{\alpha_1, \alpha_2, \alpha_3, \cdots\}$이면, 교집합

$$A_{\alpha_1} \cap A_{\alpha_2} \cap A_{\alpha_3} \cap \cdots, \; A_{\alpha_i} \in \mathscr{F}$$

는 모든 첨자 α_i에 대하여 집합 A_{α_i}에 속하는 모든 원소들의 집합, 즉,

$$\{x \in U \mid \text{모든 } \alpha_i \in I\text{에 대하여 } x \in A_{\alpha_i}\}$$

을 말하고, 이를 $\bigcap_{i \in I} A_i$ 또는 $\bigcap_{i=1}^{\infty} A_{\alpha_i}$로 나타낸다. 예를 들어, 자연수 n에 대하여 $A_n = \left(-\frac{1}{n}, \frac{1}{n}\right)$일 때, $\bigcap_{n=1}^{\infty} A_n = \{0\}$이다.

만일 I는 비가산 무한 집합, 예를 들어, $I=[0,\ 1]$이면, 교집합 $\bigcap_{\alpha\in I} A_\alpha$, $A_\alpha \in \mathscr{I}$는 모든 첨자 $\alpha\in I$에 대하여 A_α에 속하는 모든 원소들의 집합을 말한다. 즉,

$$\bigcap_{\alpha\in I} A_\alpha = \{x\in U \mid \text{모든 첨자 } \alpha\in I\text{에 대하여 } x\in A_\alpha\}.$$

예를 들어, 실수 $\alpha\in[0,\ 1]$에 대하여 $A_\alpha=[0,\ \alpha]$일 때, $\bigcap_{\alpha\in[0,\ 1]} A_\alpha=\{0\}$이다.

문제 1.3.1 다음을 증명하여라.

(a) $A\subset A\cup B$, $B\subset A\cup B$

(b) $A\cap B\subset A$, $A\cap B\subset B$

(c) $A-B\subset A$

(d) $A-B=A\cap B^c$

(e) $A\subset B$이기 위한 필요충분조건은 $A\cap B=A$이다. 또한, $A\subset B$이기 위한 필요충분조건은 $A\cup B=B$이다.

(f) $A\subset B$이기 위한 필요충분조건은 $B^c\subset A^c$이다.

문제 1.3.2 $\mathscr{I}$ 위의 연산들을 다음과 같은 법칙들이 성립함을 보여라.

(1a) **(멱등법칙)** $A\cup A=A$

(2a) **(결합법칙)** $(A\cup B)\cup C=A\cup(B\cup C)$

(3a) **(교환법칙)** $A\cup B=B\cup A$

(4a) **(분배법칙)** $A\cup(B\cap C)=(A\cup B)\cap(A\cup C)$

(5a) **(항등법칙)** $A\cup\varnothing=A$. $A\cup U=U$

(6a) **(회선법칙)** $(A^c)^c=A$

(7a) **(여법칙)** $A\cup A^c=U$, $U^c=\varnothing$

(8a) **(드 모르간의 법칙)** $(A\cup B)^c=A^c\cap B^c$

위의 법칙들은 $\cup$, $\cap$, U, $\varnothing$을 각각 $\cap$, $\cup$, $\varnothing$, U로 대체하여도 성립한다. 이러한 원리를 **쌍대성의 원리**(principle of duality)라고 한다.

문제 1.3.3 집합 A, B에 대하여 $A\triangle B$는 다음과 같이 정의하자.

$$\begin{aligned} A\triangle B &:= (A\cup B)-(A\cap B)\\ &=(A-B)\cup(B-A). \end{aligned}$$

이때, 연산 $\triangle$는 결합법칙, 교환법칙을 만족함을 보여라. 그리고 연산 $\triangle$에 관한 항등원과 집합 A의 역원을 구하여라.

1.4 곱집합

두 집합 A, B으로부터 새로운 집합 $A \times B$를 얻을 수 있다. 이러한 집합을 다음과 같이 정의하자.

> **정의 1.4.1**
> 집합 $A \times B := \{(a, b) \mid a \in A,\ b \in B\}$는 A와 B의 **곱집합(product set) 또는 데카르트 곱(cartesian product)**이라 한다. 이 집합의 원소들을 **순서쌍(ordered pair)**이라 한다. 만일 $A = B$이면, $A \times A$는 A^2으로 나타낸다.

두 순서쌍 (a, b), (c, d)가 **같다(equal)**, 즉, $(a, b) = (c, d)$라는 것은 $a = c$이고 $b = d$일 때를 말한다. 특히, 만일 $a \neq b$이면, $(a, b) \neq (b, a)$이다. 그러나 집합에서는 $\{3, 5\} = \{5, 3\}$임을 유의하자.

이러한 곱집합은 유한개의 집합들로 확장할 수 있다. n개의 집합 $A_1, \cdots, A_n$의 곱집합 $A_1 \times \cdots \times A_n$은 다음과 같이 정의한다.

$$A_1 \times \cdots \times A_n := \{(a_1, \cdots, a_n) \mid a_i \in A_i,\ i = 1, 2, \cdots, n\}.$$

이것은 간단히 $\prod_{i=1}^{n} A_i$로 나타낸다. 특히, 만일 $A_1 = A_2 = \cdots = A_n = A$이면, $A \times \cdots \times A$는 A^n으로 나타낸다.

문제 1.4.1 다음을 증명하여라.

(a) $A \times (B \cup C) = (A \times B) \cup (A \times C)$

(b) $A \times (B \cap C) = (A \times B) \cap (A \times C)$

1.5 관계와 함수

정의 1.5.1
집합 A, B에 대하여 A에서 B로의 **관계(relation)** R은 $A\times B$의 부분집합을 말한다. 즉, $R\subset A\times B$.

만일 $(a,\ b)\in R$이면, a는 b와 **R–관계가 있다(R–related)**고 하고, aRb 또는 $a\sim_R b$로 쓴다.

만일 $(a,\ b)\notin R$이면, a는 b와 **R–관계가 없다(not R–related)**고 하고, $a\not R b$ 또는 $a\nsim_R b$로 쓴다. 관계 $R\subset A\times B$의 **정의역(domain)**은 $\{a\in A\mid (a,\ b)\in R\}$을 말하고, **치역(range)**은

$$\{b\in B\mid (a,\ b)\in R\}$$

을 말한다. 분명히, 관계 R의 정의역은 A의 부분집합이고, 치역은 B의 부분집합이다. 이때 일반적으로, 관계 R의 정의역은 A와 같지 않고, 치역은 B와 같지 않음을 유의하자.

특히, 만일 $A=B$이면, A에서 A로의 관계 R은 A **위에서의 관계**(relation on A)라고 한다. A에서 B로의 관계 R은 다음과 같이 나타내기도 한다.

$$R: A\ \to\ B.$$

만일 aRb이면, $a\in A$가 관계 R에 의하여 $b\in B$에 대응하는 것으로 해석할 수 있다. 이때, aRb는 다음과 같이 Venn **그림**으로 나타낸다.

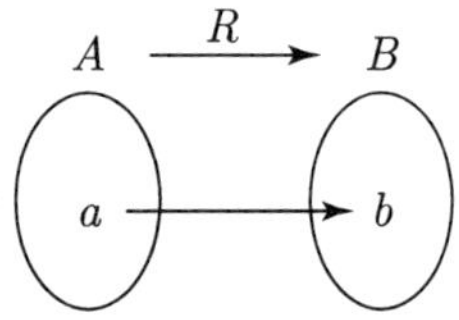

[그림 1.5.1] 관계

만일 $a\not R b$이며, $a\in A$가 관계 R에 의하여 $b\in B$에 대응하지 않는다고 해석한다.
관계 $R\subset A\times B$들 중에는 다음을 만족하는 특별한 (함수)관계가 있다.

(i) R의 정의역은 A이고,
(ii) 각 $a\in A$에 대하여 단 하나의 $b\in B$가 존재하여 $(a,\ b)\in R$이다.

이러한 (함수)관계는 $f: A \to B$로 나타내고, 이를 집합 A에서 집합 B로의 **함수(function) 또는 사상(mapping)**이라고 한다. 이때, 함수 f의 정의역은 A이고, 치역은

$$\{f(a) \mid a \in A\}$$

이다. 이를 $f(A)$ 또는 Imf로 나타낸다. 이것은 분명히 B의 부분집합이다. B는 함수 f의 **공역(codomain)**이라 한다. 여기서 $f(a)$는 a에 대한 f의 **상(image) 또는 함수값(function value)**이라 한다. 이때 관계 $R = \{(a, b) \in A \times B \mid b = f(a),\ a \in A\}$은 함수 f의 **그래프(graph)**를 의미한다. 그러므로 $f: A \to B$가 집합 A에서 집합 B로의 **함수(function)**라는 것은 각 $x \in A$에 대하여 단 하나의 $y \in B$가 존재하여 $f(x) = y$일 때를 말한다. 다시 말해, 각 $x \in A$는 함수관계 f에 의하여 단 하나의 $y \in B$에 대응할 때를 말한다. 이때 $y = f(x)$는 **(함수)관계식**이라 한다. x는 **독립변수(independent variable)**, y는 **종속변수(dependent variable)**라 하고, 그 관계식을 함수라고도 한다. 관계식으로 함수를 정의할 때는 함수의 정의역이 무엇인지를 생각하여야 한다.

앞으로 자주 나타나는 특수한 함수는 다음과 같다.

(1) 상수함수 : $f(x) = c$, c는 상수

(2) 1차함수 : $f(x) = ax + b$, a, b는 상수, $a \neq 0$

(3) 2차함수 : $f(x) = ax^2 + bx + c$, a, b, c는 상수, $a \neq 0$

(4) 다항함수 : $f(x) = a_n x^n + a_{n-1}x^{n-1} + \cdots + a_0$, n은 음이 아닌 정수, a_0, a_1, $\cdots$, a_n은 상수

(5) 절댓값 함수 : $f(x) = |x| := \begin{cases} x, & x \geq 0 \\ -x, & x < 0 \end{cases}$

(6) 유리함수 : $f(x) = \dfrac{p(x)}{q(x)}$. 단, $p(x)$, $q(x)$는 다항함수이고, $q(x) \neq 0$이다.

(7) 거듭제곱근 함수 : $f(x) = \sqrt[n]{x}$, $n = 2, 3, \cdots$

참고 특별한 언급이 없는 한, (1)~(5)의 정의역은 $\mathbb{R}$이고, (6)의 정의역은 $\mathbb{R} - \{x \in \mathbb{R} \mid q(x) = 0\}$이다. (7)의 정의역은 n이 홀수일 때 $\mathbb{R}$이고, n이 짝수일 때 $\{x \in \mathbb{R} \mid x \geq 0\}$이다.

문제 1.5.1 다음 함수들의 정의역을 구하여라.

(a) $f(x) = \dfrac{4}{x-3}$ (b) $g(x) = \sqrt{\dfrac{4}{x-3}}$

(c) $h(x) = \dfrac{2}{3 - \sqrt{x}}$　　　　(d) $k(x) = \sqrt{x^2 - 4}$

함수 $f : A_1 \to B_1$과 $g : A_2 \to B_2$가 **같다(equal)**, 즉 $f = g$라는 것은 그들의 정의역이 같고, 정의역의 각 원소가 대응하는 상(image)들이 같을 때를 말한다. 다시 말해, $A_1 = A_2$이고, 각 $a \in A_1 = A_2$에 대하여 $f(a) = g(a)$일 때를 말한다.

$A, B, C \subset \mathbb{R}$이라 하자. 함수 $f : A \to B : x \mapsto y = f(x)$의 그래프

$$\text{grap}(f) = \{(x, y) \in A \times B \mid y = f(x),\ x \in A\}$$

에 대하여 $(x, y) \in \text{grap}(f)$라고 하자. 만일 $(-x, y) \in \text{grap}(f)$, 즉, $f(-x) = f(x)$이면, $\text{grap}(f)$는 **y-축에 대칭(symmetry)**이라 하고, 만일 $(-x, -y) \in \text{grap}(f)$, 즉, $f(-x) = -f(x)$이면, $\text{grap}(f)$는 **원점에 대칭**이라 한다.

함수 $f : A \to B$와 $g : A \to C$의 그래프에 대하여 $(x, y) \in \text{grap}(f)$라고 하자. 이때, 만일 $(x, -y) \in \text{grap}(g)$, 즉, $f(x) = -g(x)$이면, $\text{grap}(f)$와 $\text{grap}(g)$는 **x-축에 대칭**이라 한다.

특히, 그래프가 y-축에 대칭인 함수는 **우함수(even function)**라 하고, 그래프가 원점에 대칭인 함수는 **기함수(odd function)**라 한다.

예를 들어, 함수 $f(x) = x^2$는 우함수이고, 함수 $f(x) = x^3$는 기함수이다. 함수 $f(x) = x^2$과 $g(x) = -x^2$의 그래프는 x-축에 대칭이다.

문제 1.5.2 함수 f의 그래프는 다음과 같다고 하자.

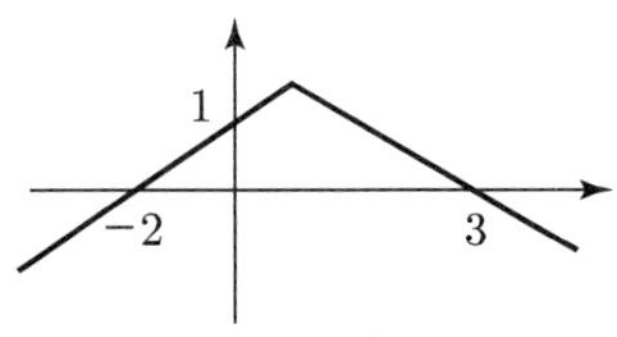

다음 함수의 그래프를 그려라

(a) $y = -f(x)$　　　　(b) $y = |f(x)|$

(c) $y = f(x) + 2$　　　　(d) $y = f(|x|)$

(e) $|y| = f(x)$　　　　(f) $|y| = f(|x|)$

문제 1.5.3 모든 함수는 우함수와 기함수의 합으로 유일하게 나타낼 수 있음을 보여라.

함수 $f: A \to B$에 대하여 만일 $A' \subset A$이면,

$$f(A') := \{f(a) \mid a \in A'\}$$

이라 정의한다. 그러면 분명히 $f(A') \subset f(A) \subset B$이다. 만일 $b \in B$이면,

$$f^{-1}(b) := \{a \in A \mid f(a) = b\}$$

라고 정의한다. 이를 b에 대한 함수 f의 **역상**(inverse image)이라 한다. $f^{-1}(b)$는 공집합일 수도 있음을 유의하자. 만일 $f^{-1}(b) \neq \varnothing$이면, $f^{-1}(b)$의 원소의 수는 적어도 한 개 이상이다.

만일 $B' \subset B$이면,

$$f^{-1}(B') := \{a \in A \mid f(a) \in B'\}$$

이라 정의한다. 그러면 분명히 $f^{-1}(B') \subset f^{-1}(B)$이다.

문제 1.5.4 함수 $f: A \to B$에 대하여 A_1, A_2는 A의 부분집합이고, B_1, B_2는 B의 부분집합이라 하자. 그러면 다음을 증명하여라.

(a) 만일 $A_1 \subset A_2$이면, $f(A_1) \subset f(A_2)$이다.

(b) $f(A_1 \cup A_2) = f(A_1) \cup f(A_2)$.

(c) $f(A_1 \cap A_2) \subset f(A_1) \cap f(A_2)$.

(d) 만일 $B_1 \subset B_2$이면, $f^{-1}(B_1) \subset f^{-1}(B_2)$이다.

(e) $f^{-1}(B_1 \cup B_2) = f^{-1}(B_1) \cup f^{-1}(B_2)$.

(f) $f^{-1}(B_1 \cap B_2) = f^{-1}(B_1) \cap f^{-1}(B_2)$.

(g) $f^{-1}(B_1 - B_2) = f^{-1}(B_1) - f^{-1}(B_2)$. 특히, $f^{-1}(B_1^c) = f^{-1}(B_1)^c$이다.

(h) $A_1 \subset f^{-1}(f(A_1))$.

(i) $f(f^{-1}(B_1)) = Im f \cap B_1 \subset B_1$.

1.6 함수의 분류

함수에는 특별한 것들이 있다.

정의 1.6.1

함수 $f : A \to B$가 **단사**(injective)라는 것은 A의 다른 임의의 두 원소에 대하여 B의 다른 두 원소가 대응할 때를 말한다. 즉, 만일 $a_1 \neq a_2$, a_1, $a_2 \in A$이면, $f(a_1) \neq f(a_2)$일 때를 말한다. 동치적으로, 만일 $f(a_1) = f(a_2)$, a_1, $a_2 \in A$이면, $a_1 = a_2$일 때를 말한다.

함수 $f : A \to B$가 **전사**(surjective)라는 것은 $f(A) = B$일 때를 말한다. 이것을 보이기 위해서는 $f(A) \subset B$이므로, $B \subset f(A)$를 증명하면 충분하다. 즉, 각 $b \in B$에 대하여 $a \in A$가 적어도 하나 존재하여 $f(a) = b$임을 보이면 된다.

함수 $f : A \to B$가 **전단사**(bijective)라는 것은 이 함수가 단사이고 동시에 전사일 때를 말한다.

함수 $f : A \to A$가 **항등함수**(identity)라는 것은 임의의 $a \in A$가 자기 자신에 대응할 때를 말한다. 즉, 임의의 $a \in A$에 대하여 $f(a) = a$일 때를 말한다. 이러한 항등함수를 id_A로 나타낸다. 항등함수는 분명히 전단사함수이다.

함수 $f : A \to B$가 **상수함수**(constant function)이라는 것은 모든 $a \in A$가 어떤 일정한 원소 $b \in B$에 대응할 때를 말한다.

주어진 두 개의 함수로부터 새로운 함수를 정의할 수 있다. 이때, 한 함수의 **공역**(codomain)은 다른 함수의 정의역과 일치하여야 한다.

함수 $f : A \to B$와 $g : B \to C$에 대하여 **합성함수**(composition)

$$g \circ f : A \to C$$

는 다음과 같이 정의한다. 임의의 $a \in A$에 대하여

$$(g \circ f)(a) := g(f(a)).$$

문제 1.6.1 함수 $f: A \to B$, $g: B \to C$, $h: C \to D$에 대하여

$$h \circ (g \circ f) = (h \circ g) \circ f$$

가 성립함을 보여라. 즉, 합성함수는 결합법칙을 만족한다는 것을 보여라.

참고 그러나 함수 $f: A \to A$, $g: A \to A$에 대하여 $f \circ g$와 $g \circ f$는 정의되지만, 일반적으로 $f \circ g \neq g \circ f$이다. 다시 말해, 합성함수는 교환법칙을 만족하지 않는다.

문제 1.6.2 함수 $f: A \to B$에 대하여 다음이 성립함을 보여라.

$$id_B \circ f = f, \quad f \circ id_A = f.$$

집합 A에서 집합 B로의 함수 f로부터 집합 B에서 집합 A로의 함수 g는 일반적으로 정의할 수 없다. 그러나 만일 f가 전단사함수이면, g는 정의할 수 있다. 만일

$$f: A \to B: a \mapsto f(a) = b$$

는 일대일 대응이면,

$$g: B \to A: b = f(a) \mapsto g(b) = g(f(a)) = a$$

로 정의할 수 있다. 그러면 g는 전단사함수이고, $g \circ f = id_A$이다. 또한, 역으로, 이러한 함수 g로부터 f를 얻을 수 있다.

$$g: B \to A: b \mapsto g(b) = a$$

는 일대일 대응이므로,

$$f: A \to B: a = g(b) \mapsto f(a) = f(g(b)) = b$$

이다. 그러므로 $f \circ g = id_B$이다. 따라서 다음 정리를 얻는다.

정리 1.6.2

$f: A \to B$가 전단사함수이기 위한 필요충분조건은 유일한 함수 $g: B \to A$가 존재하여 $g \circ f = id_A$, $f \circ g = id_B$이다.

증명 ($\Rightarrow$) 유일성만 보이면 된다.

$g_i \circ f = id_A$, $f \circ g_i = id_B$, $i = 1, 2$라고 하자. 그러면 $g_1 = g_2$임을 증명하면 된다.

$$g_1 = id_A \circ g_1 = (g_2 \circ f) \circ g_1 = g_2 \circ (f \circ g_1) = g_2 \circ id_B = g_2.$$

($\Leftarrow$) $f(a_1) = f(a_2)$라고 가정하자. 그러면 $a_1 = g(f(a_1)) = g(f(a_2)) = a_2$이다. 따라서 f는 단사함수이다.

f가 전사임을 보이기 위하여 $B \subset f(A)$임을 보이면 충분하다. $b \in B$는 임의의 원소라고 하자. 그러면 $a \in A$가 존재하여 $f(a) = b$임을 보이면 된다. $f(g(b)) = b$이므로, $a = g(b)$로 놓으면, $f(a) = b$이다. 그러므로 f는 전사함수이다. 따라서 f는 전단사함수이다. ◀

정리 1.6.1에서 함수 $g : B \to A$는 함수 $f : A \to B$의 **역함수(inverse function)**라 하고, 이를 $g = f^{-1}$로 나타낸다.

문제 1.6.3 함수 $f : A \to B$, $g : B \to C$에 대하여 다음을 증명하여라.

(a) 만일 f, g는 단사(전사, 전단사)함수이면, $g \circ f$도 단사(전사, 전단사)함수이다.

(b) 만일 $g \circ f$가 단사함수이면, f는 단사함수이다.

(c) 만일 $g \circ f$가 전사함수이면, g는 전사함수이다.

(d) 만일 $C = A$이고 $g \circ f = id_A$, $f \circ g = id_B$이면, f, g는 전단사함수이다.

1.7 연산

정의 1.7.1

집합 A 위에 연산 $\circ$가 정의되어 있다는 것은 함수

$$\circ : A \times A \to A : (x, y) \mapsto \circ(x, y)$$

가 잘 정의되어 있다는 것을 의미한다. 이때, $\circ(x, y) := x \circ y$로 쓴다.

집합 A가 연산 $\circ$에 관하여 **닫혀있다(closed)**는 것은 임의의 $x, y \in A$에 대하여 $x \circ y \in A$일 때를 말한다.

집합 A에서 연산 $\circ$에 관하여 **교환법칙(commutative law)**과 **결합법칙(associative law)**이 성립한다는 것은 다음이 각각 성립할 때를 말한다.

임의의 $x, y, z \in A$에 대하여

(i) **(교환법칙)** $x \circ y = y \circ x$.

(ii) **(결합법칙)** $(x \circ y) \circ z = x \circ (y \circ z)$.

$(x \circ y) \circ z = x \circ (y \circ z)$는 $x \circ y \circ z$로 쓰자. 여기서 결합법칙은 유한개의 원소들에 대해서만 생각한다는 것을 유의하자.

집합 A는 연산 $\circ$에 관하여 **항등원(identity)** e를 갖는다는 것은 다음이 성립할 때를 말한다.

(iii) **(항등원)** 임의의 $x \in A$에 대하여 $e \in A$가 존재하여

$$x \circ e = e \circ x = x.$$

이때, $e \in A$는 연산 $\circ$에 관한 항등원이라 한다. 만일 집합 A가 항등원을 가지면, 그 항등원은 유일하다. 다시 말해, e_1, e_2는 임의의 항등원이면, $e_1 = e_2$이다.

집합 A의 각 원소 x는 연산 $\circ$에 관하여 **역원(inverse element)**을 갖는다는 것은 다음이 성립할 때를 말한다.

(iv) **(역원)** 각 $x \in A$에 대하여 $y \in A$가 존재하여

$$x \circ y = y \circ x = e.$$

이때, y는 x에 의존하고, $x \in A$가 주어지면, $y \in A$는 유일하게 정해진다. 다시 말해, 만일 $x \circ y_i = y_i \circ x = e$, $i = 1, 2$이면, $y_1 = y_2$이다.

이러한 y는 x^{-1}로 쓰고, $x \in A$의 **역원**이라 한다.

정의 1.7.2

만일 집합 G 위에 연산 $\circ$가 정의되어 있고, 결합법칙이 성립하며, 항등원이 존재하고, G의 각 원소는 역원을 가지면, $(G, \circ)$는 **군(group)**이라 한다. 더 나아가, 만일 군 $(G, \circ)$에서 교환법칙이 성립하면, $(G \circ)$는 **가환군(commutative group) 또는 아벨군(Abelian group)**이라 한다.

예를 들어, 유리수들의 집합 $\mathbb{Q}$는 덧셈연산 $+$에 관하여 가환군이다. 이때, 항등원은 0이다. 또한, $\mathbb{Q}-\{0\}$은 곱셈연산 $\cdot$에 관하여 가환군이다. 이때, 항등원은 1이다. 그러나 자연수들의 집합 $\mathbb{N}$은 덧셈연산 $+$에 관하여 군이 아니고, 곱셈연산 $\cdot$에 관해서도 군이 아니다. 또한, 정수들의 집합 $\mathbb{Z}$에 대하여 $\mathbb{Z}$는 덧셈연산에 관하여 군이고, $\mathbb{Z}-\{0\}$는 곱셈연산에 관하여 군이 아니다.

참고 (a) 만일 G가 덧셈연산 $+$에 관하여 군(group)이면, 관례적으로, 항등원은 0으로 나타내고, 각 $g\in G$의 역원은 $-g$로 나타낸다. 이때, g_1, $g_2\in G$에 대하여 $g_1+(-g_2)$는 g_1-g_2로 쓴다.

(b) 만일 G가 곱셈연산 $\cdot$에 관하여 군(group)이면, 관례적으로, 항등원은 e 또는 1로 나타내고, 각 $g\in G$의 역원은 g^{-1}로 나타낸다. 이때, g_1, $g_2\in G$에 대하여 $g_1g_1^{-1}$는 g_1/g_2로 쓴다.

집합 A 위에는 두 개의 연산 $\oplus$, $\otimes$가 정의되어 있다고 가정하자. A에서 연산 $\otimes$이 연산 $\oplus$에 대하여 **좌·우분배법칙**(distributive law)이 성립한다는 것은 다음이 성립할 때를 말한다.

(v) 임의의 x, y, $z\in A$에 대하여

(좌분배법칙) $x\otimes(y\oplus z)=(x\otimes y)\oplus(x\otimes z)$

(우분배법칙) $(x\oplus y)\otimes z=(x\otimes z)\oplus(y\otimes z)$

정의 1.7.3

만일 집합 R 위에는 두 연산 $+$, $\cdot$이 정의되어 있고, $(R, +)$는 가환군이며, R에서 연산 $\cdot$은 결합법칙이 성립하고, 연산 $\cdot$는 연산 $+$에 관하여 좌·우분배법칙이 성립하면, $(R, +, \cdot)$는 **환**(ring)이라 한다.

만일 환 $(R, +, \cdot)$은 연산 $\cdot$에 관한 항등원을 가지면, $(R, + \cdot)$은 **항등원을 갖는 환**(ring with identity)이라 한다.

만일 환 $(R, +, \cdot)$에서 연산 $\cdot$은 교환법칙이 성립하면, $(R, + \cdot)$은 **가환환**(commutative ring)이라 한다.

만일 가환환 $(R, +, \cdot)$은 연산 $\cdot$에 관한 항등원을 가지면, $(R, +, \cdot)$은 **항등원을**

갖는 가환환(commutative ring with identity)이라 한다.

예를 들어. $(\mathbb{Z}, +, \cdot)$와 $(\mathbb{Q}, +, \cdot)$는 항등원을 갖는 가환환이다. 그러나 $(\mathbb{N}, +, \cdot)$는 환이 아니다.

참고 항등원을 갖는 가환환 $(R, +, \cdot)$의 덧셈에 관한 항등원과 곱셈에 관한 항등원은 관례적으로 각각 0, 1로 나타낸다. 이때, $0 \neq 1$이다.

정의 1.7.4

만일 집합 F 위에는 두 연산 $+, \cdot$가 정의되어 있고, $(F, +)$과 $(F-\{0\}, \cdot)$는 가환군이며, 연산 $\cdot$는 연산 $+$에 관하여 좌분배법칙이 성립하면, $(F, +, \cdot)$는 **체**(field)라고 한다.

예를 들어, $(\mathbb{Q}, +, \cdot)$는 체이다.

문제 1.7.1 $(F, +, \cdot)$는 임의의 체라고 하자. $x, y, z \in F$에 대하여 다음을 증명하여라.

(a) 만일 $x+y=x+z$이면, $y=z$이다.

(b) 만일 $x+y=x$이면, $y=0$이다.

(c) 만일 $x+y=0$이면, $y=-x$이다.

(d) $-(-x)=x$.

(a') 만일 $x \neq 0$이고, $xy=xz$이면, $y=z$이다.

(b') 만일 $x \neq 0$이고, $xy=x$이면, $y=1$이다.

(c') 만일 $x \neq 0$이고, $xy=1$이면, $y=1/x$이다.

(d') 만일 $x \neq 0$이면, $1/(1/x)=x$이다.

(e) $0x=0$

(f) 만일 $x \neq 0$, $y \neq 0$이면, $xy \neq 0$이다.

(g) $(-x)y=-(xy)=x(-y)$

(h) $(-x)(-y)=xy$

1.8 집합 A 위의 관계 R

1.5절에서 집합 A 위의 관계 R은 A에서 A로의 관계라고 정의하였다. 다시 말해, $R \subset A \times A$이다.

A 위에서 정의되는 관계 R에는 다음과 같은 중요한 유형들이 있다.

(1) 반사관계　(2) 대칭관계　(3) 비대칭관계　(4) 추이관계

> **정의 1.8.1**
>
> R이 **반사관계**(reflexive relation)라는 것은 모든 $a \in A$에 대하여 aRa일 때를 말한다. 즉, $\{(a, a) \mid a \in A\} \subset R$.
>
> R이 **대칭관계**(symmetric relation)라는 것은 만일 $(a, b) \in R$이면 반드시 $(b, a) \in R$일 때를 말한다.
>
> R이 **비대칭관계**(antisymmetric relation)라는 것은 만일 $(a, b) \in R$이고 $(b, a) \in R$이면, 반드시 $a = b$일 때를 말한다.
>
> R이 **추이관계**(transitive relation)라는 것은 만일 $(a, b), (b, c) \in R$이면, 반드시 $(a, c) \in R$일 때를 말한다.

(1), (3), (4)를 만족하는 관계 R은 **(부분)순서관계**((partial) order relation)라고 한다.

순서관계 R이 정의되어 있는 집합 A는 **(부분)순서집합**((partially) ordered set)이라 한다. 이때, R은 "$\leq$"로 쓰자. 그러면 aRb는 $a \leq b$이다.

부분순서집합 $(A, \leq)$에서 $a, b \in A$, $a \neq b$라고 하자. 만일 $a < b$ 또는 $b < a$이면, a와 b는 **비교가능한**(comparable) **원소**라고 한다.

만일 $a \not< b$이고 $b \not< a$이면, a와 b는 **비교불가능한**(noncomparable) 원소라 하고, $a \| b$로 나타낸다.

만일 부분순서집합 $(A, \leq)$의 모든 원소들의 쌍이 비교가능하면, 그 집합은 **전순서집합**(totallly ordered set or linearly ordered set)이라 한다.

> **정의 1.8.2**
>
> 체 $(F, +, \cdot)$는 전순서집합이고, $x > 0$, $y > 0$일 때, $x + y > 0$, $xy > 0$이면, $(F, +, \cdot)$는 **순서체**(ordered field)라고 한다.

예를 들어, ($\mathbb{Q}$, +, ·)는 순서체이다.

문제 1.8.1 (F, +, ·)는 임의의 순서체라고 하자. x, y, $z \in F$에 대하여 다음을 증명하여라.

(a) 만일 $x > 0$이면, $-x < 0$이다. 역도 성립한다.

(b) 만일 $x > 0$이고 $y < z$이면, $xy < xz$이다.

(c) 만일 $x < 0$이고 $y < z$이면, $xy > xz$이다.

(d) 만일 $x \neq 0$이면, $x^2 > 0$이다. 특히, $1 > 0$이다.

(e) 만일 $0 < x < y$이면, $0 < 1/y < 1/x$이다.

예제 1.8.3 (1) $\mathscr{F}$는 전체집합 U의 모든 부분집합들의 집합족이라 하자. 그러면 포함관계 $\subset$는 $\mathscr{F}$ 위의 부분순서를 정의한다.

(2) $\mathbb{R}$은 실수 전체의 집합이라 하자. 그러면 부등호 $\leq$는 $\mathbb{R}$ 위의 전순서를 정의한다.

(1), (2), (3)을 만족하는 관계 R은 **동치관계(equivalence relation)**라고 한다.

집합 A 위에 동치관계 R이 정의되어 있다고 하자. $a \in A$에 대하여

$$[a] := \{x \in A \mid aRx\}$$

이라 정의하자. 그러면 $a \in [a]$이다. 이러한 $[a]$는 a의 **동치류(equivalent class)**라고 한다. 그러면 다음이 성립함을 알 수 있다.

정리 1.8.4

(i) $\bigcup_{a \in A} [a] = A$

(ii) 임의의 a, $b \in A$에 대하여 $[a] \cap [b] = \varnothing$ 또는 $[a] = [b]$이다.

증명 (i)은 자명하다.

(ii)를 증명하기 위하여 $[a] \cap [b] \neq \varnothing$라고 가정하자. $c \in [a] \cap [b]$를 선택하자. 그러면 aRc이고 bRc이다.

$[a] \subset [b]$를 보이기 위하여 $x \in [a]$는 임의의 원소라고 하자. 그러면 aRx

이다. aRc, bRc이고 R은 동치관계이므로, bRa이다. 따라서 bRx이다. 그러므로 $x \in [b]$이다. 따라서 $[a] \subset [b]$이다.

마찬가지로, $[b] \subset [a]$임을 알 수 있다. 그러므로 $[a] = [b]$이다. ◀

동치류들의 집합 $A/R = \{[a] \mid a \in A\}$는 **상집합(quotient set)**이라 한다.

예제 1.8.5 $\mathbb{Z}$는 정수 전체의 집합이라 하자. $a, b \in \mathbb{Z}$에 대하여 $a \sim b$라는 것은 $a-b$를 5로 나누어 떨어질 때라고 정의하자. 그러면 다음을 알 수 있다.

(i) 모든 $a \in \mathbb{Z}$에 대하여 $a \sim a$이다.

(ii) 만일 $a, b \in \mathbb{Z}$에 대하여 $a \sim b$이면, $b \sim a$이다.

(iii) 만일 $a, b, c \in \mathbb{Z}$에 대하여 $a \sim b$이고 $b \sim c$이면, $a \sim c$이다.

그러므로 관계 "$\sim$"는 $\mathbb{Z}$ 위의 동치관계이다. 그러므로 동치류들은 다음과 같다.

$$[0] = \{x \in \mathbb{Z} \mid 0 \sim x\} = \{\cdots, -10, -5, 0, 5, 10, \cdots\}$$
$$[1] = \{x \in \mathbb{Z} \mid 1 \sim x\} = \{\cdots, -9, -4, 1, 6, 11, \cdots\}$$
$$[2] = \{x \in \mathbb{Z} \mid 2 \sim x\} = \{\cdots, -8, -3, 2, 7, 12, \cdots\}$$
$$[3] = \{x \in \mathbb{Z} \mid 3 \sim x\} = \{\cdots, -7, -2, 3, 8, 13, \cdots\}$$
$$[4] = \{x \in \mathbb{Z} \mid 4 \sim x\} = \{\cdots, -6, -1, 4, 9, 14, \cdots\}$$

따라서 상집합은 $\mathbb{Z}/\sim = \{[0], [1], [2], [3], [4]\}$이다.

$$[0] \cup [1] \cup [2] \cup [3] \cup [4] = \mathbb{Z}$$

이고, 그의 원소들의 임의의 두 쌍은 서로소이다. 그리고

$$[0] = [-10] = [-5] = [5] = [10] = \cdots$$

이다. 다른 동치류에 대해서도 마찬가지이다.

예제 1.8.6 $A = \left\{ \dfrac{n}{m} \,\middle|\, m, n \in \mathbb{Z},\ m \neq 0 \right\}$라고 하자. $\dfrac{n_1}{m_1}, \dfrac{n_2}{m_2} \in A$에 대하여 $\dfrac{n_1}{m_1} \sim \dfrac{n_2}{m_2}$라는 것은 $n_1 m_2 = n_2 m_1$일 때라고 정의하자. 그러면 "$\sim$"는 동치관계임을 알 수 있다. 반사관계

와 대칭관계는 자명하다. 추이관계를 증명해보자. 만일 $\frac{n_i}{m_i} \in A$, $i = 1, 2, 3$에 대하여 $\frac{n_1}{m_1} \sim \frac{n_2}{m_2}$이고 $\frac{n_2}{m_2} \sim \frac{n_3}{m_3}$이면, $\frac{n_1}{m_1} \sim \frac{n_3}{m_3}$이다.

가정에 의하여 $n_1 m_2 = n_2 m_1$, $n_2 m_3 = n_3 m_2$이므로, $n_1 n_2 m_2 m_3 = n_2 n_3 m_1 m_2$이다. $m_2 \neq 0$이므로 $n_1 n_2 m_3 = n_2 n_3 m_1$이다.

만일 $n_2 = 0$이면, $n_1 = n_3 = 0$이고, 만일 $n_2 \neq 0$이면, $n_1 m_3 = n_3 m_1$이므로 $\frac{n_1}{m_1} \sim \frac{n_3}{m_3}$이다. 그러므로 "$\sim$"는 추이관계이다.

$\frac{n}{m} \in A$에 대하여 $\left[\frac{n}{m}\right] = \left\{\frac{p}{q} \in A \,\middle|\, \frac{n}{m} \sim \frac{p}{q}\right\}$이다. 예를 들어,

$$\left[\frac{1}{2}\right] = \left\{\cdots, \frac{-2}{-4}, \frac{-1}{-2}, \frac{1}{2}, \frac{2}{4}, \cdots\right\}$$

이다. 그러면

$$\cdots = \left[\frac{-2}{-4}\right] = \left[\frac{-1}{-2}\right] = \left[\frac{1}{2}\right] = \left[\frac{2}{4}\right] = \cdots$$

이다. 그러므로 상집합은 $A/\sim = \left\{\left[\frac{n}{m}\right] \,\middle|\, \frac{n}{m} \in A\right\}$이다. 이러한 상집합은 $\mathbb{Q}$라 하고, $\left[\frac{n}{m}\right]$는 $\frac{n}{m}$으로 쓰자. 그러면

$$\cdots = \frac{-2}{-4} = \frac{-1}{-2} = \frac{1}{2} = \frac{2}{4} = \cdots$$

이다. 따라서 $\mathbb{Q} = \left\{\frac{n}{m} \,\middle|\, n, m \in \mathbb{Z}, m \neq 0\right\}$이다. 이때, $\mathbb{Q}$의 원소들을 **유리수(rational number)**라고 한다. 사실, 유리수는 동치류인 것이다.

참고 $A = \left\{\frac{n}{m} \,\middle|\, n, m \in \mathbb{Z}, m \neq 0\right\}$ 위에서 덧셈과 곱셈은 다음과 같이 정의한다.

$$\frac{n_1}{m_1} + \frac{n_2}{m_2} := \frac{n_1 m_2 + n_2 m_1}{m_1 m_2}$$
$$\frac{n_1}{m_1} \cdot \frac{n_2}{m_2} := \frac{n_1 n_2}{m_1 m_2}.$$

$A/\sim = \left\{\left[\frac{n}{m}\right] \,\middle|\, \frac{n}{m} \in A\right\}$ 위에서의 덧셈과 곱셈은 다음과 같이 정의하면,

$$\left[\frac{n_1}{m_1}\right]+\left[\frac{n_2}{m_2}\right]:=\left[\frac{n_1m_2+n_2m_1}{m_1m_2}\right]$$
$$\left[\frac{n_1}{m_1}\right]\cdot\left[\frac{n_2}{m_2}\right]:=\left[\frac{n_1n_2}{m_1m_2}\right].$$

이 연산들이 잘 정의되어 있다는 것을 보여야 한다. 다시 말해, 만일 $\frac{n_i}{m_i}\sim\frac{n_i'}{m_i'}$, $i=1,\ 2$이면, $\left[\frac{n_1}{m_i}\right]=\left[\frac{n_i'}{m_i'}\right]$이므로

(1) $$\frac{n_1m_2+n_2m_1}{m_1m_2}\sim\frac{n_1'm_2'+n_2'm_1'}{m_1'm_2'}$$

(2) $$\frac{n_1n_2}{m_1m_2}\sim\frac{n_1'n_2'}{m_1'm_2'}$$

임을 보여야 한다.

$n_1m_1'=n_1'm_1,\ n_2m_2'=n_2'm_2$이므로, $n_1n_2m_1'm_2'=n_1'n_2'm_1m_2$이다. 따라서 (2)가 성립한다.

$$\begin{aligned}m_1'm_2'(n_1m_2+n_2m_1)&=(n_1m_1')(m_2m_2')+(n_2m_2')(m_1m_1')\\&=(n_1'm_1)(m_2m_2')+(n_2'm_2)(m_1m_1')\\&=m_1m_2(n_1'm_2'+n_2'm_1')\end{aligned}$$

이므로, (1)이 성립한다. 이때, $(\mathbb{Q},\ +,\ \cdot\ )$는 체임을 알 수 있다.

1.9 수(number)

Kronecker는 "신은 자연수(natural number)를, 인간은 그 이외의 수(number)를 창조하였다."고 주장했다. 자연수가 발견된 후에 분수가 발견되었다.

피타고라스는 모든 수가 자연수들의 비로 나타난다고 주장하고 이러한 수를 가장 이상적인 수라고 하여 **유리수**(rational number)라고 불렀다. 그 다음에 0이 발견됨으로써 음수(negative number)가 발견되었다. 그는 다음과 같은 정리를 주장하였다.

정리 1.9.1 (Pythagoras)

직각삼각형에서 직각을 끼고 있는 두 변의 길이를 각각 a, b라 하고, 빗변의 길이를 c라 할 때,

$$a^2 + b^2 = c^2$$

이다.

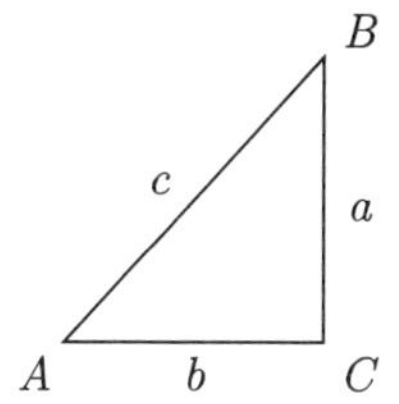

[그림 1.9.1] 직각삼각형

그러나 만일 $a = b = 1$이면, $c^2 = 2$이다. 이 방정식을 만족하는 유리수 c가 존재하지 않음을 알게 되었다. 이러한 수는 오늘날 $\sqrt{2}$로 쓰고, 그러므로 이것은 **유리수, 즉, 이상적인 수**(rational number)가 아니라고 하여 **무리수**(irrational number)라고 불렀다.

문제 1.9.1 방정식 $c^2 = 2$를 만족하는 유리수 c가 존재하지 않음을 보여라.

정의 1.9.2

S는 순서집합이라 하자. 집합 $E \subset S$가 **위로 유계**(bounded above)라는 것은 $\beta \in S$가 존재하여 모든 $x \in E$에 대하여 $x \leq \beta$일 때를 말하고, β를 **상계**(upper bound)라고 한다. 집합 $E \subset S$가 **아래로 유계**(bounded below)라는 것은 $\alpha \in S$가 존재하여 모든 $x \in E$에 대하여 $x \geq \alpha$일 때를 말하고, α를 **하계**(lower bound)라고 한다.
만일 집합 $E \subset S$가 아래로 유계이고 동시에 위로 유계이면, E는 **유계**(bounded)라고 한다.

$E \subset S$는 위로 유계인 집합이라 하자. 만일 $\beta \in S$가 존재하여

(i) β는 E의 상계이고,

(ii) $\gamma < \beta$일 때, γ는 E의 상계가 아니면,

β는 E의 **최소상계**(least upper bound) **또는 상한**(supremum)이라 하고, $\beta = \text{l.u.b.}E$ 또는 $\beta = \sup E$로 쓴다. 일반적으로, $\beta \notin E$이다. 특히, 만일 $\beta \in E$이면, $\beta = \sup E$는 $\beta = \max E$로도 쓴다.

$E \subset S$는 아래로 유계인 집합이라 하자. 만일 $\alpha \in S$가 존재하여

(i) α는 E의 하계이고,

(ii) $\alpha < \gamma$일 때, γ는 E의 하계가 아니면,

α를 E의 **최대하계**(greatest lower bound) **또는 하한**(infimum)이라 하고, $\alpha = \text{g.l.b.}E$ 또는 $\alpha = \inf E$로 쓴다. 일반적으로, $\alpha \notin E$이다. 특히, 만일 $\alpha \in E$이면, $\alpha = \inf E$는 $\alpha = \min E$로도 쓴다.

예제 1.9.3 (a) 만일 $E = [1,\ 5) \subset \mathbb{Q}$이면, $\sup E = 5$, $\inf E = 1$이다. $5 \notin E$이지만 $1 \in E$이다. 그러므로 $\min E = 1$이다.

(b) 만일 $E = \left\{1,\ \frac{1}{2},\ \frac{1}{3},\ \cdots\right\} \subset \mathbb{Q}$이면, $\sup E = 1$, $\inf E = 0$이다. $1 \in E$이지만 $0 \notin E$이다. 그러므로 $\max E = 1$이다.

예제 1.9.4 집합 $S = \{1,\ 2,\ 3,\ 4,\ 6,\ 8,\ 9,\ 12,\ 18,\ 24,\ 36\}$ 위에는 그림 1.9.2와 같은 순서를 주자. 임의의 $a,\ b \in S$에 대하여 a가 b의 약수이면, $a < b$라고 정의하자. 집합 $E = \{4,\ 6,\ 12\}$에 대하여 E의 상계는 12, 24, 36이고, E의 하계는 1, 2이다. 그리고 $\sup E = 12$이고 $\inf E = 2$이다. $12 \in E$이지만 $2 \notin E$이다. 그러므로 $\max E = 12$이다.

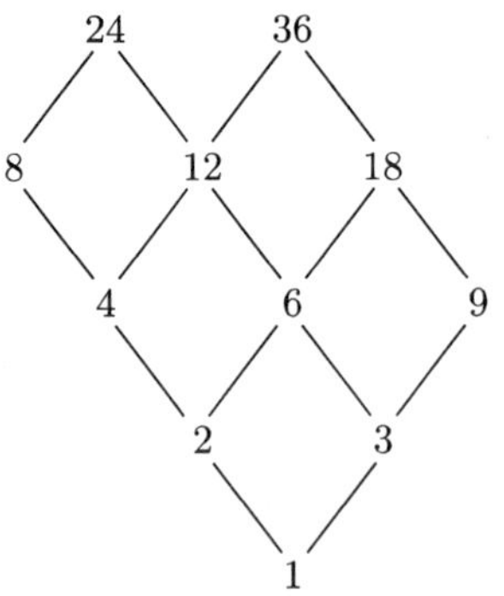

[그림 1.9.2] 집합 S 위의 순서도

정의 1.9.5

순서집합 S가 **최소상계의 성질**(least-upper-bound property)을 갖는다는 것은 공집합이 아니고 위로 유계인 임의의 집합 $E \subset S$가 S에서 $\sup E$가 존재할 때를 말한다.

$\mathbb{Q}$는 최소상계의 성질을 갖지 않는다. 예를 들어,

$$E = \{p \in \mathbb{Q}^+ \mid p^2 < 2\}$$

라고 하자. 그러면 E는 가장 큰 양의 유리수를 갖지 않는다. 그러나 $E \subset \mathbb{Q}$는 공집합이 아니고 위로 유계이다. 사실, $\sup E = \sqrt{2} \not\in \mathbb{Q}$이다.

정리 1.9.6

S는 최소상계의 성질을 갖는 순서집합이라 하자. $B \subset S$는 공집합이 아니고, 아래로 유계라고 하자. L은 B의 모든 하계들의 집합이라 하자. 그러면 $\beta = \sup L$은 S에서 존재하고, $\beta = \inf B$이다.

증명 B는 아래로 유계이고, L은 B의 모든 하계들의 집합이므로 $L \neq \varnothing$이다. 따라서 모든 $x \in B$는 L의 상계이다. 그러므로 L은 위로 유계이다. 가정에 의하여 $\sup L := \beta$는 S에서 존재한다.

만일 $\gamma < \beta$이면, 정의에 의하여 γ는 L의 상계가 아니다. 그러므로 $\gamma \not\in B$이다. 따라서 모든 $x \in B$에 대하여 $\beta \leq x$이다. 그러므로 $\beta \in L$이다.

만일 $\beta < \alpha$이면, β는 L의 상계이므로, $\alpha \not\in L$이다. 다시 말해, 만일 $\beta < \alpha$이면, β는 B의 하계이지만, α는 B의 하계가 아니다. 그러므로 $\beta = \inf B$이다. ◀

정리 1.9.7

최소상계의 성질을 갖는 순서체 $\mathbb{R}$이 존재한다. 더욱이, 순서체로서 $\mathbb{R}$은 유리수체 $\mathbb{Q}$를 포함한다.

이 정리의 증명은 좀 지루하다. 이 증명은 이 절의 마지막에 수록하기로 하자.

순서체 $\mathbb{R}$은 $\mathbb{Q}$의 **Dedekind의 절단**(cut)으로부터 구성된다. Dedekind의 절단에 대하여

알아보자.

$\mathbb{Q}$를 서로소인 공집합이 아닌 부분집합 C_1, C_2들로 분해하자. 즉,

$$\mathbb{Q} = C_1 \cup C_2, \ C_1 \cap C_2 = \varnothing .$$

그리고 C_1에 속하는 모든 유리수는 C_2에 속하는 모든 유리수보다 작다고 가정하자. 그러면 다음 세 가지 경우가 나타난다.

(i) C_1의 임의의 다른 유리수보다 더 큰 유리수가 C_1에 존재한다.

(ii) C_2의 임의의 유리수보다 더 작은 유리수가 C_2에 존재한다.

(iii) C_1에는 가장 큰 유리수가 존재하지 않고, C_2에는 가장 작은 유리수가 존재하지 않는다.

예를 들어보자. (i)의 경우에

$$C_1 = \{p \in \mathbb{Q} \mid p \le 100\}, \ C_2 = \{p \in \mathbb{Q} \mid p > 100\}$$

으로 놓으면, C_1, C_2는 서로소인 $\mathbb{Q}$의 부분집합이고, $\mathbb{Q} = C_1 \cup C_2$이다. 이때, $100 \in C_1$은 분명히 C_1의 임의의 다른 유리수보다 더 크다. 이러한 경우에 C_2는 가장 작은 유리수를 갖지 않는다.

(ii)의 경우도 유사하다. 이 경우에

$$C_1 = \left\{p \in \mathbb{Q} \,\middle|\, p < \frac{173}{4}\right\}, \ C_2 = \left\{p \in \mathbb{Q} \,\middle|\, p \ge \frac{173}{4}\right\}$$

로 놓자. 그러면 C_1, C_2는 서로소인 $\mathbb{Q}$의 부분집합이고, $\mathbb{Q} = C_1 \cup C_2$이다. 이때, $\frac{173}{4} \in C_2$은 분명히 C_2의 임의의 다른 유리수보다 더 작다. 이러한 경우에 C_1은 가장 큰 유리수를 갖지 않는다.

(iii)의 경우에

$$C_1 = \{p \in \mathbb{Q} \mid p \le 0\} \cup \{p \in \mathbb{Q} \mid p^2 \le 2, \ p > 0\}, \quad C_2 = \mathbb{Q} - C_1$$

으로 놓자. 만일 $p^2 > 2$이면, $p \in C_2$이고, 만일 $p^2 < 2$이면, $p \in C_1$이다. 그러나 $p^2 = 2$를 만족하는 유리수 p는 존재하지 않는다.

그러므로 C_1은 가장 큰 유리수를 포함하지 않고, C_2는 가장 작은 유리수를 포함하지 않는다.

이와 같은 집합 C_1, C_2를 Dedekind **절단**(cut)이라 하고, 간단히 **절단**이라 한다. 이때, C_1, C_2는 수(number) c를 결정한다고 해석한다. $c=(C_1 \mid C_2)$로 쓰자.

(i)의 경우의 예에서 $c=100$는 C_1에서 가장 큰 유리수이다.

(ii)의 경우의 예에서 $c=\dfrac{173}{4}$는 C_2에서 가장 작은 유리수이다.

만일 $c=(C_1 \mid C_2)$, $d=(D_1 \mid D_2)$가 (i) 또는 (ii)의 경우이면, c, d는 모두 유리수이므로, $c<d$, $c=d$, $c>d$는 잘 정의된다.

(iii)의 경우가 더 흥미롭다. $a=(A_1 \mid A_2)$은 (iii)의 경우이고, $c=(C_1 \mid C_2)$는 (i) 또는 (ii)의 경우라고 하자.

$(A_1 \mid A_2)$는 절단이므로, 모든 유리수는 A_1 또는 A_2에 속한다. 특히, c는 A_1 또는 A_2에 속한다. 만일 $c \in A_1$이면, $c<a$로, 만일 $c \in A_2$이면, $c>a$라고 정의하자. 분명히 $c=a$인 경우는 발생하지 않는다.

$a=(A_1 \mid A_2)$, $b=(B_1 \mid B_2)$는 모두 (iii)의 경우의 수(number)라고 하자. 이때, 만일 $A_1=B_1$이면, $a=b$라고 정의하자. 만일 $A_1-B_1 \neq \varnothing$이면, $a>b$로, 만일 $B_1-A_1 \neq \varnothing$이면, $b>a$로 정의하자. 그러면 임의의 두 절단

$$c=(C_1 \mid C_2), \quad d=(D_1 \mid D_2)$$

에 대하여 $c<d$, $c=d$, $c>d$ 중에서 단 하나가 결정된다. 경우 (i), (ii)의 절단들에 의하여 결정된 수(number)는 유리수이다. 그러나 경우 (iii)의 절단들에 의하여 결정된 수는 **무리수**(irrational number)라 한다. 유리수와 무리수들을 통틀어서 **실수**(real number)라고 한다. 무리수 전체의 집합은 $\mathbb{Q}^c$로, 실수 전체의 집합은 $\mathbb{R}$로 나타내면, $\mathbb{R}=\mathbb{Q}\cup\mathbb{Q}^c$이다.

만일 $a<b$, a, $b \in \mathbb{Q}$이면, 분명히 유리수 $c \in \mathbb{Q}$가 존재하여 $a<c<b$이다.

정리 1.9.8

(a) (Arichimedes) 만일 x, $y \in \mathbb{R}$이고, $x>0$이면, 양의 정수 n이 존재하여 $nx>y$이다.

(b) 만일 x, $y \in \mathbb{R}$이고, $x<y$이면, 유리수 $p \in \mathbb{Q}$가 존재하여 $x<p<y$이다.

(a) 때문에 실수체 $\mathbb{R}$은 **Archimedes의 성질**을 갖는다고 하고, (b) 때문에 유리수체 $\mathbb{Q}$는

실수체 $\mathbb{R}$에서 **조밀(dense)하다**고 말한다. 이것은 $\overline{\mathbb{Q}} = \mathbb{R}$을 의미한다. $\overline{\mathbb{Q}}$는 $\mathbb{Q}$의 폐포를 의미한다[1.22절 참고].

증명 (a) 결론이 성립하지 않는다고 가정하자. 즉, 모든 자연수 n에 대하여 $nx \le y$라고 가정하자. $A = \{nx \mid n \in \mathbb{N}\}$으로 놓자. 그러면 y는 A의 상계이다. $x \in A$이므로, $A \neq \varnothing$이다. 그러므로 최소상계의 성질에 의하여 A는 $\mathbb{R}$에서 최소상계를 갖는다. $\alpha = \sup A$로 놓자. $x > 0$이므로, $y \in A$가 존재하여 $\alpha - x < y \le \alpha$이다. $y \in A$이므로, $y = mx$, $m \in \mathbb{N}$꼴이다. 그러므로 $\alpha < (m+1)x$이고, $(m+1)x \in A$이다. α는 A의 최소상계이므로, 이것은 모순이다.

(b) $x < y$이므로, $y - x > 0$이다. (a)에 의하여 양의 정수 n이 존재하여 $n(y-x) > 1$이다. 다시 (a)를 적용하자. 그러면 양의 정수 m_1, m_2가 존재하여

$$m_1 \cdot 1 > nx, \quad m_2 \cdot 1 > -nx$$

이다. 따라서

$$-m_2 < nx < m_1$$

이다. 그러므로 정수 $m(-m_2 \le m \le m_1)$이 존재하여

$$m - 1 \le nx < m$$

이다. 따라서

$$nx < m < 1 + nx < ny$$

이다. $n > 0$이므로, $x < \dfrac{m}{n} < y$이다. 이때, $p = \dfrac{m}{n}$으로 놓으면 된다. ◀

따름정리 1.9.9

다른 두 실수 사이에 무리수가 존재한다.

증명 $a < b$, $a, b \in \mathbb{R}$이라 하자. 우선, a, b는 무리수라고 가정하자. 그러면 $\dfrac{a+b}{2}$는 유리수 또는 무리수이다. 만일 $\dfrac{a+b}{2}$는 무리수이라면, 증명할 것이 없다.

만일 $\frac{a+b}{2}$는 유리수이라면, $\frac{1}{2}\left(a+\frac{a+b}{2}\right)$는 무리수이다. 그러므로 다음을 알 수 있다.

$$a<\frac{1}{2}\left(a+\frac{a+b}{2}\right)<\frac{a+b}{2}<b.$$

만일 $a \in \mathbb{Q}$, $b \in \mathbb{Q}^c$ 또는 $a \in \mathbb{Q}^c$, $b \in \mathbb{Q}$이면, 자명하다.
끝으로, 만일 a, $b \in \mathbb{Q}$이면, 아르키메데스의 정리에 의하여 양의 정수 N이 존재하여 $N(b-a)>\sqrt{2}$이다. 분명히 $a+\frac{\sqrt{2}}{N}$은 무리수이고,
$a<a+\frac{\sqrt{2}}{N}<b$이다.

정리 1.9.10

모든 양의 실수 $x>0$와 모든 양의 정수 n에 대하여 유일한 실수 $y>0$가 존재하여 $y^n=x$이다.

이러한 수 y를 $\sqrt[n]{x}$ 또는 $x^{1/n}$으로 쓴다.

증명 **(유일성)** $y_i>0$, $i=1, 2$가 존재하여 $y_i^n=x$라고 하자. 그러면 $\mathbb{R}$은 순서체이므로, $y_1<y_2$, $y_1=y_2$ 또는 $y_1>y_2$ 중의 하나가 성립한다. $0<y_1<y_2$라고 가정하자. 그러면 $y_1^n<y_2^n$이다. 이것은 모순이다. $0<y_2<y_1$이라 가정하자. 그러면 $y_2^n<y_1^n$이므로, 이것은 모순이다. 따라서 $y_1=y_2$이다.

(존재성) $E=\{t\in\mathbb{R}^+ \mid t^n<x\}$로 놓자. 만일 $t=\frac{x}{1+x}$이면, $0<t<1$이다. 따라서 $t^n<t=\frac{x}{1+x}<x$이다. 그러므로 $t\in E$이다. 따라서 $E\neq\varnothing$이다. 만일 $t>1+x$이면, $t>1$이므로, $t^n>t>1+x>x$이다. 따라서 $t\not\in E$이다. 그러므로 $1+x$는 E의 상계이다. 따라서 집합 E는 공집합이 아니고 위로 유계이다. $\mathbb{R}$은 최소상계의 성질을 가지므로, $\mathbb{R}\ni y=\sup E$가 존재한다. $\mathbb{R}$은 순서체이므로, $y^n<x$, $y^n=x$, 또는 $y^n>x$ 중의 하나가 성립한다. $y^n=x$임을 보이자. $y^n\neq x$라고 가정하자. 그러면 $y^n<x$ 또는 $y^n>x$이다. $0<a<b$일 때, 다음이 성립함을 유의하자.

$$b^n - a^n = (b-a)(b^{n-1} + b^{n-2}a + \cdots + a^{n-1}) < (b-a)nb^{n-1}$$

$y^n < x$라고 가정하자. 다음을 만족하는 $h(0 < h < 1)$를 선택하자.

$$h < \frac{x - y^n}{n(y+1)^{n-1}}.$$

$a = y,\ b = y + h$로 놓자. 그러면

$$(y+h)^n - y^n < hn(y+h)^{n-1} < hn(y+1)^{n-1} < x - y^n$$

이다. 그러므로 $(y+h)^n < x$이다. 따라서 $y + h \in E$이다. $y + h > y = \sup E$이므로, 이것은 모순이다.

$y^n > x$라고 가정하자. $k = \dfrac{y^n - x}{ny^{n-1}}$로 놓자. 그러면 $0 < k < \dfrac{y^n}{ny^{n-1}} = \dfrac{y}{n} < y$이다. 만일 $t \geq y - k$이면,

$$y^n - t^n \leq y^n - (y-k)^n < kny^{n-1} = y^n - x$$

이다. 따라서 $t^n > x$이다. 그러므로 $t \not\in E$이다. 그러므로 $y - k$는 E의 상계이다. 그러나 $y - k < y = \sup E$이므로, 이것은 모순이다. 그러므로 $y^n = x$이다. ◀

따름정리 1.9.11

만일 $a,\ b > 0$이고 n는 양의 정수이면,

$$(ab)^{1/n} = a^{1/n} b^{1/n}$$

이다.

증명 $\alpha = a^{1/n},\ \beta = b^{1/n}$으로 놓자. 그러면

$$ab = \alpha^n \beta^n = (\alpha\beta)^n$$

이다. 그러므로 정리 1.9.10에 의하여

$$(ab)^{1/n} = \alpha\beta = a^{1/n} b^{1/n}$$

이다. ◀

실수 $x>0$에 대하여 n_0는 $n_0 \le x$를 만족하는 가장 큰 음이 아닌 정수라고 하자. n_1은 $n_1 \le 10(x-n_0)$, 즉, $n_0+\frac{n_1}{10} \le x$을 만족하는 가장 큰 음이 아닌 정수라고 하자. 이와 같이, n_0, n_1, $\cdots$, n_{k-1}이 선택되었다면, n_k는 다음을 만족하는 음이 아닌 가장 큰 정수라고 하자.

$$n_0+\frac{n_1}{10}+\cdots+\frac{n_k}{10^k} \le x.$$

이때, $E=\left\{n_0+\frac{n_1}{10}+\cdots+\frac{n_k}{10^k} \,\middle|\, k=0,\ 1,\ 2,\cdots\right\} \subset \mathbb{R}$으로 놓자. 그러면 E는 공집합이 아니고, 위로 유계이다. $\mathbb{R}$은 최소상계의 성질을 만족하므로, $\sup E$는 존재한다. 이때, $\sup E=x$임을 알 수 있다. 따라서 $x>0$를 십진법으로 소수 전개(decimal expansion)하면,

$$x=n_0 \cdot n_1 n_2 n_3 \cdots$$

이다. 그러므로 모든 양의 실수 x는

$$x=n+\alpha,\ n \in \mathbb{N} \cup \{0\},\ 0 \le \alpha < 1$$

의 형태를 갖는다.

자연수들의 덧셈과 곱셈연산은 다항식들의 덧셈과 곱셈으로 정의되고, 소수들의 덧셈은 수렴하는 급수들의 덧셈으로 정의된다. 한편, 소수들의 곱셈은 수렴하는 급수들의 코시곱(Cauchy product)으로 정의된다[8장 참고]. 이와 같은 방법으로 실수들의 덧셈과 곱셈을 정의한다. 각 집합 $\mathbb{N}$, $\mathbb{Z}$, $\mathbb{Q}$, $\mathbb{R}$ 위에 덧셈과 곱셈 연산을 통상적으로 정의하면, 다음을 알 수 있다.

[표 1.9.1] 덧셈연산

+	닫혀있다	결합법칙	교환법칙	항등원	역원
$\mathbb{N}$	○	○	○	×	×
$\mathbb{Z}$	○	○	○	○	○
$\mathbb{Q}$	○	○	○	○	○
$\mathbb{R}$	○	○	○	○	○

[표 1.9.2] 곱셈연산

·	닫혀있다	결합법칙	교환법칙	항등원	역원
$\mathbb{N}$	○	○	○	○	×
$\mathbb{Z}^*$	○	○	○	○	×
$\mathbb{Q}^*$	○	○	○	○	○
$\mathbb{R}^*$	○	○	○	○	○

여기서 $A^* = A - \{0\}$를 의미한다. 그리고 각 집합 위의 연산들은 좌·우 분배법칙을 만족한다.

오늘날 $(\mathbb{Z}, +, \cdot)$는 **항등원을 갖는 가환환**(commutative ring with identity), $(\mathbb{Q}, +, \cdot)$와 $(\mathbb{R}, +, \cdot)$는 각각 **유리수체**(rational field), **실수체**(real field)라고 부른다.

정리 1.9.7에 의하여 $\mathbb{R}$은 순서체이므로, 체 $(\mathbb{R}, +, \cdot)$에는 다음을 만족하는 부등식 $\leq$이 정의되어 있다.

(i) **(반사율)** 모든 실수 x에 대하여 $x \leq x$이다.

(ii) **(비대칭율)** 두 실수 x, y에 대하여 만일 $x \leq y$이고 $x \geq y$이면, $x = y$이다.

(iii) **(추이율)** 세 실수 x, y, z에 대하여 만일 $x \leq y$이고 $y \leq z$이면, $x \leq z$이다.

(iv) **(삼일율)** 두 실수 x, y가 주어지면, $x < y$, $x = y$, 또는 $x > y$ 중의 하나가 성립한다.

(v) 만일 x, y는 모두 양수, 즉, $x > 0$, $y > 0$이면, $x + y > 0$, $xy > 0$이다.

그러므로 정리 1.9.8 (b)와 따름정리 1.9.9에 의하여 모든 실수는 빈틈없이 일렬로 나열할 수 있는 것이다. 따라서 모든 실수들은 직선 위의 모든 점들과 일대일 대응한다.

부록

정리 1.9.7을 여러 단계로 나누어 증명한다.

정의 1.9.7.1

$\alpha \subset \mathbb{Q}$가 **절단**(cut)이란 다음 조건을 만족할 때를 말한다.

(1) α는 공집합이 아니고, $\alpha \neq \mathbb{Q}$이다.

(2) 만일 $p \in \alpha$, $q \in \mathbb{Q}$, $q < p$이면, $q \in \alpha$이다.

(3) 만일 $p \in \alpha$이면, $r \in \alpha$가 존재하여 $p < r$이다.

이것은 정리 1.9.7 이후의 절단 중에서 첫 번째 경우를 제외한 것을 의미한다.

앞으로, $p,\ q,\ r,\ \cdots$은 유리수를 나타내고, $\alpha,\ \beta,\ \gamma,\ \cdots$는 절단을 나타내기로 한다. $\mathbb{R}$은 모든 절단들의 집합이라 하자.

참고 (3)은 절단 α가 가장 큰 유리수를 갖지 않는다는 것을 의미한다. (2)가 성립하므로 다음을 알 수 있다.

$$\text{만일 } p\in\alpha,\ q\notin\alpha\text{이면, } p<q\text{이다.}$$
$$\text{만일 } r\notin\alpha,\ r<s\text{이면, } s\notin\alpha\text{이다.}$$

정의 1.9.7.2

절단 $\alpha,\ \beta$에 대하여 $\alpha<\beta$라는 것은 $\alpha\subsetneq\beta$일 때를 말한다.

정리 1.9.7.3

$\mathbb{R}$은 전순서집합이다.

증명 만일 $\alpha<\beta,\ \beta<\gamma$이면, 분명히 $\alpha<\gamma$가 성립한다. 임의의 절단 $\alpha,\ \beta$에 대하여

$$\alpha<\beta,\ \alpha=\beta,\ \alpha>\beta$$

중에서 단 하나가 성립한다는 것을 보이면 충분하다. 임의의 절단 $\alpha,\ \beta$에 대하여 $\alpha<\beta,\ \alpha=\beta,\ \alpha>\beta$ 중에서 많아야 하나가 성립한다는 것은 자명하다. 이 중에서 적어도 하나가 성립함을 보이기 위하여 처음 두 관계는 성립하지 않는다고 가정하자. 그러면 $\alpha\not\subset\beta$이다. 그러므로 $p\in\alpha-\beta$가 존재한다. $q\in\beta$이라 하자. $p\notin\beta$이므로 $q<p$이다. 따라서 $p\in\alpha$이므로, (2)에 의하여 $q\in\alpha$이다. 그러므로 $\beta\subset\alpha$이다. $\alpha\neq\beta$이므로 $\beta<\alpha$이다. 따라서 임의의 절단 $\alpha,\ \beta$에 대하여

$$\alpha<\beta,\ \alpha=\beta,\ \alpha>\beta$$

중에서 단 하나가 성립한다. ◀

정리 1.9.7.4
전순서집합 $\mathbb{R}$은 최소상계의 성질을 갖는다.

증명 $\varnothing \neq A \subset \mathbb{R}$이라 하고, $\beta \in \mathbb{R}$은 A의 상계라고 가정하자. $\gamma = \bigcup_{\alpha \in A} \alpha$라고 하자. 다시 말해, $p \in \gamma$이기 위한 필요충분조건은 $\alpha \in A$가 존재하여 $p \in \alpha$이다. 이때, $\gamma \in \mathbb{R}$이고, $\gamma = \sup A$임을 보이자.
먼저 γ는 절단임을 보이자.

$A \neq \varnothing$이므로, $\alpha_0 \in A$가 존재한다. $\varnothing \neq \alpha_0 \subset \gamma$이므로, $\gamma \neq \varnothing$이다. β는 A의 상계이므로, 모든 $\alpha \in A$에 대하여 $\alpha \subset \beta$이다. 그러므로 $\gamma = \bigcup_{\alpha \in A} \alpha \subset \beta \neq \mathbb{Q}$이다. 따라서 $\gamma \neq \mathbb{Q}$이다. 따라서 γ는 (1)을 만족한다.

만일 $p \in \gamma$, $q \in \mathbb{Q}$, $q < p$이면, $q \in \gamma$임을 보이자.
$p \in \gamma$, $q \in \mathbb{Q}$, $q < p$라고 하자. 그러면 $p \in \gamma = \bigcup_{\alpha \in A} \alpha$이므로, $\alpha_1 \in A$가 존재하여 $p \in \alpha_1$이다. $q < p$이고, α_1은 절단이므로, $q \in \alpha_1$이다. 따라서 $\alpha_1 \subset \gamma$이므로, $q \in \gamma$이다. 그러므로 γ는 (2)를 만족한다.

만일 $p \in \gamma$이면, $r \in \gamma$가 존재하여 $p < r$임을 보이자.
$p \in \gamma$라고 하자. 그러면 $\alpha_1 \in A$가 존재하여 $p \in \alpha_1$이다. α_1은 절단이므로, $r \in \alpha_1$이 존재하여 $p < r$이다. $\alpha_1 \subset \gamma$이므로 $r \in \gamma$이다, 그러므로 γ는 (3)을 만족한다. 따라서 γ는 절단이다.

$\gamma = \sup A$임을 보이자.
모든 $\alpha \in A$에 대하여 $\alpha \leq \gamma$가 성립한다는 것은 자명하다. 그러므로 γ는 A의 상계이다.
어떤 절단 $\delta \in \mathbb{R}$에 대하여 $\delta < \gamma = \bigcup_{\alpha \in A} \alpha$라고 가정하자. 그러면 임의의 $\alpha \in A$에 대하여 $\alpha < \delta$, $\alpha = \delta$, $\alpha > \delta$ 중에서 하나가 성립한다. 그러나 $s \in \gamma - \delta$가 존재한다. $s \in \gamma$이므로, $\alpha \in A$가 존재하여 $s \in \alpha$이다. $s \in \alpha - \delta$이므로, $\alpha - \delta \neq \varnothing$이다. 그러므로 $\delta < \alpha$이다. 따라서 δ는 A의 상계가 아니다. 이것은 $\gamma = \sup A$임을 의미한다. ◀

정리 1.9.7.5

α, $\beta \in \mathbb{R}$에 대하여 $\alpha+\beta := \{r+s \mid r\in\alpha,\ s\in\beta\}$라고 정의하자.
$0^* = \mathbb{Q}_- = \{r\in\mathbb{Q} \mid r<0\}$이라 하자. 이때, 0^*는 분명히 절단이다.

예비정리 1.9.7.6

α, $\beta\in\mathbb{R}$에 대하여 $\alpha+\beta$는 절단은 절단이다.

증명 $\alpha+\beta$는 공집합이 아니고, $\alpha+\beta\neq\mathbb{Q}$임을 보이자.
분명히 $\varnothing\neq\alpha+\beta\subset\mathbb{Q}$이다. $\alpha\neq\varnothing$, $\mathbb{Q}$이고 $\beta\neq\varnothing$, $\mathbb{Q}$이므로, $r'\not\in\alpha$, $s'\not\in\beta$가 존재한다. 그러므로 모든 $r\in\alpha$, $s\in\beta$에 대하여 $r'>r$, $s'>s$이다. $r'+s'>r+s$이므로, $r'+s'\not\in\alpha+\beta$이다. 따라서 $\alpha+\beta\neq\mathbb{Q}$이다. 그러므로 (1)이 성립한다.
만일 $p\in\alpha+\beta$, $q\in\mathbb{Q}$, $q<p$이면, $q\in\alpha+\beta$임을 보이자.
$p=r+s$, $r\in\alpha$, $s\in\beta$라고 하자. 만일 $q<p$, $q\in\mathbb{Q}$이면, $q-s<r$이고 α는 절단이므로, $q-s\in\alpha$이다. 따라서 $q=(q-s)+s\in\alpha+\beta$이다. 그러므로 (2)가 성립한다.

만일 $p\in\alpha+\beta$이면, $r\in\alpha+\beta$가 존재하여 $p<r$임을 보이자.
$p=r+s$, $r\in\alpha$, $s\in\beta$이라 하자. α는 절단이므로, $t>r$를 만족하는 $t\in\alpha$가 존재한다. 그러면 $p=r+s<t+s$이고 $t+s\in\alpha+\beta$이다. 그러므로 (3)이 성립한다. 따라서 $\alpha+\beta$는 절단이다. ◀

정리 1.9.7.7

$(\mathbb{R},\ +)$는 가환군이다.

증명 (A.1) **(닫혀있다)** 예비정리 1.9.7.6에 의하여 $\alpha+\beta$는 절단이다. 이것은 덧셈 연산이 닫혀있다는 것을 의미한다.

(A.2) **(교환법칙)** $\alpha+\beta=\{r+s \mid r\in\alpha,\ s\in\beta\}$이고 $\beta+\alpha=\{s+r \mid s\in\beta,\ r\in\alpha\}$이다. 모든 r, $s\in\mathbb{Q}$에 대하여 $r+s=s+r$이므로, $\alpha+\beta=\beta+\alpha$가 성립한다.

(A.3) (결합법칙) $\mathbb{Q}$에서는 결합법칙이 성립하므로, (A.2)에서와 같은 방법으로 하면,

$$(\alpha+\beta)+\gamma=\alpha+(\beta+\gamma)$$

가 성립함을 알 수 있다.

(A.4) (항등원) 0^*는 덧셈에 관한 항등원임을 보이자. 만일 $r\in\alpha$, $s\in 0^*$이면, $r+s<r$이고, α는 절단이므로, $r+s\in\alpha$이다. 따라서 $\alpha+0^*\subset\alpha$이다.

역으로, $\alpha\subset\alpha+0^*$를 보이기 위하여 $p\in\alpha$라고 하자. 그러면 $r\in\alpha$가 존재하여 $r>p$이다. $p-r\in 0^*$이고, $p=r+(p-r)\in\alpha+0^*$이므로, $\alpha\subset\alpha+0^*$이다. 따라서 $\alpha+0^*=\alpha$이다.

(A.5) (역원) 고정된 $\alpha\in\mathbb{R}$에 대하여

$$\beta=\{p\in\mathbb{Q}\mid \text{어떤 유리수 } r>0\text{에 대하여 } -p-r\notin\alpha\}$$

라고 하자. 어떤 유리수 $r>0$에 대하여 $-p-r\notin\alpha$라는 것은 $-p$보다 더 작은 어떤 유리수는 α에 속하지 않는다는 것이다. 이때, $\beta\in\mathbb{R}$이고 $\alpha+\beta=0^*$가 성립함을 보이려고 한다. 우선 β는 절단임을 보이자.

β는 공집합이 아니고, $\beta\neq\mathbb{Q}$임을 보이자.
α는 절단이므로, $s\notin\alpha$를 만족하는 $s\in\mathbb{Q}$가 존재한다. 이때, $p=-s-1\in\mathbb{Q}$로 놓자. 그러면 $-p-1=s\notin\alpha$이다. $1>0$이므로 β의 정의에 의하여 $p\in\beta$이다. 따라서 $\beta\neq\varnothing$이다.
α는 절단이므로, $q\in\alpha$가 존재한다. 이때, $-q\notin\beta$이다. 왜냐하면, 만일 $-q\in\beta$이라면, 유리수 $r>0$이 존재하여 $q-r\notin\alpha$이다. 그러므로 $q-r<q$이고, $q\in\alpha$이다. 따라서 $q-r\in\alpha$이다. 이것은 모순이다. 그러므로 $\beta\neq\mathbb{Q}$이다. 따라서 β는 (1)을 만족한다.

만일 $p\in\beta$, $q\in\mathbb{Q}$, $q<p$이면, $q\in\beta$임을 보이자.
$p\in\beta$, $q\in\mathbb{Q}$, $q<p$라고 하자. 그러면 유리수 $r>0$이 존재하여 $-p-r\notin\alpha$이다. $q<p$이므로, $-q-r>-p-r$이다. 따라서 $-q-r\notin\alpha$이다. 그러므로 $q\in\beta$이다. 따라서 β는 (2)를 만족한다.

만일 $p \in \beta$이면, $r \in \beta$가 존재하여 $p < r$임을 보이자.

$p \in \beta$라고 하자. 그러면 유리수 $r > 0$이 존재하여 $-p-r \not\in \alpha$이다. $t = p + \dfrac{r}{2} \in \mathbb{Q}$로 놓자. 그러면 $p < t$이고 $-t-\dfrac{r}{2} = -p-r \not\in \alpha$이므로, $t \in \beta$이다. 그러므로 β는 (3)을 만족한다.

따라서 β는 절단이다.

다음에 $\alpha + \beta = 0^*$임을 보이자.

$p = r + s \in \alpha + \beta$, $r \in \alpha$, $s \in \beta$이라 하자. $p - r = s \in \beta$이므로 유리수 $r_1 > 0$이 존재하여 $-s - r_1 \not\in \alpha$이다. 따라서 $-s - r_1 > r$이다. $-s > r + r_1 > r$이므로, $-s \not\in \alpha$이다. 그러므로 $p = r + s < 0$이다.

따라서 $\alpha + \beta \subset 0^*$이다.

역으로, $0^* \subset \alpha + \beta$임을 보이기 위하여 $v \in 0^*$라 하고 $w = -\dfrac{v}{2}$로 놓자. 이때, $w > 0$이므로, 정수 n이 존재하여 $nw \in \alpha$, $(n+1)w \not\in \alpha$이다. $p = -(n+2)w$로 놓자. $-p - w \not\in \alpha$이므로, $p \in \beta$이다. $v = nw + p \in \alpha + \beta$이므로, $0^* \subset \alpha + \beta$가 성립한다. 따라서 $\alpha + \beta = 0^*$이다. 이때, $\beta = -\alpha$로 쓰자. ◀

정리 1.9.7.8

α, β, $\gamma \in \mathbb{R}$에 대하여 만일 $\beta < \gamma$이면, $\alpha + \beta < \alpha + \gamma$이다.

증명 분명히 $\alpha + \beta \subset \alpha + \gamma$가 성립한다. 만일 $\alpha + \beta = \alpha + \gamma$이라면, $\beta = \gamma$이므로, 이것은 모순이다. 그러므로 $\alpha + \beta < \alpha + \gamma$이다. 분명히 $\alpha > 0^*$이기 위한 필요충분조건은 $-\alpha < 0^*$이다. ◀

정리 1.9.7.9

$\mathbb{R}^+ = \{\alpha \in \mathbb{R} \mid \alpha > 0^*\}$이라 하자. 만일 α, $\beta \in \mathbb{R}^+$이면,

$$\alpha\beta := \{p \in \mathbb{Q} \mid \text{어떤 } r \in \alpha,\ s \in \beta\text{에 대하여 } p \le rs,\ r > 0,\ s > 0\},$$
$$1^* := \{q \in \mathbb{Q} \mid q < 1\}$$

이라 정의하자.

정리 1.9.7.10

$(\mathbb{R}^+, \cdot)$는 가환군이고 좌분배법칙이 성립한다. 특히, α, $\beta > 0^*$이면, $\alpha\beta > 0^*$가 성립한다.

증명 정리 1.9.7.7의 증명과 유사하다. ◀

정의 1.9.7.11

$\alpha 0^* = 0^* \alpha = 0^*$이라 하고

$$\alpha\beta = \begin{cases} (-\alpha)(-\beta), & \alpha < 0^*,\ \beta < 0^* \\ -[(-\alpha)\beta], & \alpha < 0^*,\ \beta > 0^* \\ -[\alpha(-\beta)], & \alpha > 0^*,\ \beta < 0^* \end{cases}$$

이라 하자.

정리 1.9.7.12

$(\mathbb{R} - \{0^*\}, \cdot)$는 가환군이다.

증명 정리 1.9.7.10에서 $(\mathbb{R}^+, \cdot)$는 가환군임을 보였으므로, $\gamma = -(-\gamma)$를 반복해서 적용함으로써 결과가 나온다. ◀

정리 1.9.7.13

α, β, $\gamma \in \mathbb{R}$에 대하여 $\alpha(\beta + \gamma) = \alpha\beta + \alpha\gamma$가 성립한다.

증명 좌분배법칙이 성립한다는 것은 여러 가지 경우로 나누어 증명할 수 있다. 예를 들어, $\alpha > 0^*$, $\beta < 0^*$, $\beta + \gamma > 0^*$라고 가정하자. 그러면 $\gamma = (\beta + \gamma) + (-\beta)$이고, $\mathbb{R}^+$에서는 좌분배법칙이 성립하므로,

$$\alpha\gamma = \alpha(\beta + \gamma) + \alpha(-\beta) = \alpha(\beta + \gamma) - (\alpha\beta)$$

가 성립한다. 그러므로 $\alpha(\beta + \gamma) = \alpha\beta + \alpha\gamma$이다. 다른 경우도 비슷한 방법으로 하면 된다. ◀

정리 1.9.7.14

만일 각 $r \in \mathbb{Q}$에 대하여 $r^* = \{p \in \mathbb{Q} \mid p < r\}$이라 하면, $r^* \in \mathbb{R}$임을 알 수 있다. 이러한 절단들은 다음과 같은 관계를 만족한다.

(a) $r^* + s^* = (r+s)^*$

(b) $r^* s^* = (rs)^*$

(c) $r^* < s^*$이기 위한 필요충분조건은 $r < s$이다.

증명 (a) $p \in r^* + s^*$라고 하자. 그러면 $p = u + v$, $u < r$, $v < s$이므로, $p < r + s$이다. 따라서 $p \in (r+s)^*$이다. 그러므로 $r^* + s^* \subset (r+s)^*$가 성립한다. 역으로, $p \in (r+s)^*$라고 하자. 그러면 $p < r + s$이다. $2t = r + s - p$를 만족하는 t를 선택하자. 그러면 $t > 0$이다. $r' = r - t$, $s' = s - t$라 놓으면, $r' \in r^*$, $s' \in s^*$이고, $p = r' + s'$이다, 그러므로 $p \in r^* + s^*$이다. 따라서 $(r+s)^* \subset r^* + s^*$이다. 그러므로 (a)가 성립한다.

(b) (a)의 증명과 유사하다.

(c) 만일 $r < s$이면, $r \in s^*$이지만 $r \notin r^*$이다. 그러므로 $r^* < s^*$이다.
만일 $r^* < s^*$이면, $p \in s^* - r^*$가 존재한다. 그러므로 $r \le p < s$이다. 따라서 $r < s$이다. 그러므로 (c)가 성립한다. ◀

정리 1.9.7.15

$\mathbb{Q}$는 $\mathbb{R}$의 부분체이다.

증명 정리 1.9.7.14에서 $\mathbb{Q} \to \mathbb{R} : r \mapsto r^*$는 덧셈, 곱셈, 순서를 보존함을 보였다. $\mathbb{Q}^* = \{r^* \mid r \in \mathbb{Q}\}$에 대하여 $\mathbb{Q} \cong \mathbb{Q}^*$이므로, $\mathbb{Q}^*$를 $\mathbb{Q}$로 간주하면, $\mathbb{Q}$는 $\mathbb{R}$의 부분체이다. ◀

1.10 구간

순서체 $\mathbb{R}$의 부분집합들 중에는 다음과 같은 **구간(interval)**들이 있다.

(1) $(a,\ b)=\{x\in\mathbb{R}\mid a<x<b\}$
(2) $(a,\ \infty)=\{x\in\mathbb{R}\mid a<x\}$
(3) $(-\infty,\ b)=\{x\in\mathbb{R}\mid x<b\}$
(4) $\mathbb{R}=\{x\in\mathbb{R}\mid -\infty<x<\infty\}$
(5) $[a,\ b]=\{x\in\mathbb{R}\mid a\le x\le b\}$
(6) $[a,\ \infty)=\{x\in\mathbb{R}\mid a\le x\}$
(7) $(-\infty,\ b]=\{x\in\mathbb{R}\mid x\le b\}$
(8) $(a,\ b]=\{x\in\mathbb{R}\mid a<x\le b\}$
(9) $[a,\ b)=\{x\in\mathbb{R}\mid a\le x<b\}$

(1), (2), (3), (4)는 **열린구간(open interval)**, (5), (6), (7)은 **닫힌구간(closed interval)**, (8), (9)는 **반 열린(닫힌)구간(half-open(closed) interval)**이라 한다.

참고 유계인 닫힌구간 $[a,\ b]$는 **긴밀집합(compact set)**이고, 모든 구간들은 **연결집합(connected set)**이다[1.24절 참고].

1.11 벡터공간

V는 집합이라 하자. V의 원소는 v, w, ⋯등과 같이 고딕체로 쓰자. 실수체 $(\mathbb{R},\ +,\ \cdot\ )$의 원소는 $a,\ b,\ \cdots$등과 같이 이탤릭체로 쓰자.

정의 1.11.1

V가 실수체 $\mathbb{R}$ 위에서의 **벡터공간(vector space)** 또는 **실벡터공간**이라는 것은 공리적으로 다음 성질을 만족하는 벡터덧셈 $\oplus$와 스칼라곱 $\odot$ 연산이 V에서 정의되어 있을 때를 말한다.

A. $(V,\ \oplus)$는 가환군이다.

M. **(스칼라곱)**

M.1 **(닫혀있다)** 임의의 $a\in\mathbb{R}$과 임의의 $\mathrm{v}\in V$에 대하여 $a\odot\mathrm{v}\in V$이다.

M.2 임의의 $a,\ b\in\mathbb{R}$과 임의의 $\mathrm{v}\in V$에 대하여

$$(a\cdot b)\odot\mathrm{v}=a\odot(b\odot\mathrm{v})$$

가 성립한다.

M.3 임의의 $\mathrm{v} \in V$에 대하여 $1 \odot \mathrm{v} = \mathrm{v}$, $1 \in \mathbb{R}$이다.

D. **(분배법칙)**

D.1 **(좌분배법칙)** 임의의 $a \in \mathbb{R}$과 임의의 v_1, $\mathrm{v}_2 \in V$에 대하여

$$a \odot (\mathrm{v}_1 \oplus \mathrm{v}_2) = (a \odot \mathrm{v}_1) \oplus (a \odot \mathrm{v}_2)$$

가 성립한다.

D.2 **(우분배법칙)** 임의의 a, $b \in \mathbb{R}$과 임의의 $\mathrm{v} \in V$에 대하여

$$(a + b) \odot \mathrm{v} = (a \odot \mathrm{v}) \oplus (b \odot \mathrm{v})$$

가 성립한다.

실벡터공간 V의 원소는 **벡터**(vector)라고 한다. 특히, 벡터덧셈 $\oplus$에 관한 항등원 O은 **영벡터**(zero vector)라고 한다. 벡터공간과 결합되는 실수체 $\mathbb{R}$은 **스칼라체**(scalar field)라고 한다.

앞으로, 실수들의 곱셈 $a \cdot b$는 ab, 벡터덧셈 $\mathrm{v}_1 \oplus \mathrm{v}_2$는 $\mathrm{v}_1 + \mathrm{v}_2$, 그리고 스칼라 곱 $a \odot \mathrm{v}$는 $a\mathrm{v}$로 쓴다. 전후관계를 파악하여 실수들의 연산과 벡터들의 연산을 구분하여야 한다.

실벡터공간 $(V, +, \cdot)$의 부분집합 W가 그 공간의 **부분공간**(subspace)이라는 것은 임의의 벡터 v_1, $\mathrm{v}_2 \in W$와 임의의 실수 a, $b \in \mathbb{R}$에 대하여 $a\mathrm{v}_1 + b\mathrm{v}_2 \in W$일 때를 말한다.

예제 1.11.2 $V = \mathbb{R}$인 경우를 생각하자. V의 벡터덧셈은 $\mathbb{R}$의 덧셈, V의 스칼라곱은 $\mathbb{R}$의 곱셈으로 정의하면, $V = \mathbb{R}$은 실벡터공간임을 알 수 있다. 그러므로 $(\mathbb{R}, +, \cdot)$은 순서체이고 동시에 실벡터공간임을 유의하자.

정의 1.11.3

실벡터공간 $(V, +, \cdot)$의 n개 벡터 v_1, v_2, $\cdots$, v_n이 **일차종속**(linearly dependent)이라는 것은 모두는 0이 아닌 실수 a_1, a_2, $\cdots$, a_n이 존재하여

$$a_1\mathrm{v}_1 + a_2\mathrm{v}_2 + \cdots + a_n\mathrm{v}_n = \mathrm{O}$$

을 만족할 때를 말한다. 그 벡터들이 일차종속이 아닐 때, 그들은 **일차독립**(linearly

independent)이라 한다. 다시 말해, 만일

$$a_1\mathrm{v}_1 + a_2\mathrm{v}_2 + \cdots + a_n\mathrm{v}_n = \mathrm{O}$$

이면,

$$a_1 = a_2 = \cdots = a_n = 0$$

일 때를 말한다. $a_1\mathrm{v}_1 + a_2\mathrm{v}_2 + \cdots + a_n\mathrm{v}_n$ 꼴의 벡터는 $\mathrm{v}_1, \mathrm{v}_2, \cdots, \mathrm{v}_n$의 **일차결합(linear combination)**이라 한다.

문제 1.11.1 $\mathrm{v}_1, \mathrm{v}_2, \cdots, \mathrm{v}_n$은 실벡터공간 V의 원소일 때,

$$\langle \mathrm{v}_1, \mathrm{v}_2, \cdots, \mathrm{v}_n \rangle := \{a_1\mathrm{v}_1 + \cdots + a_n\mathrm{v}_n \mid a_1, \cdots, a_n \in \mathbb{R}\}$$

은 V의 부분공간임을 보여라. 이러한 부분공간은 **벡터** $\mathrm{v}_1, \cdots, \mathrm{v}_n$**에 의하여 생성된 공간**이라 한다.

정의 1.11.4
벡터 $\mathrm{v}_1, \cdots, \mathrm{v}_n$이 실벡터공간 V의 **기저(basis)**라는 것은

(i) $\mathrm{v}_1, \cdots, \mathrm{v}_n$은 일차독립이고
(ii) $\langle \mathrm{v}_1, \cdots, \mathrm{v}_n \rangle = V$

일 때를 말한다. 이때, n은 실벡터공간 V의 **차원(dimension)**이라 하고, $n = \dim V$로 나타낸다.

참고 (a) 임의의 벡터 $\mathrm{v} \in V$는 V의 기저 $\mathrm{v}_1, \cdots, \mathrm{v}_n$의 일차결합으로 유일하게 표시된다.
(b) n차원 실벡터공간 V의 $n+1$개 이상의 벡터들은 반드시 일차종속이다.
(c) n차원 실벡터공간 V의 n개의 일차독립인 벡터들은 V의 기저가 된다.

정의 1.11.5

V는 실벡터공간이라 하자. V가 **실내적공간**(real inner product space)이라는 것은 공리적으로 다음 성질을 만족하는 연산

$$\langle \cdot, \cdot \rangle : V \times V \to \mathbb{R} : (\mathrm{v}, \mathrm{w}) \mapsto \langle \mathrm{v}, \mathrm{w} \rangle$$

가 정의되어 있을 때를 말한다.

(i) 임의의 $\mathrm{v} \in V$에 대하여 $\langle \mathrm{v}, \mathrm{v} \rangle \geq 0$이고, $\langle \mathrm{v}, \mathrm{v} \rangle = 0$이기 위한 필요충분조건은 $\mathrm{v} = \mathrm{O}$이다.

(ii) 임의의 $\mathrm{v}_1, \mathrm{v}_2, \mathrm{w} \in V$에 대하여

$$\langle \mathrm{v}_1 + \mathrm{v}_2, \mathrm{w} \rangle = \langle \mathrm{v}_1, \mathrm{w} \rangle + \langle \mathrm{v}_2, \mathrm{w} \rangle$$

가 성립한다.

(iii) 임의의 $a \in \mathbb{R}$과 임의의 $\mathrm{v}, \mathrm{w} \in V$에 대하여

$$\langle a\mathrm{v}, \mathrm{w} \rangle = a \langle \mathrm{v}, \mathrm{w} \rangle$$

가 성립한다.

(iv) 임의의 $\mathrm{v}, \mathrm{w} \in V$에 대하여

$$\langle \mathrm{v}, \mathrm{w} \rangle = \langle \mathrm{w}, \mathrm{v} \rangle$$

가 성립한다.

참고 내적 $\langle \mathrm{v}, \mathrm{w} \rangle$는 $\mathrm{v} \cdot \mathrm{w}$로도 쓰기도 한다.

(iv)에 의하여 다음을 알 수 있다.

$$\langle \mathrm{v}, \mathrm{w}_1 + \mathrm{w}_2 \rangle = \langle \mathrm{v}, \mathrm{w}_1 \rangle + \langle \mathrm{v}, \mathrm{w}_2 \rangle,$$
$$\langle a\mathrm{v}, \mathrm{w} \rangle = \langle \mathrm{v}, a\mathrm{w} \rangle = a \langle \mathrm{v}, \mathrm{w} \rangle.$$

(i) 때문에 벡터 $\mathrm{v} \in V$의 **노름**(norm) $\|\mathrm{v}\|$을 다음과 같이 정의한다.

$$\|\mathrm{v}\| := \langle \mathrm{v}, \mathrm{v} \rangle^{1/2}.$$

이것은 벡터 v의 길이(크기)를 의미한다.

예제 1.11.6 실벡터공간 $V=\mathbb{R}$을 생각하자. 여기서 임의의 실수(벡터) $x,\ y\in V$에 대하여 $\langle x,\ y\rangle$은 실수들의 곱셈으로 정의하면, $(V,\ +,\ \cdot,\ \langle\cdot,\ \cdot\rangle)$는 실내적공간임을 알 수 있다.

x의 노름은 정의에 의하여 $\|x\|=\langle x,\ x\rangle^{1/2}=(x^2)^{1/2}$이다. 특히, 이를 $|x|$로 쓰고, x의 **절댓값(absolute value)**이라고 한다.

정리 1.11.7

V는 실벡터공간이라 하자. 그러면 임의의 벡터 $\mathrm{v},\ \mathrm{w}\in V$에 대하여

$$|\langle \mathrm{v},\ \mathrm{w}\rangle|\leq\|\mathrm{v}\|\|\mathrm{w}\|$$

이다. 이 부등식을 **슈바르츠 부등식(Schwartz' inequality)**이라 한다.

증명 만일 $\langle \mathrm{v},\ \mathrm{w}\rangle=0$ 또는 $\mathrm{v}=O$이면, 자명하다. $\langle \mathrm{v},\ \mathrm{w}\rangle\neq 0,\ \mathrm{v}\neq O$이라 가정하자. 임의의 실수 $\lambda\in\mathbb{R}$에 대하여

$$\begin{aligned}0\leq\|\lambda\mathrm{v}+\mathrm{w}\|^2&=\langle\lambda\mathrm{v}+\mathrm{w},\ \lambda\mathrm{v}+\mathrm{w}\rangle\\&=\lambda^2\langle\mathrm{v},\ \mathrm{v}\rangle+2\lambda\langle\mathrm{v},\ \mathrm{w}\rangle+\langle\mathrm{w},\ \mathrm{w}\rangle\\&=\lambda^2\|\mathrm{v}\|^2+2\lambda\langle\mathrm{v},\ \mathrm{w}\rangle+\|\mathrm{w}\|^2\end{aligned}$$

이다. 그러므로 $\langle\mathrm{v},\ \mathrm{w}\rangle^2-\|\mathrm{v}\|^2\|\mathrm{w}\|^2\leq 0$이다. 따라서

$$|\langle \mathrm{v},\ \mathrm{w}\rangle|\leq\|\mathrm{v}\|\|\mathrm{w}\|$$

가 성립한다. ◀

노름은 다음과 같은 성질을 만족한다는 것을 알 수 있다.

(i) 임의의 $\mathrm{v}\in V$에 대하여 $\|\mathrm{v}\|\geq 0$이고, $\|\mathrm{v}\|=0$이기 위한 필요충분조건은 $\mathrm{v}=O$이다.

(ii) 임의의 실수 $a\in\mathbb{R}$과 임의의 벡터 $\mathrm{v}\in V$에 대하여

$$\|a\mathrm{v}\|=|a|\|\mathrm{v}\|$$

가 성립한다.

(iii) **(삼각부등식)** 임의의 벡터 v, w $\in V$에 대하여

$$\|\mathrm{v}+\mathrm{w}\| \leq \|\mathrm{v}\|+\|\mathrm{w}\|$$

가 성립한다.

(i)과 (ii)는 자명하다. (iii)을 증명해보자. 슈바르츠 부등식에 의하여 다음을 얻는다.

$$\begin{aligned}\|\mathrm{v}+\mathrm{w}\|^2 &= \langle \mathrm{v}+\mathrm{w},\ \mathrm{v}+\mathrm{w}\rangle = \|\mathrm{v}\|^2+2\langle \mathrm{v},\ \mathrm{w}\rangle+\|\mathrm{w}\|^2 \\ &\leq \|\mathrm{v}\|^2+2\|\mathrm{v}\|\|\mathrm{w}\|+\|\mathrm{w}\|^2 \\ &= (\|\mathrm{v}\|+\|\mathrm{w}\|)^2.\end{aligned}$$

그러므로 삼각부등식이 성립한다.

참고 삼각부등식에 의하여 다음을 알 수 있다.

$$|\|\mathrm{v}\|-\|\mathrm{w}\|| \leq \|\mathrm{v}-\mathrm{w}\| \leq \|\mathrm{v}\|+\|\mathrm{w}\|.$$

예제 1.11.6에서 $V=\mathbb{R}$은 실내적공간이므로, 임의의 $x \in V=\mathbb{R}$에 대하여 $\|x\|=(x^2)^{1/2}=|x|$이다. 그러므로 다음을 알 수 있다.

(i) 임의의 $x \in V=\mathbb{R}$에 대하여 $|x| \geq 0$이고, $|x|=0$이기 위한 필요충분조건은 $x=0$이다.

(ii) 임의의 $a \in \mathbb{R}$과 임의의 $x \in V=\mathbb{R}$에 대하여

$$|ax|=|a||x|$$

가 성립한다.

(iii) (삼각부등식) 임의의 $x,\ y \in V=\mathbb{R}$에 대하여

$$|x+y| \leq |x|+|y|$$

가 성립한다.

(iv) 노름의 정의에 의하여 $|x|^2=x^2$이다.

참고 노름이 정의되어 있는 실벡터공간은 **노름공간(normed space)**이라 한다. 그러므로 순서체 $\mathbb{R}$에는 실벡터공간 구조와 내적, 그리고 노름이 정의되어 있는 것으로 간주한다.

실내적공간은 노름공간이다. 그러나 일반적으로 그 역은 성립하지 않는다.

1.12 거리공간

V는 집합이라 하자. V의 원소는 **점(point)**이라고 하자.

정의 1.12.1
V가 **거리공간(metric space)**이라는 것은 공리적으로 다음과 같은 성질을 만족하는 함수

$$d : V \times V \to \mathbb{R} : (p,\ q) \mapsto d(x,\ y)$$

가 정의되어 있을 때를 말한다.

(i) 임의의 $p,\ q \in V$에 대하여 $d(p,\ q) \geq 0$이고, $d(p,\ q) = 0$이기 위한 필요충분조건은 $p = q$이다.

(ii) 임의의 $p,\ q \in V$에 대하여

$$d(p,\ q) = d(q,\ p)$$

가 성립한다.

(iii) **(삼각부등식)** 임의의 $p,\ q \in V$가 주어지면, 임의의 $r \in V$에 대하여

$$d(p,\ q) \leq d(p,\ r) + d(r,\ q)$$

가 성립한다.

이러한 세 가지 성질들을 만족하는 함수 d는 **거리함수(distance function)**라 하고, $d(p,\ q)$는 점 p에서 점 q까지의 **거리(distance)**라고 한다.

예제 1.12.2 실내적공간 $V = \mathbb{R}$을 생각하자. 여기에는 노름 $|x|$가 정의되어 있다. 임의의 $x,\ y \in V = \mathbb{R}$에 대하여

$$d(x,\ y) := |x - y|$$

로 정의하면, $(V,\ d)$는 거리공간임을 알 수 있다. 그러므로 $\mathbb{R}$은 순서체, 실벡터공간, 실내적공간, 노름공간, 그리고 거리공간으로 간주한다.

1.13 $\mathbb{R}$의 데카르트 곱 $\mathbb{R}^n$의 벡터구조

대부분의 수학은 순서체 $(\mathbb{R}, +, \cdot, \leq)$로부터 건설되는 것이다.

$\mathbb{R}^n$은 순서체 $\mathbb{R}$의 n-번 데카르트 곱

$$\mathbb{R} \times \cdots \times \mathbb{R}$$

이라 하자. 즉, 모든 n개의 실수들의 순서쌍 $(x_1, \cdots, x_n)$ 전체의 집합이라 하자. 이러한 순서쌍은 항상 $\mathrm{x} = (x_1, \cdots, x_n)$과 같이 단일 문자로 쓰기로 하자. $\mathbb{R}^1 = \mathbb{R}$이라 하자.

앞으로, $\mathbb{R}^n$ 위에는 사전식 순서(dictionary order)가 주어졌다고 가정한다.

집합 $\mathbb{R}^n$의 원소

$$\mathrm{x} = (x_1, \cdots, x_n), \ \mathrm{y} = (y_1, \cdots, y_n)$$

들이 같다, 즉, $\mathrm{x} = \mathrm{y}$라는 것은 그들의 대응하는 각 성분들이 같을 때를 말한다. 즉,

$$x_i = y_i, \ i = 1, 2, \cdots, n$$

일 때를 말한다. $\mathbb{R}^n$의 원소는 **점(point)**이라고 한다.

$\mathbb{R}^n$ 위에 다음과 같이 벡터덧셈과 스칼라 곱 연산을 정의하자.

임의의 $\mathrm{x} = (x_1, \cdots, x_n)$, $\mathrm{y} = (y_1, \cdots, y_n) \in \mathbb{R}^n$와 임의의 실수 $a \in \mathbb{R}$에 대하여

$$\mathrm{x} + \mathrm{y} := (x_1 + y_1, \cdots, x_n + y_n)$$
$$a \cdot \mathrm{x} := (ax_1, \cdots, ax_n)$$

이라 정의하자. 그러면 $(\mathbb{R}^n, +, \cdot)$는 공리적으로 **실벡터공간(real vector space)**의 정의를 만족한다는 것을 알 수 있다.

$\mathbb{R}^n$의 원소 $\mathrm{x} = (x_1, \cdots, x_n)$는 원점 $\mathrm{O} = (0, \cdots, 0)$을 출발점, 점 $(x_1, \cdots, x_n)$을 종점으로 하는 위치벡터를 의미한다. 이것은 공간 $\mathbb{R}^n$ 위의 점(point)으로도 사용한다. $\mathbb{R}^n$ 위의 두 점

$$P(x_1, \cdots, x_n), \ Q(y_1, \cdots, y_n)$$

에 대하여 벡터 $\overrightarrow{PQ}$는 점 P를 출발점, 점 Q를 종점으로 하는 유향선분을 말한다. 이때,

$$\overrightarrow{PQ} = \mathrm{v} = (y_1 - x_1, \cdots, y_n - x_n) \in \mathbb{R}^n$$

이다. 그러므로 $\mathbb{R}^n$ 위의 점 $P(x_1, \cdots, x_n)$을 출발점으로 하는 벡터 $\mathrm{v}=(v_1, \cdots, v_n)\in\mathbb{R}$의 종점 Q는 $(x_1+v_1, \cdots, x_n+v_n)$이다.

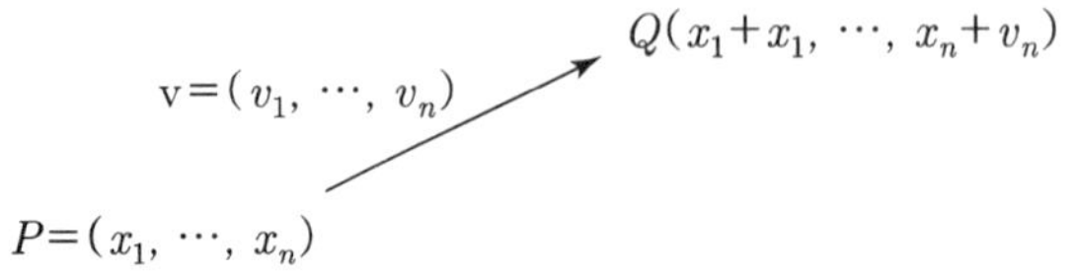

[그림 1.13.1] 벡터 $\overrightarrow{PQ}$

실벡터공간 $\mathbb{R}^n$ 위의 두 벡터

$$\overrightarrow{PQ}=\mathrm{v}=(v_1, \cdots, v_n),\ \overrightarrow{P'Q'}=\mathrm{w}=(w_1, \cdots, w_n)$$

가 **합동이다(같다)**, 즉, $\mathrm{v}=\mathrm{w}$라는 것은 $v_i=w_i$, $i=1, 2, \cdots, n$일 때를 말한다. 기하학적으로 이것은 한 벡터를 평행이동하여 다른 벡터와 일치할 때를 의미하는 것이다. 이러한 관계는 동치관계를 만족한다. 그러므로 벡터는 유향선분들의 동치류를 의미한다.

문제 1.13.1 (a) 실벡터공간 $\mathbb{R}^3$의 벡터

$$\mathrm{e}_1=(1, 0, 0),\ \mathrm{e}_2=(0, 1, 0),\ \mathrm{e}_3=(0, 0, 1)$$

은 $\mathbb{R}^3$의 기저임을 보여라.

(b) 실벡터공간 $\mathbb{R}^3$의 벡터

$$\mathrm{v}_1=(1, 0, 1),\ \mathrm{v}_2=(1, 1, 0),\ \mathrm{v}_3=(1, 1, 1)$$

은 $\mathbb{R}^3$의 기저임을 보여라.

(c) 다음 중 실벡터공간 $\mathbb{R}^2$의 부분공간인 것은?

$$W_1=\{(x, y)\in\mathbb{R}^2 \mid y=2x\},$$
$$W_2=\{(x, y)\in\mathbb{R}^2 \mid 2x+y=1\}.$$

(d) 다음 중 실벡터공간 $\mathbb{R}^3$의 부분공간인 것은?

$$W_1=\{(x, y, z)\in\mathbb{R}^3 \mid y=2x\},$$
$$W_2=\{(x, y, z)\in\mathbb{R}^3 \mid 2x+y=1\},$$

$$W_3 = \{(x,\ y,\ z) \in \mathbb{R}^3 \mid 2x + y - z = 1\},$$
$$W_4 = \{(x,\ y,\ z) \in \mathbb{R}^3 \mid 2x + y - z = 0\}.$$

실벡터공간 $\mathbb{R}^n$ 위에 다음과 같은 표준내적을 정의하자.

정의 1.13.1

임의의 벡터 $\mathrm{x} = (x_1,\ \cdots,\ x_n)$, $\mathrm{y} = (y_1,\ \cdots,\ y_n) \in \mathbb{R}^n$에 대하여

$$\langle \mathrm{x},\ \mathrm{y} \rangle := x_1 y_1 + \cdots + x_n y_n$$

이라 정의하자. 그러면 내적 $\langle \cdot,\ \cdot \rangle$은 공리적으로 정의된 내적의 성질들을 만족함을 알 수 있다. 따라서 $\mathbb{R}^n$의 벡터의 **노름(norm)**을 정의할 수 있다.

정의 1.13.2

벡터 $\mathrm{x} = (x_1,\ \cdots,\ x_n) \in \mathbb{R}^n$의 노름은 다음과 같이 정의한다.

$$\|\mathrm{x}\| := \langle \mathrm{x},\ \mathrm{x} \rangle^{1/2} = (x_1^2 + \cdots + x_n^2)^{1/2}.$$

정의 1.13.3

벡터 $\mathrm{y} \in \mathbb{R}^n$를 벡터 $\mathrm{x} \in \mathbb{R}^n$에 수직으로 내린 벡터는 x에 대한 y의 **정사영(projection) 벡터**라고 하고, $\mathrm{Proj}_{\mathrm{x}}(\mathrm{y})$로 나타낸다. $\mathrm{Proj}_{\mathrm{x}}(\mathrm{y}) = k\mathrm{x}$, $k \in \mathbb{R}$꼴이다.

정리 1.13.4

벡터 $\mathrm{x},\ \mathrm{y} \in \mathbb{R}^n$들의 사잇각은 θ라고 하자. 그러면

$$\langle \mathrm{x},\ \mathrm{y} \rangle = \|\mathrm{x}\| \|\mathrm{y}\| \cos\theta$$

이다.

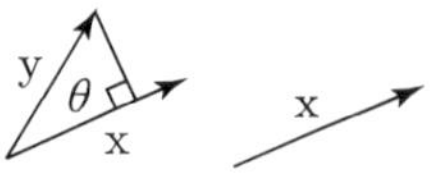

[그림 1.13.2] 벡터들의 사잇각과 정사영

증명 $0 < \theta < \dfrac{\pi}{2}$라고 가정하자. 그러면 피타고라스의 정리에 의하여

$$\|\mathrm{y}\|^2 = \|k\mathrm{x}\|^2 + \|\mathrm{y} - k\mathrm{x}\|^2$$

이다. 따라서 다음을 얻는다.

$$\|\mathrm{y}\|^2 = k^2\|\mathrm{x}\|^2 + \|\mathrm{y}\|^2 - 2k\langle \mathrm{x},\ \mathrm{y}\rangle + k^2\|\mathrm{x}\|^2,$$

$$k = \frac{\langle \mathrm{x},\ \mathrm{y}\rangle}{\langle \mathrm{x},\ \mathrm{x}\rangle}.$$

그러므로

$$\mathrm{Proj}_{\mathrm{y}}(\mathrm{x}) = k\mathrm{x} = \frac{\langle \mathrm{x},\ \mathrm{y}\rangle}{\langle \mathrm{x},\ \mathrm{x}\rangle} \cdot \mathrm{x}$$

이다. 이때,

$$\|\mathrm{y}\|\cos\theta = \|\mathrm{Proj}_{\mathrm{y}}(\mathrm{x})\| = \frac{\langle \mathrm{x},\ \mathrm{y}\rangle}{\|\mathrm{x}\|^2}\|\mathrm{x}\|$$

이므로,

$$\langle \mathrm{x},\ \mathrm{y}\rangle = \|\mathrm{x}\|\,\|\mathrm{y}\|\cos\theta$$

이다. 이것은 θ가 둔각일 때도 성립함을 알 수 있다. ◀

참고 만일 $\langle \mathrm{x},\ \mathrm{y}\rangle = 0$이면, $\theta = \dfrac{\pi}{2}$이므로, 벡터 x, y는 서로 직교한다. 그 역도 성립한다. 이때, $\mathrm{x} \perp \mathrm{y}$로 나타낸다.

실내적공간 $\mathbb{R}^n$에 좌표구조를 주기 위해서는 $\mathbb{R}^n$의 기저를 선택해야 한다. 그러한 기저들은 무수히 많이 존재한다. 그러나 기저원소의 수는 변함이 없다는 것은 이미 잘 알려져 있다. 만일 $\mathrm{v}_1,\ \mathrm{v}_2,\ \cdots,\ \mathrm{v}_n \in \mathbb{R}^n$이 기저이면, 임의의 $\mathrm{x} \in \mathbb{R}^n$은 $\mathrm{v}_1,\ \mathrm{v}_2,\ \cdots,\ \mathrm{v}_n$들의 일차결합으로 다음과 같이 유일하게 나타낼 수 있다.

$$\mathrm{x} = a_1\mathrm{v}_1 + \cdots + a_n\mathrm{v}_n,\ a_i \in \mathbb{R}.$$

이때, $a_1,\ \cdots,\ a_n$은 기저 $\mathrm{v}_1,\ \cdots,\ \mathrm{v}_n$에 관한 **좌표성분(coordinate component)**이라 한다. 이러한 기저들 중에는 길이가 1이고, 서로 수직인 **정규직교기저(orthonormal basis)**가 존재한다.

학교수학에서의 좌표구조는 이러한 정규직교기저에 의하여 결정된 직교축을 사용하는 것이다. 그 중에는 다음과 같은 **표준정규직교기저(canonical orthonormal basis)**가 있다.

정의 1.13.5

실내적적공간 $\mathbb{R}^n$의 모든 벡터 $\mathrm{x}=(x_1,\ \cdots,\ x_n)$은 다음과 같이 유일하게 나타낼 수 있다.

$$\mathrm{x}=x_1(1,\ 0,\ 0,\ \cdots,\ 0,\ 0)+x_2(0,\ 1,\ 0,\ \cdots,\ 0,\ 0)+\cdots+x_n(0,\ 0,\ 0,\ \cdots,\ 0,\ 1).$$

$\mathrm{e}_1=(1,\ 0,\ \cdots,\ 0),\ \cdots,\ \mathrm{e}_n=(0,\ \cdots,\ 0,\ 1)$이라 놓으면, 벡터 $\mathrm{e}_1,\ \cdots,\ \mathrm{e}_n$들은 길이가 1이고, 서로 수직임을 알 수 있다. 즉,

$$\langle \mathrm{e}_i,\ \mathrm{e}_j\rangle=\begin{cases}1, & i=j\\ 0, & i\neq j\end{cases}.$$

이때, $\{\mathrm{e}_1,\ \mathrm{e}_2,\ \cdots,\ \mathrm{e}_n\}$은 $\mathbb{R}^n$의 **표준정규직교기저(canonical orthonormal basis)**라고 한다.

기저 $\{\mathrm{e}_1,\ \cdots,\ \mathrm{e}_n\}$의 수가 n이므로, $\mathbb{R}^n$은 **n-차원(dimension) 실내적공간**이다. 벡터 x는 기저 $\mathrm{e}_1,\ \cdots,\ \mathrm{e}_n$에 관하여 일차결합으로 유일하게 나타낼 수 있으므로, 즉,

$$\mathrm{x}=(x_1,\ \cdots,\ x_n)=x_1\mathrm{c}_1+\cdots+x_n\mathrm{e}_\mathrm{n}$$

이므로, x_i는 통상적으로 점 x의 i-번째 **좌표성분(coordinate component)**이다.

$\mathbb{R}^n$의 표준정규직교기저원소들을 일정한 각으로 회전시키면, 정규직교기저를 얻을 수 있다.

참고 표준내적이 정의되어 있는 2차원 실내적공간 $\mathbb{R}^2$로부터 복소수를 정의해보자.

유클리드 거리공간 $\mathbb{R}$는 전순서와 실수의 곱셈으로 표준내적이 정의되어 있는 1차원 실벡터공간이고, 유클리드 거리공간 $\mathbb{R}^2$는 사전식 순서와 표준내적이 정의되어 있는 2차원 실벡터공간임을 유의하자. 또한, $\mathbb{R}$은 표준정규기저로서 벡터 1을 갖고, $\mathbb{R}^2$는 표준정규직교기저 $\mathrm{e}_1=(1,\ 0),\ \mathrm{e}_2=(0,\ 1)$을 갖는다는 것을 유의하자.

$\mathbb{R}\times\{0\}$와 $\{0\}\times\mathbb{R}$은 실벡터공간 $\mathbb{R}^2$의 부분공간임을 알 수 있다. 사상

$$\mathbb{R}\to\mathbb{R}\times\{0\}: x\mapsto (x, 0) \text{와 } \mathbb{R}\to\{0\}\times\mathbb{R}: x\mapsto(0, x)$$

는 벡터공간 동형사상(vector space isomorphism)이고, 순서와 내적을 보존함을 알 수 있다.

실내적공간 $\mathbb{R}^2=\{(x, y)\mid x, y\in\mathbb{R}\}$ 위에 다음과 같은 새로운 곱셈연산을 정의하자.

$$(x_1, y_1)\cdot(x_2, y_2) := (x_1x_2-y_1y_2,\ x_1y_2+x_2y_1).$$

정의에 의하여

$$(x_1, 0)+(x_2, 0)=(x_1+x_2, 0)$$
$$(x_1, 0)\cdot(x_2, 0)=(x_1x_2, 0)$$

이므로, 사상 $x\mapsto(x, 0)$는 덧셈과 곱셈연산을 보존한다. 그러므로 $\mathbb{R}\times\{0\}$는 $\mathbb{R}$과 **체 동형**(field isomorphic)이다. 이때, $(x, 0)$는 x와 동일시 하고, $(x, 0)\equiv x$라고 쓰자. 그러나 $\{0\}\times\mathbb{R}$은 $\mathbb{R}$과 체 동형이 아니다. 그 이유는 정의에 의하여

$$(0, 1)\cdot(0, 1)=(-1, 0)$$

이기 때문이다. 이때 $(0, 1)$는 i로 나타내자. 즉, $(0, 1)\equiv i$. 그러면 $i^2=-1$이다.

$\mathrm{e}_1=(1, 0)$, $\mathrm{e}_2=(0, 1)$은 $\mathbb{R}^2$의 기저이므로, $(x, y)\in\mathbb{R}^2$는 다음과 같이 유일하게 나타낼 수 있다.

$$\begin{aligned}(x, y)&=(x, 0)+(0, y)\\&\equiv x+y(0, 1)\\&:=x+yi.\end{aligned}$$

이때, $z=(x, y)=x+yi$를 **복소수**(complex number)라고 한다. $\bar{z}=x-yi$는 z의 **공액**(conjugate)라고 한다.

$$x+0i=(x, 0)\equiv x$$

이므로

$$\mathbb{C}=\{x+yi\mid x, y\in\mathbb{R}\}$$

로 놓으면, $\mathbb{R}\subset\mathbb{C}$이다. $\mathbb{C}$는 실벡터공간으로서 2차원 실벡터공간 $\mathbb{R}^2$로 간주할 수 있다. 여기에는 벡터덧셈과 스칼라 곱뿐만 아니라 위와 같은 곱셈연산이 정의되어 있는 것이다. 즉,

$$(x_1+y_1i)+(x_2+y_2i):=(x_1+x_2)+(y_1+y_2)i,$$
$$a(x+yi):=ax+ayi,\ a\in\mathbb{R},$$
$$(x_1+y_1i)\cdot(x_2+y_2i):=(x_1x_2-y_1y_2)+(x_1y_2+x_2y_1)i.$$

또한, $\mathbb{C}$는 1차원 복소벡터공간임을 알 수 있다. 이때, 스칼라체는 자기 자신 $\mathbb{C}$이다.

복소벡터공간 $\mathbb{C}$ 위에는, $\mathbb{R}^2$에서와는 달리, 다음과 같은 복소내적이 정의되어 있는 것이다.

$$\langle z,\ w\rangle:=z\cdot\overline{w},\ z,\ w\in\mathbb{C}.$$

복소내적의 성질은 실내적의 성질 중에서 다음 사실만 다르다.

$$\langle z,\ w\rangle=\overline{\langle w,\ z\rangle},\ z,\ w\in\mathbb{C}.$$

이때, 복소수 $z=x+yi$의 노름, 즉, 절댓값은 다음과 같이 정의한다.

$$\begin{aligned}\|z\|=|z|&:=\langle z,\ z\rangle^{1/2}\\&=(z\cdot\overline{z})^{1/2}\\&=(x^2+y^2)^{1/2}.\end{aligned}$$

참고 복소수의 덧셈과 곱셈에 관하여 $(\mathbb{C},\ +,\ \cdot\ )$는, 실수체 $\mathbb{R}$과 같이, 체의 성질들을 가지고 있음 알 수 있다. 실수체 $\mathbb{R}$은 전순서체(totally ordered field)이지만, 복소수체 $\mathbb{C}$는 그렇지 않다.

1.14 행렬

실내적공간 $\mathbb{R}^n$의 m-번 데카르트 곱 $\mathbb{R}^n\times\cdots\times\mathbb{R}^n=(\mathbb{R}^n)^m$을 생각하자. 이것은 $\mathbb{R}$의 nm-번 데카르트 곱 $\mathbb{R}^{nm}$과 같다. $(\mathbb{R}^n)^m$의 원소 x는 $\mathrm{x}=(x_1,\ x_2,\ \cdots,\ x_{nm})$와 같이 나타낼 수 있지만, 다음과 같이 쓰기로 하자.

$$\begin{aligned}\mathrm{x}&=(\mathrm{x}_1,\ \mathrm{x}_2,\ \cdots,\ \mathrm{x}_m)\\&=(x_{11},\ x_{12},\ \cdots,\ x_{1n};x_{21},\ x_{22},\ \cdots,\ x_{2n};\cdots;x_{m1},\ x_{m2},\ \cdots,\ x_{mn}).\end{aligned}$$

여기서 $\mathrm{x}_i\in\mathbb{R}^n$이다. $(\mathbb{R}^n)^m$ 위의 벡터덧셈과 스칼라 곱을 $\mathbb{R}^n$에서와 같이 정의하면,

$(\mathbb{R}^n)^m$은 실내적공간임을 알 수 있다.

x는 다음과 같이 나타내자.

$$\mathrm{x} = \begin{pmatrix} x_{11} & x_{12} & \cdots & x_{1n} \\ x_{21} & x_{22} & \cdots & x_{2n} \\ \vdots & \vdots & \cdots & \vdots \\ x_{m1} & x_{m2} & \cdots & x_{mn} \end{pmatrix} = (x_{ij}).$$

이를 **행(row)**의 수가 m이고 **열(column)**의 수가 n인 **행렬(matrix)**이라 한다. 간단히, $m \times n$ 행렬이라 한다. 여기서 x_{ij}는 행렬 x의 $(i,\ j)$-**성분(component)**이라고 한다. 모든 성분이 0인 행렬은 **영행렬(zero matrix)**이라 하고, O로 나타낸다.

그러면 $(\mathbb{R}^n)^m$은 실수의 성분들을 갖는 모든 $m \times n$ 행렬들의 집합 $M_{mn}(\mathbb{R})$과 같다. 따라서 $M_{mn}(\mathbb{R})$은 실내적공간이다.

앞으로, 행렬은 영문자의 대문자로, 그 행렬의 성분은 대응하는 영문자의 소문자로 쓰기로 한다. 예를 들어, $A = (a_{ij})$와 같이 나타낸다.

$m \times n$ 행렬 $A = (a_{ij})$, $B = (b_{ij})$이 **같다**, 즉, $A = B$라는 것은 모든 $i,\ j$에 대하여 $a_{ij} = b_{ij}$일 때를 말한다.

행렬의 (벡터)덧셈과 스칼라 곱은 $\mathbb{R}^n$에서와 같이 다음과 같이 정의한다.

정의 1.14.1

$m \times n$ 행렬 $A = (a_{ij})$, $B = (b_{ij})$과 실수 $a \in \mathbb{R}$에 대하여

$$A + B := (a_{ij} + b_{ij}),$$
$$aA := (aa_{ij}).$$

정의 1.14.2

만일 $A = (a_{ij})$는 $m \times n$ 행렬이고, $B = (b_{ij})$는 $n \times l$ 행렬이면, 그 행렬들의 곱셈은 다음과 같이 정의한다.

$$AB := C = (c_{ij}).$$

여기서 $c_{ij} = \sum_{k=1}^{n} a_{ik} b_{kj}$이다. 그러면 $C = (c_{ij})$는 $m \times l$ 행렬로 된다.

주의 행렬의 덧셈은 같은 꼴의 행렬들에 대해서만 정의되고, 행렬의 곱 AB는 A의 열의 수와 B의 행의 수가 같아야만 정의된다.

문제 1.14.1 다음 행렬의 곱을 구하여라.

(a) $\begin{pmatrix} 1 & 2 \\ 3 & 1 \end{pmatrix}\begin{pmatrix} 2 & 4 & 2 \\ 3 & 0 & -1 \end{pmatrix}$

(b) $\begin{pmatrix} 1 & 2 & 1 \\ 2 & 1 & 1 \\ 1 & 1 & 2 \end{pmatrix}\begin{pmatrix} 1 \\ 1 \\ 1 \end{pmatrix}$

(c) $\begin{pmatrix} -1 & 2 & 0 \\ 1 & -3 & 1 \\ -1 & -2 & 3 \end{pmatrix}\begin{pmatrix} 1 & 0 & 1 \\ 0 & 1 & 1 \\ 1 & 2 & 1 \end{pmatrix}$

임의의 실수 $a,\ b \in \mathbb{R}$과 $m \times n$ 행렬 $A = (a_{ij})$에 대하여

$$(ab)A = a(bA)$$

가 성립한다. 이것은 정의에 의하여 자명하다.

행렬의 곱셈이 정의되어 있을 때, 행렬의 곱셈에 관하여 결합법칙이 성립하고 행렬의 곱셈은 덧셈에 관하여 좌·우 분배법칙을 만족함을 알 수 있다.

정리 1.14.3

(a) 만일 $A = (a_{ij})$는 $m \times n$ 행렬, $B = (b_{ij})$는 $n \times l$ 행렬, $C = (c_{ij})$는 $l \times s$ 행렬이면,

$$(AB)C = A(BC)$$

가 성립한다.

(b) 만일 $A = (a_{ij})$는 $m \times n$ 행렬이고, $B = (b_{ij})$, $C = (c_{ij})$는 $n \times l$행렬이면,

$$A(B + C) = AB + AC$$

가 성립한다.

(c) 만일 $A = (a_{ij})$, $B = (b_{ij})$는 $m \times n$ 행렬이고, $C = (c_{ij})$는 $n \times l$ 행렬이면,

$$(A + B)C = AC + BC$$

가 성립한다.

증명 (a) $AB:=D=(d_{ij})$, $DC:=E=(e_{ij})$, $BC:=F=(f_{ij})$, $AF:=G=(g_{ij})$라고 놓자. 그러면 $e_{ij}=g_{ij}$임을 보이면 된다.

$d_{ij}=\sum_{k=1}^{n} a_{ik}b_{kj}$이고, $e_{ij}=\sum_{t=1}^{l} d_{it}c_{tj}$이므로,

$$\begin{aligned} e_{ij} &= \sum_{t=1}^{l} d_{it}c_{tj} = \sum_{t=1}^{l}\left(\sum_{k=1}^{n} a_{ik}b_{kt}\right)c_{tj} \\ &= \sum_{k=1}^{n} a_{ik}\left(\sum_{t=1}^{l} b_{kt}c_{tj}\right) \\ &= \sum_{k=1}^{n} a_{ik}f_{kj} = g_{ij} \end{aligned}$$

이다.

(b)와 (c)의 증명도 (a)의 증명과 같은 방법으로 하면 된다. ◀

참고 곱셈이 정의되어 있더라도 일반적으로 교환법칙은 성립하지 않는다. 왜냐하면, 만일 $A=\begin{pmatrix}1 & 1\\ 0 & 0\end{pmatrix}$, $B=\begin{pmatrix}0 & 1\\ 0 & 1\end{pmatrix}$이면,

$$AB=\begin{pmatrix}0 & 2\\ 0 & 0\end{pmatrix}, \quad BA=\begin{pmatrix}0 & 0\\ 0 & 0\end{pmatrix}$$

이므로, $AB \neq BA$이기 때문이다.

$m=n$인 경우를 생각하자.

정의 1.14.4

$n\times n$ 행렬 $A=(a_{ij})$는 n**차-정사각행렬(square matrix)**이라 한다. 특히, 성분이

$$a_{ij}=\delta_{ij}:=\begin{cases}1, & i=j\\ 0, & i\neq j\end{cases}$$

인 $n\times n$ 행렬 (δ_{ij})은 E_n으로 나타내고, n차-**항등행렬 또는 단위행렬(identity matrix)**이라 한다.

임의의 $m\times n$ 행렬 $A=(a_{ij})$에 대하여 다음이 성립함을 알 수 있다.

$$E_m A = A, \quad AE_n = A.$$

정의 1.14.5

만일 $n \times n$ 행렬 $A = (a_{ij})$에 대하여 $n \times n$ 행렬 $B = (b_{ij})$가 존재하여

$$AB = BA = E_n$$

이면, B는 A의 **역행렬**(inverse matrix)이라 하고, $B = A^{-1}$로 나타낸다. 역행렬을 갖는 행렬은 **가역행렬**(invertible matrix)이라 한다.

분명히 항등행렬 E_n은 가역행렬이고, $E_n^{-1} = E_n$이다.

정리 1.14.6

(a) 만일 n차-정사각행렬 A, B가 가역행렬이면, AB도 가역행렬이고,

$$(AB)^{-1} = B^{-1}A^{-1}$$

이다.

(b) 만일 n차-정사각행렬 A는 가역행렬이고, $0 \neq a \in \mathbb{R}$이면, A^{-1}와 aA도 가역행렬이고,

$$(A^{-1})^{-1} = A$$

$$(aA)^{-1} = \frac{1}{a}A^{-1}$$

이다.

증명 (a)

$$(AB)(B^{-1}A^{-1}) = A(BB^{-1})A^{-1} = AE_nA^{-1} = AA^{-1} = E_n$$

$$(B^{-1}A^{-1})(AB) = B^{-1}(A^{-1}A)B = B^{-1}E_nB = B^{-1}B = E_n$$

이므로, $(AB)^{-1} = B^{-1}A^{-1}$이다. (역원은 유일하다는 것을 유의하여라.)

(b) 자명하다. ◀

n차-정사각행렬 $A=(a_{ij})$의 i-번째 행은 $\mathrm{a}_i=(a_{i1},\ a_{i2},\ \cdots,\ a_{in})$, j-번째 열은

$$\mathrm{a}^j=\begin{pmatrix}a_{1j}\\a_{2j}\\\vdots\\a_{nj}\end{pmatrix}:={}^t(a_{1j},\ a_{2j},\ \cdots,\ a_{nj})$$

으로 쓰자. 이를 각각 A의 i**-번째 행벡터**(row vector), j**-번째 열벡터**(column vector)라고 한다. 그러면

$$A=\begin{pmatrix}\mathrm{a}_1\\\mathrm{a}_2\\\vdots\\\mathrm{a}_n\end{pmatrix}:={}^t(\mathrm{a}_1,\ \mathrm{a}_2,\ \cdots,\ \mathrm{a}_n)[=(\mathrm{a}^1,\ \mathrm{a}^2,\ \cdots,\ \mathrm{a}^n)]$$

이다.

다음과 같은 행렬들은 가역행렬이다.

(i) E_n의 i-번째 행벡터와 j-번째 행벡터를 서로 바꾸어 얻어진 행렬 $E_n^{i\leftrightarrow j}$은 가역행렬이고, $(E_n^{i\leftrightarrow j})^{-1}=E_n^{i\leftrightarrow j}$이다.

(ii) E_n의 i-번째 행벡터에 상수 $c\neq 0$를 스칼라 곱하여 얻어진 행렬 $E_n^{c\times i}$은 가역행렬이고, $(E_n^{c\times i})^{-1}=E_n^{(1/c)\times i}$이다.

(iii) E_n의 i-번째 행벡터에 상수 c를 스칼라 곱하여 얻어진 벡터를 j-번째 행벡터에 더하여 얻어진 행렬 $E_n^{c\times i+j}$은 가역행렬이고, $(E_n^{c\times i+j})^{-1}=E_n^{(-c)\times i+j}$이다.

이와 같이 얻어진 세 종류의 행렬들을 **기본행렬**(elemetrary matrix)이라 한다. 따라서 기본행렬들의 역행렬은 다시 기본행렬임을 알 수 있다.

n차-정사각행렬 A의 좌측에 기본행렬을 곱한다는 의미는 다음과 같다.

(1) $E_n^{i\leftrightarrow j}A$는 A의 i-번째 행벡터와 j-번째 행벡터를 서로 교환하여 얻어진 행렬이다.

(2) $E_n^{c\times i}A$는 A의 i-번째 행벡터에 상수 c를 스칼라 곱하여 얻어진 행렬이다.

(3) $E_n^{c\times i+j}A$는 A의 i-번째 행벡터에 상수 c를 스칼라 곱하여 얻어진 벡터를 j-번째 행벡터에 더하여 얻어진 행렬이다.

따라서 n차-정사각행렬에 시행한 다음과 같은 연산은 **행에 관한 기본연산**(elementary operation with respect to rows)이라 한다.

(i) 두 행벡터들을 서로 바꾼다.

(ii) 한 행벡터에 상수배한다.

(iii) 한 행벡터에 상수배하여 다른 행벡터에 더한다.

만일 행렬 A의 좌측에 기본행렬들을 곱하여 얻어진 행렬이 B이면, 즉,

$$I_k I_{k-1} \cdots I_1 A = B$$

이면, 행렬 A, B는 **동치(equivalent)**라 하고, $A \sim B$로 나타낸다.
이것은 B가 A에 행에 관한 기본연산을 k-번 시행하여 얻어진 행렬을 의미한다.

만일 행렬 A의 좌측에 기본행렬들을 곱하여 얻어진 행렬이 항등행렬, 즉,

$$I_k I_{k-1} \cdots I_1 A = E_n,\ I_i\text{는 기본행렬}$$

이면, 다시 말해, $A \sim E_n$이면, A는 가역행렬이고, $A^{-1} = I_k I_{k-1} \cdots I_1$이다. 따라서

$$A = (A^{-1})^{-1} = (I_k I_{k-1} \cdots I_1)^{-1} = I_1^{-1} I_2^{-1} \cdots I_{k-1}^{-1} I_k^{-1}$$

이다. 기본행렬들의 역행렬은 기본행렬이므로, 다음 정리를 얻는다.

정리 1.14.7

n차-정사각행렬 A에 대하여 다음은 서로 동치이다.

(a) A는 가역행렬이다.

(b) A는 E_n과 동치이다.

(c) A는 기본행렬들의 곱으로 표시된다.

기본행렬(행에 관한 기본연산)들을 이용하여 역행렬을 구해보자.

만일 A가 가역행렬이면, 기본행렬 I_i들이 존재하여

$$I_k I_k - 1 \cdots I_1 A = E_n$$

이다. 이때, $A^{-1} = I_k I_{k-1} \cdots I_1$이다. 그러므로 A^{-1}는 다음과 같은 방법으로 구할 수 있다.

행렬 $(A \,\vdots\, E_n)$에 기본행렬 I_i들에 대응하는 행에 관한 기본연산을 시행하여 얻어진 동치인 행렬 $(E_n \,\vdots\, B)$에서 B가 A^{-1}인 것이다.

예제 1.14.8 행렬 $A=\begin{pmatrix}1 & 2\\3 & 7\end{pmatrix}$의 역행렬을 구해보자.

$$\left(\begin{array}{cc:cc}1 & 2 & 1 & 0\\3 & 7 & 0 & 1\end{array}\right) \sim \left(\begin{array}{cc:cc}1 & 2 & 1 & 0\\0 & 1 & -3 & 1\end{array}\right) \sim \left(\begin{array}{cc:cc}1 & 0 & 7 & -2\\0 & 1 & -3 & 1\end{array}\right)$$

이므로, $A^{-1}=\begin{pmatrix}7 & -2\\-3 & 1\end{pmatrix}$이다.

정의 1.14.9

행렬 $B=(b_{ij})$가 $m\times n$ 행렬 $A=(a_{ij})$의 **전치행렬(transpose matrix)**이라는 것은

$$b_{ij}=a_{ji}$$

일 때를 말하고, $B={}^tA$로 나타낸다. 그러면 ${}^tA$는 $n\times m$ 행렬로 된다.

만일 $A=(a_{ij})$, $B=(b_{ij})$는 n차-정사각행렬이고, $a\in\mathbb{R}$이면, 다음이 성립한다는 것을 알 수 있다.

(1) $${}^t(aA)=a\,{}^tA$$

(2) $${}^t(AB)={}^tB\ {}^tA$$

특히, A가 가역행렬이면,

(3) $$({}^tA)^{-1}={}^t(A^{-1})$$

이다.

1.15 행렬식

$$\operatorname{sgn}x:=\begin{cases}1, & x>0\\0, & x=0\\-1, & x<0\end{cases}$$

이라 정의하자. 집합 $J_n=\{1,\ 2,\ \cdots,\ n\}$에 대하여

$$S_n = \{\sigma \mid \sigma : J_n \to J_n \text{는 전단사}\}$$

이라 하자. 그러면 S_n의 원소의 수는 $n!$임을 알 수 있다. S_n의 원소 σ는 **치환(permutation)** 이라 한다. 치환

$$\sigma : J_n \to J_n : k \mapsto \sigma(k) := j_k$$

는 $\sigma = (j_1, j_2, \cdots, j_n)$로 쓰자. 즉, $\sigma(k) = j_k$.

$$s(\sigma) = s(j_1, \cdots, j_n) := \prod_{p<q} \mathrm{sgn}(j_q - j_p)$$

라고 정의하자. 그러면 $s(\sigma) = 1, -1, 0$이다. 만일 $\sigma = (j_1, \cdots, j_n)$의 임의의 두 성분을 교환하면, 그 부호는 바뀐다. 즉, 만일 $p < q$일 때,

$$s(j_1, \cdots, j_p, \cdots, j_q, \cdots, j_n) = -s(j_1, \cdots, j_q, \cdots, j_p, \cdots, j_n)$$

이다.

정의 1.15.1

n차-정사각행렬 $A = (a_{ij})$에 대하여 A의 **행렬식(determinant)** $\det A$는

$$\det A := \sum_{\sigma \in S_n} s(\sigma) a_{1\sigma(1)} \cdots a_{n\sigma(n)}$$

이라 정의하자. 행렬 A의 j-번째 열벡터 x_j는

$$\mathrm{x}_j = \sum_{i=1}^{n} a_{ij} \mathrm{e}_i, \ 1 \le j \le n$$

이다. $\det A$는 A의 열벡터들의 함수로 간주하는 것이 편리하다. 만일 $\det(\mathrm{x}_1, \cdots, x_n) = \det A$로 쓰면, det는 $Mat_n(\mathbb{R}) = (\mathbb{R}^n)^n$에서 $\mathbb{R}$로의 함수이다. 즉,

$$\det : \mathbb{R}^n \times \cdots \times \mathbb{R}^n \to \mathbb{R}.$$

행렬 $A = (a_{ij})$의 행렬식은 $|A|$로 나타내기도 한다.

2차-정사각행렬 $A = \begin{pmatrix} a_{11} & a_{12} \\ a_{21} & a_{22} \end{pmatrix}$의 행렬식은 정의 1.15.1에 의하여 다음과 같다.

$$\det A = \begin{vmatrix} a_{11} & a_{12} \\ a_{21} & a_{22} \end{vmatrix} = a_{11}a_{22} - a_{12}a_{22}.$$

[행렬식의 전개] n차-정사각행렬 $A = (a_{ij})$에서 i-번째 행과 j-번째 열을 소거하여 얻어진 $(n-1)$차-정사각행렬을 A_{ij}라고 하자. 그러면 행렬식 $\det A$는 다음과 같이 전개할 수 있다는 것이 이미 잘 알려져 있다.

$$\det A = \sum_{j=1}^{n} (-1)^{i+j} a_{ij} \det A_{ij}$$

$$\left[= \sum_{i=1}^{n} (-1)^{i+j} a_{ij} \det A_{ij} \right].$$

첫 번째 전개식은 i-번째 행을 따라 전개한 것이고, 두 번째 전개식은 j-번째 열을 따라 전개한 것이다. 이때,

$$D_{ij} = (-1)^{i+j} \det A_{ij}$$

는 a_{ij}의 **여인자(cofactor)**라고 한다.

행렬식의 전개로부터 다음을 알 수 있다.

$$\begin{vmatrix} a_{11} & a_{12} & a_{13} & \cdots & a_{1n} \\ 0 & a_{22} & a_{23} & \cdots & a_{2n} \\ 0 & 0 & a_{33} & \cdots & a_{3n} \\ \vdots & \vdots & \ddots & \ddots & \vdots \\ 0 & 0 & 0 & \cdots & a_{nn} \end{vmatrix} = a_{11}a_{22} \cdots a_{nn}, \quad \begin{vmatrix} a_{11} & 0 & 0 & \cdots & 0 \\ a_{21} & a_{22} & 0 & \cdots & 0 \\ a_{31} & a_{32} & a_{33} & \cdots & 0 \\ \vdots & \vdots & \ddots & \ddots & \vdots \\ a_{n1} & a_{n2} & a_{n3} & \cdots & a_{nn} \end{vmatrix} = a_{11}a_{22} \cdots a_{nn}.$$

특히, $\det E_n = 1$이다.

예제 1.15.2 행렬식 $\begin{vmatrix} 3 & 2 & 0 \\ -1 & 0 & 1 \\ 2 & 4 & 5 \end{vmatrix}$을 2행과 3열을 따라 각각 전개하여 행렬식의 값을 구해보자.

$$\begin{vmatrix} 3 & 2 & 0 \\ -1 & 0 & 1 \\ 2 & 4 & 5 \end{vmatrix} = (-1)^{2+1}(-1)\begin{vmatrix} 2 & 0 \\ 4 & 5 \end{vmatrix} + (-1)^{2+2}0 \cdot \begin{vmatrix} 3 & 0 \\ 2 & 5 \end{vmatrix} + (-1)^{2+3}1 \cdot \begin{vmatrix} 3 & 2 \\ 2 & 4 \end{vmatrix}$$

$$= 10 - 8 = 2$$

$$\begin{vmatrix} 3 & 2 & 0 \\ -1 & 0 & 1 \\ 2 & 4 & 5 \end{vmatrix} = (-1)^{1+3}0 \cdot \begin{vmatrix} -1 & 0 \\ 2 & 4 \end{vmatrix} + (-1)^{2+3}1 \cdot \begin{vmatrix} 3 & 2 \\ 2 & 4 \end{vmatrix} + (-1)^{3+3}5 \cdot \begin{vmatrix} 3 & 2 \\ -1 & 0 \end{vmatrix}$$

$$= -8 + 10 = 2.$$

참고 행렬식의 값을 구할 때는 0인 성분들을 많이 갖는 행벡터 또는 열벡터를 따라 전개하면 편리하다. 이와 같은 방법을 계속하여 행렬식의 차수를 줄여나가면 차수가 큰 행렬식의 값을 구할 수 있다. 그러나 이것은 매우 지루하다. 그러므로 행렬식의 성질을 알 필요가 있다.

[행렬식의 성질] 행렬식은 다음과 같은 성질을 만족한다.

(i) A의 두 열벡터들을 교환하여 얻어진 행렬 B의 행렬식 $\det B$는 $-\det A$와 같다. 즉,

$$\det(\mathrm{x}_1, \cdots, \mathrm{x}_k, \cdots, \mathrm{x}_j, \cdots, \mathrm{x}_n) = -\det(\mathrm{x}_1, \cdots, \mathrm{x}_j, \cdots, \mathrm{x}_k, \cdots, \mathrm{x}_n).$$

특히. 두 열벡터가 같으면, 그 행렬식의 값은 0이다.

(ii) 만일 A의 j-번째 열벡터가 두 열벡터들의 합으로 되어 있으면, A의 행렬식은 각 열벡터를 j-번째 열벡터로 갖고 그 이외의 열벡터들이 변함이 없는 두 행렬의 행렬식들의 합과 같다. 즉,

$$\begin{aligned}&\det(\mathrm{x}_1, \mathrm{x}_2, \cdots, \mathrm{x}_j + \mathrm{x}_j', \cdots, \mathrm{x}_n)\\ &\quad = \det(\mathrm{x}_1, \mathrm{x}_2, \cdots, \mathrm{x}_j, \cdots, \mathrm{x}_n) + \det(\mathrm{x}_1, \mathrm{x}_2, \cdots, \mathrm{x}_j', \cdots, \mathrm{x}_n).\end{aligned}$$

(iii) 만일 행렬 B의 j-번째 열벡터는 행렬 A의 j-번째 열벡터의 상수 c배이고 다른 열벡터들이 변함이 없으면, B의 행렬식은 A의 행렬식을 c배이다. 즉,

$$\det(\mathrm{x}_1, \cdots, c\mathrm{x}_j, \cdots, \mathrm{x}_n) = c \cdot \det(\mathrm{x}_1, \cdots, \mathrm{x}_j, \cdots, \mathrm{x}_n).$$

특히. 한 열벡터가 영벡터인 행렬의 행렬식의 값은 0이다.

(iv) 만일 행렬 A의 j-번째 열벡터에 상수 c배하여 k-번째 열벡터에 더하여 얻어진 행렬 B의 행렬식은 A의 행렬식과 같다. 즉,

$$\det(\mathrm{x}_1, \cdots, \mathrm{x}_j, \cdots, c \cdot \mathrm{x}_j + \mathrm{x}_k, \cdots, \mathrm{x}_n) = \det(\mathrm{x}_1, \cdots, \mathrm{x}_j, \cdots, \mathrm{x}_k, \cdots, \mathrm{x}_n).$$

(v) 행렬 A의 전치행렬 ${}^tA$의 행렬식은 A의 행렬식과 같다. 즉,

$$\det({}^tA) = \det A.$$

그러므로 (i)~(iv)는 행벡터에 관해서도 성립한다.

(vi) 두 행렬 A, B의 곱 AB의 행렬식은 각각의 행렬식의 곱과 같다. 즉,

$$\det(AB) = (\det A)(\det B).$$

(vi)에 의하여 가역행렬 A의 역행렬 A^{-1}의 행렬식은 다음과 같음을 알 수 있다.

$$|A^{-1}| = |A|^{-1}.$$

그러므로 n차-정사각행렬 A가 가역이기 위한 필요충분조건은 $|A| \neq 0$이다.

참고 행렬식의 값을 구할 때는 행렬식의 성질 (vi)를 이용하여 행렬식의 행벡터 또는 열벡터의 성분들이 최대한 많이 0이 되도록 한 다음에 행렬식의 전개에 의하여 구하면 편리하다.

예제 1.15.3 행렬식 $\begin{vmatrix} 3 & 2 & 0 \\ -1 & 0 & 1 \\ 2 & 4 & 5 \end{vmatrix}$의 값을 구해보자.

3-번째 열벡터의 성분들 중에는 0과 1이 있다. 따라서 2-번째 행벡터에 -5배하여 3-번째 행벡터에 더하면, (vi)에 의하여 다음을 얻는다.

$$\begin{vmatrix} 3 & 2 & 0 \\ -1 & 0 & 1 \\ 2 & 4 & 5 \end{vmatrix} = \begin{vmatrix} 3 & 2 & 0 \\ -1 & 0 & 1 \\ 7 & 4 & 0 \end{vmatrix}.$$

이때, 마지막 행렬식을 3-번째 열을 따라 전개하면, 다음과 같다.

$$\begin{vmatrix} 3 & 2 & 0 \\ -1 & 0 & 1 \\ 2 & 4 & 5 \end{vmatrix} = \begin{vmatrix} 3 & 2 & 0 \\ -1 & 0 & 1 \\ 7 & 4 & 0 \end{vmatrix} = (-1)^{2+3} 1 \cdot \begin{vmatrix} 3 & 2 \\ 7 & 4 \end{vmatrix} = 2.$$

참고 (a) n차-정사각행렬 A에 대하여 $|cA| = c^n |A|$임을 유의하자.

(b) n차-정사각행렬 $A = (a_{ij})$에 대하여 D_{ij}는 a_{ij}의 여인자라고 하자. 그러면 다음이 성립한다.

(1) $\displaystyle\sum_{i=1}^{n} a_{ij} D_{ik} = \delta_{jk} |A|$

(2) $\displaystyle\sum_{j=1}^{n} a_{ij} D_{kj} = \delta_{ik} |A|$

여기서 $\delta_{ij} = \begin{cases} 1, & i = j \\ 0, & i \neq j \end{cases}$이다.

(1)에서 $j \neq k$라고 하자. 그러면 (1)의 좌변은 A의 k-번째 열벡터를 j-번째 열

벡터로 대체하여 얻어진 행렬식 $|B|$를 k-번째 열을 따라 전개한 것이다. B의 j-번째 열벡터와 k-번째 열벡터가 같으므로, 행렬식의 성질에 의하여 $|B|=0$이다. (2)에서 $i \neq k$라고 하자. 그러면 (2)의 좌변은 A의 k-번째 행벡터를 j-번째 행벡터로 대체하여 얻어진 행렬식 $|B|$를 k-번째 행을 따라 전개한 것이다. B의 j-번째 행벡터와 k-번째 행벡터가 같으므로, 행렬식의 성질에 의하여 $|B|=0$이다.

문제 1.15.1 다음 행렬식의 값을 구하여라.

(a) $\begin{vmatrix} \cos t & -\sin t \\ \sin t & \cos t \end{vmatrix}$ (b) $\begin{vmatrix} 1 & a & a^2 \\ 1 & b & b^2 \\ 1 & c & c^2 \end{vmatrix}$

(c) $\begin{vmatrix} 1 & c & -b \\ -c & 1 & a \\ b & -a & 1 \end{vmatrix}$ (d) $\begin{vmatrix} a-b & l-m & x-y \\ b-c & m-n & y-z \\ c-a & n-l & z-x \end{vmatrix}$

(e) $\begin{vmatrix} 1 & 1 & 1 & 1 & 1 \\ 1 & 0 & 1 & 1 & 1 \\ 1 & 1 & 0 & 1 & 1 \\ 1 & 1 & 1 & 0 & 1 \\ 1 & 1 & 1 & 1 & 0 \end{vmatrix}$ (f) $\begin{vmatrix} 1 & 1 & 1 & 1 \\ 1 & 2 & 1 & 1 \\ 1 & 1 & 3 & 1 \\ 1 & 1 & 1 & 4 \end{vmatrix}$

역행렬을 구하는 공식을 알아보자. n차-정사각행렬 A는 가역행렬이라 가정하자.

$$D=\begin{pmatrix} D_{11} & D_{12} & \cdots & D_{1n} \\ D_{21} & D_{22} & \cdots & D_{2n} \\ \vdots & \vdots & \ddots & \vdots \\ D_{n1} & D_{n2} & \cdots & D_{nn} \end{pmatrix}$$

로 놓자. 여기서 D_{ij}는 a_{ij}의 여인자이다. 그러면 (1)과 (2)에 의하여 다음을 얻는다.

$${}^tDA = A\,{}^tD = |A|E_n.$$

그러므로 다음을 얻는다.

$$\left(\frac{1}{|A|}{}^tD\right)A = A\left(\frac{1}{|A|}{}^tD\right) = E_n.$$

따라서 $A^{-1}=\frac{1}{|A|}{}^tD$이다.

1장 기초 개념

문제 1.15.2 다음 행렬의 역행렬을 구하여라.

(a) $\begin{pmatrix} 1 & 0 & 1 \\ 3 & 3 & 4 \\ 2 & 2 & 3 \end{pmatrix}$ (b) $\begin{pmatrix} \cos t & -\sin t \\ \sin t & \cos t \end{pmatrix}$

> **정의 1.15.4**
>
> $m \times n$ 행렬 $A = (a_{ij})$의 행벡터는
>
> $$\mathrm{a}_i = (a_{i1},\ a_{i2},\ \cdots,\ a_{in}),\ i = 1,\ 2,\ \cdots,\ m$$
>
> 으로 나타내자.
>
> 행렬 $A = (a_{ij})$의 **계수(rank)**가 k라는 것은 A의 행벡터 $\mathrm{a}_1,\ \cdots,\ \mathrm{a}_m$들 중에서 일차독립인 행벡터들의 최대수가 k일 때를 말하고, $rankA$로 나타낸다.

행렬 A의 계수를 구하는 방법을 알아보자.

$rankA = k$라는 것은 A에 행에 관한 기본연산들을 유한 번 시행하여 얻어진 동치행렬 B의 대각성분들이 될 수 있으면 1이 되었을 때, B의 행벡터들 중에서 성분들이 적어도 하나는 0이 아닌 행벡터들의 수 k이다.

예제 1.15.5 행렬 $A = \begin{pmatrix} 1 & 0 & 3 \\ 2 & 1 & -1 \\ 5 & 2 & 1 \end{pmatrix}$의 계수를 구해보자.

$$A = \begin{pmatrix} 1 & 0 & 3 \\ 2 & 1 & -1 \\ 5 & 2 & 1 \end{pmatrix} \sim \begin{pmatrix} 1 & 0 & 3 \\ 0 & 1 & -7 \\ 0 & 2 & -14 \end{pmatrix} \sim \begin{pmatrix} 1 & 0 & 3 \\ 0 & 1 & -7 \\ 0 & 0 & 0 \end{pmatrix}$$

이므로, $rankA = 2$이다. 따라서 벡터

$$\mathrm{a}_1 = (1,\ 0,\ 3),\ \mathrm{a}_2 = (2,\ 1,\ -1),\ \mathrm{a}_3 = (5,\ 2,\ 1)$$

에서 $\mathrm{a}_1,\ \mathrm{a}_2$는 일차독립이고, $\mathrm{a}_1,\ \mathrm{a}_2,\ \mathrm{a}_3$는 일차종속이다. 왜냐하면, 만일 $k_1\mathrm{a}_1 + k_2\mathrm{a}_2 = (0,\ 0,\ 0)$이면,

$$\begin{cases} k_1 + 2k_2 = 0 \\ \qquad k_2 = 0 \\ 3k_1 - k_2 = 0 \end{cases}$$

이므로, $k_1 = k_2 = 0$이고, $\mathrm{a}_1 + 2\mathrm{a}_2 = \mathrm{a}_3$이기 때문이다. $\{\mathrm{a}_1,\ \mathrm{a}_2\}$는 $\{\mathrm{a}_1,\ \mathrm{a}_2,\ \mathrm{a}_3\}$에 포함되는 일차독립인 최대 부분집합이다. $\mathrm{a}_1,\ \mathrm{a}_2,\ \mathrm{a}_3$는 일차종속이므로 $\det A = 0$임을 알 수 있다.

문제 1.15.3 다음 행렬의 계수를 구하여라.

(a) $\begin{pmatrix} 2 & 1 \\ 6 & 3 \\ 1 & 2 \end{pmatrix}$ (b) $\begin{pmatrix} 2 & 1 & -1 \\ 1 & 2 & 4 \\ 3 & 1 & -3 \end{pmatrix}$

(c) $\begin{pmatrix} 2 & -1 & 6 & -2 \\ 1 & 1 & 2 & 8 \\ 3 & -1 & 6 & 0 \end{pmatrix}$

다음 정리는 이미 잘 알려져 있다.

정리 1.15.6

$m \times n$ 행렬 A에 대하여 $rank A = rank\, {}^t A$이다.

그러므로 $rank A \leq \min\{m,\ n\}$이다.
따라서 다음 정리를 얻는다.

정리 1.15.7

n차-정사각행렬 A에 대하여 다음은 서로 동치이다.

(a) A는 가역이다.

(b) A의 행벡터들은 일차독립이다.

(c) $rank A = n$

(d) $\det A \neq 0$

그러므로 다음 따름정리를 얻는다.

따름정리 1.15.8

n차-정사각행렬 A에 대하여 다음은 서로 동치이다.

(a) A는 가역이 아니다.

(b) A의 행벡터들은 일차종속이다.

(c) $rankA < n$

(d) $\det A = 0$

1.16 연립방정식

n개의 미지수 $x_1,\ x_2,\ \cdots,\ x_n$에 대하여

$$(*)\qquad \begin{cases} a_{11}x_1 + a_{12}x_2 + \cdots + a_{1n}x_n = b_1 \\ a_{21}x_1 + a_{22}x_2 + \cdots + a_{2n}x_n = b_2 \\ \cdots\cdots\cdots\cdots\cdots\cdots\cdots\cdots\cdots\cdots\cdots \\ a_{m1}x_1 + a_{m2}x_2 + \cdots + a_{mn}x_n = b_m \end{cases}$$

는 $x_1,\ x_2,\ \cdots,\ x_n$에 관한 **일차연립방정식(systems of linear equations)**이라 한다. 여기서 $a_{ij},\ b_k \in \mathbb{R}$이다. 특히, 만일 $b_1 = b_2 = \cdots = b_m = 0$인 일차연립방정식은 **동차 일차연립방정식(homogeneous system of linear equations)**이라 한다.

만일 위의 m개의 방정식을 모두 만족하는 $x_1,\ x_2,\ \cdots,\ x_n$이 존재하면, 이것을 연립방정식 $(*)$의 **해(solution)**라고 한다.

일차연립방정식 $(*)$의 해는 다음과 같이 하여 얻어진 연립방정식 $(*)_i$의 해와 같음을 알 수 있다.

(1) $(*)_1$는 $(*)$의 방정식의 순서를 바꾸어 얻어진 연립방정식

(2) $(*)_2$는 $(*)$의 한 방정식의 양변에 상수 $0 \neq k$배하여 얻어진 연립방정식

(3) $(*)_3$는 $(*)$의 한 방정식의 양변에 상수 $0 \neq k$배하여 다른 방정식에 더하여 얻어진 연립방정식

위와 같이 얻어진 연립방정식은 연립방정식 $(*)$와 동치인 연립방정식이라 하고, $(*) \sim (*)_i,\ i = 1,\ 2,\ 3$으로 쓰자.

행렬을 사용하면, 연립방정식 $(*)$는 다음과 같이 간단히 표시할 수 있다.

$$A=(a_{ij}),\ X={}^t(x_1,\ x_2,\ \cdots,\ x_n),\ B={}^t(b_1,\ b_2,\ \cdots,\ b_m)$$

로 놓으면,

$$(**)\qquad AX=B$$

이다. $(**)$는 $(A\ \vdots\ B)$로 쓰자. 그러면 위의 (1), (2), (3)은 행렬 $(A\ \vdots\ B)$에 대한 행에 관한 기본연산을 의미한다. 그러므로 일차연립방정식 $(*)$의 해는, 행렬의 계수를 구하는 방법과 같이 $(A\ \vdots\ B)$에 행에 관한 기본연산을 유한 번 시행하여 얻어진 행렬 $(A'\ \vdots\ B')$에서 A'의 대각성분들이 될 수 있으면 1이 되도록 하고 그 이외의 성분들은 0으로 만들면, 쉽게 구할 수 있다.

예제 1.16.1 연립방정식

$$\begin{cases} 3x_1+2x_2-x_3=-2 \\ -3x_1-x_2+x_3=\ 5 \\ 3x_1+2x_2+x_3=\ 2 \end{cases}$$

의 해를 구해보자.

$$(A\ \vdots\ B)=\begin{pmatrix} 3 & 2 & -1 & \vdots & -2 \\ -3 & -1 & 1 & \vdots & 5 \\ 3 & 2 & 1 & \vdots & 2 \end{pmatrix}\sim\begin{pmatrix} 3 & 2 & -1 & \vdots & -2 \\ 0 & 1 & 0 & \vdots & 3 \\ 0 & 0 & 2 & \vdots & 4 \end{pmatrix}$$

$$\sim\begin{pmatrix} 3 & 2 & -1 & \vdots & -2 \\ 0 & 1 & 0 & \vdots & 3 \\ 0 & 0 & 1 & \vdots & 2 \end{pmatrix}\sim\begin{pmatrix} 3 & 2 & 0 & \vdots & 0 \\ 0 & 1 & 0 & \vdots & 3 \\ 0 & 0 & 1 & \vdots & 2 \end{pmatrix}$$

$$\sim\begin{pmatrix} 1 & 2/3 & 0 & \vdots & 0 \\ 0 & 1 & 0 & \vdots & 3 \\ 0 & 0 & 1 & \vdots & 2 \end{pmatrix}\sim\begin{pmatrix} 1 & 0 & 0 & \vdots & -2 \\ 0 & 1 & 0 & \vdots & 3 \\ 0 & 0 & 1 & \vdots & 2 \end{pmatrix}=(A'\ \vdots\ B')$$

이므로, $x_1=-2,\ x_2=3,\ x_3=2$이다. 이때,

$$rankA=rank(A\ \vdots\ B)=3$$

이다.

정의 1.16.2

동차연립방정식 $AX = O$에서 $X = O$인 해를 **자명한 해**(trivial solution)라 하고, $X \neq O$인 해를 **비자명한 해**(nontrivial solution)라 한다.

정리 1.16.3

동차연립방정식 $AX = O$에서 방정식들의 수가 미지수들의 수 보다 작으면, 그 동차연립방정식은 비자명한 해를 갖는다.

따름정리 1.16.4

n차-정사각행렬 A에 대하여 동차연립방정식 $AX = O$가 비자명한 해를 갖기 위한 필요충분조건은 $|A| = 0$이다.

문제 1.16.1 연립방정식 $\begin{cases} a_1x + b_1y = c_1 \\ a_2x + b_2y = c_2 \\ a_3x + b_3y = c_3 \end{cases}$가 해를 갖기 위한 필요충분조건은

$$\begin{vmatrix} a_1 & b_1 & c_1 \\ a_2 & b_2 & c_2 \\ a_3 & b_3 & c_3 \end{vmatrix} = 0$$

임을 보여라.

문제 1.16.2 두 점 (x_1, y_1), (x_2, y_2)를 지나는 직선의 방정식은

$$\begin{vmatrix} x & y & 1 \\ x_1 & y_1 & 1 \\ x_2 & y_2 & 1 \end{vmatrix} = 0$$

임을 보여라.

[일차연립방정식의 해의 존재성에 대한 판정법]

일차연립방정식

$$(**) \qquad AX = B$$

를 생각하자. 이것은 방정식들의 수가 m이고, 미지수들의 수가 n인 연립방정식이다.

(i) 만일 $rank(A : B) \neq rankA$이면, $(**)$는 해를 갖지 않는다.

(ii) 만일 $rank(A : B) = rankA$이면, $(**)$는 해를 갖는다.

이때, $rankA = k$라고 하자. 그러면 $k = rankA \leq \min\{m, n\}$이다.

만일 $k < n$이면, $(**)$는 무수히 많은 해를 갖는다. 왜냐하면, 이 경우의 $(**)$는 방정식들의 수가 미지수들의 수보다 작은 연립방정식과 동치이기 때문이다.

만일 $k = n$이면, $(**)$는 단 하나의 해를 갖는다. 왜냐하면, 이 경우의 $(**)$는 방정식들의 수가 미지수들의 수와 같은 연립방정식과 동치이기 때문이다. 특히, 만일 $m = n$이고, $rankA = n$이면, A는 가역행렬이다. 따라서 $(**)$의 해는 $X = A^{-1}B$이다.

예제 1.16.5 연립방정식

$$\begin{cases} 2x_1 + x_2 + x_3 + 2x_4 = b_1 \\ x_1 - 2x_2 + x_3 - 3x_4 = b_2 \\ 5x_2 - x_3 + 8x_4 = b_3 \end{cases}$$

가 해를 갖기 위한 조건을 알아보자.

$$(A : B) = \begin{pmatrix} 2 & 1 & 1 & 2 & : & b_1 \\ 1 & -2 & 1 & -3 & : & b_2 \\ 0 & 5 & -1 & 8 & : & b_3 \end{pmatrix} \sim \begin{pmatrix} 1 & -2 & 1 & -3 & : & b_2 \\ 2 & 1 & 1 & 2 & : & b_1 \\ 0 & 5 & -1 & 8 & : & b_3 \end{pmatrix}$$

$$\sim \begin{pmatrix} 1 & -2 & 1 & 2 & : & b_2 \\ 0 & 5 & -1 & 8 & : & b_1 - 2b_2 \\ 0 & 5 & -1 & 8 & : & b_3 \end{pmatrix}$$

$$\sim \begin{pmatrix} 1 & -2 & 1 & 2 & : & b_2 \\ 0 & 5 & -1 & 8 & : & b_1 - 2b_2 \\ 0 & 0 & 0 & 0 & : & b_3 - b_1 + 2b_2 \end{pmatrix}$$

$$\sim \begin{pmatrix} 1 & -2 & 1 & 2 & : & b_2 \\ 0 & 1 & -1/5 & 8/5 & : & (b_1 - 2b_2)/5 \\ 0 & 0 & 0 & 0 & : & b_3 - b_1 + 2b_2 \end{pmatrix}$$

$$\sim \begin{pmatrix} 1 & 0 & 3/5 & 26/5 & : & (2b_1 - 3b_2)/5 \\ 0 & 1 & -1/5 & 8/5 & : & (b_1 - 2b_2)/5 \\ 0 & 0 & 0 & 0 & : & b_3 - b_1 + 2b_2 \end{pmatrix}$$

이므로, $rankA=2$이다, 그러므로 연립방정식이 해를 갖기 위해서는

$$rank(A \,\vdots\, B)=rankA=2$$

이어야 하므로, $b_3-b_1+2b_2=0$이어야 한다. 만일 $b_1=2,\ b_2=1,\ b_3=1$이면, $b_3-b_1+2b_2\neq 0$이므로,

$$3=rank(A \,\vdots\, B)\neq rankA=2$$

이다. 그러므로 위의 연립방정식은 해를 갖지 않는다. 만일 $b_1=b_2=b_3=0$이면, 위의 연립방정식은 동차이고, $rankA=2<4$이므로, 해는 무수히 많이 존재한다.

다음과 같은 일차연립방정식의 해를 구해보자.

$$\begin{cases} a_{11}x_1+a_{12}x_2+\cdots+a_{1n}x_n=b_1 \\ a_{21}x_1+a_{22}x_2+\cdots+a_{2n}x_n=b_2 \\ \cdots\cdots\cdots\cdots\cdots\cdots\cdots\cdots\cdots\cdots \\ a_{n1}x_1+a_{n2}x_2+\cdots+a_{nn}x_n=b_n \end{cases}.$$

여기서 $A=(a_{ij})$는 가역행렬이다. 그러므로 $|A|\neq 0$이다. 행렬식의 성질에 의하여 다음을 얻는다.

$$\begin{vmatrix} a_{11} & a_{12} & \cdots & a_{1,j-1} & b_1 & a_{1,j+1} & \cdots & a_{1n} \\ a_{21} & a_{22} & \cdots & a_{2,j-1} & b_2 & a_{2,j+1} & \cdots & a_{2n} \\ \vdots & \vdots & \cdots & \vdots & \vdots & \vdots & \cdots & \vdots \\ a_{n1} & a_{n2} & \cdots & a_{n,j-1} & b_n & a_{n,j+1} & \cdots & a_{nn} \end{vmatrix}=|A|\cdot x_j.$$

따라서

$$x_j=\frac{1}{|A|}\begin{vmatrix} a_{11} & a_{12} & \cdots & a_{1,j-1} & b_1 & a_{1,j+1} & \cdots & a_{1n} \\ a_{21} & a_{22} & \cdots & a_{2,j-1} & b_2 & a_{2,j+1} & \cdots & a_{2n} \\ \vdots & \vdots & \cdots & \vdots & \vdots & \vdots & \cdots & \vdots \\ a_{n1} & a_{n2} & \cdots & a_{n,j-1} & b_n & a_{n,j+1} & \cdots & a_{nn} \end{vmatrix},\ j=1,\ 2,\ \cdots,\ n$$

이다. 이것을 Cramer **공식**이라 한다.

문제 1.16.3 Cramer 공식을 이용하여 다음 연립방정식의 해를 구하여라.

$$\begin{cases} x+2y+z=5 \\ 2x+2y+z=6 \\ x+2y+3z=9 \end{cases}$$

1.17 직선과 평면의 방정식

실내적공간 $\mathbb{R}^3$에서 벡터 $\mathrm{u} = (l,\ m,\ n)$ 방향으로 점 $\mathrm{x}_0 = (x_0,\ y_0,\ z_0)$을 지나는 직선의 방정식은 다음과 같이 매개변수로 나타낼 수 있다.

$$\mathrm{x} = \mathrm{x}(t) = \mathrm{x}_0 + t\mathrm{u},\quad -\infty < t < \infty.$$

만일 $\mathrm{x} = (x,\ y,\ z)$로 놓으면,

$$\begin{cases} x = x_0 + tl \\ y = y_0 + tm \\ z = z_0 + tn \end{cases}$$

이므로, t를 소거하면, 직선의 방정식은 다음과 같이 표시될 수 있다.

$$\frac{x - x_0}{l} = \frac{y - y_0}{m} = \frac{z - z_0}{n} (= t).$$

이것을 직선에 대한 **대칭방정식(symmetric equation)**이라 한다.

특히, 만일 $m = 0$이면, 이것은

$$\frac{x - x_0}{l} = \frac{z - z_0}{n},\ y = y_0$$

를 의미한다. 이 직선은 점 $(0,\ y_0,\ 0)$에서 y축에 수직이고 xz-평면과 평행인 평면 위의 직선이다. 만일 $m = n = 0$이면, 이 직선은 x-축과 평행인 직선을 의미한다.

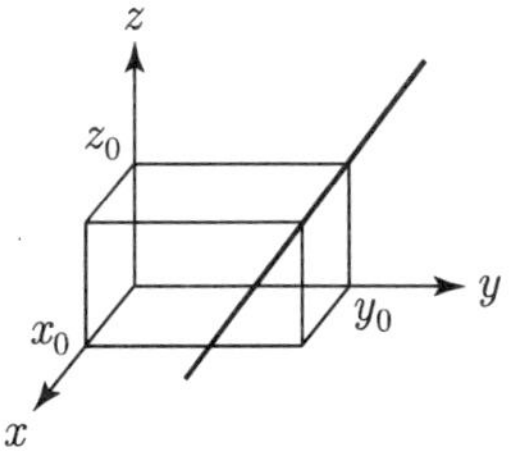

[그림 1.17.1] $m = n = 0$인 경우의 직선

문제 1.17.1 주어진 조건을 만족하는 직선의 방정식을 구하여라.

(a) 점 $(2,\ -1,\ 3)$을 지나고 y-축에 평행한 직선

(b) 점 $(4,\ 3,\ 2)$를 지나고, 직선 $x = -1,\ y = 2,\ z = t$에 평행한 직선

(c) 원점을 지나고 방향벡터가 $(4, 2, -1)$인 직선

(d) 점 $\left(1, \frac{1}{2}, \frac{1}{3}\right)$을 지나고 방향코사인이 $\left(\frac{1}{3}, -\frac{2}{3}, \frac{2}{3}\right)$인 직선

(e) 점 $(0, 1, 1)$과 $(1, 0, 1)$을 지나는 직선

한 점 $\mathrm{x}_0=(x_0, y_0, z_0)$와 그 평면에 수직인 **법벡터(normal vector)** $\mathrm{N}=(a, b, c)$가 주어지면 $\mathbb{R}^3$에서의 평면의 방정식을 구할 수 있다. $\mathrm{x}=(x, y, z)$는 그 평면 위의 임의의 점이면, $\mathrm{N} \perp (\mathrm{x}-\mathrm{x}_0)$이므로, 그 평면의 방정식은 다음과 같다.

$$\langle \mathrm{N}, \mathrm{x}-\mathrm{x}_0 \rangle = 0, \text{ 즉, } a(x-x_0)+b(y-y_0)+c(z-z_0)=0.$$

이를 변형하면, 평면의 방정식은 $ax+by+cz+d=0$꼴이다.

세 점이 주어지면, 평면은 단 하나 결정된다. 이 경우의 평면의 방정식을 구하기 위해서는 벡터의 외적 개념이 필요하다.

정의 1.17.1

벡터 $\mathrm{v}=(v_1, v_2, v_3)$, $\mathrm{w}=(w_1, w_2, w_3) \in \mathbb{R}^3$에 대하여 v와 w의 **외적(exterior product)** $\mathrm{v} \times \mathrm{w}$는 다음과 같이 정의한다.

$$\mathrm{v} \times \mathrm{w} := (v_2w_3-v_3w_2, v_3w_1-v_1w_3, v_1w_2-v_2w_2).$$

외적의 정의는 기억하기 쉽지 않다. 그것은 행렬식의 전개식을 사용하여 기억하는 것이 편리하다.

$\mathrm{e}_1, \mathrm{e}_2, \mathrm{e}_3$는 $\mathbb{R}^3$의 표준기저라고 하자. $\mathrm{v} \times \mathrm{w}$는 다음과 같이 쓰자.

$$\mathrm{v} \times \mathrm{w} = \begin{vmatrix} \mathrm{e}_1 & \mathrm{e}_2 & \mathrm{e}_3 \\ v_1 & v_2 & v_3 \\ w_1 & w_2 & w_3 \end{vmatrix}.$$

우변의 행렬식은 1-행을 따라 전개하는 것으로 간주하자. 그러면

$$\begin{aligned} \mathrm{v} \times \mathrm{w} &= (-1)^{1+1}\begin{vmatrix} v_2 & v_3 \\ w_2 & w_3 \end{vmatrix}\mathrm{e}_1 + (-1)^{1+2}\begin{vmatrix} v_1 & v_3 \\ w_1 & w_3 \end{vmatrix}\mathrm{e}_2 + (-1)^{1+3}\begin{vmatrix} v_1 & v_2 \\ w_1 & w_2 \end{vmatrix}\mathrm{e}_3 \\ &= \left(\begin{vmatrix} v_2 & v_3 \\ w_2 & w_3 \end{vmatrix}, -\begin{vmatrix} v_1 & v_3 \\ w_1 & w_3 \end{vmatrix}, \begin{vmatrix} v_1 & v_2 \\ w_1 & w_2 \end{vmatrix}\right) \end{aligned}$$

$$= (v_2w_3 - v_3w_2,\ v_3w_1 - v_1w_3,\ v_1w_2 - v_2w_2)$$

이다.

행렬식의 성질에 의하여 다음을 알 수 있다.

(1) $v \times w = -w \times v$

(2) $(av) \times w = v \times (aw) = a(v \times w),\ a \in \mathbb{R}$

(3) $u \times (v + w) = (u \times v) + (u \times w)$

(4) $(u + v) \times w = (u \times w) + (v \times w)$

(5) $v \times v = O$

만일 $u = (u_1,\ u_2,\ u_3)$이면, u와 $v \times w$의 내적은

$$\langle u,\ v \times w \rangle = (-1)^{1+1}u_1\begin{vmatrix} v_2 & v_3 \\ w_2 & w_3 \end{vmatrix} + (-1)^{1+2}u_2\begin{vmatrix} v_1 & v_3 \\ w_1 & w_3 \end{vmatrix} + (-1)^{1+3}u_3\begin{vmatrix} v_1 & v_2 \\ w_1 & w_2 \end{vmatrix}$$

$$= \begin{vmatrix} u_1 & u_2 & u_3 \\ v_1 & v_2 & v_3 \\ w_1 & w_2 & w_3 \end{vmatrix}$$

이다. 그러므로 다음을 얻는다.

(6) $\langle u,\ v \times w \rangle = \begin{vmatrix} u_1 & u_2 & u_3 \\ v_1 & v_2 & v_3 \\ w_1 & w_2 & w_3 \end{vmatrix}$

특히, 행렬식의 성질에 의하여 $\langle u,\ u \times v \rangle = \langle v,\ u \times v \rangle = 0$이다. 그러므로 $u \perp (u \times v)$, $v \perp (u \times v)$이다.

만일 벡터 v와 w의 사잇각이 θ이면, 정리 1.13.4에 의하여

$$\langle v,\ w \rangle = \|v\|\,\|w\|\cos\theta$$

이고,

(7) $\|v \times w\|^2 = \|v\|^2\,\|w\|^2 - \langle v,\ w \rangle^2$

이므로,

(8) $\|v \times w\| = \|v\|\,\|w\|\sin\theta$

이다. 이것은 기하학적으로 벡터 v와 w에 의하여 만들어지는 평행사변형의 넓이를 의미한다.

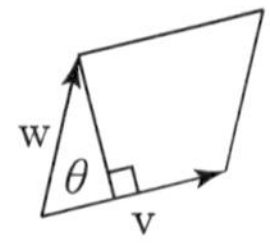

[그림 1.17.2] 벡터 v, w에 의하여 만들어지는 평행사변형

$\mathbb{R}^3$에서 세 점 $P(x_1, y_1, z_1)$, $Q(x_2, y_2, z_2)$, $R(x_3, y_3, z_3)$에 의하여 결정되는 평면의 방정식을 구해보자.

벡터

$$\overrightarrow{PQ} = (x_2 - x_1,\ y_2 - y_1,\ z_2 - z_1) \text{와 } \overrightarrow{PR} = (x_3 - x_1,\ y_3 - y_1,\ z_3 - z_1)$$

의 외적 $\mathrm{N} = \overrightarrow{PQ} \times \overrightarrow{PR}$은 그 평면의 법벡터이다. 따라서 평면 위의 임의의 점을 $\mathrm{x} = (x, y, z)$라 하면, 점 $\mathrm{x}_0 = (x_1, y_1, z_1)$를 지나는 평면의 방정식은 다음과 같다.

$$\langle \mathrm{N},\ \mathrm{x} - \mathrm{x}_0 \rangle = 0.$$

문제 1.17.2 주어진 조건을 만족하는 평면의 방정식을 구하여라.

(a) 법벡터가 $(-1, 5, 8)$이고 점 $(2, 0, 3)$을 지나는 평면

(b) 점 $(0, 3, 4)$를 지나고 평면 $2x - y + z = 5$에 평행한 평면

(c) 직선 $\begin{cases} x = -6 + 2t \\ y = -1 + t \\ z = 3t \end{cases}$ 에 수직이고 점 $(-6, -1, 0)$를 지나는 평면

(d) 세 점 $(2, 1, 0)$, $(2, 0, 1)$, $(0, 1, 1)$을 지나는 평면

(e) 직선 $\begin{cases} x = 2 + 5t \\ y = -3 + 7t \\ z = 1 + 2t \end{cases}$ 와 $\begin{cases} x = 2 + 3t \\ y = -3 + t \\ z = 1 \end{cases}$ 을 포함하는 평면

(f) 직선 $\begin{cases} x = -4t \\ y = -3t \\ z = -1 + 2t \end{cases}$ 를 포함하고 점 $(7, -1, 2)$를 지나는 평면

1.18 선형사상

n차원 실벡터공간 $\mathbb{R}^n$은 표준기저 $\mathrm{e}_1, \mathrm{e}_2, \cdots, \mathrm{e}_n$을 갖는 것으로 간주한다.

정의 1.18.1

함수 $T: \mathbb{R}^n \to \mathbb{R}^m$이 **선형사상(linear mapping)**이라는 것은 임의의 벡터 $\mathrm{x}, \mathrm{y} \in \mathbb{R}^n$과 임의의 실수 $a \in \mathbb{R}$에 대하여

$$T(\mathrm{x}+\mathrm{y}) = T(\mathrm{x}) + T(\mathrm{y})$$
$$T(a\mathrm{x}) = aT(\mathrm{x})$$

가 성립할 때를 말한다. 이것은 임의의 벡터 $\mathrm{x}, \mathrm{y} \in \mathbb{R}^n$과 임의의 실수 $a, b \in \mathbb{R}$에 대하여

$$T(a\mathrm{x}+b\mathrm{y}) = aT(\mathrm{x}) + bT(\mathrm{y})$$

와 동치이다.

$$Ker\,T = \{\mathrm{x} \in \mathbb{R}^n \mid T(\mathrm{x}) = \mathrm{O} \in \mathbb{R}^m\}$$

은 T의 **핵(kernel)**이라 한다.

문제 1.18.1 $T: \mathbb{R}^n \to \mathbb{R}^m$은 선형사상이라 하자.

(a) $Ker\,T$는 $\mathbb{R}^n$의 부분공간이고 $Im\,T$는 $\mathbb{R}^m$의 부분공간임을 보여라.

(b) 선형사상 T가 단사이기 위한 필요충분조건은 $Ker\,T = \{\mathrm{O}\}$임을 보여라.

문제 1.18.2 선형사상 $T: \mathbb{R}^2 \to \mathbb{R}^3$은 $T(x, y) = (2x+y, y-x, 3x+y)$라고 할 때, $Ker\,T$와 $Im\,T$의 차원을 구하여라.

임의의 벡터 $\mathrm{x} \in \mathbb{R}^n$은 표준기저 $\mathrm{e}_1, \mathrm{e}_2, \cdots, \mathrm{e}_n$에 관한 일차결합으로 유일하게 나타낼 수 있다. 즉,

$$\mathrm{x} = (x_1, x_2, \cdots, x_n) = x_1\mathrm{e}_1 + x_2\mathrm{e}_2 + \cdots + x_n\mathrm{e}_n.$$

정리 1.18.2

$a_1, a_2, \cdots, a_n \in \mathbb{R}^m$는 임의의 벡터라고 하자. 이 벡터들 중에는 같은 벡터들이 있을 수도 있다. 그러면

$$T(e_i) = a_i,\ i = 1,\ 2,\ \cdots,\ n$$

을 만족하는 유일한 선형사상 $T: \mathbb{R}^n \to \mathbb{R}^m$이 존재한다.

증명 임의의 벡터 $x = (x_1, x_2, \cdots, x_n) \in \mathbb{R}^n$는

$$x = (x_1, x_2, \cdots, x_n) = x_1e_1 + x_2e_2 + \cdots + x_ne_n$$

이므로,

$$T(x) := x_1a_1 + x_2a_2 + \cdots + x_na_n$$

이라 정의하자. 그러면 T는 $\mathbb{R}^n$에서 $\mathbb{R}^m$에로의 선형사상임을 알 수 있다. 유일성을 증명하자. T'는 $T'(e_i) = a_i$, $i = 1, 2, \cdots, n$을 만족하는 선형사상이라고 하자. 그러면 임의의 $x \in \mathbb{R}^n$에 대하여

$$\begin{aligned} T(x) &= x_1a_1 + x_2a_2 + \cdots + x_na_n \\ &= x_1T'(e_1) + x_2T'(e_2) + \cdots + x_nT'(e_n) \\ &= T'(x_1e_1 + x_2e_2 + \cdots + x_ne_n) \\ &= T'(x) \end{aligned}$$

이다. 그러므로 $T = T'$이다. ◀

정리 1.18.3

만일 선형사상 $T: \mathbb{R}^n \to \mathbb{R}^n$은 단사이면, T는 전사이다. 그러므로 T는 전단사이다. 전단사인 선형사상을 **동형사상(isomorphism)**이라 한다.

증명 $ImT \subset \mathbb{R}^n$이므로, $y \in \mathbb{R}^n - ImT \neq \varnothing$라고 가정하자. 그러면 T는 단사이므로, $T(e_1), \cdots, T(e_n)$은 일차독립임을 알 수 있다. 따라서 $T(e_1), \cdots, T(e_n)$, y는 일차종속이다. 그러므로 모두는 0이 아닌 실수 $k_1, \cdots, k_{n+1}$이

존재하여

$$k_1 T(e_1) + \cdots + k_n T(e_n) + k_{n+1} y = O$$

이다. 이때 $k_{n+1} \neq 0$임을 알 수 있다. 따라서

$$y = -\frac{k_1}{k_{n+1}} T(e_1) - \cdots - \frac{k_n}{k_{n+1}} T(e_n)$$

이다. 그러므로 $y \in Im\,T$이다. 이것은 모순이다. ◀

정의 1.18.4

$T: \mathbb{R}^n \to \mathbb{R}^m$는 선형사상이고, $v_1, \cdots, v_n$은 $\mathbb{R}^n$의 기저, $w_1, \cdots, w_m$은 $\mathbb{R}^m$의 기저라고 하자.

$$\begin{cases} T(v_1) = a_{11}w_1 + a_{21}w_2 + \cdots + a_{m1}w_m \\ T(v_2) = a_{12}w_1 + a_{22}w_2 + \cdots + a_{m2}w_m \\ \cdots\cdots\cdots\cdots\cdots\cdots\cdots\cdots\cdots\cdots\cdots\cdots \\ T(v_n) = a_{1n}w_1 + a_{2n}e_2 + \cdots + a_{mn}w_m \end{cases}$$

으로 유일하게 나타낼 수 있다. 이때, $m \times n$ 행렬

$$A = \begin{pmatrix} a_{11} & a_{12} & \cdots & a_{1n} \\ a_{21} & a_{22} & \cdots & a_{2n} \\ \vdots & \vdots & \ddots & \vdots \\ a_{m1} & a_{m2} & \cdots & a_{mn} \end{pmatrix}$$

은 기저 $v_1, \cdots, v_n$과 $w_1, \cdots, w_m$에 관한 **T의 표현행렬(matrix representation)**이라 한다. 여기서 첨자의 순서를 유의하자.

기저에 관해 특별한 언급이 없을 때, $\mathbb{R}^n$은 항상 표준기저 $e_1, \cdots, e_n$을 갖는 것으로 간주한다. 이러한 경우에 선형사상

$$T: \mathbb{R}^n \to \mathbb{R}^m$$

의 표현행렬 A와 결합하여 벡터 $x = (x_1, x_2, \cdots, x_n) \in \mathbb{R}^n$은 항상 열벡터로 쓴다. 그러면

$$T(x) = Ax$$

로 나타낼 수 있다. 왜냐하면, $\mathrm{x} = x_1 \mathrm{e}_1 + \cdots + x_n \mathrm{e}_n$ 이므로,

$$\begin{aligned} T(\mathrm{x}) &= x_1 T(\mathrm{e}_1) + \cdots + x_n T(\mathrm{e}_n) \\ &= \sum_{i=1}^{n} x_i \sum_{j=1}^{m} a_{ji} \mathrm{e}_j = \sum_{j=1}^{m} (\sum_{i=1}^{n} a_{ji} x_i) \mathrm{e}_j \\ &= \begin{pmatrix} a_{11} & a_{12} & \cdots & a_{1n} \\ a_{21} & a_{22} & \cdots & a_{2n} \\ \vdots & \vdots & \ddots & \vdots \\ a_{m1} & a_{m2} & \cdots & a_{mn} \end{pmatrix} \begin{pmatrix} x_1 \\ x_2 \\ \vdots \\ x_n \end{pmatrix} = A\mathrm{x} \end{aligned}$$

이기 때문이다. 따라서 $m \times n$ 행렬 A는 $\mathbb{R}^n$에서 $\mathbb{R}^m$에로의 선형사상으로 간주할 수 있다.

> **정의 1.18.5**
>
> 선형사상 $T : \mathbb{R}^n \to \mathbb{R}^m$의 **계수(rank)**는 $Im\,T$의 차원을 말한다. 따라서 선형사상 T의 계수는 T의 표현행렬 A의 계수와 같다.

예제 1.18.6 선형사상 $T : \mathbb{R}^4 \to \mathbb{R}^3$을 다음과 같이 정의하자.

$$\begin{aligned} &T(x_1,\ x_2,\ x_3,\ x_4) \\ &\quad = (x_1 + 2x_2 - x_3 + x_4,\ 2x_1 + 4x_2 - 3x_3,\ x_1 + 2x_2 + x_3 + 5x_4). \end{aligned}$$

그러면 T의 표현행렬은 $A = \begin{pmatrix} 1 & 2 & -1 & 1 \\ 2 & 4 & -3 & 0 \\ 1 & 2 & 1 & 5 \end{pmatrix}$이다. 전치행렬 ${}^tA$에 행에 관한 기본연산을 시행하자. 그러면

$$\begin{aligned} {}^tA = \begin{pmatrix} 1 & 2 & 1 \\ 2 & 4 & 2 \\ -1 & -3 & 1 \\ 1 & 0 & 5 \end{pmatrix} \sim \begin{pmatrix} 1 & 2 & 1 \\ 0 & 0 & 0 \\ 0 & -1 & 2 \\ 0 & -2 & 4 \end{pmatrix} \sim \begin{pmatrix} 1 & 2 & 1 \\ 0 & -1 & 2 \\ 0 & -2 & 4 \\ 0 & 0 & 0 \end{pmatrix} \\ \sim \begin{pmatrix} 1 & 2 & 1 \\ 0 & 1 & -2 \\ 0 & -2 & 4 \\ 0 & 0 & 0 \end{pmatrix} \sim \begin{pmatrix} 1 & 2 & 1 \\ 0 & 1 & -2 \\ 0 & 0 & 0 \\ 0 & 0 & 0 \end{pmatrix} \sim \begin{pmatrix} 1 & 0 & 5 \\ 0 & 1 & -2 \\ 0 & 0 & 0 \\ 0 & 0 & 0 \end{pmatrix} \end{aligned}$$

이다. 따라서 $rankA = rank\,{}^tA = 2$이다. 그러므로 T의 계수는 2이다.

문제 1.18.3 선형사상 $T: \mathbb{R}^3 \to \mathbb{R}^4$는

$$T(x,\ y,\ z) = (x+y+z,\ z,\ -y,\ 2z)$$

라고 할 때, T의 계수를 구하여라.

$\mathbb{R}^n$에서 $\mathbb{R}^n$에로의 선형사상들 중에는 특별한 것이 있다.

> **정의 1.18.7**
>
> 다음을 만족하는 선형사상 $T: \mathbb{R}^n \to \mathbb{R}^n$을 생각하자. 임의의 $\mathrm{O} \neq \mathrm{x} \in \mathbb{R}^n$에 대하여
>
> $$T(\mathrm{x}) = \lambda \mathrm{x},\ \lambda \in \mathbb{R}$$
>
> 이다. 이때, λ는 T의 **고윳값(eigenvalue)**이라 하고, $\mathrm{O} \neq \mathrm{x}$는 λ에 대한 **고유벡터(eigenvector)**라고 한다.

$$C(\lambda) := \{\mathrm{x} \in \mathbb{R}^n \mid T(\mathrm{x}) = \lambda \mathrm{x}\}$$

로 놓으면, $C(\lambda)$는 $\mathbb{R}^n$의 부분공간임을 알 수 있다. 이를 고윳값 λ에 대한 **고유공간(eigen-space)**이라 한다.

$T(\mathrm{x}) = \lambda \mathrm{x}$, $\mathrm{x} \neq \mathrm{O}$는 $(T-\lambda I)(\mathrm{x}) = \mathrm{O}$으로 쓸 수 있다. 여기서 I는 항등사상이다. 이때, $T-\lambda I$는 선형사상이고, $\mathrm{x} \in Ker(T-\lambda I)$이다. $\mathrm{x} \neq \mathrm{O}$이므로, $Ker(T-\lambda I) \neq \{\mathrm{O}\}$이다. 그러므로 선형사상 $T-\lambda I$는 단사가 아니다. 역으로, 만일 $T-\lambda I$가 단사가 아니면, $\mathrm{O} \neq \mathrm{x} \in \mathbb{R}^n$이 존재하여 $(T-\lambda I)(\mathrm{x}) = \mathrm{O}$이다. 그러므로 λ는 T의 고윳값이다. 따라서 λ가 T의 고윳값이기 위한 필요충분조건은 $T-\lambda I$는 단사가 아니다.

선형사상 $T: \mathbb{R}^n \to \mathbb{R}^n$의 표현행렬이 $n \times n$ 행렬 $A = (a_{ij})$일 때, λ가 T의 고윳값이기 위한 필요충분조건은

$$\det(A - \lambda E_n) = 0$$

이다. 그러므로 T의 고윳값 λ를 구하려면, λ에 관한 n차 방정식 $\det(A-\lambda E_n) = 0$의 해를 구하면 된다.

$$f(\lambda) := \det(A - \lambda E_n)$$

은 행렬 A의 **특성다항식(characteristic polynomial)**이라 한다.

예제 1.18.8 행렬 $A = \begin{pmatrix} -1 & 2 & 2 \\ 2 & 2 & 2 \\ -3 & -6 & -6 \end{pmatrix}$의 고윳값과 고유벡터들을 구해보자.

행렬 A의 특성다항식은

$$f(\lambda) = \begin{vmatrix} -1-\lambda & 2 & 2 \\ 2 & 2-\lambda & 2 \\ -3 & -6 & -6-\lambda \end{vmatrix} = -\lambda(\lambda+2)(\lambda+3)$$

이다. 따라서 A의 고윳값은 -2, -3, 0이다.

$\lambda = -2$에 대한 고유벡터를 $\mathrm{x} = (x_1, x_2, x_3)$이라 하면,

$$(A + 2E_3)\mathrm{x} = \begin{pmatrix} 1 & 2 & 2 \\ 2 & 4 & 2 \\ -3 & -6 & -4 \end{pmatrix} \begin{pmatrix} x_1 \\ x_2 \\ x_3 \end{pmatrix} = \begin{pmatrix} 0 \\ 0 \\ 0 \end{pmatrix}$$

이다. 이것은 동차연립방정식이다.

$$\begin{pmatrix} 1 & 2 & 2 \\ 2 & 4 & 2 \\ -3 & -6 & -4 \end{pmatrix} \sim \begin{pmatrix} 1 & 2 & 2 \\ 0 & 0 & -2 \\ 0 & 0 & 2 \end{pmatrix} \sim \begin{pmatrix} 1 & 2 & 2 \\ 0 & 0 & 1 \\ 0 & 0 & 0 \end{pmatrix} \sim \begin{pmatrix} 1 & 2 & 0 \\ 0 & 0 & 1 \\ 0 & 0 & 0 \end{pmatrix}$$

이므로, 위의 동차연립방정식의 해집합은 동차연립방정식

$$\begin{pmatrix} 1 & 2 & 0 \\ 0 & 0 & 1 \\ 0 & 0 & 0 \end{pmatrix} \begin{pmatrix} x_1 \\ x_2 \\ x_3 \end{pmatrix} = \begin{pmatrix} 0 \\ 0 \\ 0 \end{pmatrix}$$

의 해집합과 같다. $\begin{cases} x_1 + 2x_2 = 0 \\ x_3 = 0 \end{cases}$이므로,

$$\mathrm{x} = (x_1, x_2, x_3) = (-2x_2, x_2, 0) = x_2(-2, 1, 0)$$

이다. 따라서 고유공간 $C(-2)$는 고유벡터 $(-2, 1, 0)$에 의하여 생성된다.

마찬가지로, $\lambda = -3$에 대한 고유공간은 고유벡터 $(1, 0, -1)$에 의하여 생성되고, $\lambda = 0$

에 대한 고유공간은 고유벡터 $(0,\ 1,\ -1)$에 의하여 생성됨을 알 수 있다.

정리 1.18.9

만일 $\lambda_1,\ \cdots,\ \lambda_k$는 선형사상 $T: \mathbb{R}^n \to \mathbb{R}^n$의 서로 다른 고윳값이고, v_i는 λ_i에 대한 T의 고유벡터이면, $\mathrm{v}_1,\ \cdots,\ \mathrm{v}_k$는 일차독립이다.

증명 가장 큰 $r < k$가 존재하여 $\mathrm{v}_1,\ \cdots,\ \mathrm{v}_r$은 일차독립이고, $\mathrm{v}_1,\ \cdots,\ \mathrm{v}_r,\ \mathrm{v}_{r+1}$은 일차종속이라 가정하자. 그러면 적어도 하나는 0이 아닌 $c_1,\ \cdots,\ c_{r+1}$이 존재하여

$$c_1\mathrm{v}_1 + \cdots + c_r\mathrm{v}_r + c_{r+1}\mathrm{v}_{r+1} = \mathrm{O}$$

이다. 그러면 $c_{r+1} \neq 0$임을 알 수 있다. 위의 식의 양변에 T를 작용하면, 다음을 얻는다.

$$c_1\lambda_1\mathrm{v}_1 + \cdots + c_r\lambda_r\mathrm{v}_r + c_{r+1}\lambda_{r+1}\mathrm{v}_{r+1} = \mathrm{O}.$$

첫 번째 식의 양변에 λ_{r+1}을 곱한 것을 두 번째 식에서 빼면,

$$c_1(\lambda_1 - \lambda_{r+1})\mathrm{v}_1 + \cdots + c_r(\lambda_r - \lambda_{r+1})\mathrm{v}_r = \mathrm{O}$$

이다. $\lambda_i - \lambda_{r+1} \neq 0,\ 1 \le i \le r$이고, $\mathrm{v}_1,\ \cdots,\ \mathrm{v}_r$은 일차독립이므로, $c_1 = \cdots = c_r = 0$이다. 따라서 $c_{r+1}\mathrm{v}_{r+1} = \mathrm{O}$이다. $c_{r+1} \neq 0$이므로 $\mathrm{v}_{r+1} = \mathrm{O}$이다. 이것은 모순이다. 그러므로 $r = k$이다. ◀

n차-정사각행렬 A의 거듭제곱 A^k를 구하기 위하여 행렬의 대각화가 필요하다.

정의 1.18.10

$D = D(\lambda_1,\ \cdots,\ \lambda_n) = \begin{pmatrix} \lambda_1 & 0 & \cdots & 0 \\ 0 & \lambda_2 & \cdots & 0 \\ \vdots & \vdots & \ddots & \vdots \\ 0 & 0 & \cdots & \lambda_n \end{pmatrix}$ 꼴의 행렬은 **대각행렬(diagonal matrix)**이라 한다.

정리 1.18.11

선형사상 $T: \mathbb{R}^n \to \mathbb{R}^n$의 표현행렬은 $A=(a_{ij})$이라 하자. T가 $\mathbb{R}^n$의 어떤 기저 v_1, $\cdots$, v_n에 관하여 대각행렬로 표현되기 위한 필요충분조건은 그 기저원소들은 T의 고유벡터이다.

증명 ($\Leftarrow$) v_1, $\cdots$, v_n은 T의 고유벡터들이고 $\mathbb{R}^n$의 기저라고 하자. 그리고

$$T(\mathrm{v}_i)=\lambda_i \mathrm{v}_i,\ 1 \le i \le n$$

이라 하자. 그러면 그 기저에 관한 T의 표현행렬은 분명히 대각행렬 $D=D(\lambda_1, \cdots, \lambda_n)$이다.

($\Rightarrow$) T가 $\mathbb{R}^n$의 어떤 기저 v_1, $\cdots$, v_n에 관하여 대각행렬 $D=D(\lambda_1, \cdots, \lambda_n)$으로 표현되었다고 가정하자. 그러면

$$T(\mathrm{v}_i)=\lambda_i \mathrm{v}_i,\ 1 \le i \le n$$

이므로, 분명히, v_i, $1 \le i \le n$은 고유벡터이다. ◀

n차-정사각행렬 A의 거듭제곱 A^k를 구해보자.

정의 1.18.12

선형사상 $T: \mathbb{R}^n \to \mathbb{R}^n$의 고유벡터들로 이루어진 기저가 존재할 때 T는 **대각화가능 선형작용소(diagonalizable linear operator)**이라 한다.

T는 대각화 가능 선형작용소이고, $\mathbb{R}^n$의 표준기저에 관한 T의 표현행렬은 $A=(a_{ij})$라고 하자. 이때 행렬 A도 대각화 가능 행렬이라 한다. T는 대각화 가능이므로, T의 고유벡터들로 이루어진 기저 v_1, $\cdots$, v_n이 존재한다. 기저 v_1, $\cdots$, v_n에 관한 T의 표현행렬은 대각행렬이다. 이 행렬을 D라고 하자. 그러면 $D=P^{-1}AP$이다. 여기서 $P=(p_{ij})$의 p_{ij}는

$$\mathrm{v}_j=\sum_{i=1}^{n} p_{ij}\mathrm{e}_i$$

이다. 그러므로 행렬 P의 j-번째 열은 $\mathbb{R}^n$의 표준기저에 관한 고유벡터 v_j의 좌표로 이루

어졌다는 것을 알 수 있다.

예제 1.18.8에서 행렬 A의 고윳값 -2, -3, 0은 서로 다르므로, 이에 대응하는 고유벡터

$$\mathrm{v}_1 = (-2,\ 1,\ 0),\ \mathrm{v}_2 = (1,\ 0\ -1),\ \mathrm{v}_3 = (0,\ 1,\ -1)$$

들은 정리 1.18.9에 의하여 일차독립이다. 따라서 v_1, v_2, v_3는 $\mathbb{R}^3$의 기저이다. 그러므로 행렬 A는 대각화 가능이다. 그러므로 행렬 P는

$$P = \begin{pmatrix} -2 & 1 & 0 \\ -1 & 0 & 1 \\ 0 & -1 & -1 \end{pmatrix}$$

이다. 이때, $D = P^{-1}AP = \begin{pmatrix} -2 & 0 & 0 \\ 0 & -3 & 0 \\ 0 & 0 & 0 \end{pmatrix}$이다. 그러면

$$A = PDP^{-1}$$

이므로, $A^k = (PDP^{-1})^k = PD^kP^{-1}$이다. $D^k = \begin{pmatrix} (-2)^k & 0 & 0 \\ 0 & (-3)^k & 0 \\ 0 & 0 & 0 \end{pmatrix}$이고, P^{-1}을 쉽게 구할 수 있으므로, A^k를 구할 수 있다.

다음 정리는 이미 잘 알려져 있다.

정리 1.18.13 (Hamilton-Cayley)

만일 n차-정사각행렬 A의 특성다항식은 $f(\lambda)$라고 하면, $f(A) = O$이다.

정리 1.18.14

만일 λ_1, $\cdots$, λ_n은 n차-사각행렬 A의 서로 다른 고윳값이고, $P(A)$는 A에 관한 m차 다항식$(m \geq n)$이면, $P(A)$는 다음과 같이 $n-1$차 다항식으로 나타낼 수 있다.

$$P(A) = \alpha_0 E_n + \alpha_1 A + \cdots + \alpha_{n-1} A^{n-1}.$$

여기서 α_0, α_1, $\cdots$, α_{n-1}은 다음을 만족하는 것이다.

$$P(\lambda_i) = \alpha_0 + \alpha_1 \lambda_i + \cdots + \alpha_{n-1}\lambda_i^{n-1},\ 1 \le i \le n.$$

위의 정리를 사용하면, $P(A)$를 구할 때, 행렬 A의 대각화를 생각하지 않고 구할 수 있는 장점이 있다.

예제 1.18.15 행렬 $A = \begin{pmatrix} 4 & 1 \\ 3 & 2 \end{pmatrix}$에 대하여 $P(A) = A^{100}$을 구해보자.

A의 특성다항식은 $f(\lambda) = \begin{vmatrix} 4-\lambda & 1 \\ 3 & 2-\lambda \end{vmatrix} = (\lambda-1)(\lambda-5)$이다. 그러므로 A의 고윳값은 1, 5이다. 따라서

$$P(A) = \alpha_0 E_2 + \alpha_1 A$$

이다,

$$\begin{cases} 1 = P(1) = \alpha_0 + \alpha_1 \\ 5^{100} = P(5) = \alpha_0 + 5\alpha_1 \end{cases}$$

이므로, $\begin{cases} \alpha_0 = (5-5^{100})/4 \\ \alpha_1 = (5^{100}-1)/4 \end{cases}$이다. 그러므로

$$A^{100} = \begin{pmatrix} \alpha_0 + 4\alpha_1 & \alpha_1 \\ 3\alpha_1 & \alpha_0 + 2\alpha_1 \end{pmatrix}$$

이다.

문제 1.18.4 행렬 $A = \begin{pmatrix} 1 & 1 \\ 0 & 1 \end{pmatrix}$에 대하여 행렬 $P(A) = A^{100}$을 구하여라.

1.19 유클리드 공간 E^n

표준정규직교기저를 갖는 실내적공간 $\mathbb{R}^n$은 직교좌표구조를 갖는다. $\mathbb{R}^n$ 위의 유클리드 거리함수는, $d(\mathrm{x},\ \mathrm{y}) = \|\mathrm{x} - \mathrm{y}\|$와 같이, 노름으로 정의할 수 있다. 직교좌표 구조를 갖는 **n-차원 유클리드 공간**(n-Euclidean space) E^n은 $\mathbb{R}^n$과 동일시하는 것이다. 이때 특히,

$n=1$인 경우는 **유클리드 수직선**(Euclidean real line), $n=2$인 경우는 **유클리드 평면**(Euclidean plane), $n=3$인 경우는 **유클리드 공간**(Euclidean space)이라 한다.

유클리드 공간 E^n 위에는 임의의 직교좌표구조를 줄 수 있다. 예를 들어, 유클리드 평면 E^2 위의 직교좌표구조를 주는 방법을 생각해보자.

[유클리드 평면 위의 직교좌표] 유클리드 평면 E^2 위의 한 정점 O에서 직각으로 만나는 두 개의 임의의 유향직선을 잡고, 이것을 x-축, y-축이라 하자. P는 평면 E^2 위의 한 점이라 할 때, P에서 y-축에 평행선을 그어서 x-축과의 교점을 M, P에서 x-축에 평행선을 그어서 y-축과의 교점을 N이라 하자. 이때,

$$OM=NP=x,\ ON=MP=y$$

로 놓자[그림 1.19.1 참고]. 여기서 OM의 방향이 x-축의 방향과 일치하면, $x>0$이고, 반대일 때는 $x<0$이라 한다. y에 관해서도 마찬가지로 부호를 정한다. 이러한 x, y는 점 P의 **좌표**(coordinate)라고 하고, $P=(x,\ y)$ 또는 $P(x,\ y)$로 쓴다. 이때, x,y는 각각 점 P의 **첫 번째 좌표성분(횡좌표(abscissa)), 두 번째 좌표성분(종좌표(ordinate))**이라고 한다. x-축과 y-축은 통틀어 **좌표축**(coordinate axis)이라 하고, O는 좌표의 **원점**(origin)이라 한다. 이러한 좌표축은 **직교축**(rectangular axis)이라 하고, 좌표는 **직교좌표**(rectangular coordinate)라고 한다.

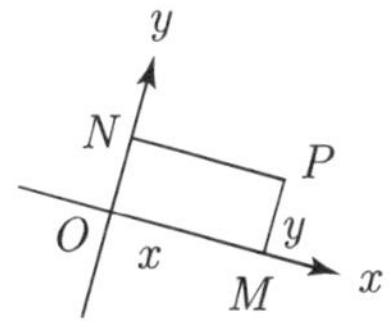

[그림 1.19.1] 직교좌표

이와 같은 방법으로, 유클리드 공간 E^n 위에 직교좌표구조를 주는 것이다. 이때, E^n에서 성립하는 기하학적 대상들을 구체적으로 표현해서 대수적으로 그 성질들을 알아보는 기하학을 **해석기하학**(analytic geometry)이라 한다.

이 경우에 E^2 위의 직선이 구체적으로 어떤 꼴로 나타나는지를 알아보자.

유클리드 공리들 중에서 첫 번째 공리는 다음과 같다.

[유클리드 공리 I] 서로 다른 두 점을 지나는 직선은 단 하나 존재한다.

직교축에서 두 점 $P_1(x_1, y_1)$, $P_2(x_2, y_2)$를 지나는 직선의 방정식을 알아보자.

직선 P_1P_2를 $m:n$으로 나누는 점 P의 좌표는

$$\begin{cases} x = \dfrac{mx_2 + nx_1}{m+n} \\ y = \dfrac{my_2 + ny_1}{m+n} \end{cases}$$

이다. 이때, $\dfrac{m}{n} = \lambda$로 놓으면,

$$\begin{cases} x = \dfrac{x_1 + \lambda x_2}{1+\lambda} \\ y = \dfrac{y_1 + \lambda y_2}{1+\lambda} \end{cases}$$

이다. 따라서

$$\begin{cases} x - x_1 = \dfrac{\lambda(x_2 - x_1)}{1+\lambda} \\ y - y_1 = \dfrac{\lambda(y_2 - y_1)}{1+\lambda} \end{cases}$$

임을 알 수 있다. 이때, λ를 소거하면,

$$\frac{x - x_1}{x_2 - x_1} = \frac{y - y_1}{y_2 - y_1}$$

을 얻는다. 이것이 두 점 $P_1(x_1, y_1)$, $P_2(x_2, y_2)$를 지나는 **직선의 방정식(linear equation)** 이라 한다. 이것을 변형하면,

$$ax + by + c = 0$$

의 형태로 된다.

그러므로 다음 정리를 얻는다.

정리 1.19.1

모든 직선은 x, y의 일차방정식으로 나타낼 수 있다. 역으로, x, y의 일차방정식은 직선을 나타낸다.

증명 명제의 역만 증명하면 된다. 일차방정식

$$ax+by+c=0$$

을 만족하는 두 점을 $P_1(x_1, y_1)$, $P_2(x_2, y_2)$라고 하자. 그러면

$$\begin{cases} ax_1+by_1+c=0 \\ ax_2+by_2+c=0 \end{cases}$$

이다. 만일 $b\neq 0$이면,

$$\begin{cases} y_1=-\dfrac{a}{b}x_1-\dfrac{c}{b} \\ y_2=-\dfrac{a}{b}x_2-\dfrac{c}{b} \end{cases}$$

이다. 이것에서 $-\frac{a}{b}$, $-\frac{c}{b}$를 구하여 $y=-\frac{a}{b}x-\frac{c}{b}$에 대입하면,

$$\frac{x-x_1}{x_2-x_1}=\frac{y-y_1}{y_2-y_1}$$

을 얻는다. 이것은 점 $P_1(x_1, y_1)$, $P_2(x_2, y_2)$를 지나는 직선의 방정식이다. 유클리드 공리 I에 의하여 두 점을 지나는 직선은 오직 하나 존재하므로, 일차방정식 $ax+by+c=0$이 나타내는 곡선은 점 $P_1(x_1, y_1)$, $P_2(x_2, y_2)$를 지나는 직선과 일치한다.

만일 $b=0$이고, $a\neq 0$이면,

$$x=-\frac{c}{a}$$

이므로, 이것은 y-축에 평행인 직선이 된다. ◀

직선의 방정식 $\dfrac{x-x_1}{x_2-x_1}=\dfrac{y-y_1}{y_2-y_1}$에서 $\dfrac{y_2-y_1}{x_2-x_1}=m$이라 놓으면,

$$y-y_1=m(x-x_1)$$

을 얻는다. 이를 변형하면, $y=mx+b$로 된다. 이때, m을 직선의 **기울기(slope)**라 하고, b는 y**–축 절편(intercept)**이라 한다. 그러므로 $y-y_1=m(x-x_1)$은 점 (x_1, y_1)을 지나고 **기울기가** m**인 직선의 방정식(linear equation)**이라 한다.

참고 중학교 수학에서 교수-학습하는 유클리드 평면 E^2를 생각해보자. 여기에서는 길이의 개념과 서로 수직인 두 실수축을 사용하여 좌표를 도입한다. 이때, E^2에서 $\mathbb{R}^2$ 위로의 전단사사상은 $p \to (x(p),\ y(p))$로 정의하자. $(x(p),\ y(p))$는 $p \in E^2$의 좌표이다. 이 사상은 E^2의 점들의 거리와 $\mathbb{R}^2$에서 그 상(image)들의 거리를 보존하는 **등장사상(isometry)**이다. 그러면 본질적인 기하학적 요소들에 대응하는 것들을 얻는다. 예를 들어, E^2 위의 직선은 $\mathbb{R}^2$에서 직선의 방정식의 해들로 이루어진 $\mathbb{R}^2$의 부분집합과 대응한다. 그러므로 E^2에서의 각 기하학적 대상들은 $\mathbb{R}^2$에서의 대응하는 것들로 옮겨진다. 그러한 좌표사상이 존재하기 때문에 E^2와 $\mathbb{R}^2$를 동일시하는 것이다. 그러나 E^2에서 좌표는 임의로 선택하므로, 기하학적으로 자연스럽게 두 공간들을 동일시하는 방법은 없다. 그러므로 $\mathbb{R}^2$에서 직선의 개념, 두 직선의 사잇각, 그리고 $\mathbb{R}^2$을 유클리드 평면으로 간주하기 전에 직선의 다른 특성들을 정의할 필요가 있다. 예를 들어. 만일 E^2와 $\mathbb{R}^2$를 동일시하고, E^2 위의 직선은 $\mathbb{R}^2$에서 일차방정식의 해들의 집합

$$L = \{(x,\ y) \mid y = mx + b\}$$

와 동일시하면, m을 직선의 기울기, b를 y-축 절편이라 정의한다. 그러면 기울기 m과 절편 b는 기하학적인 의미를 갖지 않는다. 그러나 기울기가 $m_1,\ m_2$인 그러한 두 직선이 주어지면,

$$\frac{m_2 - m_1}{1 + m_1 m_2}$$

은 기하학적 의미를 갖는다. 이를 증명하기 위해서 직교좌표축의 회전 개념이 필요하다.

정리 1.19.2

유클리드 평면 E^2 위에는 xy-직교좌표가 주어졌다고 가정하자. 이 직교축을 각 θ 만큼 회전시켜 얻은 직교축을 $X,\ Y$라고 하자. 이때, 구좌표 $(x,\ y)$와 신좌표 $(X,\ Y)$와의 관계는 다음과 같다.

$$\begin{cases} x = X\cos\theta - Y\sin\theta \\ y = X\sin\theta + Y\sin\theta \end{cases},\quad \begin{cases} X = \ \ x\cos\theta + y\sin\theta \\ Y = -x\sin\theta + y\cos\theta \end{cases}.$$

증명 두 개의 직교축 x, y축과 X, Y축과는 한 정점 O를 공유하고, x-축과 X-축이 이루는 각을 θ라고 하자. 즉, X, Y축은 x, y축을 각 θ 만큼 회전한 것이라 하자.

점 P의 x, y축과 X, Y축에 대한 좌표를 각각 $(x,\ y)$, $(X,\ Y)$라 하고, OP가 X-축과 이루는 각을 φ라고 하자. $\overline{OP}=r$이라고 하자.

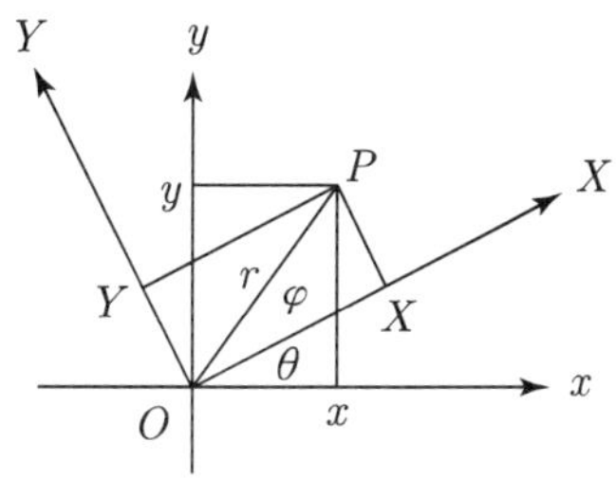

[그림 1.19.2] 직교좌표축의 회전

그러면 $\begin{cases} X = r\cos\varphi \\ Y = r\sin\varphi \end{cases}$이므로,

$$\begin{cases} x = r\cos(\theta+\varphi) = X\cos\theta - Y\sin\theta \\ y = r\sin(\theta+\varphi) = X\sin\theta + Y\sin\theta \end{cases}$$

를 얻는다. 이것을 X, Y에 관하여 풀면,

$$\begin{cases} X = \ \ x\cos\theta + y\sin\theta \\ Y = -x\sin\theta + y\cos\theta \end{cases}$$

이다. ◀

xy-평면에서의 직선의 방정식 $y=mx+b$는 XY-평면에서는 직선의 방정식

$$Y = \frac{m\cos\theta - \sin\theta}{\cos\theta + m\sin\theta}X + \frac{b}{\cos\theta + m\sin\theta}$$

으로 표시됨을 알 수 있다. 이때, xy-평면에서의 직선의 기울기와 y-축 절편은 XY-평면에서의 직선의 기울기와 Y-축 절편은 다르다는 것을 알 수 있다. 그들은 단지 좌표의 선택에 의존하므로 기하학적 의미를 갖지 않는다. 그러나 xy-평면에서 기울기가 m_1, m_2인 두 직선들이 주어지면, 즉,

$$\begin{cases} l_1 : y = m_1 x + b_1 \\ l_2 : y = m_2 x + b_2 \end{cases}$$

이면,

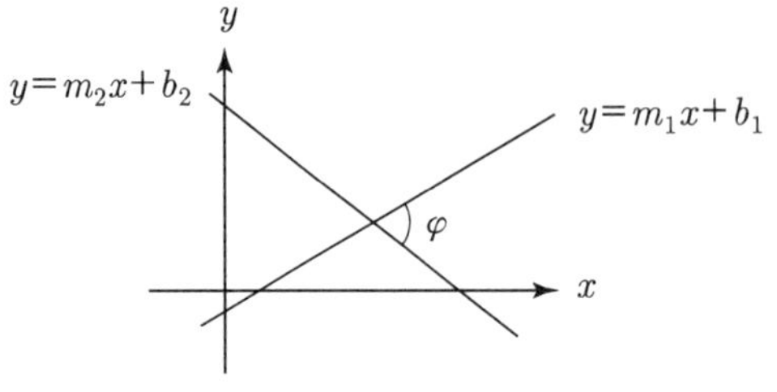

[그림 1.19.3] 두 직선 사잇각

XY-평면에서의 직선들의 기울기는 각각

$$M_1 = \frac{m_1 \cos\theta - \sin\theta}{m_1 \sin\theta + \cos\theta},\ M_2 = \frac{m_2 \cos\theta - \sin\theta}{m_2 \sin\theta + \cos\theta}$$

임을 알 수 있다. 또한,

$$(M_2 - M_1)/(1 + M_1 M_2) = (m_2 - m_1)/(1 + m_1 m_2)$$

임을 알 수 있다. 따라서 $(m_2 - m_1)/(1 + m_1 m_2)$은, 좌표축 회전과 무관하므로, 기하학적 의미를 갖는다. 이것은 기울기가 m_1, m_2인 직선들 사잇각의 탄젠트인 것이다. 즉,

$$(m_2 - m_1)/(1 + m_1 m_2) = \tan\varphi.$$

또한,

$$[(X_2 - X_1)^2 + (Y_2 - Y_1)^2]^{1/2} = [(x_2 - x_1)^2 + (y_2 - y_1)^2]^{1/2}$$

임을 알 수 있다. 그러므로 유클리드 거리함수

$$[(x_2 - x_1)^2 + (y_2 - y_1)^2]^{1/2}$$

도 좌표축 회전과 무관하다.

만일 직교좌표구조를 갖는 유클리드 공간 E^3 위의 직선이 두 점 $P(x_1, y_1, z_1)$, $Q(x_2, y_2, z_2)$을 지나면, 그 직선의 방정식은

$$\frac{x-x_1}{x_2-x_1}=\frac{y-y_1}{y_2-y_1}=\frac{z-z_1}{z_2-z_1}$$

으로 나타낼 수 있다[1.17절 참고]. 또한, 세 점을 지나는 평면을

$$ax+by+cz+d=0$$

꼴로 나타낼 수 있다[1.17절 참고].

참고 학교수학에서 연립방정식을 교수-학습하는 것은 직교좌표구조를 갖는 유클리드 평면 또는 공간에서 직선과 직선, 직선과 원뿔곡선, 원뿔곡선과 원뿔곡선의 위치관계를 해석기학적인 방법으로 고찰하는 것이다. 여기서 원뿔곡선은 타원, 쌍곡선, 포물선 등을 말한다.

직선들은 유클리드 평면 E^2뿐만 아니라 유클리드 공간 E^3에서도 생각할 수 있지만, 이것은 단 하나의 직교좌표 구조를 갖는 유클리드 공간 E^n의 모형 $\mathbb{R}^n$과 같은 가장 간단한 경우에서 조차 기하학적으로 다루기 어렵다. 그러므로 유클리드 기하는 좌표구조를 갖는 방법과 그렇지 않는 방법으로 전개할 필요가 있는 것이다.

학교수학에서는 유클리드 평면 E^2 또는 공간 E^3와 좌표구조를 갖는 유클리드 평면 $\mathbb{R}^2$ 또는 공간 $\mathbb{R}^3$에서 교수-학습이 이루어지고 있다. 예를 들어, 다음과 같은 정리는 E^2에서 증명한 것이다.

정리 1.19.3 (중심정리)

삼각형 ABC의 3개의 중선은 한 점(중심)에서 만나고 또 각 중선은 다른 중선을 2:1로 내분한다.

증명 변 AB, AC의 중점을 각각 C', B'라 하고,

$$BB'\cap CC'=G$$

라 하자.

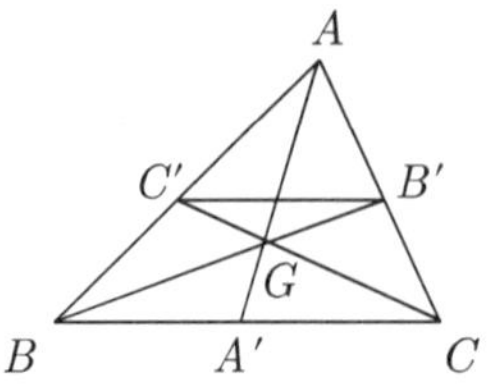

[그림 1.19.4] 삼각형의 (무게)중심

$B'C'//BC$이므로, $\triangle GB'C'$는 $\triangle GBC$와 닮은 삼각형이다. $B'C' : BC = 1 : 2$이므로, $GB' : GB = GC' : GC = 1 : 2$이다. 즉, 중선 BB', CC'는 서로 다른 것을 $1 : 2$로 내분한다.

마찬가지로, BB', AA'도 서로 다른 것을 $1 : 2$로 내분하므로, AA'도 G를 지난다. ◀

정리 1.19.3의 증명은 유클리드 평면 E^2에서 논의한 것이다. 이것은 해석기하학적 방법으로도 증명할 수 있다. 중선들의 방정식이 단 하나의 해를 갖는다는 것을 보이면 된다. 이 해는 연립방정식의 해법으로 구할 수 있다.

만일 E^2에 직교좌표구조를 주면, 삼각형의 (무게)중심 G의 위치를 구체적으로 찾을 수 있다는 이점이 있다.

정리 1.19.3에서 삼각형 ABC의 꼭짓점의 좌표를 각각 직교축에 관하여

$$A(x_1,\ y_1),\ B(x_2,\ y_2),\ C(x_3,\ y_3)$$

라고 하자. 이때, 중심 G의 좌표 $(x_0,\ y_0)$를 구해보자. AB의 중점 C'의 좌표를 $(x',\ y')$이라 하면,

$$\begin{cases} x' = \dfrac{x_1 + x_2}{2} \\ y' = \dfrac{y_1 + y_2}{2} \end{cases}$$

이다. 중심 G는 CC'를 $2 : 1$로 내분하는 점이므로,

$$\begin{cases} x_0 = \dfrac{2x' + x_3}{3} = \dfrac{x_1 + x_2 + x_3}{3} \\ y_0 = \dfrac{2y' + y_3}{3} = \dfrac{y_1 + y_2 + y_3}{3} \end{cases}$$

을 얻는다.

1.20 삼각함수

중학교 수학에서는 좌표구조를 갖지 않는 유클리드 평면 E^2 위에서 다음과 같이 삼각비를 교수-학습한다.

정의 1.20.1

그림 1.20.1의 직각삼각형 $\triangle ABC$에 대하여

$$\sin A := \frac{\overline{BC}}{\overline{AB}}, \qquad \cos A := \frac{\overline{AC}}{\overline{AB}}, \qquad \tan A := \frac{\sin A}{\cos A} = \frac{\overline{BC}}{\overline{AC}}$$

$$\operatorname{cosec} A := \frac{1}{\sin A}, \quad \sec A := \frac{1}{\cos A}, \quad \cot A := \frac{1}{\tan A}$$

이라 정의한다.

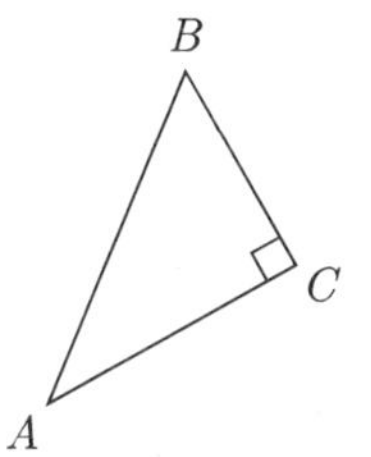

[그림 1.20.1] 직각삼각형

피타고라스의 정리에 의하여

$$\overline{AC}^2 + \overline{BC}^2 = \overline{AB}^2$$

이므로, $\left(\frac{\overline{AC}}{\overline{AB}}\right)^2 + \left(\frac{\overline{BC}}{\overline{AB}}\right)^2 = 1$이다. 그러므로

$$\sin^2 A + \cos^2 A = 1$$

이다. 이것으로부터 다음을 알 수 있다.

$$1 + \tan^2 A = \sec^2 A,$$
$$1 + \cot^2 A = \operatorname{cosec}^2 A.$$

특수한 삼각비의 값은 다음과 같다.

[표 1.20.1] 삼각비

삼각비 \ A	$0°$	$30°$	$45°$	$60°$	$90°$
$\sin A$	0	$\frac{1}{2}$	$\frac{\sqrt{2}}{2}$	$\frac{\sqrt{3}}{2}$	1
$\cos A$	1	$\frac{\sqrt{3}}{2}$	$\frac{\sqrt{2}}{2}$	$\frac{1}{2}$	0
$\tan A$	0	$\frac{\sqrt{3}}{3}$	1	$\sqrt{3}$	∞

위의 삼각비를 좌표구조를 갖는 유클리드 평면 $\mathbb{R}^2$ 위로 확장해보자. 중심이 원점이고 반지름이 1인 단위원(unit circle)

$$C: x^2 + y^2 = 1$$

을 생각하자. $180°$는 π**호도(radian)**이라 정의하자. 그러면 $0°$, $30°$, $45°$, $60°$, $90°$, $360°$는 각각 0, $\frac{\pi}{6}$, $\frac{\pi}{4}$, $\frac{\pi}{3}$, $\frac{\pi}{2}$, 2π호도이다. 반지름이 1인 부채꼴의 중심각은 다음과 같다.

$$360° \times \frac{(\text{부채꼴의 호의 길이})}{(\text{원의 둘레길이})} = (\text{중심각}).$$

만일 반지름이 1인 부채꼴의 호의 길이가 t이면, 부채꼴의 중심각의 호도는

$$2\pi \times \frac{t}{2\pi} = t$$

이다.

만일 $t \geq 0$이면, 단위원 C 위의 점 $(0,\ 1)$을 출발하여 원을 따라 양의 방향(시계반대방향)으로 거리가 t 만큼 움직인 C 위의 점은 $P(t) = (x,\ y)$라고 하자. (만일 $t < 0$이면, C의 점 $(0,\ 1)$을 출발하여 원을 따라 음의 방향(시계방향)으로 거리가 $|t|$ 만큼 움직인 C 위의 점을 $P(t) = (x,\ y)$라고 하자.)

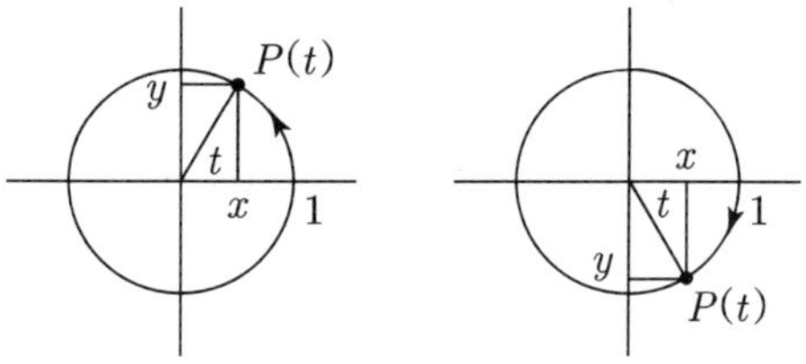

[그림 1.20.2] 단위원 위의 점 $(0,\ 1)$에서 시계(반대)방향으로 움직인 점 $P(t)$

정의 1.20.2
이때, $t \in \mathbb{R}$에 대하여

$$\sin t := \frac{y}{1} = y, \qquad \cos t := \frac{x}{1} = x, \qquad \tan t := \frac{\sin t}{\cos t} = \frac{y}{x}$$
$$\operatorname{cosec} t := \frac{1}{\sin t} = \frac{1}{y}, \quad \sec t := \frac{1}{\cos t} = \frac{1}{x}, \quad \cot t := \frac{1}{\tan t} = \frac{x}{y}$$

라고 정의한다. 여기서 t는 반지름이 1인 부채꼴의 중심각에 대한 호도이다.

단위원의 둘레길이는 2π이므로, 모든 $t \in \mathbb{R}$에 대하여 $P(t) = P(t+2\pi)$이다.

정의 1.20.3
함수 $f(t)$, $t \in \mathbb{R}$에 대하여 $f(t) = f(t+p)$를 만족하는 가장 작은 양수 $p > 0$가 존재하면, 함수 f는 **주기(period)** p를 갖는 **주기함수(periodic function)**이라 한다.

$\sin t$와 $\cos t$는 모든 $t \in \mathbb{R}$에서 정의된다. $\tan t = \dfrac{\sin t}{\cos t}$는 $\cos t = 0$를 만족하는 t를 제외한 모든 $t \in \mathbb{R}$에서 정의된다. $\cos t = 0$을 만족하는 t에 대하여 $P(t) = (0,\ \pm 1)$이므로, $\tan t$와 $\sec t = \dfrac{1}{\cos t}$는 $t = \left(n + \dfrac{1}{2}\right)\pi$, $n \in \mathbb{Z}$에서 정의되지 않는다. $\operatorname{cosec} t = \dfrac{1}{\sin t}$는 $\sin t = 0$을 만족하는 t를 제외한 모든 $t \in \mathbb{R}$에서 정의된다. $\sin t = 0$를 만족하는 t에 대하여 $P(t) = (\pm 1,\ 0)$이므로, $\operatorname{cosec} t$와 $\cot t = \dfrac{\cos t}{\sin t}$는 $t = n\pi$, $n \in \mathbb{Z}$에서 정의되지 않는다.

단위원의 둘레길이는 2π이므로,

$$\sin(t+2\pi) = \sin t, \quad \cos(t+2\pi) = \cos t$$

이다. 그러므로 $\sin t$와 $\cos t$는 주기가 2π인 주기함수이다. 한편,

$$\tan(t+\pi)=\tan t$$

이므로, $\tan t$는 주기가 π인 주기함수이다.

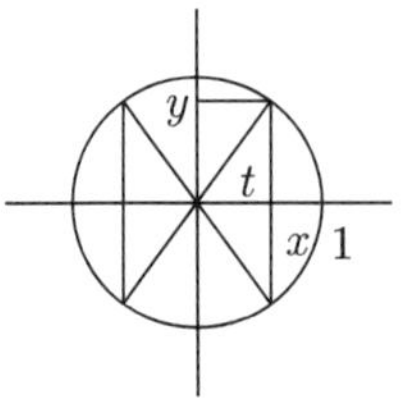

[그림 1.20.3] $0 \le t \le \frac{\pi}{2}$

$0 \le t \le \frac{\pi}{2}$일 때, $\sin t = y$, $\cos t = x$, $\tan t = \frac{y}{x}$이므로,

$$\sin(\pi - t) = y = \sin t,\ \cos(\pi - t) = -x = -\cos t,\ \tan(\pi - t) = \frac{y}{-x} = -\tan t$$

$$\sin(\pi + t) = -y = -\sin t,\ \cos(\pi + t) = -x = -\cos t,\ \tan(\pi + t) = \frac{-y}{-x} = \tan t$$

$$\sin(2\pi - t) = \sin(-t) = -y = -\sin t,\ \cos(2\pi - t) = \cos(-t) = x = \cos t$$

$$\tan(2\pi - t) = \tan(-t) = \frac{-y}{x} = -\tan t$$

이다. 이것은 모든 $t \in \mathbb{R}$에 대해서도 성립한다. 또한,

$$\sin\left(\frac{\pi}{2} - t\right) = x = \cos t,\ \cos\left(\frac{\pi}{2} - t\right) = y = \sin t,\ \tan\left(\frac{\pi}{2} - t\right) = \frac{x}{y} = \cot t$$

임을 알 수 있다. 이것은 모든 $t \in \mathbb{R}$에 대해서도 성립한다.

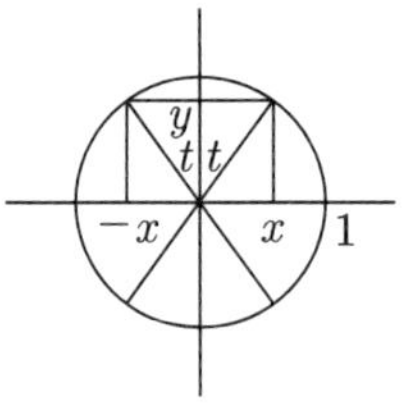

[그림 1.20.4] $0 \le t \le \frac{\pi}{2}$

$$\sin\left(\frac{\pi}{2} + t\right) = \sin\left(\pi - \left(\frac{\pi}{2} - t\right)\right) = \sin\left(\frac{\pi}{2} - t\right) = \cos t,$$

$$\cos\left(\frac{\pi}{2}+t\right)=\cos\left(\pi-\left(\frac{\pi}{2}-t\right)\right)=-\cos\left(\frac{\pi}{2}-t\right)=-\sin t$$
$$\tan\left(\frac{\pi}{2}+t\right)=\tan\left(\pi-\left(\frac{\pi}{2}-t\right)\right)=-\tan\left(\frac{\pi}{2}-t\right)=-\cot t$$

$$\sin\left(\frac{3\pi}{2}-t\right)=\sin\left(\pi+\left(\frac{\pi}{2}-t\right)\right)=-\sin\left(\frac{\pi}{2}-t\right)=-\cos t$$
$$\cos\left(\frac{3\pi}{2}-t\right)=\cos\left(\pi+\left(\frac{\pi}{2}-t\right)\right)=-\cos\left(\frac{\pi}{2}-t\right)=-\sin t$$
$$\tan\left(\frac{3\pi}{2}-t\right)=\tan\left(\pi+\left(\frac{\pi}{2}-t\right)\right)=\tan\left(\frac{\pi}{2}-t\right)=\cot t$$

$$\sin\left(\frac{3\pi}{2}+t\right)=\sin\left(\pi+\left(\frac{\pi}{2}+t\right)\right)=-\sin\left(\frac{\pi}{2}+t\right)=-\cos t$$
$$\cos\left(\frac{3\pi}{2}+t\right)=\cos\left(\pi+\left(\frac{\pi}{2}+t\right)\right)=-\cos\left(\frac{\pi}{2}+t\right)=-(-\sin t)=\sin t$$
$$\tan\left(\frac{3\pi}{2}+t\right)=\tan\left(\pi+\left(\frac{\pi}{2}+t\right)\right)=\tan\left(\frac{\pi}{2}+t\right)=-\cot t$$

임을 알 수 있다. 이것은 모든 $t\in\mathbb{R}$에 대해서도 성립한다.

그러므로 임의의 정수 n에 대하여 $n\pi\pm t$가 몇 사분면의 호도인지에 따라 부호가 결정되고, $\sin(n\pi\pm t)$는 (부호)$\sin t$로, $\cos(n\pi\pm t)$는 (부호)$\cos t$로, $\tan(n\pi\pm t)$는 (부호) $\tan t$로 된다.

또한, 임의의 홀수 정수 n에 대하여 $\frac{n\pi}{2}\pm t$가 몇 사분면의 호도인지에 따라 부호가 결정되고, $\sin\left(\frac{n\pi}{2}\pm t\right)$는 (부호)$\cos t$로, $\cos\left(\frac{n\pi}{2}\pm t\right)$는 (부호)$\sin t$로, $\tan\left(\frac{n\pi}{2}\pm t\right)$는 (부호) $\cot t$로 된다.

직각삼각형의 각도(호도)의 위치가 평면의 I, II, III, IV 사분면의 어디에 놓여있는지에 따라 삼각비의 부호가 다음과 같이 결정된다.

[표 1.20.2] 삼각비의 부호

	I 사분면	II 사분면	III 사분면	IV 사분면
sin	+	+	−	−
cos	+	−	−	+
tan	+	−	+	−

직각삼각형의 각도(호도)가 I 사분면에 놓여있으면, 삼각비는 모두 + 부호, II 사분면에

놓여있으면, sin 만 + 부호, III 사분면에 놓여있으면, tan 만 + 부호, IV 사분면에 놓여있으면, cos 만 + 부호를 갖는다.

예를 들어, $\sin\left(3\pi+\frac{\pi}{3}\right)$는 $\pm\sin\frac{\pi}{3}$ 중의 하나이다. 그러나 $3\pi+\frac{\pi}{3}$는 III 사분면의 호도(각도) 이므로 부호는 − 이다. 그러므로

$$\sin\left(3\pi+\frac{\pi}{6}\right)=-\sin\frac{\pi}{3}=-\frac{\sqrt{3}}{2}$$

이다. $\sin\left(-3\pi+\frac{\pi}{3}\right)$는 $\pm\sin\frac{\pi}{3}$ 중의 하나이다. 그러나 $-3\pi+\frac{\pi}{3}$는 III 사분면의 호도(각도) 이므로 부호는 − 이다. 그러므로

$$\sin\left(-3\pi+\frac{\pi}{6}\right)=-\sin\frac{\pi}{3}=-\frac{\sqrt{3}}{2}$$

이다. $\cos\left(\frac{3\pi}{2}+\frac{\pi}{6}\right)$은 $\pm\sin\frac{\pi}{6}$ 중의 하나이다. 그러나 $\frac{3\pi}{2}+\frac{\pi}{6}$은 IV 사분면의 호도이므로, 부호는 + 이다. 그러므로

$$\cos\left(\frac{3\pi}{2}+\frac{\pi}{6}\right)=\sin\frac{\pi}{6}=\frac{1}{2}$$

이다. $\cos\left(-\frac{3\pi}{2}+\frac{\pi}{6}\right)$은 $\pm\sin\frac{\pi}{6}$ 중의 하나이다. 그러나 $-\frac{3\pi}{2}+\frac{\pi}{6}$은 II 사분면의 호도이므로, 부호는 − 이다. 그러므로

$$\cos\left(-\frac{3\pi}{2}+\frac{\pi}{6}\right)=-\sin\frac{\pi}{6}=-\frac{1}{2}$$

이다.

임의의 $t\in\mathbb{R}$에 대하여

$$\sin^2 t+\cos^2 t=1$$
$$1+\tan^2 t=\sec^2 t$$
$$1+\cot^2 t=\operatorname{cosec}^2 t$$

임을 알 수 있다.

내적을 이용하여 삼각함수의 합·차 공식을 알아보고, 이것으로부터 2배각 공식과 반각 공식을 유도해 보자. 또한 삼각함수의 곱 공식을 유도해 보자.

$0\le\alpha\le\beta$라고 가정하자. 각 $\angle AOP$의 호도를 β, 각 $\angle BOP$의 호도를 α라고 하자. 그러면 각 $\angle AOB$의 호도는 $\beta-\alpha$이다.

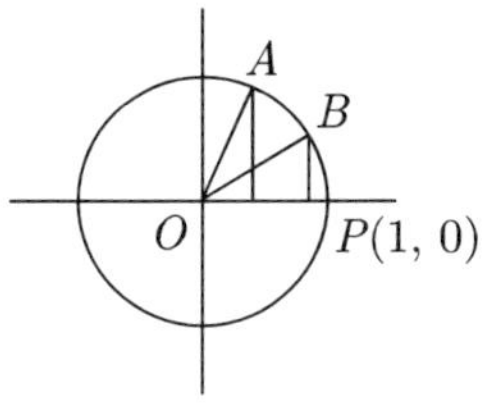

[그림 1.20.5] $\angle AOB$의 호도 $\beta-\alpha$

점 A의 좌표는 $(\cos\beta,\ \sin\beta)$이고, 점 B의 좌표는 $(\cos\alpha,\ \sin\alpha)$이다. 벡터 $\overrightarrow{OA}$와 $\overrightarrow{OB}$를 내적하면,

$$\langle \overrightarrow{OA},\ \overrightarrow{OB} \rangle = \| \overrightarrow{OA} \| \| \overrightarrow{OB} \| \cos(\beta-\alpha)$$

이다. 그러므로 다음을 얻는다.

$$\cos(\beta-\alpha) = \cos\alpha\cos\beta + \sin\alpha\sin\beta.$$

이것은 임의의 $\alpha,\ \beta \in \mathbb{R}$에 대해서도 성립한다.

$$\begin{aligned}\cos(\beta+\alpha) &= \cos(-\alpha)\cos\beta + \sin(-\alpha)\sin\beta \\ &= \cos\beta\cos\alpha - \sin\alpha\cos\beta\end{aligned}$$

이므로, 임의의 $\alpha,\ \beta \in \mathbb{R}$에 대하여

$$\cos(\alpha \pm \beta) = \cos\alpha\cos\beta \mp \sin\alpha\sin\beta$$

이다.

$$\begin{aligned}\sin(\alpha \pm \beta) &= \cos\left(\frac{\pi}{2} - (\alpha \pm \beta)\right) \\ &= \cos\left(\left(\frac{\pi}{2} - \alpha\right) \mp \beta\right) \\ &= \cos\left(\frac{\pi}{2} - \alpha\right)\cos(\mp\beta) \pm \sin\left(\frac{\pi}{2} - \alpha\right)\sin\beta \\ &= \sin\alpha\cos\beta \pm \cos\alpha\sin\beta\end{aligned}$$

이다.

$$\begin{aligned}\tan(\alpha \pm \beta) &= \frac{\sin(\alpha \pm \beta)}{\cos(\alpha \pm \beta)} \\ &= \frac{\sin\alpha\cos\beta \pm \cos\alpha\sin\beta}{\cos\alpha\cos\beta \mp \sin\alpha\sin\beta}\end{aligned}$$

$$= \frac{\tan\alpha \pm \tan\beta}{1 \mp \tan\alpha\tan\beta}$$

이다. $\alpha = \beta$로 놓으면,

$$\sin(\alpha+\beta) = \sin 2\alpha = 2\sin\alpha\cos\alpha$$

$$\begin{aligned}\cos(\alpha+\beta) = \cos 2\alpha &= \cos^2\alpha - \sin^2\alpha \\ &= 1 - 2\sin^2\alpha \\ &= 2\cos^2\alpha - 1\end{aligned}$$

$$\tan(\alpha+\beta) = \tan 2\alpha = \frac{2\tan\alpha}{1-\tan^2\alpha}$$

를 얻는다.

$$\begin{aligned}\cos\alpha = \cos\left(2 \cdot \frac{\alpha}{2}\right) &= \cos^2\frac{\alpha}{2} - \sin^2\frac{\alpha}{2} \\ &= 1 - 2\sin^2\frac{\alpha}{2} \\ &= 2\cos^2\frac{\alpha}{2} - 1\end{aligned}$$

이므로,

$$\sin^2\frac{\alpha}{2} = \frac{1-\cos\alpha}{2}$$

$$\cos^2\frac{\alpha}{2} = \frac{1+\cos\alpha}{2}$$

이다. 그러므로

$$\tan^2\frac{\alpha}{2} = \frac{1-\cos\alpha}{1+\cos\alpha}$$

이다.

$\sin(\alpha \pm \beta) = \sin\alpha\cos\beta \pm \cos\alpha\sin\beta$이므로,

$$\sin\alpha\cos\beta = \frac{1}{2}(\sin(\alpha+\beta) + \sin(\alpha-\beta))$$

$$\cos\alpha\sin\beta = \frac{1}{2}(\sin(\alpha+\beta) - \sin(\alpha-\beta))$$

이다. $\cos(\alpha \pm \beta) = \cos\alpha\cos\beta \mp \sin\alpha\sin\beta$이므로

$$\cos\alpha\cos\beta = \frac{1}{2}(\cos(\alpha+\beta)+\cos(\alpha-\beta))$$

$$\sin\alpha\sin\beta = \frac{1}{2}(\cos(\alpha-\beta)-\cos(\alpha+\beta))$$

이다.

$A=\alpha+\beta$, $B=\alpha-\beta$로 놓으면, $\alpha=\frac{1}{2}(A+B)$, $\beta=\frac{1}{2}(A-B)$이다. 따라서 다음을 얻는다.

$$\sin A+\sin B = 2\sin\frac{A+B}{2}\cos\frac{A-B}{2}$$

$$\sin A-\sin B = 2\cos\frac{A+B}{2}\sin\frac{A-B}{2}$$

$$\cos A+\cos B = 2\cos\frac{A+B}{2}\cos\frac{A-B}{2}$$

$$\cos A-\cos B = 2\sin\frac{A+B}{2}\sin\frac{A-B}{2}.$$

문제 1.20.1 t는 III 사분면의 직각삼각형의 각의 호도이고, $\tan t=\frac{5}{12}$일 때, $\sin t$, $\cos t$, $\sec t$, $\sin 2t$, $\tan\frac{t}{2}$을 값을 각각 구하여라.

1.21 위상공간으로서의 $\mathbb{R}^n$

위상 개념은 함수의 극한에서 중요하게 사용된다. 1.18절에서 실내적공간 $\mathbb{R}^n$ 위의 유클리드 거리함수는

$$d(\mathrm{x},\ \mathrm{y}) = \|\mathrm{x}-\mathrm{y}\| = \left[\sum_{i=1}^{n}(x_i-y_i)^2\right]^{1/2}$$

로 정의하였다.

정의 1.21.1

임의의 $\epsilon > 0$에 대하여

$$N_\epsilon(\mathrm{x}) = B_\epsilon(\mathrm{x}) := \{\mathrm{y} \in \mathbb{R}^n \mid d(\mathrm{x},\ \mathrm{y}) < \epsilon\}$$

이라 정의하자. 이것을 중심이 x이고, 반지름이 ϵ인 **열린근방(open neighborhood)** 또는 **열린공(open ball)**이라 한다. 간단히, x의 ϵ-**근방**이라 한다.
특히, $n=1$인 경우에

$$N_\epsilon(x) = \{y \in \mathbb{R} \mid |x-y| < \epsilon\} = (x-\epsilon,\ x+\epsilon)$$

은 열린구간이고, $n=2$인 경우에

$$N_\epsilon(\mathrm{x}) = \{\mathrm{y} \in \mathbb{R}^2 \mid \|\mathrm{x}-\mathrm{y}\| < \epsilon\}$$

은 **열린원판(open disc)**이며, $n=3$인 경우에

$$N_\epsilon(\mathrm{x}) = \{\mathrm{y} \in \mathbb{R}^3 \mid \|\mathrm{x}-\mathrm{y}\| < \epsilon\}$$

은 **열린공(open ball)**이다.

열린근방들은 다음과 같은 성질을 가짐을 알 수 있다.

(i) $\displaystyle\bigcup_{\mathrm{x} \in \mathbb{R}^n,\ \epsilon > 0} N_\epsilon(\mathrm{x}) = \mathbb{R}^n$

(ii) 만일 $N_{\epsilon_1}(\mathrm{x}) \cap N_{\epsilon_2}(\mathrm{y}) \neq \varnothing$이면, 열린근방 $N_{\epsilon_3}(\mathrm{z})$가 존재하여

$$N_{\epsilon_3}(\mathrm{z}) \subset N_{\epsilon_1}(\mathrm{x}) \cap N_{\epsilon_2}(\mathrm{y})$$

이다.

이러한 열린근방들에 의하여 생성되는 집합, 즉, 이러한 열린근방들의 합집합으로 된 집합은 **열린집합(open set)**이라고 한다. 0개의 열린근방의 합집합은 공집합으로 간주한다. 그러면 다음을 알 수 있다.

(i) $\mathbb{R}^n$, $\varnothing$은 열린집합이다.
(ii) 만일 G_1, G_2가 열린집합이면, $G_1 \cap G_2$는 열린집합이다.
(iii) 임의의 열린집합들의 합집합은 열린집합이다.

위와 같은 성질들을 만족하는 열린집합들의 집합족(family of open sets)은 **유클리드 위상(Euclidean topology)**이라고 한다. 이러한 유클리드 위상을 갖는 유클리드 거리공간 $\mathbb{R}^n$은 **유클리드 위상공간 (Euclidean topological space)**이라 한다. $\mathbb{R}^n$에서 모든 열린근방들의 집합족은 $\mathbb{R}^n$의 유클리드 위상의 **기저(base)**라고 한다. 기저원소들은 분명히 열린집합이다.

정리 1.21.2

$G \subset \mathbb{R}^n$은 열린집합이기 위한 필요충분조건은 각 점 $\mathrm{x} \in G$에 대하여 x의 근방 N이 존재하여 $N \subset G$이다.

증명 ($\Rightarrow$) G는 열린집합이라 하자. $\mathrm{x} \in G$은 임의의 점이라 하자. 정의에 의하여 G는 열린근방들의 합집합, 즉 $G = \bigcup_{\alpha} N_\alpha$이다. 여기서 N_α는 열린근방이다. $\mathrm{x} \in G$이므로 N_α가 존재하여 $\mathrm{x} \in N_\alpha$이다. $N_\alpha \subset G$이므로 결과가 나온다.

($\Leftarrow$) 합집합과 열린집합의 정의에 의하여 자명하다. ◀

$\mathbb{R}^n$의 부분집합 F가 **닫힌집합(closed set)**이라는 것은 여집합 F^c가 열린집합일 때를 말한다. 그러면 다음을 알 수 있다.

(i) $\mathbb{R}^n$, $\varnothing$은 닫힌집합이다.
(ii) 만일 F_1, F_2가 닫힌 집합이면, $F_1 \cup F_2$는 닫힌집합이다.
(iii) 임의의 닫힌집합들의 교집합은 닫힌집합이다.

참고 $\mathbb{R}^n$은 실벡터공간, 실내적공간, 노름공간, 거리공간, 유클리드 위상공간으로 간주한다. $n=1$인 경우에는 순서체도 된다. $n=2$인 경우에는 복소수체도 된다.

정의 1.21.2

유클리드 위상공간 $\mathbb{R}^n$의 부분집합 A 위에는 $\mathbb{R}^n$의 유클리드 위상으로부터 유도된 위상을 줄 수 있다. 이렇게 유도된 A 위의 위상을 **상대위상(relative topology)**이라 한다.

A 위의 상대위상에 대한 기저원소는 $\mathbb{R}^n$에서의 임의의 근방 N에 대하여 $A \cap N$꼴이다.

그러므로 A에서 열린집합은 이러한 기저원소들의 합집합이다.

특히, $n=1$인 경우에 $A=\mathbb{N}$의 상대위상을 생각해보자. $\mathbb{N}$ 위의 상대위상에 대한 기저원소는 임의의 열린구간(근방) $N=(a,\ b)\subset\mathbb{R}$에 대하여 $\mathbb{N}\cap N$꼴이므로, 집합

$$\{1\},\ \{2\},\ \{3\},\ \cdots$$

들은 $\mathbb{N}$ 위의 상대위상에 대한 기저원소들이다. 열린집합은 기저원소들의 합집합이므로, $\mathbb{N}$의 모든 부분집합은 열린집합이다. 따라서 $\mathbb{N}$의 상대위상은 $\mathbb{N}$의 모든 부분집합들의 집합족이다. 이러한 위상을 갖는 $\mathbb{N}$ 위의 위상은 **이산위상**(discrete topology)이라 한다. 이것은 수열의 극한에서 사용된다.

1.22 집합 $A\subset\mathbb{R}^n$의 극한점

정의 1.22.1

점 $\mathrm{x}\in\mathbb{R}^n$이 집합 $A\subset\mathbb{R}^n$의 **극한점**(limit point)이라는 것은 $\mathbb{R}^n$에서 x의 임의의 근방 N에 대하여

$$A\cap(N-\{\mathrm{x}\})\neq\varnothing$$

일 때를 말한다. 이때, $A\cap(N-\{\mathrm{x}\})$의 원소 y는 x의 **근방점**(neighborhood point)이라 한다. 물론 $\mathrm{y}\neq\mathrm{x}$이다. A의 모든 극한점들의 집합을 A'로 나타내고, 이를 A의 **도집합**(derived set)이라 한다. 만일 $\mathrm{x}\in A'$이면, x는 일반적으로 A의 원소가 아님을 유의하자. 만일 $A\subset B\subset\mathbb{R}^n$이면, 분명히 $A'\subset B'$이다.

문제 1.22.1 집합 $A,\ B\subset\mathbb{R}^n$에 대하여 다음을 보여라.

(a) $(A\cap B)'\subset A'\cap B'$ (b) $(A\cup B)'=A'\cup B'$

정리 1.22.2

$F\subset\mathbb{R}^n$이 닫힌집합이기 위한 필요충분조건은 $F'\subset F$이다.

증명 $(\Rightarrow)$ $F \subset \mathbb{R}^n$은 닫힌집합이라 가정하자. $F' \not\subset F$라고 가정하자. 그러면 점 $\mathrm{x} \in F' - F$가 존재한다. $\mathrm{x} \in F'$이고 $\mathrm{x} \notin F$이다. 따라서 $\mathrm{x} \in F^c$이고 F^c는 열린집합이다. 그러므로 $\mathbb{R}^n$에서 x의 열린근방 N이 존재하여 $N \subset F^c$이다. $\mathrm{x} \in F'$이므로,

$$F \cap (N - \{\mathrm{x}\}) \neq \varnothing$$

이다. 그러나 $F \cap (N - \{\mathrm{x}\}) \subset F \cap N = \varnothing$이므로, $F \cap (N - \{\mathrm{x}\}) = \varnothing$이다. 이것은 모순이다. 그러므로 $F' \subset F$이다.

$(\Leftarrow)$ $F' \subset F$라고 가정하자. F가 닫힌집합임을 보이기 위하여 여집합 F^c가 열린집합임을 보이면 된다. $\mathrm{x} \in F^c$는 임의의 점이라 하자. $F' \subset F$이기 위한 필요충분조건은 $F^c \subset (F')^c$이다. 그러므로 $\mathrm{x} \in (F')^c$이다. 다시 말해, x는 F의 극한점이 아니다. 따라서 정의에 의하여 $\mathbb{R}^n$에서의 x의 근방 N이 존재하여

$$F \cap (N - \{\mathrm{x}\}) = \varnothing$$

이다. $\mathrm{x} \notin F$이므로, $F \cap N = \varnothing$이다. 따라서 $N \subset F^c$이다. 그러므로 F^c는 열린집합이다. ◀

예제 1.22.3 $n=1$인 경우를 생각하자.

(a) 만일 $A = (1,\ 5]$은 $\mathbb{R}$의 구간이면, $A' = [1,\ 5]$이다. 이때, $A' \not\subset A$이므로 A는 닫힌집합이 아니다.

(b) 만일 $A = [1,\ 5]$은 $\mathbb{R}$의 닫힌구간이면, $A' = A$이다. 그러므로 A는 닫힌집합이다.

(c) 만일 $A = \left\{1,\ \frac{1}{2},\ \frac{1}{3},\ \cdots\right\} \subset \mathbb{R}$이면, $A' = \{0\}$이다. 그러므로 A는 닫힌집합이 아니다.

만일 $A = \left\{0,\ 1,\ \frac{1}{2},\ \frac{1}{3},\ \cdots\right\} \subset \mathbb{R}$이면, $A' = \{0\}$이므로 A는 닫힌집합이다.

정리 1.22.4

만일 x는 집합 $E \subset \mathbb{R}^n$의 극한점이면, x의 모든 근방 N은 E의 무한히 많은 점들을 포함한다.

증명 E의 유한개 점들만 포함하는 x의 근방 N이 존재한다고 가정하자. x_1, x_2, $\cdots$, $x_n \in E \cap (N - \{\mathrm{x}\})$이라 하자.

$$r = \min_{1 \le m \le n} \|\mathrm{x} - \mathrm{x}_m\|$$

으로 놓자. 그러면 $E \cap (N_r(\mathrm{x}) - \{\mathrm{x}\}) = \varnothing$ 이다. x는 E의 극한점이므로, 이것은 모순이다. ◀

따름정리 1.22.5

$\mathbb{R}^n$에서 유한개의 점들로 이루어진 집합 E는 극한점을 갖지 않는다. 그러므로 E는 닫힌집합이다.

정의 1.22.6

집합 $A \subset \mathbb{R}^n$에 대하여 집합 $\overline{A}$는 A를 포함하는 가장 작은 닫힌집합, 즉, A를 포함하는 모든 닫힌집합들의 교집합을 말하고, A의 **폐포(closure)**라고 한다. 이때, 분명히 $A \subset \overline{A}$이고, 만일 $A \subset B \subset \mathbb{R}^n$이면, $\overline{A} \subset \overline{B}$이다.

문제 1.22.2 집합 $A, B \subset \mathbb{R}^n$에 대하여 다음을 보여라.

(a) $\overline{A \cap B} \subset \overline{A} \cap \overline{B}$ (b) $\overline{A \cup B} = \overline{A} \cup \overline{B}$

정리 1.22.7

$A \subset \mathbb{R}^n$에 대하여 $\overline{A} = A \cup A'$이다.

증명 $\overline{A}$는 닫힌집합이므로, $A' \subset (\overline{A})' \subset \overline{A}$이다. 그러므로 $A \cup A' \subset \overline{A}$이다. 역으로, $\overline{A} \subset A \cup A'$임을 보이자.

$(A \cup A') - \overline{A} \neq \varnothing$ 라고 가정하자. $a \in (A \cup A') - \overline{A}$라고 하자. 그러면 $a \notin \overline{A}$이고 a는 A의 극한점이다. $\overline{A}$는 닫힌집합이므로, $(\overline{A})^c$는 열린집합이다. $a \in (\overline{A})^c$이고 a는 A의 극한점이므로, 정의에 의하여 $A \cap ((\overline{A})^c - \{a\})$

$\neq \varnothing$ 이다. $a \notin A$ 이므로, $A \cap (\overline{A})^c \neq \varnothing$ 이다.

$A \subset \overline{A}$ 이므로 $(\overline{A})^c \subset A^c$ 이다. 따라서 $A \cap (\overline{A})^c = \varnothing$ 이다. 이것은 모순이다. 그러므로 결과가 나온다. ◀

따름정리 1.22.8

$a \in \overline{A}$ 이기 위한 필요충분조건은 a를 포함하는 임의의 열린집합 G에 대하여 $A \cap G \neq \varnothing$ 이다.

문제 1.22.3 (a) $A = (0, 1] \subset \mathbb{R}$의 폐포 $\overline{A}$를 구하여라.

(b) $B = \left\{1, \frac{1}{2}, \frac{1}{3}, \cdots\right\} \subset \mathbb{R}$의 폐포 $\overline{B}$를 구하여라.

정리 1.22.9

$E \subset \mathbb{R}^n$ 이라 하자. 그러면 $E = \overline{E}$ 이기 위한 필요충분조건은 E는 닫힌집합이다.

증명 ($\Rightarrow$) $E = \overline{E} = E \cup E'$ 이므로, $E' \subset E$ 이다. 그러므로 E는 닫힌집합이다.

($\Leftarrow$) $E' \subset E$ 이므로 $\overline{E} = E \cup E' = E$ 이다. ◀

정리 1.22.10

$E \subset \mathbb{R}$은 공집합이 아닌 위로 유계인 집합이라 하자. 만일 $y = \sup E$ 이면, $y \in \overline{E}$ 이다. 특히, 만일 E는 닫힌집합이면, $y \in E$ 이다.

증명 $y = \sup E$ 이라 하자. 만일 $y \in E$ 이면, 분명히 $y \in \overline{E}$ 이다. $y \notin E$ 라고 가정하자. 그러면 임의의 $\epsilon > 0$ 에 대하여 점 $x \in E$ 가 존재하여

$$y - \epsilon < x \leq y$$

이다. $N_\epsilon(y) = (y - \epsilon, y + \epsilon)$ 이라 놓으면, $x \in E \cap (N_\epsilon(y) - \{y\}) \neq \varnothing$ 이다. 그러므로 y는 E의 극한점이다. 즉, $y \in E'$. 따라서 $y \in \overline{E}$ 이다. ◀

정리 1.22.11

$Y \subset \mathbb{R}^n$이고, Y 위에는 $\mathbb{R}^n$의 유클리드 위상으로부터 유도된 위상(상대위상)이 주어졌다고 하자. $A \subset Y$라고 하자. 그러면

$$(\overline{A})_Y = Y \cap \overline{A}$$

이다. 여기서 $(\overline{A})_Y$는 Y 위의 상대위상에 관한 A의 폐포이다.

증명 $E \subset Y$는 상대위상에 관하여 Y의 닫힌집합이기 위한 필요충분조건은 어떤 닫힌집합 $F \subset X$에 대하여 $E = Y \cap F$임을 유의하자. 폐포의 정의에 의하여 $(\overline{A})_Y$는 A를 포함하는 Y의 모든 닫힌집합 E의 교집합이다. 그러므로

$$\begin{aligned}(\overline{A})_Y &= \bigcap_{A \subset E \subset Y} E = \bigcap_{A \subset F \subset X} [Y \cap F] \\ &= Y \cap \left[\bigcap_{A \subset F \subset X} F\right] = Y \cap \overline{A}\end{aligned}$$

이다. ◀

1.23 긴밀집합

정의 1.23.1

$E \subset \mathbb{R}^n$이라 하자. $\mathbb{R}^n$의 열린집합들의 집합족 $\{G_\alpha\}_{\alpha \in I}$가 집합 E의 **열린덮개(open cover)**라는 것은

$$E \subset \bigcup_{\alpha \in I} G_\alpha$$

일 때를 말한다.

정의 1.23.2

$K \subset \mathbb{R}^n$이 **긴밀집합(compact set)**이라는 것은 K의 모든 열린덮개는 유한 부분덮개를 포함할 때를 말한다. 다시 말해, 만일 $\{G_\alpha\}_{\alpha \in I}$는 K의 임의의 열린덮개이면, 유한

개의 $\alpha_1, \cdots, \alpha_n \in I$가 존재하여

$$K \subset \bigcup_{i=1}^{n} G_{\alpha_i}$$

일 때를 말한다.

정리 1.23.3

$K \subset Y \subset \mathbb{R}^n$이라 하자. K는 $\mathbb{R}^n$ 위의 위상에 관하여 긴밀집합이기 위한 필요충분조건은 K는 Y 위의 상대위상에 관하여 긴밀집합이다.

증명 E가 Y에서 열린집합이기 위한 필요충분조건은 어떤 열린집합 $G \subset X$에 대하여 $E = Y \cap G$임을 유의하자.

($\Rightarrow$) $\{V_\alpha\}_{\alpha \in I}$는 Y 위의 상대위상에 관하여 K의 임의의 열린덮개라고 하자. 그러면 어떤 열린집합 $G_\alpha \subset \mathbb{R}^n$에 대하여 $V_\alpha = Y \cap G_\alpha$이다.

$$K \subset \bigcup_{\alpha \in I} V_\alpha = \bigcup_{\alpha \in I} [Y \cap G_\alpha] = Y \cap \left[\bigcup_{\alpha \in I} G_\alpha\right] \subset \bigcup_{\alpha \in I} G_\alpha$$

이다. K는 $\mathbb{R}^n$의 긴밀부분집합이므로, 유한개의 $\alpha_1, \cdots, \alpha_n \in I$가 존재하여

$$K \subset \bigcup_{i=1}^{n} G_{\alpha_i}$$

이다. $K \subset Y$이므로,

$$K = K \cap Y \subset \bigcup_{i=1}^{n} \left[Y \cap G_{\alpha_i}\right] = \bigcup_{i=1}^{n} V_{\alpha_i}$$

이다.

($\Leftarrow$) $\{G_\alpha\}_{\alpha \in I}$는 $K \subset \mathbb{R}^n$의 임의의 열린덮개라고 하자. 즉,

$$K \subset \bigcup_{\alpha \in I} G_\alpha.$$

그러면 $K \subset Y$이므로,

$$K = Y \cap K \subset \bigcup_{\alpha \in I} [Y \cap G_\alpha]$$

$V_\alpha = Y \cap G_\alpha$로 놓으면, V_α는 Y에서의 열린집합이다. K는 Y에서 긴밀집합이므로, 유한개의 $\alpha_1, \cdots, \alpha_n \in I$가 존재하여

$$K \subset \bigcup_{i=1}^{n} V_{\alpha_i} = \bigcup_{i=1}^{n} [Y \cap G_{\alpha_i}] \subset \bigcup_{i=1}^{n} G_{\alpha_i}$$

이다. 그러므로 K는 $\mathbb{R}^n$의 긴밀부분집합이다. ◀

정리 1.23.4

$\mathbb{R}^n$의 긴밀부분집합은 닫힌집합이다.

증명 $K \subset \mathbb{R}^n$은 긴밀집합이라 하자. 이때 K^c는 열린집합임을 보이면 된다. $p \notin K$라고 하자. 각 $q \in K$에 대하여 p의 근방 V_q와 q의 근방 W_q가 존재하여 $V_q \cap W_q = \varnothing$이다. 이때,

$$K \subset \bigcup_{q \in K} W_q$$

이다. K는 긴밀집합이므로, 유한개의 $q_1, \cdots, q_n \in K$가 존재하여

$$K \subset \bigcup_{i=1}^{n} W_{q_i} = W$$

이다. 이때, $V = \bigcap_{i=1}^{n} V_{q_i}$로 놓으면, V는 p의 근방이고, $V \cap W = \varnothing$이다. 그러므로 $K \cap V = \varnothing$이다. 따라서 $V \subset K^c$이다. 그러므로 K^c는 열린집합이다. ◀

정리 1.23.5

$K \subset \mathbb{R}^n$은 긴밀집합이고, $F \subset K$이라 하자. 만일 $F \subset \mathbb{R}^n$은 닫힌집합이면, F는 긴밀집합이다.

증명 $\{V_\alpha\}_{\alpha\in I}$는 F의 임의의 열린덮개라고 하자. 즉,

$$F\subset \bigcup_{\alpha\in I} V_\alpha.$$

그러면,

$$K\subset \mathbb{R}^n = F\cup F^c \subset \left[\bigcup_{\alpha\in I} V_\alpha\right]\cup F^c$$

이다. K는 긴밀집합이므로, 유한개의 $\alpha_1, \cdots, \alpha_n \in I$가 존재하여

$$K\subset \left[\bigcup_{i=1}^{n} V_{\alpha_i}\right]\cup F^c$$

이다. 이때, $F\subset K$이므로,

$$\begin{aligned} F = K\cap F &\subset \left[\left[\bigcup_{i=1}^{n} V_{\alpha_i}\right]\cup F^c\right]\cap F \\ &= \left[\bigcup_{i=1}^{n} V_{\alpha_i}\right]\cap F \subset \bigcup_{i=1}^{n} V_{\alpha_i} \end{aligned}$$

이다. 그러므로 F는 긴밀집합이다. ◀

따름정리 1.23.6

만일 $F\subset \mathbb{R}^n$은 닫힌집합이고, $K\subset \mathbb{R}^n$은 긴밀집합이면, $F\cap K$는 긴밀집합이다.

증명 K는 긴밀집합이므로, 정리 1.23.4에 의하여 K는 닫힌집합이다. 따라서 $F\cap K$는 닫힌집합이다. $F\cap K\subset K$이므로, 정리 1.23.5에 의하여 $F\cap K$는 긴밀집합이다. ◀

정리 1.23.7 (유한교차성(finite intersection property))

$\{K_\alpha\}_{\alpha\in I}$는 $\mathbb{R}^n$의 긴밀부분집합들의 집합족이라 하자. 만일 그 집합족의 모든 유한 부분집합족의 원소들의 교집합이 공집합이 아니면,

$$\bigcap_{\alpha\in I} K_\alpha \neq \varnothing.$$

증명 집합족 $\{K_\alpha\}_{\alpha \in I}$의 한 원소 K_{α_0}을 택하고, 그 나머지에 대하여 $G_\alpha = K_\alpha^c$로 놓자. 그러면 G_α는 열린집합이다.

$$\bigcap_{\alpha \in I} K_\alpha = \varnothing$$

라고 가정하자. 그러면 $K_{\alpha_0} \subset \bigcup_{\alpha \in I - \{\alpha_0\}} G_\alpha$이다. K_{α_0}은 긴밀집합이므로, 유한개의 $\alpha_1, \cdots, \alpha_n \in I - \{\alpha_0\}$가 존재하여

$$K_{\alpha_0} \subset \bigcup_{i=1}^{n} G_{\alpha_i} = \left(\bigcap_{i=1}^{n} K_{\alpha_i}\right)^c$$

이다. 그러므로 $K_{\alpha_0} \cap K_{\alpha_1} \cap \cdots \cap K_{\alpha_n} = \varnothing$ 이다. 이것은 가정에 모순이다. ◀

따름정리 1.23.8

만일 $\{K_n\}$은 공집합이 아닌 긴밀집합열이고,

$$K_n \supset K_{n+1},\ n = 1,\ 2,\ \cdots$$

이면, $\bigcap_{n=1}^{\infty} K_n \neq \varnothing$ 이다.

정리 1.23.9

만일 E는 긴밀집합 $K \subset \mathbb{R}^n$의 무한 부분집합이면, E는 K에서 극한점을 갖는다.

증명 K의 어떠한 점도 E의 극한점이 아니라고 가정하자. 그러면 각 점 $q \in K$에 대하여 q의 근방 V_q가 존재하여

$$E \cap (V_q - \{q\}) = \varnothing$$

이다. 즉, $E \cap V_q \subset \{q\}$. 그러므로 $E \cap V_q = \varnothing$ 또는 $E \cap V_q = \{q\}$ 이다. $K \subset \bigcup_{q \in K} V_q$이고 K는 긴밀집합이므로, 유한개의 $q_1, \cdots, g_n \in K$가 존재하여

$$K \subset \bigcup_{i=1}^{n} V_{q_i}$$

이다. $E \subset K$이므로, $E = E \cap K \subset \bigcup_{i=1}^{n}(E \cap V_{q_i})$이다. $E \cap V_{q_i} = \varnothing$ 이거나 $E \cap V_{q_i} = \{q_i\}$ 이므로, $\bigcup_{i=1}^{n}(E \cap V_{q_i})$는 유한집합이다. 그러나 E는 무한집합이다. 이것은 모순이다. ◀

정리 1.23.10

만일 $\{I_n\}$은 $\mathbb{R}$의 닫힌구간열이고,

$$I_n \supset I_{n+1},\ n = 1,\ 2,\ \cdots$$

이면, $\bigcap_{n=1}^{\infty} I_n \neq \varnothing$ 이다.

증명 $I_n = [a_n,\ b_n]$으로 놓고, E는 모든 a_n들의 집합이라 하자. 그러면 $E \neq \varnothing$ 이고, E는 위로 유계이다. 그러므로 $\mathbb{R}$의 최소상계의 성질에 의하여 $\sup E$가 존재한다. $x = \sup E$라고 하자. 만일 n, m은 양의 정수이면,

$$a_n \le a_{m+n} \le b_{m+n} \le b_m$$

이다. 그래서 각 m에 대하여 $x \le b_m$ 이다. $a_m \le x$이므로, $m = 1,\ 2,\ \cdots$에 대하여 $x \in I_m$ 이다. 그러므로 $\bigcap_{n=1}^{\infty} I_n \neq \varnothing$ 이다. ◀

집합

$$I = \{\mathrm{x} = (x_1,\ \cdots,\ x_k) \in \mathbb{R}^k \mid a_i \le x_i \le b_i,\ i = 1,\ 2,\ \cdots,\ k\}$$

는 k-**포체(cell)**라고 한다.

정리 1.23.11

k는 양의 정수라고 하자. 만일 $\{I_n\}$은 k-포체열이고,

$$I_n \supset I_{n+1},\ n=1,\ 2,\ \cdots$$

이면, $\bigcap_{n=1}^{\infty} I_n \neq \varnothing$ 이다.

증명 $I_n = \{\mathrm{x} = (x_1,\ \cdots,\ x_k) \in \mathbb{R}^k \mid a_{n,\,j} \le x_j \le b_{n,\,j},\ j=1,\ 2,\ \cdots,\ k\}$이라 하고, $I_{n,\,j} = [a_{n,\,j},\ b_{n,\,j}]$로 놓자. 그러면

$$I_{n,\,j} \supset I_{n+1,\,j},\ n=1,\ 2,\ \cdots,\ j=1,\ 2,\ \cdots,\ k$$

이다. 그러므로 정리 1.23.10에 의하여 $\bigcap_{n=1}^{\infty} I_{n,\,j} \neq \varnothing,\ j=1,\ 2,\ \cdots,\ k$이다. 따라서 $x_j^* \in \bigcap_{n=1}^{\infty} I_{n,\,j}$가 존재한다. 즉,

$$a_{n,\,j} \le x_j^* \le b_{n,\,j},\ n=1,\ 2,\ \cdots,\ j=1,\ 2,\ \cdots,\ k.$$

$\mathrm{x}^* = (x_1^*,\ \cdots,\ x_k^*)$로 놓으면, $\mathrm{x}^* \in I_n,\ n=1,\ 2,\ \cdots$이다. 따라서

$$\bigcap_{n=1}^{\infty} I_n \neq \varnothing$$

이다. ◀

정리 1.23.12

모든 k-포체는 긴밀집합이다.

증명 $I = \{\mathrm{x} = (x_1,\ \cdots,\ x_k) \in \mathbb{R}^k \mid a_j \le x_j \le b_j,\ j=1,\ 2,\ \cdots,\ k\}$라고 하자. $\delta = \left[\sum_{j=1}^{k} (b_j - a_j)^2\right]^{1/2}$으로 놓자. $n=1,\ 2,\ 3$일 때 이것은 각각 선분과 직사각형, 직육면체의 대각선의 길이를 의미한다. 그러면 모든 $\mathrm{x},\ \mathrm{y} \in I$에 대하여 $\|\mathrm{x}-\mathrm{y}\| \le \delta$이다.

I는 긴밀집합이 아니라고 가정하자. 그러면 I의 열린덮개 $\{G_\alpha\}$가 존재하여 그 열린덮개는 어떠한 I의 유한 열린부분덮개를 포함하지 않는다. $c_j = \frac{1}{2}(a_j + b_j)$로 놓자. 그러면 구간 $[a_j,\ c_j]$와 $[c_j,\ b_j]$들은 2^k개의 k-포체 Q_i

들을 결정하고, $\bigcup_{i=1}^{2^k} Q_i = I$이다. 이러한 포체들 중의 적어도 하나는 $\{G_\alpha\}$의 임의의 유한 부분집합족에 의하여 덮혀질 수 없다. 이것을 I_1이라 하자. (왜냐하면, 만일 모든 포체 Q_i들이 $\{G_\alpha\}$의 임의의 유한 부분집합족에 의하여 덮혀질 수 있다면, $\bigcup_{i=1}^{2^k} Q_i = I$이므로, I는 $\{G_\alpha\}$의 유한 부분집합족에 의하여 덮혀질 수 있다. 이것은 모순이다.) 이러한 과정을 계속 반복하면, 다음 성질을 만족하는 k-포체열 $\{I_n\}$을 얻는다.

(a) $I \supset I_1 \supset I_2 \supset \cdots$

(b) I_n은 $\{G_\alpha\}$의 임의의 유한 부분집합족에 의하여 덮혀질 수 없다.

(c) 만일 $\mathrm{x}, \mathrm{y} \in I_n$이면, $\|\mathrm{x}-\mathrm{y}\| \le 2^{-n}\delta$이다.

(a)와 정리 1.23.11에 의하여 $\mathrm{x}^* \in \bigcap_{n=1}^{\infty} I_n$이 존재한다. 그러므로 $\mathrm{x}^* \in I = \bigcup_{i=1}^{2^k} Q_i \subset \bigcup_\alpha G_\alpha$이다. 따라서 어떤 α에 대하여 $\mathrm{x}^* \in G_\alpha$이다. G_α는 열린집합이므로, x^*의 r-근방 $N_r(\mathrm{x}^*) \subset G_\alpha$가 존재한다. 만일 충분히 큰 n에 대하여 $2^{-n}\delta < r$이면, (c)에 의하여 $I_n \subset G_\alpha$이다. 이것은 (b)에 모순이다. ◀

정리 1.23.13 (Heine-Borel 정리)

집합 $E \subset \mathbb{R}^k$에 대하여 E가 닫힌집합이고 유계이기 위한 필요충분조건은 E는 긴밀집합이다.

증명 ($\Rightarrow$) E는 유계집합이므로, k-포체 I가 존재하여 $E \subset I$이다. 정리 1.23.12에 의하여 I는 긴밀집합이고, E는 닫힌집합이므로, 정리 1.23.5에 의하여 E는 긴밀집합이다.

($\Leftarrow$) E는 긴밀집합이므로, 정리 1.23.4에 의하여 E는 닫힌집합이다. 고정된 $r>0$와 각 점 $p \in E$에 대하여 p의 r-근방 $N_r(p)$를 생각하자. 그러면 $E \subset \bigcup_{p \in E} N_r(p)$이다. E는 긴밀집합이므로, 유한개의 $p_1, \cdots, p_n, \in E$가 존재하여 $E \subset \bigcup_{i=1}^{n} N_r(p_i)$이다. 그러므로 E는 유계집합이다. ◀

정리 1.23.14

$K \subset \mathbb{R}^n$는 긴밀집합이기 위한 필요충분조건은 K의 모든 무한부분집합은 K에서 극한점을 갖는다.

증명 ($\Rightarrow$) 정리 1.23.9로부터 나온다.

($\Leftarrow$) 정리 1.23.13에 의하여 K는 닫힌집합이고 유계임을 보이면 된다. K는 닫힌집합이 아니거나 유계집합이 아니라고 가정하자.

만일 K가 유계가 아니라면, K는 $\|x_n\| > n$, $n = 1, 2, \cdots$를 만족하는 점 x_n들을 포함한다. $S = \{x_n \mid \|x_n\| > n, n = 1, 2, \cdots\}$로 놓자. 그러면 $S \subset K$는 무한집합이다. 분명히, S는 $\mathbb{R}^k$에서 극한점을 갖지 않는다. 그러므로 S는 K에서 극한점을 갖지 않는다. 이것은 가정에 모순이다. 그러므로 K는 유계이다.

만일 K는 닫힌집합이 아니라면, $K' \not\subset K$이므로, $K' - K \neq \varnothing$이다. $x_0 \in K' - K$를 선택하자. $x_0 \in K'$이므로, 임의의 자연수 n에 대하여 $K \cap (N_{1/n}(x_0) - \{x_0\}) \neq \varnothing$이다. $x_n \in K \cap (N_{1/n}(x_0) - \{x_0\})$를 선택하자. $S = \{x_1, x_2, \cdots\}$이라 하자. 그러면 S는 K의 무한부분집합이다. 이때, 가정에 의하여 S는 극한점으로 $x_0(\not\in K)$를 갖는다. 그러나 S는 $\mathbb{R}^k$에서 다른 극한점을 갖지 않는다. 왜냐하면, 만일 $y \in \mathbb{R}^k$, $y \neq x_0$는 S의 극한점이라면, 임의의 $\epsilon > 0$에 대하여 $S \cap (N_\epsilon(y) - \{y\}) \neq \varnothing$이다.

$$0 < \|x_n - y\| < \epsilon = \frac{1}{2}\|x_0 - y\|$$

이라 하자. 그러면

$$\frac{1}{2}\|x_0 - y\| > \|x_n - y\| \geq \|x_0 - y\| - \|x_n - x_0\|$$

이다. 따라서 $\|x_n - x_0\| > \frac{1}{2}\|x_0 - y\|$이다. 이것은 모순이다.

그러므로 y는 S의 극한점이 아니다. 따라서 S는 K에서 극한점을 갖지 않는다. 그러므로 $\{x_0\} = S'$, $x_0 \not\in K$이다. 가정에 의하여 S는 K에서 극한점을 갖는다. 이것은 모순이다. 그러므로 K는 닫힌집합이다.◀

참고 이 정리는 임의의 거리공간에 대하여 성립한다(부록 정리 1.23.14.5 참고). 그러나 일반적으로, K가 닫힌집합이고 유계라 하더라도 K는 긴밀집합이 아니다. 또한, K가 닫힌집합이고 유계라 하더라도 K의 모든 무한부분집합은 K에서 극한점을 갖는 것은 아니다.

정리 1.23.15 (Weierstrass)

$\mathbb{R}^k$의 모든 유계 무한부분집합 E는 $\mathbb{R}^k$에서 극한점을 갖는다.

증명 E는 유계집합이므로, E는 어떤 k-포체 $I \subset \mathbb{R}^k$의 부분집합이다. 정리 1.23.12에 의하여 I는 긴밀집합이고, E는 I의 무한부분집합이므로, 정리 1.23.9에 의하여 E는 I에서 극한점을 갖는다. 그러므로 E는 $\mathbb{R}^k$에서 극한점을 갖는다. ◀

부 록

K는 거리공간 (X, d)의 긴밀집합이라 하자. 그러면 (K, d)는 긴밀 거리공간임을 유의하자.

정리 1.23.14.1

거리공간 X가 **가분**(separable)이라는 것은 그것이 가산 조밀부분집합 E를 포함할 때를 말한다. 즉, $\overline{E} = X$. $\mathbb{R}^k$는 가분 거리공간이다.

증명 $\mathbb{Q}^k = \{(q_1, q_2, \cdots, q_k) \mid q_i \in \mathbb{Q}\}$이라 놓으면, $\mathbb{Q}^k \subset \mathbb{R}^k$이고 $\overline{\mathbb{Q}^k} = \mathbb{R}^k$이며 $\mathbb{Q}^k$는 가산집합이다. 그러므로 $\mathbb{R}^k$는 가분 거리공간이다. ◀

X의 열린집합족 $\{V_\alpha\}_{\alpha \in I}$가 X에 대한 **기저**(base)라는 것은 모든 $x \in X$와 x를 포함하는 모든 열린집합 G에 대하여 x를 포함하는 V_α가 존재하여 $V_\alpha \subset G$일 때를 말한다. 다시 말해, G는 기저원소들의 합집합일 때를 말한다.

정리 1.23.14.2

모든 가분 거리공간 X은 가산기저를 갖는다.

증명 $E \subset X$는 $\overline{E} = X$인 가산집합이라 하자. $p \in E$, $r \in \mathbb{Q}$, $r > 0$에 대하여 $N_r(p) = \{x \in X \mid d(x, p) < r\}$이라 하자. 이때, $\mathcal{B} = \{N_r(p) \mid p \in E, r \in \mathbb{Q}^+\}$은 가산집합족이다. 이 집합족 $\mathcal{B}$가 X에 대한 기저임을 보이자. 즉, 모든 열린집합 $G \subset X$와 모든 $q \in G$에 대하여 $q \in N_r(p) \subset G$를 만족하는 $N_r(p) \in \mathcal{B}$가 존재함을 보이자.

$q \in G$이므로 $q \in N_\epsilon(q) \subset G$를 만족하는 q의 열린근방 $N_q(\epsilon)$이 존재한다. E는 X의 조밀부분집합이므로 $d(q, p_0) < \frac{1}{3}\epsilon$을 만족하는 $p_0 \in E$가 존재한다. $\frac{1}{3}\epsilon < \delta_0 < \frac{2}{3}\epsilon$을 만족하는 유리수 δ_0를 선택하자. 그러면 $q \in N_{\delta_0}(p_0) \subset N_\epsilon(q) \subset G$이다. $N_{\delta_0}(p_0) \in \mathcal{B}$이므로 $\mathcal{B}$는 X 위의 위상에 대한 가산기저이다. ◀

정리 1.23.14.3

X는 거리공간이고 모든 무한 부분집합은 극한점을 갖는다고 하자. 그러면 X는 가분이다.

증명 $\delta > 0$는 고정시키자. 임의로 $x_1 \in X$을 선택하자. $x_1, x_2, \cdots, x_j \in X$를 선택했다면, 가능하다면, $i = 1, 2, \cdots, j$에 대하여 $d(x_i, x_{j+1}) \geq \delta$를 만족하도록 $x_{j+1} \in X$를 선택하자. 이때, 이렇게 선택한 점들이 무한개라면, 가정에 의하여 $E = \{x_1, x_2, \cdots\}$는 극한점 x_0을 갖는다. 모든 $i = 1, 2, \cdots$에 대하여 $d(x_i, x_0) \geq \delta$이지만, $d(x_0, x_0) = 0$이다. 이것은 모순이다. 따라서 이러한 선택과정은 유한 번의 과정에서 끝난다. 즉, $E = \{x_1, x_2, \cdots, x_k\}$이다. 만일 $x \in X$이라면, 어떤 i에 대하여 $x \in N_\delta(x_i)$이다. 왜냐하면, $\left[\bigcup_{i=1}^{k} N_\delta(x_i)\right]^c \neq \varnothing$ 라고 가정하자. 만일 $x \in \left[\bigcup_{i=1}^{k} N_\delta(x_i)\right]^c$이라면, 모든 $i = 1, 2, \cdots, k$에 대하여 $d(x_i, x) \geq \delta$이다. 그러나 선택과정에서 더 이상 모든 $i = 1, 2, \cdots, k$에 대하여 $d(x_i, x) \geq \delta$를 만족하는 $x \in X$는 존재하지 않는다. 이것은 모순이다. 따라서 $\left[\bigcup_{i=1}^{k} N_\delta(x_i)\right]^c = \varnothing$이다. 그러므로 $X = \bigcup_{i=1}^{k} N_\delta(x_i)$이다.

각 자연수 $n = 1, 2, 3, \cdots$에 대하여 X의 유한열린덮개 $\{N_{1/n}(x_{n_i})\}_{i=1}^{k}$를 생각해보자. 이때, 각 유한 열린덮개에 속하는 근방들의 중심의 집합을 $E_n =$

$\{x_{n_1}, x_{n_2}, \cdots, x_{n_k}\}$이라 놓고 $E = \bigcup_{n=1}^{\infty} E_n$이라 놓으면, E는 가산집합임을 알 수 있다. $x \in X$이라고 하자. 그러면 임의의 $\epsilon > 0$에 대하여 자연수 N이 존재해서 $n \geq N$일 때 $\frac{1}{n} < \epsilon$이 성립하고 그러한 n에 대하여 $\{N_{1/n}(x_{n_i})\}_{i=1}^{k}$는 X의 유한열린덮개이므로, 어떤 i에 대하여 $x \in N_{1/n}(x_{n_i})$, 즉, $d(x_{n_i}, x) < \frac{1}{n} < \epsilon$이다. 따라서 $X = \overline{E}$임을 알 수 있다. 그러므로 X는 가분 거리공간이다. ◀

정리 1.23.14.4

모든 긴밀거리공간 X는 가산기저를 갖는다. 그러므로 X는 가분 거리공간이다.

증명 X는 긴밀공간이므로, 모든 자연수 n에 대하여 $X = \bigcup_{i=1}^{k} N_{1/n}(x_{n_i})$인 근방 $N_{1/n}(x_{n_i})$들의 집합족 $\mathcal{B}_n = \{N_{1/n}(x_{n_i})\}$이 존재한다. 이때, $E_n = \{x_{n_i} \in X \mid i = 1, \cdots, k\}$이라 놓고 $E = \bigcup_{n=1}^{\infty} E_n$이라 놓으면, E는 가산집합이므로 $\mathcal{B} = \bigcup_{n=1}^{\infty} \mathcal{B}_n$도 가산 집합족이다. 이 집합족 $\mathcal{B}$가 X에 대한 기저임을 보이자. 즉, 모든 열린집합 $G \subset X$와 모든 $x \in G$에 대하여 $x \in N_{1/n}(x_{n_i}) \subset G$를 만족하는 $N_{1/n}(x_{n_i}) \in \mathcal{B}$가 존재함을 보이자.

$x \in G$에 대하여 $x \in N_x(\epsilon) \subset G$를 만족하는 x의 열린근방 $N_\epsilon(x)$이 존재한다. 그러한 $\epsilon > 0$에 대하여 자연수 N이 존재하여 $n \geq N$일 때, $\frac{2}{n} < \epsilon$이 성립한다. 이때, $\{N_{1/n}(x_{n_i})\}_{i=1}^{k}$는 X의 유한열린덮개이므로 어떤 i에 대하여 $x \in N_{1/n}(x_{n_i})$이다.

$N_{1/n}(x_{n_i}) \subset N_\epsilon(x)$임을 보이자. 모든 $y \in N_{1/n}(x_{n_i})$에 대하여

$$d(y, x) \leq d(y, x_{n_i}) + d(x_{n_i}, x) < \frac{1}{n} + \frac{1}{n} = \frac{2}{n} < \epsilon$$

이므로 $N_{1/n}(x_{n_i}) \subset N_\epsilon(x)$이 성립한다.

$X = \overline{E}$임을 보이자. $x \in X$라고 하자. 그러면 임의의 $\epsilon > 0$에 대하여 자연수 N이 존재하여 $n \geq N$일 때, $\frac{1}{n} < \epsilon$이 성립하고 그러한 n에 대하여

$\{N_{1/n}(x_{n_i})\}_{i=1}^{k}$는 X의 유한열린덮개이므로, 어떤 i에 대하여 $x \in N_{1/n}(x_{n_i})$, 즉, $d(x_{n_i}, x) < \dfrac{1}{n} < \epsilon$이다. 따라서 $X = \overline{E}$이다. 그러므로 X는 가분 거리공간이다. ◀

정리 1.23.14.5

X는 거리공간이고 모든 무한부분집합은 극한점을 갖는다고 하자. 그러면 X는 긴밀집합이다.

증명 X는 긴밀공간이 아니라고 가정하자. 정리 1.23.14.3에 의하여 X는 가분 거리공간이다. 정리 1.23.14.2에 의하여 X는 가산기저 $\mathscr{B}$를 갖는다. 그러므로 X의 모든 열린덮개는 가산 부분열린덮개 $\{G_n\}_{n=1}^{\infty}$를 갖는다. $\{G_n\}_{n=1}^{\infty}$의 어떠한 유한부분집합족도 X를 덮을 수 없다면, 각 n에 대하여 $F_n = \left[\bigcup_{i=1}^{n} G_i\right]^c$로 놓자. 그러면 F_n은 공집합이 아닌 닫힌집합이다. 그러나 $\bigcap_{n=1}^{\infty} F_n = \varnothing$이다. 만일 각 F_n으로부터 한 점 $x_n \in F_n - F_{n+1}$을 선택하여 $E = \{x_1, x_2, \cdots\}$이라 놓으면, E는 무한집합이므로, 가정에 의하여 E는 극한점 $x_0 = x_n$을 갖는다. $x_0 \in X = \bigcup_{n=1}^{\infty} G_n$이므로, 어떤 n에 대하여 $x_0 = x_n \in G_{n+1}$이다. x_0는 E의 극한점이므로, $x_j \in E \cap (G_{n+1} - \{x_0\})$가 존재한다. $x_0, x_j \in E$이고 $x_0 \neq x_j$이다. 또한, $x_0, x_j \in G_{n+1}$이다. 그러나 각 k에 대하여 점 $x_k \in E$은 $F_k - F_{k+1}$에서 꼭 하나씩 선택하였으므로, $x_j \not\in \in G_{n+1}$이다. 이것은 모순이다. ◀

1.24 연결집합

정의 1.24.1

X는 위상공간이라 하자. X는 **연결공간**(connected space)이라는 것은

$$X = U \cup V, \ U \cap V = \varnothing$$

를 만족하는 공집합이 아닌 열린집합 U, V가 존재하지 않을 때를 말한다.

참고 위상공간 X에서 열린집합인 동시에 닫힌집합은 두 개 이상이다. X, $\varnothing$는 열린집합인 동시에 닫힌집합이다. 따라서 연결공간은 열린집합인 동시에 닫힌집합은 단지 X, $\varnothing$ 뿐일 때를 말한다. 그러므로 X가 연결공간이기 위한 필요충분조건은 서로소인 열린집합 U, V에 대하여 $X = U \cup V$일 때, U, V 중의 하나는 X이고 다른 하나는 $\varnothing$인 것이다.

정의 1.24.2

위상공간 X에 대하여 집합 $E \subset X$가 **연결집합**(connected set)이라는 것은 X의 위상으로부터 유도된 E 위의 상대위상에 대하여 위상공간 E가 연결공간일 때를 말한다.

정의 1.24.3

집합 $A, B \subset \mathbb{R}^n$에 대하여 A, B가 **분리된 집합**(separated sets)이라는 것은 $\overline{A} \cap B = \varnothing$, $A \cap \overline{B} = \varnothing$일 때를 말한다.

정리 1.24.4

집합 $E \subset \mathbb{R}^n$이 연결집합이기 위한 필요충분조건은 $E = A \cup B$를 만족하는 공집합이 아닌 분리된 집합 $A, B \subset \mathbb{R}^n$가 존재하지 않는 것이다.

증명 ($\Rightarrow$) 공집합이 아닌 분리된 집합 $A, B \subset \mathbb{R}^n$가 존재하여

$$E = A \cup B$$

이라고 가정하자. 그러면 $A \subset (\overline{B})^c$, $B \subset (\overline{A})^c$이므로, $E \subset (\overline{A})^c \cup (\overline{B})^c$이다. 따라서 $E = (E \cap (\overline{A})^c) \cup (E \cap (\overline{B})^c)$이다. $E \cap (\overline{A})^c$와 $E \cap (\overline{B})^c$는 E에서 공집합이 아닌 열린집합이다. $E \subset \overline{E} = \overline{A \cup B} = \overline{A} \cup \overline{B}$이므로,

$$(E \cap (\overline{A})^c) \cap (E \cap (\overline{B})^c) = E \cap (\overline{A} \cup \overline{B})^c = \varnothing$$

이다. $E \subset \mathbb{R}^n$은 연결집합이므로, 이것은 모순이다.

($\Leftarrow$) $E \subset \mathbb{R}^n$은 연결집합이 아니라고 가정하자. 그러면 E에서 공집합이 아닌 열린집합 U, V가 존재하여

$$E = U \cup V, \; U \cap V = \varnothing$$

이다. 그러면 $(\overline{U})_E \cap V = \varnothing$, $U \cap (\overline{V})_E = \varnothing$이다. 여기서 $(\overline{U})_E$은 E 위의 상대위상에 관하여 U의 폐포이다. $\mathbb{R}^n$에서 어떤 공집합이 아닌 열린집합 G, H가 존재하여

$$U = E \cap G, \; V = E \cap H$$

이다. $A = U$, $B = V$로 놓자. 그러면 $E = A \cup B$이다. 정리 1.22.11에 의하여 $(\overline{G})_E = E \cap \overline{G}$이다. $\overline{A} = \overline{U} = \overline{E \cap G} \subset \overline{E} \cap \overline{G}$이다. $G \subset U = A$이므로, $(\overline{G})_E \subset (\overline{U})_E$이다. 따라서

$$\overline{A} \cap B \subset E \cap \overline{G} \cap H = (\overline{G})_E \cap H \subset (\overline{U})_E \cap V = \varnothing$$

이다. 그러므로 $\overline{A} \cap B = \varnothing$이다. 마찬가지로, $A \cap \overline{B} = \varnothing$이다. 이것은 모순이다. ◀

정리 1.24.5

집합 $E \subset \mathbb{R}$이 연결집합이기 위한 필요충분조건은 만일 $x < z < y$, $x, y \in E$이면, $z \in E$인 것이다.

증명 ($\Rightarrow$) $x, y \in E$와 $z \in (x, y)$가 존재하여 $z \notin E$라고 가정하자.

$$A_z = E \cap (-\infty, z), \; B_z = E \cap (z, \infty)$$

로 놓자. 그러면 $E = A_z \cup B_z$이다. $x \in A_z$, $y \in B_z$이므로, A_z, B_z는 공집합이 아니다. $A_z \subset (-\infty, z)$, $B_z \subset (z, \infty)$이므로, 그들은 분리된 집합이다. 그러므로 E는 연결집합이 아니다. 이것은 모순이다.

($\Leftarrow$) E는 연결집합이 아니라고 가정하자. 그러면 공집합이 아닌 분리된 집합 A, B가 존재하여 $E = A \cup B$이다. $x \in A$, $y \in B$를 선택하자. $x < y$

라고 가정해도 무방하다.

$$z := \sup(A \cap [x, y])$$

이라 하자. 그러면 정리 1.22.10에 의하여

$$z \in \overline{A \cap [x, y]} \subset \overline{A}$$

이므로, $z \in \overline{A} = A \cup A'$이다. $\overline{A} \cap B = \varnothing$이므로, $z \notin B$이다. 특히, $x \le z < y$이다.

만일 $z \notin A$이면, z는 A의 극한점이므로, $x < z < y$이다. 그러므로 $z \notin E$이다. 이것은 가정에 모순이다.

만일 $z \in A$이면, $A \cap \overline{B} = \varnothing$이므로, $z \notin \overline{B} = B \cup B'$이다. 따라서 $z \notin B$이고 z는 B의 극한점이 아니다. 그러므로 z의 근방 N이 존재하여 $B \cap (N - \{z\}) = \varnothing$이다. 따라서 $z_1 \notin B$가 존재하여 $z < z_1 < y$이다. $z = \sup(A \cap [x, y])$이므로 $z_1 \notin A$이다. 그러므로 $x < z_1 < y$이고 $z_1 \notin E$이다. 이것은 가정에 모순이다. ◀

참고 공집합이 아닌 집합 $E \subset \mathbb{R}$가 연결집합이기 위한 필요충분조건은 E는 **단집합** (singleton set) 또는 구간이다. 여기서 단집합이라는 것은 한 점으로 이루어 집합을 말한다.

CHAPTER

2 함수의 극한과 연속성

고등미적분학의 주요관심사는 극한 개념을 여러 측면에서 조명해보는 것이다. 극한 개념은 물체의 운동(motion)을 연구하는 것과 관련하여 발생하였다. 제논(Zenon)은 그의 유명한 역설에서 극한 개념을 소개하였다. 특히, 뉴턴과 갈릴레오는 순간속도를 극한 개념을 이용하여 설명하였다. 이러한 극한에 관한 생각은 기하학 문제와 관련하여 나타나기도 했다. 아르키메데스(Archimedes)는 극한을 이용하여 원의 넓이, 구의 부피와 겉넓이, 그리고 π의 근삿값을 구하였다. 이와 같은 생각은 17세기에 원의 접선을 구하는 문제와도 관련되었다.

극한에 관한 현대적인 이해는 달랑베르(d'Alembert)에 의하여 제안되었고, 실수의 체계를 연구하던 코시(Cauchy)에 의해 체계적으로 연구되었다. 현재 배우는 고등미적분학에서의 극한 개념은 주로 코시가 발전시킨 것이다. 요즘 사용하는 극한의 $\epsilon-\delta$논법은 독일 수학자 바이어슈트라스(Karl Weierstrass)에 의해 정형화되었다.

극한에는 세 가지 유형으로 나누어진다. 즉, 수열의 극한, 무한수열의 합의 극한, 그리고 함수의 극한 등이다. 무한 수열의 합에 대하여 생각해보자.

무한 가산개의 임의의 실수 $a_1,\ a_2,\ \cdots$들의 합

$$a_1+a_2+a_3+\cdots$$

은 무엇일까? 예를 들어,

$$(1)\qquad 1+(-1)+1+(-1)+\cdots$$

의 합을 생각해보자. 유한개의 실수들의 덧셈은 결합법칙을 만족한다는 것은 이미 알고 있다. (1)을 다음과 같이 결합시켜보자.

$$(2)\qquad \{1+(-1)\}+\{1+(-1)\}+\cdots$$

$$(3)\qquad 1+\{(-1)+1\}+\{(-1)+1\}+\cdots$$

(2)의 값은 0이고, (3)의 값은 1이다. 그러면 (1)의 값은 무엇인지 궁금하다. (1)의 값은 존재할까? 이러한 의문점을 해결하기 위하여 극한 개념이 필요하다. 이것은 항상 위상 개념을 수반한다. 공집합이 아닌 임의의 집합 $E\subset\mathbb{R}$ 위에는 $\mathbb{R}$ 위의 유클리드 위상으로부터 유도된 상대위상이 주어진 것으로 간주한다[1.21절 참고].

실수열은 정의역이 $\mathbb{N}$인 함수의 일종이다. 실수열과 함수의 극한을 통합적으로 정의하기 위해서 우선 확장된 실수계 $\mathbb{R}^{\#}$에 대하여 알아보자.

2.1 확장된 실수계

$\mathbb{R}^{\#} = \mathbb{R} \cup \{+\infty, -\infty\}$로 놓자. 여기서 $+\infty$, $-\infty$는 수가 아니라 기호이다. 이러한 집합을 **확장된 실수계(extended real number system)**라 한다. $\mathbb{R}$에는 보통 순서 "$\leq$"가 주어져 있다고 간주하고, 모든 $x \in \mathbb{R}$에 대하여 $-\infty < x < +\infty$이라 정의한다. 그러면 $+\infty$는 $\mathbb{R}^{\#}$의 공집합이 아닌 모든 부분집합 E의 상계이다. 따라서 E는 최소상계를 갖는다. 예를 들어, 만일 $E \subset \mathbb{R}$이 공집합이 아니고 $\mathbb{R}$에서 위로 유계가 아니면, $\mathbb{R}^{\#}$에서 $\sup E = +\infty$이다.

$-\infty$는 $\mathbb{R}^{\#}$의 공집합이 아닌 모든 부분집합 E의 하계이다. 따라서 E는 최대하계를 갖는다. 예를 들어, 만일 $E \subset \mathbb{R}$이 공집합이 아니고 $\mathbb{R}$에서 아래로 유계가 아니면, $\mathbb{R}^{\#}$에서 $\inf E = -\infty$이다.

정의 2.1.1

만일 $x \in \mathbb{R}$이면,

$$x + \infty := +\infty, \quad x + (-\infty) := -\infty, \quad \frac{x}{+\infty} = \frac{x}{-\infty} := 0$$

이라 정의한다.

만일 $x > 0$이면,

$$x \cdot (+\infty) := +\infty, \quad x \cdot (-\infty) := -\infty$$

이라 정의한다. 만일 $x < 0$이면,

$$x \cdot (+\infty) := -\infty, \quad x \cdot (-\infty) := +\infty$$

이라 정의한다.

그러나 $+\infty - (+\infty)$, $0 \cdot (\pm\infty)$, $(\pm\infty)/(\pm\infty)$, $A/0$는 정의되지 않는다. 확장된 실수계 $\mathbb{R}^{\#}$은 체가 아님을 유의하자.

2.2 함수의 극한

정의 2.2.1

임의의 실수 $x \in \mathbb{R}$에 대하여 **x의 δ–근방(neighborhood)**은 다음과 같이 정의한다.

$$(x-\delta,\ x+\delta)=N_\delta(x)=\{t \in \mathbb{R} \mid |t-x|<\delta\}.$$

특히, $N'_\delta(x):=N_\delta(x)-\{x\}$는 x가 **제거된 x의 δ–근방(x–deleted neighborhood)**이라 한다. 간단히, 이를 **제거된 x의 δ–근방**이라 한다.

임의의 실수 $c \in \mathbb{R}$에 대하여 $\{x \in \mathbb{R} \mid x>c\}=(c,\ +\infty)$는 **$\mathbb{R}$에서 $+\infty$의 근방**이라 하고, $(c,\ +\infty)\cup\{+\infty\}$는 **$\mathbb{R}^{\#}$에서 $+\infty$의 근방**이라 한다. 전자는 후자에서 제거된 $+\infty$의 근방이다.

임의의 실수 $c \in \mathbb{R}$에 대하여 $\{x \in \mathbb{R} \mid x<c\}=(-\infty,\ c)$는 **$\mathbb{R}$에서 $-\infty$의 근방**이라 하고, $(-\infty,\ c)\cup\{-\infty\}$는 **$\mathbb{R}^{\#}$에서 $-\infty$의 근방**이라 한다. 전자는 후자에서 제거된 $-\infty$의 근방이다.

$\mathbb{R}^{\#}$ 위에는 $\mathbb{R}$에서의 근방들과 $\pm\infty$의 근방들에 의하여 생성된 위상을 주자. 그러면 $\mathbb{R}^{\#}$의 위상으로부터 유도된 $\mathbb{R}$ 위의 상대위상은 $\mathbb{R}$의 유클리드 위상과 같다.

$E \subset \mathbb{R}$이라 하자. 함수 $f: E \to \mathbb{R}$에 대하여 점 $a \in \mathbb{R}^{\#}$은 항상 집합 E의 극한점이라 가정한다. 그러면 정의에 의하여 $\mathbb{R}^{\#}$에서 a의 임의의 근방 N에 대하여 $E \cap N' \neq \varnothing$이다. 여기서 $N'=N-\{a\}$이다. 이때, $E \cap N'$에 속하는 원소(점) $x \in E$는 a의 **근방점(neighborhood point)**이라 한다. 분명히 $x \neq a$이다. a는 E의 극한점이므로, a는 E의 원소일 필요는 없다.

독립변수 $x \in E$의 값에 따라 함숫값 $f(x)$가 결정되므로, 그 함숫값의 특성은 그래프를 통해보면 알 수 있다(그림 2.2.1 ~ 그림 2.2.6 참고). 일반적으로 $a \notin E$이지만, $a \in E$일 때 $f(a)$는 a의 근방점의 함숫값들과 어떤 관계를 갖는지도 알 수 있다. 그러나 모든 함수는 좌표평면 위에 나타내기 어렵다. 이를 위해 함수의 극한에 대하여 알아보자.

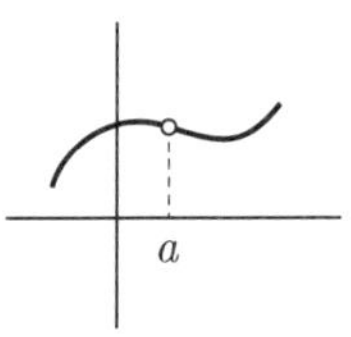

[그림 2.2.1]

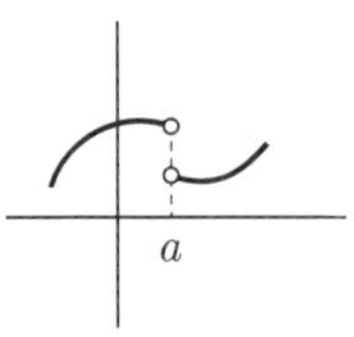

[그림 2.2.2]

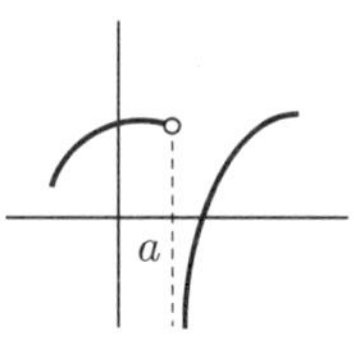

[그림 2.2.3]

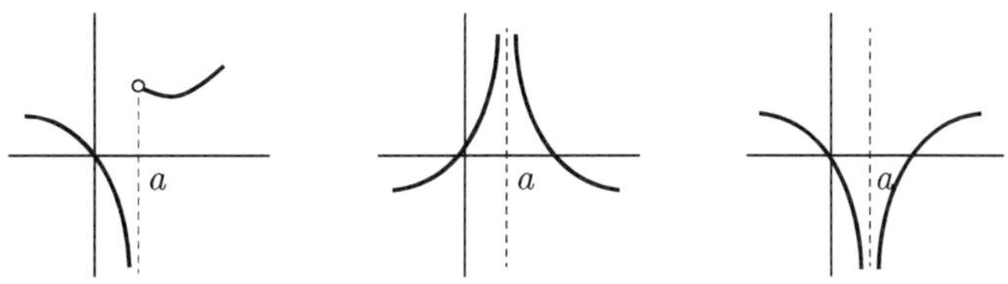

[그림 2.2.4]　　[그림 2.2.5]　　[그림 2.2.6]

> **정의 2.2.2**
>
> 함수 $f: E \to \mathbb{R}$에 대하여 $x \in E$**가** $a \in \mathbb{R}^{\#}$**에 접근할 때** $f(x)$**가** $l \in \mathbb{R}^{\#}$**로 수렴한다(또는** $f(x)$**가** $\mathbb{R}^{\#}$**에서 극한** l**을 갖는다)**는 것은 다음을 만족할 때를 말한다.

l의 임의의 근방 $V \subset \mathbb{R}^{\#}$에 대하여 a의 근방 $U \subset \mathbb{R}^{\#}$이 존재하여 $f(E \cap U') \subset V$이다. 여기서 $U' = U - \{a\}$이다.

이를 $\lim_{x \to a} f(x) = l$로 쓴다.

위의 정의를 구체적으로 분석해보자.

(1) $a,\ l \in \mathbb{R}$ **인 경우**

$\lim_{x \to a} f(x) = l$이라는 것은 임의의 $\epsilon > 0$에 대하여 $\delta > 0$가 존재하여

$$0 < |x - a| < \delta$$

를 만족하는 모든 $x \in E$에 대하여

$$|f(x) - l| < \epsilon$$

이 성립할 때를 말한다.

앞으로, 함수의 극한의 성질들은 이 경우에서만 증명한다. 그 이외의 경우에서도 그 성질들이 유사한 방법으로 증명된다.

(2) $a \in \mathbb{R}$ **이고,** $l = +\infty$ **인 경우**

$\lim_{x \to a} f(x) = +\infty$라는 것은 임의의 $M > 0$에 대하여 $\delta > 0$가 존재하여

$$0 < |x - a| < \delta$$

를 만족하는 모든 $x \in E$에 대하여 $f(x) > M$이 성립할 때를 말한다.

이 경우에는 x가 a로 접근할 때, $f(x)$는 $\mathbb{R}$에서 $+\infty$로 **발산한다**(diverge)고 하고, $\mathbb{R}^{\#}$에서 $+\infty$로 **수렴한다**(converge)고 한다.

(3) **$a \in \mathbb{R}$ 이고, $l = -\infty$ 인 경우**

$\lim_{x \to a} f(x) = -\infty$라는 것은 임의의 $M > 0$에 대하여 $\delta > 0$가 존재하여

$$0 < |x - a| < \delta$$

를 만족하는 모든 $x \in E$에 대하여 $f(x) < -M$이 성립할 때를 말한다.

이 경우에는 x가 a로 접근할 때, $f(x)$는 $\mathbb{R}$에서 $-\infty$로 **발산한다**(diverge)고 하고, $\mathbb{R}^{\#}$에서 $-\infty$로 **수렴한다**(converge)고 한다.

(4) **$a = +\infty$ 이고, $l \in \mathbb{R}$ 인 경우**

$\lim_{x \to +\infty} f(x) = l$이라는 것은 임의의 $\epsilon > 0$에 대하여 양수 $M > 0$인 존재하여

$$x > M$$

을 만족하는 모든 $x \in E$에 대하여

$$|f(x) - l| < \epsilon$$

이 성립할 때를 말한다.

이 경우에, 특히, 만일 $E = \mathbb{N}$이면, 함수

$$f : \mathbb{N} \to \mathbb{R} : n \mapsto f(n) := a_n$$

는 수열의 의미하므로, 수열의 극한은 다음과 같이 정의된다.

n이 $+\infty$로 접근할 때, 수열 a_n이 $l \in \mathbb{R}$로 수렴한다. 즉, $\lim_{n \to +\infty} a_n = l$이라는 것은 임의의 $\epsilon > 0$에 대하여 양의 정수 N인 존재하여

$$n > N$$

을 만족하는 모든 $n \in \mathbb{N}$에 대하여

$$|a_n - l| < \epsilon$$

이 성립할 때를 말한다. $\mathbb{N} \subset \mathbb{R}$ 위에는 이산위상(discrete topology)이 주어진 것으로 간주한다[1.21절 참고]. $\mathbb{N}^{\#} = \mathbb{N} \cup \{+\infty\}$로 놓자. 이때, $+\infty$의 근방은

$$\{N,\ N+1,\ \cdots\} \cup \{+\infty\} \subset \mathbb{N}^{\#}$$

꼴이다. 그러면 $+\infty$는 $\mathbb{N}$의 극한점이다.

참고 (a) $\mathbb{N}$의 위상은 이산위상이므로, 수열의 극한의 정의에서 "$n > N$"은 "$n \geq N$"으로 대체해도 무방하다.

(b) $n_0 \in \mathbb{N}$일 때, $\lim_{n \to n_0} a_n = l$은 생각할 수 없다. 왜냐하면, n_0는 $\mathbb{N}$의 극한점이 아니기 때문이다.

(5) $a = -\infty$ 이고, $l \in \mathbb{R}$인 경우

$\lim_{x \to -\infty} f(x) = l$이라는 것은 임의의 $\epsilon > 0$에 대하여 양수 $M > 0$가 존재하여

$$x < -M$$

을 만족하는 모든 $x \in E$에 대하여

$$|f(x) - l| < \epsilon$$

이 성립할 때를 말한다.

(6) $a = +\infty$ 이고, $l = +\infty$ 인 경우

$\lim_{x \to +\infty} f(x) = +\infty$라는 것은 임의의 양수 $N > 0$에 대하여 양수 $M > 0$가 존재하여

$$x > M$$

을 만족하는 모든 $x \in E$에 대하여

$$f(x) > N$$

이 성립할 때를 말한다.

이 경우에 수열의 극한을 적용하면, n이 $+\infty$로 접근할 때, a_n이 $+\infty$로 발산한다. 즉, $\lim_{n \to +\infty} a_n = +\infty$라는 것은 임의의 양수 $M > 0$에 대하여 양의 정수 N이 존재하여 $n > N$을 만족하는 모든 $n \in \mathbb{N}$에 대하여

$$a_n > M$$

이 성립할 때를 말한다.

(7) $a=+\infty$ **이고,** $l=-\infty$ **인 경우**

$\lim_{x\to+\infty} f(x)=-\infty$라는 것은 임의의 양수 $N>0$에 대하여 양수 $M>0$가 존재하여

$$x>M$$

을 만족하는 모든 $x\in E$에 대하여

$$f(x)<-N$$

이 성립할 때를 말한다.

이 경우에 수열의 극한을 적용하면, $n\to+\infty$일 때, a_n은 $-\infty$로 발산한다, 즉, $\lim_{n\to+\infty} a_n=-\infty$라는 것은 임의의 양수 $M>0$에 대하여 양의 정수 N이 존재하여 $n>N$을 만족하는 모든 $n\in N$에 대하여

$$a_n<-M$$

일 때를 말한다.

(8) $a=-\infty$ **이고,** $l=+\infty$ **인 경우**

$\lim_{x\to-\infty} f(x)=+\infty$라는 것은 임의의 양수 $M>0$에 대하여 양수 $N>0$가 존재하여

$$x<-N$$

을 만족하는 모든 $x\in E$에 대하여

$$f(x)>M$$

이 성립할 때를 말한다.

(9) $a=-\infty$ **이고,** $l=-\infty$ **인 경우**

$\lim_{x\to-\infty} f(x)=-\infty$라는 것은 임의의 양수 $M>0$에 대하여 양수 $N>0$가 존재하여

$$x<-N$$

을 만족하는 모든 $x\in E$에 대하여

$$f(x)<-M$$

이 성립할 때를 말한다.

문제 2.2.1 $a \in \mathbb{R}$이라 하자. 만일 임의의 $\epsilon > 0$에 대하여 $|a| < \epsilon$이면, $a = 0$임을 증명하여라.

함수 $f: E \to \mathbb{R}$에 대하여 $a \in \mathbb{R}$은 $E \subset \mathbb{R}$의 극한점이고, $l \in \mathbb{R}$이라 하자. x가 a로 접근할 때, $f(x)$의 극한값 l은 몇 개일까? 결론적으로 말해, 이러한 극한값은, 존재한다면, 단 하나이다.

정리 2.2.3

만일 $\lim_{x \to a} f(x) = l_1$이고 $\lim_{x \to a} f(x) = l_2$이면, $l_1 = l_2$이다.

증명 $l_1 \neq l_2$라고 가정하자. 극한의 정의에 의하여 다음을 알 수 있다. 임의의 $\epsilon > 0$에 대하여 $\delta_1, \delta_2 > 0$가 존재하여

$$0 < |x - a| < \delta_1,\ x \in E\text{일 때},\ |f(x) - l_1| < \epsilon/2$$

이고, 또한,

$$0 < |x - a| < \delta_2,\ x \in E\text{일 때},\ |f(x) - l_2| < \epsilon/2$$

이 성립한다. 그러나 삼각부등식에 의하여 $x \in N'_{\delta_1}(a) \cap N'_{\delta_2}(a) \cap E$에 대하여

$$\begin{aligned} |l_1 - l_2| &= |(l_1 - f(x)) - (l_2 - f(x))| \\ &\leq |l_1 - f(x)| + |l_2 - f(x)| < \epsilon/2 + \epsilon/2 = \epsilon \end{aligned}$$

이다. 여기서 $N_\delta'(a) = N_\delta(a) - \{a\}$이다. 따라서 $\epsilon > 0$은 임의이므로, $|l_1 - l_2| = 0$, 즉, $l_1 = l_2$이다. 이것은 모순이다. ◀

함수의 극한값 l을 생각할 때는 함수의 그래프를 통해서 그 극한값을 직관적으로 알 수 있다. 두 가지 예를 들어 보자.

첫 번째로, 구간 $E = (1, 5]$에서 정의된 상수함수 $f(x) = 2$를 생각하자. $a = 3$은 분명히 E의 극한점이다. 그러면 $\lim_{x \to 3} f(x) = 2$이다.

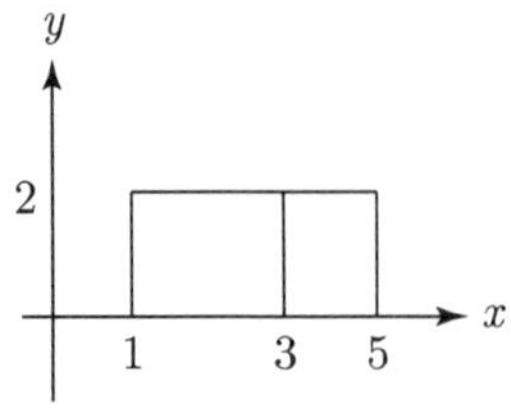

[그림 2.2.7] 상수함수 $f(x)=2$의 그래프

왜냐하면, y-축 위에서 2의 근방 $N_\epsilon(2)$를 임의로 하나 잡으면, 함숫값들이 그 근방에 속하도록 x-축 위에서 제거된 3의 근방 $N_\delta'(3)$을 적어도 하나 잡을 수 있기 때문이다.

두 번째로, 일차함수 $f(x)=x$를 생각하자. 이 함수의 정의역은 $E=\mathbb{R}$이다. $a=3$은 분명히 E의 극한점이다. 그러면 $\lim_{x\to 3} f(x)=3$이다.

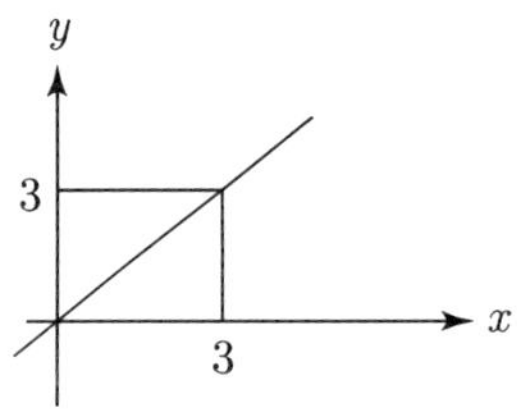

[그림 2.2.8] 일차함수 $f(x)=x$의 그래프

왜냐하면, y-축 위에서 3의 근방 $N_\epsilon(3)$을 임의로 하나 잡으면, 함숫값들이 그 근방에 속하도록 x-축 위에서 제거된 3의 근방 $N_\delta'(3)$을 적어도 하나 잡을 수 있기 때문이다. 이때, 일차함수 $f(x)=x$는 전단사함수이므로 $\delta=\epsilon$를 취하면 충분하다.

위의 두 경우에 3의 근방점들이 3의 좌·우측에서 모두 존재한다는 것을 유의하자. 그러나 어느 경우에는 E의 극한점 a의 근방점들이 a의 왼쪽에서만 존재할 때와 오른쪽에서만 존재할 때가 있다. 이러한 경우에 전자의 함수의 극한은 a의 **왼쪽 극한(left hand limit)**이라 하고, $\lim_{x\to a} f(x)=l$을 $\lim_{x\to a-} f(x)=l$로 쓴다. 그리고 후자의 함수의 극한은 a의 **오른쪽 극한(right hand limit)**이라 하고, $\lim_{x\to a} f(x)=l$을 $\lim_{x\to a+} f(x)=l$로 쓴다.

이러한 함수의 극한의 정의를 정확하게 서술하면 다음과 같다.

정의 2.2.4

만일 E는 구간 (c, a), $[c, a)$, $(c, a]$, $[c, a]$들 중의 하나이면, 분명히 a는 E의 극한점이고, a의 근방점들은 a의 왼쪽에서만 존재한다. 이러한 경우의 함수 $f: E \to \mathbb{R}$에

대하여 $x \to a$일 때, $f(x) \to l$이라는 것은 임의의 $\epsilon > 0$에 대하여 $\delta > 0$가 존재하여

$$a-\delta < x < a$$

를 만족하는 모든 $x \in E$에 대하여

$$|f(x)-l| < \epsilon$$

이 성립할 때를 말하고, $\lim_{x \to a-} f(x) = l$로 쓴다. 이를 a의 **왼쪽 극한(left hand limit)**이라 한다.

만일 E는 구간 $(a,\ c)$, $[a,\ c)$, $(a,\ c]$, $[a,\ c]$들 중의 하나이면, 분명히 a는 E의 극한점이고, a의 근방점들은 a의 오른쪽에서만 존재한다. 이러한 경우의 함수 $f: E \to \mathbb{R}$에 대하여 $x \to a$일 때, $f(x) \to l$이라는 것은 임의의 $\epsilon > 0$에 대하여 $\delta > 0$가 존재하여

$$a < x < a+\delta$$

를 만족하는 모든 $x \in E$에 대하여

$$|f(x)-l| < \epsilon$$

이 성립할 때를 말하고, $\lim_{x \to a+} f(x) = l$로 쓴다. 이를 a의 **오른쪽 극한(right hand limit)**이라 한다.

만일 E는 구간 $(c,\ d)$, $[c,\ d)$, $(c,\ d]$, $[c,\ d]$들 중의 하나이고, $c < a < d$이면, 분명히 a는 E의 극한점이고, a의 근방의 점들은 a의 좌·우측에 모든 존재한다. 이 경우의 함수의 극한은 a의 왼쪽 극한과 오른쪽 극한을 모두 생각하여야 하고 그 극한들이 일치해야 한다. 그러므로 다음 정리를 얻는다.

정리 2.2.5

E는 구간 $(c,\ d)$, $[c,\ d)$, $(c,\ d]$, $[c,\ d]$들 중의 하나이고, $c < a < d$이라 하자. 함수 $f: E \to \mathbb{R}$에 대하여 $\lim_{x \to a} f(x) = l$이기 위한 필요충분조건은 $\lim_{x \to a-} f(x)$와 $\lim_{x \to a+} f(x)$가 존재하고,

$$\lim_{x\to a-} f(x) = \lim_{x\to a+} f(x)$$

이며 $\lim_{x\to a-} f(x) = \lim_{x\to a+} f(x) = l$이다.

앞에서의 상수함수와 일차함수에 대한 극한을 정리로 나타내면 다음과 같다.

정리 2.2.6

(a) $E \subset \mathbb{R}$이고, $a \in \mathbb{R}^{\#}$은 E의 극한점이라 하자. 그러면 상수함수 $f(x) = k,\ x \in E$에 대하여

$$\lim_{x\to a} f(x) = k$$

이다.

(b) 일차함수 $f(x) = x,\ x \in \mathbb{R}$에 대하여 $a \in \mathbb{R}$이라 하자. 그러면

$$\lim_{x\to a} f(x) = a$$

이다.

증명 $a \in \mathbb{R}$일 때만 증명하자. 다른 경우도 마찬가지이다.

(a) 정의에 의하여 다음을 보이면 된다. 임의의 $\epsilon > 0$에 대하여 $\delta > 0$가 존재하여

$$0 < |x - a| < \delta$$

를 만족하는 모든 $x \in E$에 대하여

$$|f(x) - k| < \epsilon$$

이 성립한다.

항상 $|f(x) - k| = |k - k| = 0 < \epsilon$이므로, $\delta > 0$는 임의로 하나 잡으면 충분하다.

(b) 정의에 의하여 다음을 보이면 된다. 임의의 $\epsilon > 0$에 대하여 $\delta > 0$가 존재하여

$$0 < |x-a| < \delta$$

를 만족하는 모든 $x \in \mathbb{R}$에 대하여

$$|f(x)-a| < \epsilon$$

이 성립한다. $|f(x)-a| = |x-a| < \epsilon$이어야 하므로, $\delta = \epsilon$으로 잡으면 충분하다. ◀

예제 2.2.7 $\epsilon-\delta$의 논법으로 다음을 증명하여라.

(a) $\lim_{x\to 1}(-3x-1) = -4$

(b) $\lim_{x\to 2}\frac{1}{x} = \frac{1}{2}$

(c) $\lim_{x\to 2}x^2 = 4$

(d) $\lim_{x\to 1}x^3 = 1$

(e) $\lim_{x\to 2}\sqrt{x} = \sqrt{2}$

(f) $\lim_{x\to 2+}[x] = 2$

(g) $\lim_{x\to 2-}[x] = 1$, 단, $[x]$는 x를 넘지 않는 최대정수이다. 이러한 함수를 **가우스 함수**라고 한다.

(h) $\lim_{x\to a}\sin x = \sin a$

증명 (a) 임의의 $\epsilon > 0$에 대하여 $\delta > 0$가 존재하여

$$0 < |x-1| < \delta$$

를 만족하는 모든 $x \in \mathbb{R}$에 대하여

$$|-3x-1-(-4)| < \epsilon$$

이 성립한다는 것을 보이면 된다.

$$|-3x-1-(-4)| = |-3x+3| = 3|x-1| < \epsilon$$

이어야 하므로, $\delta = \epsilon/3$을 잡으면 충분하다.

(b) 임의의 $\epsilon > 0$에 대하여 $\delta > 0$가 존재하여

$$0 < |x-2| < \delta$$

를 만족하는 모든 $x \in \mathbb{R}$에 대하여

$$\left|\frac{1}{x}-\frac{1}{2}\right|<\epsilon$$

이 성립한다는 것을 보이면 된다.

우선, $|x-2|<1$에서 $\left|\frac{1}{x}-\frac{1}{2}\right|=\frac{|x-2|}{2|x|}$를 생각하자. 삼각부등식에 의하여 $||x|-2|\le|x-2|<1$이므로, $|x-2|<1$에서 $|x|>1$임을 알 수 있다. 따라서 $|x-2|<1$에서 $\left|\frac{1}{x}-\frac{1}{2}\right|<\frac{1}{2}|x-2|$이다. 이때, $\frac{1}{2}|x-2|<\epsilon$이 되도록 하면, $\left|\frac{1}{x}-\frac{1}{2}\right|<\epsilon$이 된다. 이것은 $|x-2|<1$과 $\frac{1}{2}|x-2|<\epsilon$를 동시에 만족하는 모든 $x\in\mathbb{R}$에 대하여 성립한다. 그러므로 $\delta>0$는 $\delta=\min\{1,\ 2\epsilon\}$으로 잡으면 충분하다.

(c) 임의의 $\epsilon>0$에 대하여 $\delta>0$가 존재하여

$$0<|x-2|<\delta$$

를 만족하는 모든 $x\in\mathbb{R}$에 대하여

$$|x^2-4|<\epsilon$$

이 성립한다는 것을 보이면 된다.

우선, $|x-2|<1$에서 $|x^2-4|=|x+2||x-2|$를 생각하자. 삼각부등식에 의하여

$$||x+2|-4|\le|(x+2)-4|=|x-2|<1$$

이므로, $|x-2|<1$에서 $|x+2|<5$이다. 따라서 $|x-2|<1$에서 $|x^2-4|<5|x-2|$이다. 이때, $5|x-2|<\epsilon$이 되도록 하면, $|x^2-4|<\epsilon$이다. 이것은 $|x-2|<1$과 $5|x-2|<\epsilon$를 동시에 만족하는 모든 $x\in\mathbb{R}$에 대하여 성립한다. 그러므로 $\delta>0$는 $\delta=\min\{1,\ \epsilon/5\}$로 잡으면 충분하다.

(d) 임의의 $\epsilon>0$에 대하여 $\delta>0$가 존재하여

$$0<|x-1|<\delta$$

를 만족하는 모든 $x\in\mathbb{R}$에 대하여

$$|x^3-1|<\epsilon$$

이 성립한다는 것을 보이면 된다.

우선, $|x-1|<1$에서 $|x^3-1|=(x^2+x+1)|x-1|$를 생각하자. 구간 $(0,\ 2)$에서 함수 $x^2+x+1=\left(x+\dfrac{1}{2}\right)^2+\dfrac{1}{4}$는 증가함수이므로, 이 구간에서 함숫값의 상한은 7이다. 따라서 $|x-1|<1$에서 $|x^3-1|<7|x-1|$이다. 이때, $7|x-1|<\epsilon$이 되도록 하면, $|x^3-1|<\epsilon$이다. 이것은 $|x-1|<1$과 $7|x-1|<\epsilon$를 동시에 만족하는 모든 $x\in\mathbb{R}$에 대하여 성립한다. 그러므로 $\delta>0$는 $\delta=\min\{1,\ \epsilon/7\}$로 잡으면 충분하다.

(e) 임의의 $\epsilon>0$에 대하여 $\delta>0$가 존재하여

$$0<|x-2|<\delta$$

를 만족하는 모든 $x\in\mathbb{R}$에 대하여

$$|\sqrt{x}-\sqrt{2}|<\epsilon$$

이 성립한다는 것을 보이면 된다.

$$|\sqrt{x}-\sqrt{2}|=\frac{|x-2|}{\sqrt{x}+\sqrt{2}}\le\frac{1}{\sqrt{2}}|x-2|$$

이므로, $\dfrac{1}{\sqrt{2}}|x-2|<\epsilon$이 되도록 하면, $|\sqrt{x}-\sqrt{2}|<\epsilon$이다. 따라서 $\delta>0$는 $\delta=\sqrt{2}\,\epsilon$으로 잡으면 충분하다.

(f) $2\le x<3$에서 $[x]=2$이다. 그러므로 가우스 함수 $[x]$는 구간 $[2,\ 3)$에서 상수함수이다. 2는 구간 $[2,\ 3)$의 극한점이고, 2의 근방점들은 2와 오른쪽에서만 존재한다. 그러므로 임의의 $\epsilon>0$에 대하여 $\delta>0$가 존재하여

$$2<x<2+\delta$$

를 만족하는 모든 $x\in[2,\ 3)$에 대하여

$$|[x]-2|<\epsilon$$

이 성립한다는 것을 보이면 된다.

구간 $[2,\ 3)$에서 항상 $0=|[x]-2|<\epsilon$이므로, $\delta>0$는 $\delta\le 1$가 되도록 임의로 잡으면 충분하다.

(g) $1\le x<2$에서 $[x]=1$이다. 그러므로 가우스 함수 $[x]$는 구간 $[1,\ 2)$에

서 상수함수이다. 2는 구간 $[1,\ 2)$의 극한점이고, 2의 근방점들은 2의 왼쪽에서만 존재한다. 그러므로 임의의 $\epsilon > 0$에 대하여 $\delta > 0$가 존재하여

$$2-\delta < x < 2$$

를 만족하는 모든 $x \in [1,\ 2)$에 대하여

$$|[x]-1| < \epsilon$$

이 성립한다는 것을 보이면 된다.

구간 $[1,\ 2)$에서 항상 $0 = |[x]-1| < \epsilon$이므로, $\delta > 0$는 $\delta \le 1$가 되도록 임의로 잡으면 충분하다.

(h) $|\sin x| \le |x|$임을 유의하자. 임의의 $\epsilon > 0$에 대하여 $\delta > 0$가 존재하여

$$0 < |x-a| < \delta$$

를 만족하는 모든 $x \in \mathbb{R}$에 대하여

$$|\sin x - \sin a| < \epsilon$$

이 성립한다는 것을 보이면 된다.

$$\sin x - \sin a = 2\cos\left(\frac{1}{2}(x+a)\right)\sin\left(\frac{1}{2}(x-a)\right)$$

이므로,

$$|\sin x - \sin a| \le 2\left|\sin\left(\frac{1}{2}(x-a)\right)\right| \le |x-a|$$

이다. $|x-a| < \epsilon$이 되도록 하면, $|\sin x - \sin a| < \epsilon$이다. 그러므로 $\delta > 0$는 $\delta = \epsilon$으로 잡으면 충분하다.

예제 2.2.7 (e)를 정리로 나타내면, 다음과 같다.

정리 2.2.8

함수 $f(x) = \sqrt{x}$에 대하여 $a \ge 0$일 때, $\lim_{x \to a} \sqrt{x} = \sqrt{\lim_{x \to a} x} = \sqrt{a}$이다.

참고 예제 2.2.7 (i)에서 $\lim_{x\to a}\sin x = \sin a$이므로,

$$\begin{aligned}\lim_{x\to a}\cos x &= \lim_{x\to a}\sqrt{1-\sin^2 x}\\ &= \sqrt{\lim_{x\to a}(1-\sin^2 x)} = \sqrt{1-\sin^2 a}\\ &= \cos a\end{aligned}$$

이다.

함수의 극한의 정의로부터 다음을 알 수 있다.

정리 2.2.9

$a\in\mathbb{R}^{\#}$은 집합 $E\subset\mathbb{R}$의 극한점이고 $l\in\mathbb{R}$이라 하자. 그러면 함수 $f: E\to\mathbb{R}$에 대하여 다음은 서로 동치이다.

(a) $\lim_{x\to a} f(x) = l$

(b) $\lim_{x\to a}(f(x)-l) = 0$

(c) $\lim_{x\to a}|f(x)-l| = 0$

(d) $f(x) = l+\epsilon(x),\ \lim_{x\to a}\epsilon(x) = 0$

이것은 a의 근방점 x에서 $f(x)$가 근사적으로 l이라는 것을 의미한다. 즉, $x\to a$일 때, $f(x)\approx l$이다.

함수의 극한을 구할 때, 그 극한을 직접 구하는 것보다는 이미 알고 있는 극한들로부터 구하는 것이 바람직하다. 이때 다음과 같은 함수들의 연산이 필요하다. 임의의 함수 $f, g: E\to\mathbb{R}$과 임의의 실수 $k\in\mathbb{R}$에 대하여

$$\begin{aligned}(f+g)(x) &:= f(x)+g(x),\ x\in E\\ (kf)(x) &:= k\cdot f(x),\ x\in E\\ (fg)(x) &:= f(x)g(x),\ x\in E\\ (f/g)(x) &:= f(x)/g(x),\ x\in E,\ g(x)\neq 0\end{aligned}$$

라고 정의하자.

정리 2.2.10 (함수의 극한의 정리)

$a \in \mathbb{R}^{\#}$은 $E \subset \mathbb{R}$의 극한점이라 하고, 함수 $f_1, f_2 : E \to \mathbb{R}$과 실수 $k \in \mathbb{R}$에 대하여

$$\lim_{x \to a} f_1(x) = l_1, \quad \lim_{x \to a} f_2(x) = l_2$$

이라 하자. 여기서 $l_1, l_2 \in \mathbb{R}$이다. 그러면 다음이 성립한다.

(a) $\lim_{x \to a}(f_1(x) + f_2(x)) = \lim_{x \to a} f_1(x) + \lim_{x \to a} f_2(x) = l_1 + l_2$

(b) $\lim_{x \to a} k f_1(x) = k \lim_{x \to a} f_1(x) = k l_1$

(c) $\lim_{x \to a} f_1(x) f_2(x) = \lim_{x \to a} f_1(x) \lim_{x \to a} f_2(x) = l_1 l_2$

(d) $\lim_{x \to a} \dfrac{f_1(x)}{f_2(x)} = \dfrac{\lim_{x \to a} f_1(x)}{\lim_{x \to a} f_2(x)} = \dfrac{l_1}{l_2}$, 단, $l_2 \neq 0$이다.

증명 $a \in \mathbb{R}$일 때만 증명하자. 다른 경우도 마찬가지이다.

(a) 임의의 $\epsilon > 0$에 대하여 $\delta > 0$가 존재하여

$$0 < |x - a| < \delta$$

를 만족하는 모든 $x \in E$에 대하여

$$|f_1(x) + f_2(x) - (l_1 + l_2)| < \epsilon$$

이 성립한다는 것을 보이면 된다. 삼각부등식에 의하여

$$|f_1(x) + f_2(x) - (l_1 + l_2)| \leq |f_1(x) - l_1| + |f_2(x) - l_2|$$

이다. 가정에 의하여, 임의의 $\epsilon > 0$에 대하여 $\delta_i > 0$, $i = 1, 2$가 존재하여

$$0 < |x - a| < \delta_i$$

를 만족하는 모든 $x \in E$에 대하여

$$|f_i(x) - l_i| < \epsilon/2$$

가 성립한다. 이때, $\delta>0$은 $\delta=\min\{\delta_1,\ \delta_2\}$로 잡으면, 결과가 나온다.

(b) 임의의 $\epsilon>0$에 대하여 $\delta>0$가 존재하여

$$0<|x-a|<\delta$$

을 만족하는 모든 $x\in E$에 대하여

$$|kf_1(x)-kl_1|<\epsilon$$

이 성립한다는 것을 보이면 된다. $k=0$일 때는 자명하다. $k\neq 0$이라 가정하자.

$$|kf_1(x)-kl_1|=|k||f_1(x)-l_1|$$

을 생각하자. 가정에 의하여 임의의 $\epsilon>0$에 대하여 $\delta>0$가 존재하여

$$0<|x-a|<\delta$$

를 만족하는 모든 $x\in E$에 대하여

$$|f_1(x)-l_1|<\epsilon/|k|$$

가 성립한다. 그러므로 결과가 나온다.

(c) $(f_1(x)-l_1)(f_2(x)-l_2)=\{f_1(x)f_2(x)-l_1l_2\}-l_1\{f_2(x)-l_2\}-l_2\{f_1(x)-l_1\}$이므로, (a)와 (b)에 의하여

$$\lim_{x\to a}(f_1(x)-l_1)(f_2(x)-l_2)=\lim_{x\to a}\{f_1(x)f_2(x)-l_1l_2\}$$

이다. 그러므로 $\lim_{x\to a}(f_1(x)-l_1)(f_2(x)-l_2)=0$임을 보이면 된다. 가정에 의하여 임의의 $\epsilon>0$에 대하여 $\delta_i>0,\ i=1,\ 2$가 존재하여

$$0<|x-a|<\delta_i$$

를 만족하는 모든 $x\in E$에 대하여

$$|f_i(x)-l_i|<\sqrt{\epsilon}$$

이 성립한다. 이때, $\delta>0$는 $\delta=\min\{\delta_1,\ \delta_2\}$로 잡으면 결과가 나온다.

(d) (c)에 의하여

$$\lim_{x\to a} f_1(x)/f_2(x) = \lim_{x\to a} f_1(x) \cdot \frac{1}{f_2(x)} = \lim_{x\to a} f_1(x) \lim_{x\to a} \frac{1}{f_2(x)}$$

이므로, $\lim_{x\to a}\frac{1}{f_2(x)} = \frac{1}{l_2}$임을 보이면 충분하다. 이것은 임의의 $\epsilon > 0$에 대하여 $\delta > 0$가 존재하여

$$0 < |x-a| < \delta$$

를 만족하는 모든 $x \in E$에 대하여

$$|1/f_2(x) - 1/l_2| < \epsilon$$

이 성립한다는 것을 보이면 된다.

$$|1/f_2(x) - 1/l_2| = \frac{|f_2(x) - l_2|}{|l_2||f_2(x)|}$$

를 생각하자. 가정에 의하여 $\epsilon = |l_2|/2$에 대하여 $\delta_1 > 0$이 존재하여

$$0 < |x-a| < \delta_1$$

을 만족하는 모든 $x \in E$에 대하여

$$|f_2(x) - l_2| < \epsilon = |l_2|/2$$

이 성립한다. 이때, 삼각부등식에 의하여

$$||f_2(x)| - |l_2|| \le |f_2(x) - l_2| < |l_2|/2$$

이다. 따라서 $0 < |x-a| < \delta_1$, $x \in E$에 대하여

$$|f_2(x)| > |l_2|/2$$

이다. 그러므로 $0 < |x-a| < \delta_1$, $x \in E$에서

$$|1/f_2(x) - 1/l_2| < \frac{2}{|l_2|^2}|f_2(x) - l_2|$$

이다. 또 다시 가정에 의하여 임의의 $\epsilon > 0$에 대하여 $\delta_2 > 0$가 존재하여

$$0 < |x-a| < \delta_2$$

를 만족하는 모든 $x \in E$에 대하여

$$|f_2(x) - l_2| < \frac{\epsilon |l_2|^2}{2}$$

가 성립한다. 이때, $\delta > 0$는 $\delta = \min\{\delta_1, \delta_2\}$로 잡으면, 결과가 나온다.

◀

함수의 극한의 정의로부터 다음 정리를 얻는다.

정리 2.2.11

$a \in \mathbb{R}^{\#}$은 집합 $E \subset \mathbb{R}$의 극한점이라 하자. 함수 $f : E \to \mathbb{R}$에 대하여 $\lim_{x \to a} f(x) = l \in \mathbb{R}$이라 하자.
만일 $l > 0$이면, a의 근방 N이 존재하여 모든 $x \in E \cap (N - \{a\})$에 대하여 $f(x) > 0$이다.
만일 $l > 0$이면, a의 근방 N이 존재하여 모든 $x \in E \cap (N - \{a\})$에 대하여 $f(x) < 0$이다.

증명 $a \in \mathbb{R}$일 때만 증명하자. 다른 경우도 마찬가지이다. 이때 $l > 0$인 경우만 증명하자.
가정에 의하여 $\epsilon = l/2 > 0$에 대하여 $\delta > 0$가 존재하여

$$0 < |x - a| < \delta$$

를 만족하는 모든 $x \in E$에 대하여

$$|f(x) - l| < \epsilon = l/2$$

이 성립한다. 삼각부등식에 의하여

$$||f(x)| - l| \le |f(x) - l|$$

이므로, $0 < |x - a| < \delta$, $x \in E$에서 $0 < l/2 \le f(x) \le 2l/3$이다.
$N = \{x \in \mathbb{R} \mid |x - a| < \delta\}$로 놓으면, N은 a의 근방이고, 모든 $x \in E \cap (N - \{a\})$에 대하여 $f(x) > 0$이다.

$l<0$인 경우에는 $\epsilon=|l|/2=-l/2$로 놓고, 위의 증명을 따라가면 결과를 얻는다. ◀

정리 2.2.12

$a\in\mathbb{R}^{\#}$은 집합 $E\subset\mathbb{R}$의 극한점이라 하자. 함수 $f,\ g: E\to\mathbb{R}$에 대하여 $x\in E$일 때

$$f(x)\le g(x)$$

라고 하자. 만일 $x\to a$일 때 $f(x)$와 $g(x)$의 극한이 존재하면,

$$\lim_{x\to a}f(x)\le\lim_{x\to a}g(x)$$

이다.

증명 $a\in\mathbb{R}$일 때만 증명하자. 다른 경우도 마찬가지이다.

$\lim_{x\to a}f(x)=l$이고, $\lim_{x\to a}g(x)=m$이라 하자. $l\le m$임을 보이기 위하여 $l>m$이라 가정하자. 그러면 극한의 성질에 의하여

$$\lim_{x\to a}(f(x)-g(x))=l-m>0$$

이다. 정리 2.2.11에 의하여 a의 근방 N이 존재하여 모든 $x\in E\cap(N-\{a\})$에 대하여 $f(x)-g(x)>0$, 즉, $f(x)>g(x)$이다. 이것은 가정에 모순이다. ◀

정리 2.2.13 (짜내기 정리)

$a\in\mathbb{R}^{\#}$은 집합 $E\subset\mathbb{R}$의 극한점이라 하자. 함수 $f_i: E\to\mathbb{R}$, $i=1,\ 2,\ 3$은 a의 임의의 근방 N에 대하여 $x\in E\cap(N-\{a\})$일 때

$$f_1(x)\le f_3(x)\le f_2(x)$$

를 만족하고

$$\lim_{x\to a}f_1(x)=\lim_{x\to a}f_2(x)=l\in\mathbb{R}$$

이면, $\lim_{x\to a}f_3(x)=l$이다.

증명 $a \in \mathbb{R}$일 때만 증명하자. 다른 경우도 마찬가지이다.

임의의 $\epsilon > 0$에 대하여 $\delta > 0$가 존재하여

$$0 < |x - a| < \delta$$

를 만족하는 모든 $x \in E$에 대하여

$$|f_3(x) - l| < \epsilon$$

이 성립한다는 것을 보이면 된다. 가정에 의하여 임의의 $\epsilon > 0$에 대하여 $\delta_i > 0$, $i = 1, 2$가 존재하여

$$0 < |x - a| < \delta_i$$

를 만족하는 모든 $x \in E$에 대하여

$$|f_i(x) - l| < \epsilon, \text{ 즉, } l - \epsilon < f_i(x) < l + \epsilon$$

이 성립한다. $N = N_\delta(a)$, $\delta = \min\{\delta_1, \delta_2\}$로 놓자. 그러면 모든 $x \in E \cap (N - \{a\})$에 대하여

$$l - \epsilon < f_1(x) \le f_3(x) \le f_2(x) < l + \epsilon$$

이다. 그러므로 모든 $x \in E \cap (N - \{a\})$에 대하여

$$l - \epsilon < f_3(x) < l + \epsilon, \text{ 즉, } |f_3(x) - l| < \epsilon$$

이다. 그러므로 $\lim_{x \to a} f_3(x) = l$이다. ◀

짜내기 정리는 극한을 구할 때 또는 정리를 증명할 때 많이 이용되므로 잘 알아 두기 바란다.

예제 2.2.14 $\lim_{x \to 0} x \sin \frac{1}{x} = 0$임을 증명하여라.

증명 $0 \le \left| x \sin \frac{1}{x} \right| \le |x|$이다. $\lim_{x \to 0} x = 0$이므로, 정리 2.2.9에 의하여 $\lim_{x \to 0} |x| = 0$이다. 그러므로 짜내기 정리에 의하여 $\lim_{x \to 0} \left| x \sin \frac{1}{x} \right| = 0$이다. 이것은 정

리 2.2.9에 의하여 $\lim_{x\to 0} x\sin\frac{1}{x}=0$과 동치이다.

정리 2.2.15

$a\in\mathbb{R}^{\#}$는 집합 $E\subset\mathbb{R}$의 극한점이라 하자. 함수 $f,\ g:E\to\mathbb{R}$에 대하여 $\lim_{x\to a} f(x)=0$이고, g는 유계, 즉, $M>0$이 존재하여 모든 $x\in E$에 대하여 $|g(x)|\le M$이면,

$$\lim_{x\to a} f(x)g(x)=0$$

이다.

증명 $a\in\mathbb{R}$일 때만 증명하자. 다른 경우도 마찬가지이다.
임의의 $\epsilon>0$에 대하여 $\delta>0$가 존재하여

$$0<|x-a|<\delta$$

를 만족하는 모든 $x\in E$에 대하여

$$|f(x)g(x)|<\epsilon$$

이 성립한다는 것을 보이면 된다. 가정에 의하여 임의의 $\epsilon/M>0$에 대하여 $\delta>0$가 존재하여

$$0<|x-a|<\delta$$

를 만족하는 모든 $x\in E$에 대하여

$$|f(x)|<\epsilon/M$$

이 성립한다. 이때, $|f(x)g(x)|\le M|f(x)|<\epsilon$이다.
그러므로 $\lim_{x\to a} f(x)g(x)=0$이다. ◀

참고 예제 2.2.14는 정리 2.2.15에 의해서도 증명된다.

정리 2.2.16

$$\lim_{\theta \to 0} \frac{\sin\theta}{\theta} = 1.$$

증명 $\theta > 0$일 때만 생각하면 충분하다. 왜냐하면, $\frac{\sin\theta}{\theta}$는 우함수이기 때문이다. 그림 2.2.9에서 삼각형 OAB와 부채꼴 OAD, 그리고 삼각형 OCD의 넓이는 각각 $\sin\theta$, θ, $\tan\theta$이고,

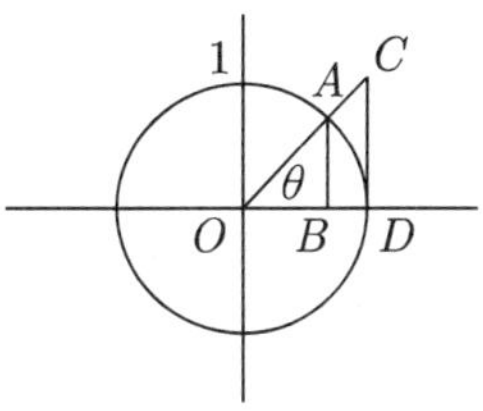

[그림 2.2.9] 단위원

$$\sin\theta < \theta < \tan\theta = \frac{\sin\theta}{\cos\theta}$$

이므로,

$$\sqrt{1-\sin^2\theta} = \cos\theta < \frac{\sin\theta}{\theta} < 1$$

이다. 따라서 짜내기 정리에 의하여 결과가 나온다. ◀

예제 2.2.17 다음의 극한을 구하여라.

(a) $\lim_{x \to 0} \frac{x}{\sin x}$ (b) $\lim_{x \to 0} \frac{\sin 3x}{x}$

(c) $\lim_{x \to 0} \frac{\tan 3x}{\tan 5x}$ (d) $\lim_{x \to \pi} \frac{\sin x}{x - \pi}$

풀이 (a) $\lim_{x \to 0} \frac{x}{\sin x} = \lim_{x \to 0} \frac{1}{\frac{\sin x}{x}} = \frac{\lim_{x \to 0} 1}{\lim_{x \to 0} \frac{\sin x}{x}} = \frac{1}{1} = 1$

(b) $\lim_{x \to 0} \frac{\sin 3x}{x} = 3\lim_{x \to 0} \frac{\sin 3x}{3x}$이다. 이때 $y = 3x$라 놓으면, $x \to 0$일 때 $y \to 0$이므로,

$$\lim_{x\to 0}\frac{\sin 3x}{x} = 3\lim_{x\to 0}\frac{\sin 3x}{3x} = 3\lim_{y\to 0}\frac{\sin y}{y} = 3$$

이다.

(c) $$\lim_{x\to 0}\frac{\tan 3x}{\tan 5x} = \lim_{x\to 0}\frac{\dfrac{\sin 3x}{\cos 3x}}{\dfrac{\sin 5x}{\cos 5x}} = \lim_{x\to 0}\frac{\cos 5x}{\cos 3x}\cdot\frac{\sin 3x}{\sin 5x}$$

$$= \lim_{x\to 0}\frac{\cos 5x}{\cos 3x}\lim_{x\to 0}\frac{\sin 3x}{\sin 5x} = \lim_{x\to 0}\frac{\sin 3x}{\sin 5x}$$

$$= \frac{3}{5}\lim_{x\to 0}\frac{\dfrac{\sin 3x}{3x}}{\dfrac{\sin 5x}{5x}} = \frac{3}{5}\frac{\lim_{x\to 0}\dfrac{\sin 3x}{3x}}{\lim_{x\to 0}\dfrac{\sin 5x}{5x}} = \frac{3}{5}$$

(d) $x-\pi = t$로 놓으면, $x \to \pi$일 때 $t \to 0$이므로,

$$\lim_{x\to\pi}\frac{\sin x}{x-\pi} = \lim_{t\to 0}\frac{\sin(t+\pi)}{t} = -\lim_{t\to 0}\frac{\sin t}{t} = -1$$

문제 2.2.2 $\lim_{x\to 0}\dfrac{x^2\sin\dfrac{1}{x}}{\sin x} = 0$임을 보여라.

2.3 함수의 연속성

$\mathbb{R}$의 부분집합에서 정의된 실가함수에는 여러 가지가 있다. 예를 들어, 상수함수, 항등함수, 다항함수, 유리함수, 무리함수, 초월함수 등이다. 좌표평면 위에서 실가함수의 그래프는 직선 또는 곡선으로 나타난다. 함수의 그래프는 끊어짐이 없이 연결되어 있는 곡선으로 나타나는 경우와 그렇지 않은 경우가 있다. 직관적으로, 전자의 함수는 연속이라 하고, 후자의 함수는 불연속이라 한다. 그러나 일반적으로 함수의 그래프는 좌표평면 위에 나타내기 쉽지 않다. 그러므로 그래프의 도움이 없이 이를 구별하는 엄밀한 정의가 필요하다.

집합 $E \subset \mathbb{R}$에 대하여 $a \in \mathbb{R}$는 E의 극한점이라 가정하자. 함수 $f : E \to \mathbb{R}$에 대하여 $\lim_{x\to a} f(x) = l \in \mathbb{R}$이라는 것은 임의의 $\epsilon > 0$에 대하여 $\delta > 0$가 존재하여

$$0 < |x-a| < \delta$$

를 만족하는 모든 $x \in E$에 대하여

$$|f(x) - l| < \epsilon$$

이 성립할 때라고 정의하였다. 이것을 근방으로 고쳐 쓰면, 다음과 같다.

l의 임의의 ϵ-근방 $N_\epsilon(l)$에 대하여 a의 δ-근방 $N_\delta(a)$가 존재하여

$$f(E \cap (N_\delta(a) - \{a\})) \subset N_\epsilon(l), \text{ 즉, } E \cap (N_\delta(a) - \{a\}) \subset f^{-1}(N_\epsilon(l))$$

이 성립한다. 이때, a는 E의 극한점이므로, 일반적으로, $a \not\in E$이다. 그러므로 함수 f가 점 a에서 정의되어 있더라도, 함수의 극한에서는 함숫값 $f(a)$는 생각하지 않는다. 단지 a의 근방점들의 함숫값만을 생각한다. 그러나 만일 E의 극한점 a가 E의 원소이면, 함수 f는 a에서 정의되어 있으므로, l과 $f(a)$의 관계가 궁금하다. 일반적으로, $l \neq f(a)$이다. 만일 $l = f(a)$이라면,

$$\lim_{x \to a} f(x) = f(a)$$

이다. 따라서 임의의 $\epsilon > 0$에 대하여 $\delta > 0$가 존재하여

$$0 < |x - a| < \delta$$

를 만족하는 모든 $x \in E$에 대하여

$$|f(x) - f(a)| < \epsilon$$

이 성립한다. $a \in E$이므로, 위의 부등식은 $x = a$에서 항상 성립한다. 그러므로 부등식 $0 < |x - a| < \delta$는 $|x - a| < \delta$로 쓸 수 있다.

한 점에서의 연속

정의 2.3.1

$E \subset \mathbb{R}$이고, $a \in E$는 E의 극한점이라 하자. 함수 $f : E \to \mathbb{R}$이 **점** $x = a$**에서 연속(continuous)**이라는 것은 $\lim_{x \to a} f(x)$가 존재하고 $\lim_{x \to a} f(x) = f(a)$일 때를 말한다. 즉, 임의의 $\epsilon > 0$에 대하여 $\delta > 0$가 존재하여

$$|x - a| < \delta$$

를 만족하는 모든 $x \in E$에 대하여

$$|f(x)-f(a)|<\epsilon$$

이 성립할 때를 말한다.

이를 근방으로 고쳐 쓰면 다음과 같다. $f(a)$의 임의의 ϵ-근방 $N_\epsilon(f(a))$에 대하여 a의 δ-근방 $N_\delta(a)$가 존재하여

$$f(E\cap N_\delta(a))\subset N_\epsilon(f(a)),\ \text{즉},\ E\cap N_\delta(a)\subset f^{-1}(N_\epsilon(f(a)))$$

가 성립한다.

참고 $\mathbb{R}$ 위에는 유클리드 위상이 주어져 있는 것으로 간주한다. $\mathbb{R}$에서의 근방(열린구간)들은 그 위상의 기저원소이다. $\mathbb{R}$에서의 열린집합을 기저원소들의 합집합이다. 기저원소들은 분명히 열린집합이다. 그러나 역은 성립하지 않는다.

E 위의 위상은 $\mathbb{R}$의 유클리드 위상으로부터 유도된 상대위상이 주어져 있는 것으로 간주한다. 그러므로 E의 위상의 기저원소들은 $\mathbb{R}$에서 임의의 근방 N에 대하여 $E\cap N$꼴이다. 따라서 $E\cap N_\delta(a)$는 a를 포함하는 E에서의 열린집합이다. 그러므로 함수 $f:E\to\mathbb{R}$가 점 $x=a\in E$에서 연속이라는 것을 다음과 같이 정의할 수 있다. $f(a)$를 포함하는 임의의 기저원소 $V\subset\mathbb{R}$의 역상 $f^{-1}(V)$는 a를 포함하는 E의 어떤 기저원소 $U\subset E$를 포함할 때를 말한다.

정리 2.3.2

집합 $E\subset\mathbb{R}$에서 정의된 실가함수 f가 점 $a\in E$에서 연속이라 하자. 만일 $f(a)>0$이면, a의 근방 $N\subset\mathbb{R}$이 존재하여 모든 $x\in E\cap N$에 대하여 $f(x)>0$이고, 만일 $f(a)<0$이면, a의 근방 $N\subset\mathbb{R}$이 존재하여 모든 $x\in E\cap N$에 대하여 $f(x)<0$이다.

증명 이것은 정리 2.2.11의 증명으로부터 알 수 있다. ◀

정의 2.3.3

함수 f가 점 $x=a$에서 연속이 아니면, f는 **점 $x=a$에서 불연속(discontinuous)**이라고 한다. 이때, 점 $x=a$를 f의 **불연속점**이라고 한다.

다음 중 적어도 하나가 성립하는 경우에 f는 점 $x=a$ 에서 불연속이다.

(i) $\lim_{x \to a} f(x)$가 존재하지만 $\lim_{x \to a} f(x) \neq f(a)$ 인 경우

(ii) $\lim_{x \to a} f(x)$가 존재하지 않는 경우

참고 (a) (i)의 경우에 만일 $\lim_{x \to a} f(x) = l$이면,

$$g(x) := \begin{cases} f(x), & x \in E - \{a\} \\ l, & x = a \end{cases}$$

로 정의하자. 그러면 함수 g는 점 $x = a$에서 연속이다. 이러한 점 a는 **제거 가능한 불연속점**(removable discontinuous point)이라 한다(그림 2.2.1 참고).

(b) (ii)의 경우에 $\lim_{x \to a-} f(x)$와 $\lim_{x \to a+} f(x)$는 존재하지만, $\lim_{x \to a-} f(x) \neq \lim_{x \to a+} f(x)$ 일 때, 이러한 점 a는 **점프 불연속점**(jump discontinuous point)이라 한다(그림 2.2.2 참고). 그 이외의 경우의 점 a는 **진성 불연속점**(essential discontinuous point)이라 한다(그림 2.2.3, 2.2.4, 2.2.5, 2.2.6 참고).

예제 2.3.4 (a) 함수 $f(x) = \dfrac{x^2 - 4}{x - 2}$는 $x = 2$에서 정의되지 않는다. 그러나

$$\lim_{x \to 2} f(x) = \lim_{x \to 2} \frac{x^2 - 4}{x - 2} = \lim_{x \to 2} (x + 2) = 4$$

이다. 즉, $\lim_{x \to 2} f(x)$가 존재한다. 따라서 f는 점 $x = 2$에서 불연속이다. 이때,

$$g(x) = \begin{cases} \dfrac{x^2 - 4}{x - 2}, & x \neq 2 \\ 4, & x = 2 \end{cases}$$
$$= x + 2$$

로 정의하면, 함수 g는 점 $x = 2$에서 연속이다. 그러므로 점 $x = 2$는 제거 가능한 불연속점이다.

(b) 함수

$$f(x) = \begin{cases} -x, & x < 0 \\ 2, & x = 0 \\ x^2, & x > 0 \end{cases}$$

에 대하여 $\lim_{x\to 0} f(x)=0$이고 $f(0)=2$이므로

$$\lim_{x\to 0} f(x)\neq f(0)$$

이다. 그러므로 함수 f는 점 $x=0$에서 불연속이다. 그러나

$$g(x)=\begin{cases} -x, & x<0 \\ 0, & x=0 \\ x^2, & x>0 \end{cases}$$

로 정의하면, 함수 g는 점 $x=0$에서 연속이다. 그러므로 점 $x=0$은 제거 가능한 불연속점이다.

문제 2.3.1 함수 $\operatorname{sgn}x := \begin{cases} 1, & x>0 \\ 0, & x=0 \\ -1, & x<0 \end{cases}$에 대하여 다음 함수의 불연속점들을 구하여라.

(a) $f(x)=|\operatorname{sgn}x|$ (b) $g(x)=\operatorname{sgn}(\sin x)$

(c) $h(x)=\operatorname{sgn}(x^3)$

문제 2.3.2 (a) $[x]$는 x를 넘지 않는 최대정수라고 하자. 이러한 함수를 가우스 함수라고 한다. $(x)=x-[x]$라고 정의하자. 이때, 함수 $[x]$와 (x)의 불연속점들을 구하여라.

(b) 함수 $f(x)=[\sin x]$의 불연속점들의 구하여라.

문제 2.3.3 함수 $f(x)=\begin{cases} x, & x\in[-1,\ 1]\cap\mathbb{Q}^c \\ 0, & x\in[-1,\ 1]\cap\mathbb{Q} \end{cases}$는 점 $x=0$에서만 연속임을 보여라.

문제 2.3.4 모든 유리수 x는 $\frac{n}{m}$, $m>0$꼴로 쓸 수 있다. 여기서 $\frac{n}{m}$은 기약분수이다. 함수 $f:\mathbb{R}\to\mathbb{R}$은 다음과 같이 정의하자.

$$f(x) := \begin{cases} 0, & x\in\mathbb{Q}^c \\ \dfrac{1}{m}, & x=\dfrac{n}{m}\neq 0. \\ 1, & x=0 \end{cases}$$

그러면 f는 모든 무리수에서 연속이고, 모든 유리수에서 불연속임을 증명하여라.

정리 2.3.5

집합 $E \subset \mathbb{R}$에 대하여 $a \in E$는 E의 극한점이라 하자.

(a) 함수 $f, g : E \to \mathbb{R}$가 점 $x=a$에서 연속이면, 임의의 실수 k, l에 대하여 함수 $kf+lg$와 fg도 점 $x=a$에서 연속이다.
만일 $g(a) \neq 0$이면, f/g도 점 $x=a$에서 연속이다.

(b) 함수 $f : E \to \mathbb{R}$에 대하여 $Imf \subset F \subset \mathbb{R}$이라 하자. $f(a)$는 F의 극한점이라 하자. 만일 f가 $x=a$에서 연속이고 $g : F \to \mathbb{R}$은 $y=f(a)$에서 연속이면, f와 g의 합성함수

$$g \circ f$$

는 점 $x=a$에서 연속이다. 즉,

$$\lim_{x \to a} g(f(x)) = g(\lim_{x \to a} f(x)) = g(f(a)).$$

증명 (a) 자명하다.

(b) 임의의 $\epsilon > 0$에 대하여 $\delta > 0$가 존재하여

$$|x-a| < \delta$$

를 만족하는 모든 $x \in E$에 대하여

$$|g(f(x)) - g(f(a))| < \epsilon$$

이 성립하다는 것을 보이면 된다. $y=f(x)$, $b=f(a)$라 놓으면, $g(y)$가 b에서 연속이므로, 임의의 $\epsilon > 0$에 대하여 $\delta_1 > 0$이 존재하여

$$|f(x) - f(a)| = |y-b| < \delta_1$$

을 만족하는 모든 $y \in F$에 대하여

$$|g(f(x)) - g(f(a))| = |g(y) - g(b)| < \epsilon$$

이 성립한다. $f(x)$는 a에서 연속이므로, δ_1에 대하여 $\delta > 0$가 존재하여

$$|x-a| < \delta$$

를 만족하는 모든 $x \in E$에 대하여

$$|y-b| = |f(x)-f(a)| < \delta_1$$

이 성립한다. 그러므로 결과가 나온다. ◀

따름정리 2.3.6

$E \subset \mathbb{R}$이고 $a \in \mathbb{R}^{\#}$는 E의 극한점이라 하자. 함수 $f: E \to \mathbb{R}$에 대하여 $\lim_{x \to a} f(x) = l$이고 $Im f \subset F \subset \mathbb{R}$이라 하자. $l \in F$이고, l은 F의 극한점이며, 함수 $g: F \to \mathbb{R}$은 $y = l$에서 연속이라 하자. 그러면

$$\lim_{x \to l} g(f(x)) = g(\lim_{x \to a} f(x)) = g(l)$$

이다.

문제 2.3.5 함수 $f: \mathbb{R} \to \mathbb{R}$은 모든 $x,\ y \in \mathbb{R}$에 대하여

$$f(x+y) = f(x) + f(y)$$

를 만족한다고 하자. f는 0에서 연속이라 하자,

(a) f는 모든 점 $a \in \mathbb{R}$에서 연속임을 증명하여라.

(b) $f(x) = cx,\ c = f(1)$임을 증명하여라.

구간 위에서의 연속

함수의 한 점에서의 연속성은 국소적으로(locally) 정의한 것이고, 그의 정의역 위에서의 연속성은 대역적으로(globally) 정의한 것이다. 실가함수가 구간 E 위에서 연속이라는 것은 직관적으로 좌표평면 위에서 그 함수의 그래프가 끊임이 없이 연결되어 있는 직선 또는 곡선으로 나타나는 것을 말한다. 이때, 이러한 곡선들 중에는 급격하게 변하는 것과 완만하게 되어 있는 것들이 있다. 전자의 경우는 (점별)연속이라 하고, 후자의 경우는 평등연속이

라 한다. 이를 엄밀하게 정의하자.

정의 2.3.7

구간 E 위에서 정의된 실가함수 f가 **(점별) 연속**(pointwise continuous)이라는 것은 f가 E에 속하는 각 점 $x = a$에서 연속일 때를 말한다. 즉, 각 $a \in E$가 주어질 때, 임의의 $\epsilon > 0$에 대하여 $\delta = \delta(a, \epsilon) > 0$가 존재하여

$$|x - a| < \delta$$

를 만족하는 모든 $x \in E$에 대하여

$$|f(x) - f(a)| < \epsilon$$

이 성립할 때를 말한다.

참고 구간 E에서 정의된 실가함수 f가 연속이라는 것은 임의의 열린구간 $J \subset \mathbb{R}$에 대하여 역상 $f^{-1}(J)$는 E에서 열린집합이라는 것을 의미한다.

문제 2.3.6 연속함수 $f : \mathbb{R} \to (0, \infty)$은 모든 $x, y \in \mathbb{R}$에 대하여

$$f(x+y) = f(x)f(y)$$

를 만족한다고 하자. $f(1) = e$라고 하자. 그러면 $f(x) = e^x$임을 보여라. (지수함수 $\exp(x) = e^x$는 연속함수이다(5장 참고).)

문제 2.3.7 만일 함수 $f : \mathbb{R} \to \mathbb{R}$이 연속이면, $f : \mathbb{R} \to Imf$는 연속임을 보여라.

문제 2.3.8 $f : \mathbb{R} \to \mathbb{R}$은 연속함수이기 위한 필요충분조건은 임의의 집합 $E \subset \mathbb{R}$에 대하여 $f(\overline{E}) \subset \overline{f(E)}$임을 증명하여라. 여기서 $\overline{E}$는 E의 폐포이다.

문제 2.3.9 만일 $f, g : \mathbb{R} \to \mathbb{R}$은 연속함수이면, $f(\mathbb{Q})$는 Imf에서 조밀함을 보여라. 만일 모든 $p \in \mathbb{Q}$에 대하여 $g(p) = f(p)$이면, 모든 $x \in \mathbb{R}$에 대하여 $g(x) = f(x)$임을 보여라.

예제 2.3.8 함수 $f(x) = \sqrt{x^2+1}$은 $\mathbb{R}$ 위에서 (점별)연속임을 보여라.

증명 $g(x) = \sqrt{x}$, $h(x) = x^2+1$이라 놓으면, 함수 $g : [0, \infty) \to \mathbb{R}$와 $h : \mathbb{R} \to \mathbb{R}$는 연속이다. 그러면 $f = g \circ h$이므로, 정리 2.3.5에 의하여 f는 $\mathbb{R}$ 위에서 (점별)연속이다. ◀

참고 위의 점별연속의 정의에서, $\delta = \delta(a, \epsilon)$은 2변수함수이다. 그러나 어느 경우에는 δ가 구간 E의 점 a들에는 상관없이 ϵ의 값에 의해서만 결정되는 경우가 있다. 다시 말해, $\delta = \delta(\epsilon)$은 ϵ에 관한 1변수함수인 경우가 있다. 이러한 경우의 함수 f를 구간 E 위에서 평등연속이라 한다. 그러므로 구간 E 위에서 평등연속인 함수는 (점별)연속이다. 그러나 일반적으로, 역은 성립하지 않는다.

함수의 평등연속성을 달리 정의하면 다음과 같다.

정의 2.3.9

구간 E에서 정의된 실가함수 f가 E 위에서 **평등연속**(uniformly continuous)이라는 것은 다음을 만족할 때를 말한다. 임의의 $\epsilon > 0$에 대하여 $\delta = \delta(\epsilon) > 0$가 존재하여

$$|x_1 - x_2| < \delta$$

를 만족하는 모든 $x_1, x_2 \in E$에 대하여

$$|f(x_1) - f(x_2)| < \epsilon$$

이 성립할 때를 말한다.

예제 2.3.10 함수 $f(x) = \dfrac{1}{x}$는 구간 $E = (0, 1)$ 위에서는 점별연속이지만 평등연속은 아님을 보여라.

증명 $a \in E$는 임의의 고정점이라고 하자. 분명히

$$\lim_{x \to a} f(x) = f(a)$$

이다. 그러므로 f는 구간 E 위에서 점별연속이다. 이때, $\delta > 0$가 어떻게 결정되는지를 알아보자. 다시 말해, 임의의 $\epsilon > 0$에 대하여 $\delta > 0$가 존재하여

$$|x-a| < \epsilon$$

을 만족하는 모든 $x \in E$에 대하여

$$|f(x) - f(a)| < \epsilon$$

이 성립하는 $\delta > 0$를 구해보자.

$$|f(x) - f(a)| = \left| \frac{1}{x} - \frac{1}{a} \right| = \frac{|x-a|}{ax}$$

이므로, 우선, $|x-a| < \frac{a}{2}$을 생각하자. 그러면

$$\frac{a}{2} < x < \frac{3}{2}a$$

이다. 그러므로 $|x-a| < \frac{a}{2}$에서

$$|f(x) - f(a)| < \frac{2}{a^2}|x-a|$$

이다. 이때, $\frac{2}{a^2}|x-a| < \epsilon$이 되도록 하면, $|f(x) - f(a)| < \epsilon$이다. 따라서 $\delta = \min\left\{\frac{a}{2}, \frac{a^2\epsilon}{2}\right\}$으로 잡으면 충분하다. 이때, $\delta > 0$는 점 a와 $\epsilon > 0$에 의하여 결정된다. 그러므로 주어진 함수는 구간 E 위에서 점별연속이지만 평등연속은 아니다. ◀

참고 함수 $f(x) = \frac{1}{x}$, $x \in E = (0, 1)$는 좌표평면 위에서 곡선이 점 $x \in E = (0, 1)$가 점 $x = 0$의 매우 가까운 왼쪽 근방의 점에서 커짐에 따라 그 곡선은 급격하게 감소하는 특성을 가지고 있다[그림 2.3.1 참고].

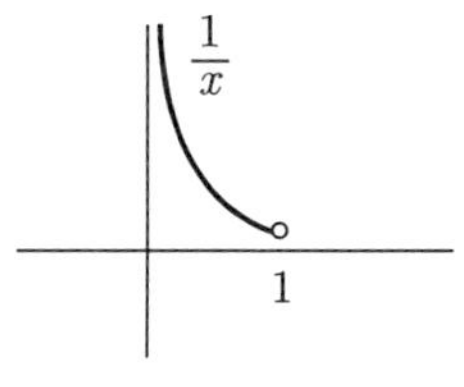

[그림 2.3.1] 함수 $f(x) = \frac{1}{x}$, $x \in (0, 1)$의 그래프

정의 2.3.9에 의하여 함수 $f(x)=\frac{1}{x}$는 구간 $E=(0,\ 1)$ 위에서 평등연속이 아님을 보이자. 함수 f는 구간 E 위에서 평등연속이라 가정하자. 그러면 임의의 $\epsilon>0$에 대하여 $\delta>0$가 존재하여

$$|x_1-x_2|<\delta$$

를 만족하는 모든 $x_1,\ x_2\in E$에 대하여

$$\left|\frac{1}{x_1}-\frac{1}{x_2}\right|<\epsilon$$

이 성립한다. $\epsilon=1$일 때도 $\delta>0$가 존재한다. 이때, $0<\delta\le 1$이라 가정해도 무방하다. $x_1=\delta,\ x_2=\delta/2$를 잡자. 그러면

$$|x_1-x_2|=\delta/2<\delta$$

이고, $x_1,\ x_2\in E$이므로,

$$\left|\frac{1}{x_1}-\frac{1}{x_2}\right|=\left|\frac{1}{\delta}-\frac{2}{\delta}\right|<1$$

이어야 한다. 그러나 $\left|\frac{1}{\delta}-\frac{2}{\delta}\right|=\frac{1}{\delta}\ge 1$이다. 이것은 모순이다. 그러므로 함수 $f(x)=\frac{1}{x}$는 구간 $(0,\ 1)$ 위에서 평등연속이 아니다.

예제 2.3.11 함수 $f(x)=\frac{1}{x}$는 구간 $E=[1,\ \infty)$ 위에서 평등연속임을 보여라.

증명 임의의 $\epsilon>0$에 대하여 $\delta=\delta(\epsilon)>0$가 존재하여

$$|x_1-x_2|<\delta$$

를 만족하는 모든 $x_1,\ x_2\in E$에 대하여

$$\left|\frac{1}{x_1}-\frac{1}{x_2}\right|<\epsilon$$

이 성립한다는 것을 보이면 된다. $x_1,\ x_2\in E=[1,\ \infty)$에 대하여

$$\left|\frac{1}{x_1}-\frac{1}{x_2}\right|=\frac{|x_1-x_2|}{x_1x_2}\le|x_1-x_2|$$

이므로, 만일 $|x_1-x_2|<\epsilon$이 되도록 하면, $\left|\frac{1}{x_1}-\frac{1}{x_2}\right|<\epsilon$이다. 그러므로 $\delta=\epsilon$으로 잡으면 충분하다. 이때, $\delta=\delta(\epsilon)=\epsilon$은 $\epsilon>0$에 의해서만 결정되므로, 결과가 나온다. ◀

참고 함수 $f(x)=\frac{1}{x}$는 구간 $[1,\ \infty)$에서 완만하게 감소하는 특성을 가지고 있다.

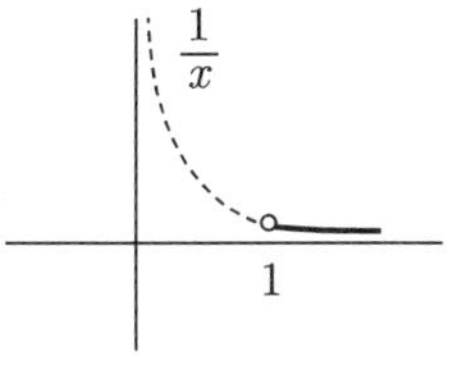

[그림 2.3.2] 함수 $f(x)=\frac{1}{x}$, $x\in[1,\ \infty)$의 그래프

문제 2.3.10 일차함수 $f(x)=ax+b$는 $\mathbb{R}$ 위에서 평등연속임을 보여라.

일반적으로, 연속함수 f는 집합 $E\subset\mathbb{R}$ 위에서 평등연속이 아니다. 그러나

정리 2.3.12

만일 긴밀집합 $K\subset\mathbb{R}$에서 정의된 실가함수 f가 연속이면, f는 K 위에서 평등연속이다.

증명 $\epsilon>0$은 주어졌다고 하자. f는 연속이므로, 각 점 $a\in K$에 대하여 $\delta_a>0$가 존재하여

$$|x-a|<\delta_a$$

를 만족하는 모든 $x\in K$에 대하여

$$|f(x)-f(a)<\epsilon/2$$

가 성립한다. 이때,

$$K \subset \bigcup_{a \in E} N_{\delta_a/2}(a)$$

이다. E는 긴밀집합이므로, 유한개의 점 $a_1, \cdots, a_n \in K$가 존재하여

$$K \subset \bigcup_{i=1}^{n} N_{\delta_{a_i}/2}(a_i)$$

이다. $\delta = \min\left\{\frac{1}{2}\delta_{a_1}, \cdots, \frac{1}{2}\delta_{a_n}\right\}$로 놓자. 그러면 $\delta > 0$이다. $x,\ a \in K$는 $|x-a| < \delta$를 만족하는 임의의 점이라 하자. $E \subset \bigcup_{i=1}^{n} N_{\delta_{a_i}/2}(a_i)$이므로, $m(1 \le m \le n)$이 존재하여 $a \in N_{\delta_{a_m}/2}(a_m)$이다. 그러므로

$$|a - a_m| < \frac{1}{2}\delta_{a_m} < \delta_{a_m}$$

이다, 또한, 삼각부등식에 의하여

$$|x - a_m| \le |x - a| + |a - a_m| < \delta + \frac{1}{2}\delta_{a_m} < \delta_{a_m}$$

이다. 그러므로 삼각부등식에 의하여

$$|f(x) - f(a)| \le |f(x) - f(a_m)| + |f(a_m) - f(a)|$$

이다. $|x-a| < \delta$를 만족하는 모든 $x,\ a \in K$에 대하여

$$|x - a_m| < \delta_{a_m} \text{이고 } |a - a_m| < \delta_{a_m}$$

이므로,

$$|f(x) - f(a_m)| < \epsilon/2 \text{이고 } |f(a_m) - f(a)| < \epsilon/2$$

이다. 따라서

$$|f(x) - f(a)| < \epsilon$$

이다. 그러므로 f는 K 위에서 평등연속이다. ◀

주의 긴밀집합 $K \subset \mathbb{R}$에서 정의된 실가함수 f가 연속일 때, 긴밀집합 K는 유한집합이 아니라 유한개의 유계인 닫힌구간들의 합집합이다. 왜냐하면, 연속함수 f의 정의역 K의 각 점들은 K의 극한점이어야 하기 때문이다. 그러나 만일 K가 유

한집합이면, K는 긴밀집합이지만, K의 모든 원소는 K의 극한점이 아니다.

문제 2.3.11 만일 $K \subset \mathbb{R}$은 긴밀집합이고, 함수 $f : K \to \mathbb{R}$은 연속이면, Imf는 긴밀집합임을 증명하여라.

예제 2.3.13 함수 $f(x) = x^2$는 구간 $E = (0,\ 1]$ 위에서 평등연속임을 보여라.

증명 **(방법 1)** 임의의 $\epsilon > 0$에 대하여 $\delta = \delta(\epsilon) > 0$이 존재하여

$$|x_1 - x_2| < \delta$$

를 만족하는 모든 $x_1,\ x_2 \in E$에 대하여

$$|x_1^2 - x_2^2| < \epsilon$$

이 성립한다는 것을 보이면 된다. $x_1,\ x_2 \in (0,\ 1]$이므로, 삼각부등식에 의하여

$$\begin{aligned} |x_1^2 - x_2^2| &= |x_1 + x_1||x_1 - x_2| \\ &\le (|x_1| + |x_2|)|x_1 - x_2| \\ &\le 2|x_1 - x_2| \end{aligned}$$

이다. 따라서 $\delta = \frac{1}{2}\epsilon$으로 잡으면 충분하다.

(방법 2) 함수 $f(x) = x^2$은 정리 2.3.12에 의하여 구간 $[0,\ 1]$ 위에서 평등연속이므로, 그 함수는 구간 $(0,\ 1]$ 위에서 평등연속이다. ◀

문제 2.3.12 다음 함수들 중에서 주어진 집합 위에서 평등연속이 아닌 것은?

(a) $f_1(x) = \sqrt{x}$, $[0,\ \infty)$ (b) $f_2(x) = \sin x$, $\mathbb{R}$

(c) $f_3(x) = \cos x$, $\mathbb{R}$ (d) $f_4(x) = x^2$, $\mathbb{R}$

(e) $f_5(x) = |x|$, $\mathbb{R}$

참고 집합 $E \subset \mathbb{R}$에 대하여 만일 함수 $f,\ g : E \to \mathbb{R}$는 평등연속이면, $f+g$, kf도 E 위에서 평등연속이다. 여기서 k는 실수이다. 그러나 fg, f/g는 일반적으로

평등연속이 아니다. 왜냐하면, 함수 $f(x)=x$, $g(x)=x$는 $\mathbb{R}$ 위에서 평등연속이지만, $f(x)g(x)=x^2$은 $\mathbb{R}$ 위에서 평등연속이 아니고, 함수 $f(x)=\sin x$와 $g(x)=\cos x$는 구간 $(0, \pi/2)$ 위에서 평등연속이지만, $f(x)/g(x)=\tan x$는 $(0, \pi/2)$ 위에서 평등연속이 아니기 때문이다.

문제 2.3.13 $E\subset\mathbb{R}$이고, $f: E\to\mathbb{R}$은 평등연속이라 하자. 또한, $Imf\subset F\subset\mathbb{R}$이고, $g: F\to\mathbb{R}$은 평등연속이라 하자. 그러면 합성함수 $g\circ f: E\to\mathbb{R}$은 평등연속임을 증명하여라.

문제 2.3.14 $K\subset\mathbb{R}$은 긴밀집합이라 하자. f는 $\mathbb{R}$에서 K로의 함수이고, $g: K\to\mathbb{R}$은 단사인 연속함수하고 하자. $h=g\circ f$로 놓자.

(a) 만일 함수 $h:\mathbb{R}\to\mathbb{R}$은 평등연속이면, $f:\mathbb{R}\to K$도 평등연속임을 증명하여라.

(b) 만일 h는 연속함수이면, f도 연속함수임을 증명하여라.

문제 2.3.15 $E\subset\mathbb{R}$은 공집합이 아니라고 하자.

$$\rho_E(x):=\inf\{|x-z|\,|\,z\in E\}$$

라고 정의하자.

(a) $\rho_E(x)=0$이기 위한 필요충분조건은 $x\in\overline{E}$임을 보여라.

(b) 모든 $x, y\in\mathbb{R}$에 대하여

$$|\rho_E(x)-\rho_E(y)|\le|x-y|$$

임을 보여라. 그러므로 함수 ρ_E는 $\mathbb{R}$ 위에서 평등연속이다.

문제 2.3.16 집합 $K, F\subset\mathbb{R}$은 서로소라고 하자. K는 긴밀집합이고, F는 닫힌집합이라 하자. 이때, 만일 $p\in K$, $q\in F$이면, $\delta>0$가 존재하여 $|p-q|>\delta$임을 보여라. (도움말: ρ_F는 K 위에서 양의 연속함수이다.)

문제 2.3.17 집합 $A, B \subset \mathbb{R}$은 공집합이 아닌 닫힌집합이고 서로소라고 하자.

$$f(x) := \frac{\rho_A(x)}{\rho_A(x) + \rho_B(x)}, \ x \in \mathbb{R}$$

이라 정의하자. 그러면 $f : \mathbb{R} \to [0, 1]$은 연속함수이고,

$$f(x) = \begin{cases} 0, & x \in A \\ 1, & x \in B \end{cases}$$

임을 증명하여라.

정리 2.3.14 (최댓값·최솟값의 정리)

긴밀집합 $K \subset \mathbb{R}$에서 정의된 함수 $f : K \to \mathbb{R}$가 연속이면, f는 K에서 최댓값과 최솟값을 갖는다. 즉, K에 속하는 어떤 점 c, d에 대하여 $f(c) = M$은 최댓값이고 $f(d) = m$은 최솟값이다. 그러므로 모든 $x \in [a, b]$에 대하여

$$f(c) = m \le f(x) \le M = f(d)$$

이다. 다시 말해, 함수 f는 K에서 유계이다.

증명 $Imf \subset \mathbb{R}$은 긴밀집합이므로, Heine-Borel 정리에 의하여 Imf는 유계인 닫힌집합이다.

$$\inf_{x \in E} f(x) = m, \ \sup_{x \in E} f(x) = M$$

으로 놓자. 임의의 $\epsilon > 0$에 대하여 $y \in Imf$가 존재하여

$$M - \epsilon < y \le M < M + \epsilon$$

이다. 만일 $y = M$이면, 자명하다. $y \neq M$이라 가정하자. 그러면

$$y \in Imf \cap (N_\epsilon(M) - \{M\}) \neq \varnothing$$

이다. 따라서 M은 Imf의 극한점이다. Imf는 닫힌 집합이므로, $M \in Imf$이다. 그러므로 $d \in K$가 존재하여 $f(d) = M$이다. 한편, 임의의 $\epsilon > 0$에 대하여 $y \in Imf$가 존재하여

$$m - \epsilon < m \le y < m + \epsilon$$

이다. 만일 $y=m$이면, 자명하다. $y \neq m$이라 가정하자. 그러면

$$y \in Imf \cap (N_\epsilon(m) - \{m\}) \neq \varnothing$$

이다. 따라서 m은 Imf의 극한점이다. Imf는 닫힌집합이므로, $m \in Imf$이다. 그러므로 $c \in E$가 존재하여 $f(c)=m$이다. ◀

정의 2.3.15

집합 $E \subset \mathbb{R}$에 대하여 함수 $f: E \rightarrow \mathbb{R}$가 **유계(bounded)**라는 것은 양수 $M>0$이 존재하여 모든 $x \in E$에 대하여 $|f(x)| \leq M$을 만족할 때를 말한다.

따름정리 2.3.16

긴밀집합 $K \subset \mathbb{R}$에 대하여 함수 $f: K \rightarrow \mathbb{R}$이 연속이면, f는 K 위에서 유계이다.

문제 2.3.18 만일 집합 $E \subset \mathbb{R}$은 연결집합이고, $f: E \rightarrow \mathbb{R}$은 연속이면, Imf는 연결집합임을 증명하여라.

참고 (a) 유계인 닫힌구간 $[a, b]$는 긴밀집합이고 연결집합이다. 만일 함수 $f:[a, b] \rightarrow \mathbb{R}$은 연속이면, Imf는 긴밀집합이고, 연결집합이므로, $Imf=[c, d]$꼴이다.

(b) 만일 열린구간 (a, b)에 정의된 실가함수 f가 단사이고 연속이면, 역함수 $f^{-1}: Imf \rightarrow (a, b)$는 연속이다. 왜냐하면, 역함수 f^{-1}의 그래프는 함수 f의 그래프와 직선 $y=x$에 대칭이기 때문이다.

정리 2.3.17 (중간값(intermediate value)의 정리)

유계인 닫힌구간 $[a, b]$에서 정의된 함수 $f:[a, b] \rightarrow \mathbb{R}$가 연속일 때, 만일 l은 $f(a)$와 $f(b)$의 사이에 있으면, 점 $c \in (a, b)$가 적어도 하나 존재하여 $f(c)=l$이다.
특히, 만일 $l=0$이면, 점 $c \in (a, b)$가 적어도 하나 존재하여 $f(c)=0$이다. 다시 말해, 방정식 $f(x)=0$의 근이 열린구간 (a, b)에서 적어도 하나 존재한다.

증명 유계인 닫힌구간 $[a, b]$는 긴밀집합이고, 연결집합이므로, $Imf=[m, M]$이다. 여기서 m은 f의 최솟값이고, M은 최댓값이다. 그러므로 $f(a)$와 $f(b)$는 m과 M 사이에 있다. 만일 l은 $f(a)$와 $f(b)$의 사이에 있으면, $m<l<M$이므로, $c \in (a, b)$가 존재하여 $f(c)=l$이다. ◀

예제 2.3.18 다항함수 $f(x)=x^3-x^2-2x+2$는 -2와 2 사이에서 근을 가짐을 보여라.

증명 다항함수 f는 $\mathbb{R}$에서 연속이므로, f는 닫힌구간 $[-2, 2] \subset \mathbb{R}$에서 연속임을 알 수 있다.

$$f(-2)=(-2)^3-(-2)^2-2(-2)+2=-6<0,$$
$$f(2)=2^3-2^2-2 \cdot 2+2=2>0$$

즉,

$$f(-2)<0<f(2)$$

이므로, 중간값의 정리에 의하여 점 $c \in (-2, 2)$가 존재하여 $f(c)=0$이다. 다시 말해, 방정식 $x^3-x^2-2x+2=0$의 근이 열린구간 $(-2, 2)$에서 적어도 하나 존재한다. ◀

예제 2.3.19 연속함수 $f:[0, 1] \to [0, 1]$는 $f(c)=c$를 만족하는 점 $c \in [0, 1]$가 적어도 하나 존재함을 보여라. 이러한 점 c를 **부동점(fixed point)**이라고 한다.

증명 $g(x)=x-f(x)$라 놓으면, $g:[0, 1] \to \mathbb{R}$는 연속함수이다. 이때, $f(0) \geq 0$이므로

$$g(0)=0-f(0)=-f(0) \leq 0$$

이고, $f(1) \leq 1$이므로

$$g(1)=1-f(1) \geq 0$$

이다. 만일 $g(0)=0$이면, $f(0)=0$이므로, $c=0$이다. 만일 $g(1)=0$이면, $f(1)=1$이므로 $c=1$이다.
만일 $g(0) \neq 0$이고 $g(1) \neq 0$이면, $g(0)<0<g(1)$이다. 그러므로 중간값의 정리에 의하여 $g(c)=0$, 즉, $f(c)=c$를 만족하는 점 c가 열린구간 $(0, 1)$에서 적어도 하나 존재한다. ◀

CHAPTER

3 도함수

16,7세기에 과학자들은 두 가지 문제에 관심을 가지고 있었다. 하나는 운동에 관한 것이고, 다른 하나는 곡선의 접선에 관한 것이다. 전자의 경우에 케플러(kepler)와 갈릴레오(Galileo) 등은 특히 지구의 운동, 위치 그리고 속도의 양적인 표현에 깊은 관심을 갖고 있었다. 후자는 데카르트(Decartes), 로베르발(Roberval), 토리첼리(Torricelli), 그리고 페르마(Ferma) 등은 해석 기하학적 측면에서 연구하였다. 뉴턴(Newton)과 라이프니츠(Leibniz)는 위의 두 가지 문제를 도함수를 사용하여 모두 해결하였다.

이 장에서는 극한의 개념을 이용하여 속도와 곡선의 접선의 기울기를 어떻게 정의할 것인가를 알아보고, 이를 통하여 도함수의 개념을 이끌어 내려한다. 그리고 도함수에 대한 해석을 통하여 순간 변화율과 곡선의 접선의 기울기의 의미를 알아본다.

3.1 변화율

물체의 낙하 속도, 달리는 차량의 정지 속도, 세균의 번식률, 전류의 감도, 통화량의 팽창률 등과 같은 모든 자연현상들은 끊임없이 변한다. 이 절에서는 이러한 변화율에 대하여 알아본다.

물체가 어떤 위치(position)에 놓여있다는 것은 항상 직교좌표평면 위에서 있는 것을 의미한다. 물체의 **운동**(motion)이란 물체가 한 위치에서 어떤 방향으로 다른 위치로 이동한 것을 말한다. 이때, 운동률(rate of motion)은 **속도**(velocity)라고 한다. 방향을 무시한 속도의 크기는 속력(speed)이라 하고, 속도의 변화율은 **가속도**(acceleration)라 한다. 지금부터 위치, 속도, 가속도, 속력은 각각 s, v, a, $|v|$로 나타낸다.

어떤 물체는 직선운동을 한다고 하자. 시간 t에서 그 물체의 위치는 $s(t)$이고, 이로부터 경과된 시간 h 후의 위치는 $s(t+h)$라고 하자. 그러면 그 물체의 변위(displacement)는 $s(t+h)-s(t)$이다. 시간 구간 $[t,\ t+h]$에서 물체의 **평균속도**(average velocity)는 다음과 같이 정의한다.

$$v_{ave} := \frac{(\text{변위})}{(\text{경과시간})} = \frac{s(t+h)-s(t)}{h}.$$

만일 물체가 한 방향으로 움직인다면, 그 물체의 변위는 그 물체가 움직인 거리이다. 이러한 운동을 하는 물체의 평균속도는 **평균속력**(average speed)이라 한다.

예제 3.1.1 8시간에 720km를 달리는 열차와 5초에 400m 떨어지는 물체의 평균속력은 각각 90km/h와 80m/sec이다.

예제 3.1.2 진공 속에서 낙하하는 어떤 물체가 t초 동안에 $s(t)=16t^2 m$ 낙하한다고 하자. 처음의 5초 사이와 시간 구간 $[2,\ 5]$의 평균속도는 각각 80m/sec와 112m/sec이다.

예제 3.1.2에서 보았듯이, 물체의 운동에서 평균속도는 짧은 시간 구간에서의 평균속도와 일치하지 않는다. 속도계를 보면 언제나 80m/sec를 나타내고 있지는 않는다는 것을 알 수 있다. 5초 동안에 속도계는 조금씩 다르게 나타낼 것이다. 속도계를 통해서 알게 된 속도는 바로 속도계를 본 순간의 속도이다.

시간 구간이 짧을수록 평균속도는 속도계의 순간속도에 접근한다. 그러므로 **순간속도**(instantaneous velocity)는 평균속도의 극한으로 정의한다. 즉,

$$v(t)=\lim_{h\to 0}\frac{s(t+h)-s(t)}{h}.$$

지금부터 속도는 순간속도를 의미한다.

예제 3.1.3 예제 3.1.2에서 $t=5$일 때의 속도를 구하여라.

풀이 $$v(5)=\lim_{h\to 0-}\frac{s(5+h)-s(5)}{h}=\lim_{h\to 0-}\frac{16(5+h)^2-16\cdot 5^2}{h}=160\text{m/sec}.$$

예제 3.1.4 공을 공중으로 던졌을 때, t초 후에 지상으로부터 공의 높이가 $s(t)=48t-16t^2 m$라 하자. $t=0,\ 1,\ 3$일 때, 각각의 속도를 구하여라.

풀이 일반적으로 t초 후의 속도는 다음과 같다.

$$v(t)=\lim_{h\to 0}\frac{s(t+h)-s(t)}{h}$$

$$= \lim_{h \to 0} \frac{48(t+h) - 16(t+h)^2 - 48t + 16t^2}{h}$$

$$= 48 - 32t.$$

그러므로 $v(0) = 48$, $v(1) = 16$, $v(3) = -48\,\mathrm{m/sec}$이다. 여기서 양의 속도는 공이 위로 올라가고, 음의 속도는 아래로 내려감을 의미한다.

다른 변화율도 속도와 비슷한 방법으로 정의한다. 만일 $Q(t)$는 시간 t에 따라 변화하는 양(quantity)이라면, 시간 구간 $[t,\ t+h]$에서 Q의 평균변화율은 다음과 같이 정의한다.

$$Q_{ave} := \frac{Q(t+h) - Q(t)}{h}.$$

시간 t에서 Q의 순간변화율은 다음과 같이 정의한다.

$$Q'(t) := \lim_{h \to 0} \frac{Q(t+h) - Q(t)}{h}.$$

예제 3.1.5 기름탱크에서 기름이 흘러나올 때 t분 후에 기름탱크에 남아 있는 기름의 양은 $Q(t) = 50t^2 - 200t + 200$갤런이라 하자. 기름이 흘러나오기 시작한 시점에서의 변화율을 구하여라.

풀이 $t = 0$일 때의 변화율을 구하면 된다. 즉,

$$Q'(0) = \lim_{h \to 0} \frac{Q(h) - Q(0)}{h} = \lim_{h \to 0} \frac{(50h^2 - 200h + 200) - 200}{h}$$

$$= \lim_{h \to 0} (50h - 200)$$

$$= -500 gal/\mathrm{min}.$$

여기서 음의 부호는 탱크에 있는 기름의 양이 감소상태에 있음을 의미한다.
시간의 함수가 아니라 다른 독립변수 x의 함수 F의 변화율은 다음과 같이 정의한다.

$$F'(x) := \lim_{h \to 0} \frac{F(x+h) - F(x)}{h}.$$

x단위의 제품을 생산하는 데 필요한 비용은 $C(x)$라고 하고, x단위의 제품을 판매하여 얻은 수입은 $R(x)$라고 하자. 이때, x에 관한 C와 R의 변화율은 각각 **한계비용(marginal** cost)과 **한계수입**(marginal revenue)이라 한다.

예제 3.1.6 어떤 제조업자가 한 달에 x상자의 청량 음료를 생산하는 데 드는 비용은 $C(x)=0.0002x^2+5x+2000$원이고, 이를 판매한 수입액은 $R(x)=12x-0.001x^2$원임을 알았다. 한 달에 1000상자를 생산한다고 가정하면, 한계비용과 한계수입은 얼마인가?

풀이 한계비용과 한계수입은 각각 다음과 같다.

$$\begin{aligned}
&C'(1000)\\
&=\lim_{h\to 0}\frac{C(1000+h)-C(1000)}{h}\\
&=\lim_{h\to 0}\frac{0.0002(1000+h)^2+5(1000+h)-(0.0002\cdot 1000^2+5\cdot 1000)}{h}\\
&=\lim_{h\to 0}(5.4-0.002h)=5.4\text{원/상자},
\end{aligned}$$

$$\begin{aligned}
&R'(1000)\\
&=\lim_{h\to 0}\frac{R(1000+h)-R(1000)}{h}\\
&=\lim_{h\to 0}\frac{12(1000+h)-0.0001(1000+h)^2-(12\cdot 1000-0.0001)}{h}\\
&=\lim_{h\to 0}(10-0.0001h)=10\text{원/상자}.
\end{aligned}$$

이것은 한 달에 1000상자를 생산할 때 한 상자를 생산하는데 드는 비용이 약 5.4원이고, 한 상자의 판매 단가는 약 10원임을 의미한다.

3.2 도함수

구간 $E\subset\mathbb{R}$에서 정의된 연속함수 $f: E\to\mathbb{R}$의 그래프는 좌표평면 위에서 끊임없이 연결되어 있는 곡선 또는 직선으로 나타난다. 그러나 이러한 곡선들 중에는 매끄럽게 연결되어 있는 것들이 있다. 이러한 매끄러운 곡선들을 엄밀하게 정의해보자.

1.19절에서 보였듯이, 좌표평면 위의 두 점 $P(x_1, y_1)$, $Q(x_2, y_2)$를 지나는 직선의 방정식은

$$\frac{x-x_1}{x_2-x_1}=\frac{y-y_1}{y_2-y_1}$$

이다. 이때, $\dfrac{y_2-y_1}{x_2-x_1}$은 그 직선의 기울기(slope)이다. 이 기울기는 직선이 x-축과 이루어진 각의 탄젠트이다. 이것을 변형하면, $y=mx+n$꼴로 된다.

이차곡선(원, 타원, 쌍곡선, 포물선)은 다음과 같이 나타난다[9장 참고].

$$ax^2+2hxy+by^2+2gx+2fy+c=0.$$

이차곡선과 직선 $y=mx+n$의 교점은 x의 2차방정식

$$ax^2+2hx(mx+n)+b(mx+n)^2+2gx+2f(mx+n)+c=0,$$
$$(a+2hm+bm^2)x^2+(2hn+2bmn+2g+2fm)x+bn^2+2fn+c=0$$

의 근(root)에 의하여 결정된다. 이 2차방정식의 판별식은 D라고 하자. 만일 $D>0$이면, 이차곡선과 직선은 서로 다른 두 점에서 만난다. 만일 $D=0$이면, 이차곡선과 직선은 한 점에서 만난다. 이때 그 점은 접점이라 하고, 직선은 그 점에서 이차곡선에 **접한다**고 한다. 이러한 직선은 **접선**이라 한다. 만일 $D<0$이면, 이차곡선은 직선과 만나지 않는다. 이것은 대수학적으로 생각한 것이다.

곡선의 접선을 기하학적으로 정의해 보자. 곡선 C 위의 점 P는 고정시키자. C 위의 다른 임의의 점 Q에 대하여 직선 PQ를 생각하자. 점 Q를 곡선 C를 따라 P에 접근시킬 때, 직선 PQ가 일정한 직선 l로 수렴하면, 그 직선 l은 곡선 C에 대한 점 P에서의 **접선**이라 하고, 점 P는 곡선 C의 **접점**이라 한다. 예를 들어, 곡선 $y=x^{1/3}$에 대한 원점에서의 접선은 기하학적으로 y-축이다. 만일 곡선이 점 P에서 예리한 모서리(corner)를 가지면, 그 곡선은 점 P에서 접선을 갖지 않는다(그림 3.2.1 참고).

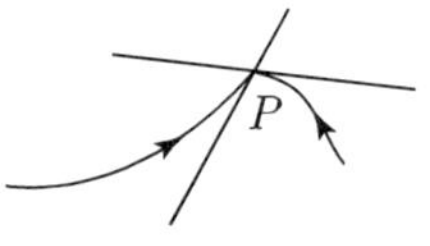

[그림 3.2.1] 모서리에서 접선을 갖지 않는다.

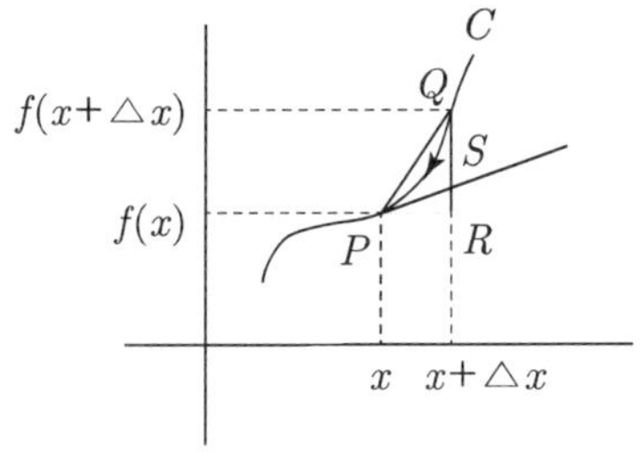

[그림 3.2.2] 연속함수 $f:[a,\ b]\to\mathbb{R}$의 그래프

이제, 해석학적 측면에서 곡선의 접선을 생각해보자.

연속함수 $f:[a,\ b]\to\mathbb{R}$의 그래프는 좌표평면 위에서 곡선 C를 나타낸다(그림 3.2.2 참고). 곡선 C 위의 점 $P(x,\ f(x))$는 고정시키자. $Q(x+\Delta x, f(x+\Delta x))$는 곡선 C 위의 임의의 점이라 하자. 그러면 유클리드 공리 I에 의하여 두 점 P, Q를 지나는 직선은 단 하나 존재한다. 이때, 직선 PQ의 기울기 $\dfrac{\overline{RQ}}{\overline{PR}}$는 $\dfrac{f(x+\Delta x)-f(x)}{\Delta x}$이다. 점 Q가 곡선 C를 따라 점 P로 접근할 때, 직선 PQ의 기울기가 일정한 유한값(직선 PS의 기울기 $\dfrac{\overline{PS}}{\overline{PR}}$)에 수렴하는 경우가 있다. 이때, 함수 f는 $x\in[a,\ b]$에서 **미분가능하다**(differentiable)고 하고, 직선 PS는 점 x에서 함수 f의 **접선**(tangent line)이라 한다.

그리고 점 $P(x,f(x))$는 **접점**(tangent point)이라 한다.

점 Q가 곡선 C를 따라 점 P에 접근한다는 것은 $\Delta x\to 0$을 의미한다. 이때, Δx는 0이 아닌 실수이다. Δx는 양수 또는 음수임을 유의하자. 여기서 Δx는 $x+\Delta x\in[a,\ b]$를 만족하는 x의 **증분**(increment)을 의미한다. $\Delta y=f(x+\Delta x)-f(x)$로 놓으면, Δy는 $f(x)$의 증분을 의미한다. 직선 PS의 기울기는 $\dfrac{dy}{dx}$로 나타내면,

$$\frac{dy}{dx}=\lim_{\Delta x\to 0}\frac{f(x+\Delta x)-f(x)}{\Delta x}=\lim_{\Delta x\to 0}\frac{\Delta y}{\Delta x}$$

이다. 그림 3.2.1에서 Δx가 **무한소**(infinitesimal), 즉, $\Delta x=dx$일 때, Δy는 근사적으로 dy와 같음을 알 수 있다. 즉, $\Delta y\approx dy$.

정의 3.2.1

점 a를 포함하는 구간 $I\subset\mathbb{R}$에서 정의된 실가함수 $f:I\to\mathbb{R}$이 **점 $x=a$에서 미분가능하다**(differentiable)는 것은 다음 극한이 존재할 때를 말한다.

$$\lim_{h\to 0}\frac{f(a+h)-f(a)}{h},\quad a+h\in I$$

위의 극한이 존재할 때, 그 극한값을 $f'(a)$ 또는 $\left.\frac{df}{dx}\right|_{x=a}$로 나타낸다. 즉,

$$f'(a)=\left.\frac{df}{dx}\right|_{x=a}=\lim_{h\to 0}\frac{f(a+h)-f(a)}{h},\quad a+h\in I.$$

이때, $f'(a)$를 **점 $x=a$에서 f의 미분계수**(differential coefficient at $x=a$)라 한다.

그러면 다음 정리를 얻는다.

정리 3.2.2

다음은 서로 동치이다.

(a) 함수 f는 점 a에서 미분가능하다.

(b) $f'(a)=\lim_{h\to 0}\frac{f(a+h)-f(a)}{h}$는 존재한다.

(c) $f'(a)$가 존재하여 $\lim_{h\to 0}\left(\frac{f(a+h)-f(a)}{h}-f'(a)\right)=0$이다.

(d) $f'(a)$와 함수 $\epsilon(h)$가 존재하여

$$f(a+h)-f(a)=f'(a)h+\epsilon(h)h$$

이다. 단, $\lim_{h\to 0}\epsilon(h)=0$이다.

(e) $f'(a)$가 존재하여 $\lim_{h\to 0}\frac{f(a+h)-f(a)-f'(a)h}{|h|}=0$이다.

(f) $f'(a)$와 함수 $\epsilon(h)$가 존재하여

$$f(a+h)-f(a)=f'(a)h+\epsilon(h)|h|$$

이다. 단, $\lim_{h\to 0}\epsilon(h)=0$이다.

(g) $f'(a)$가 존재하여 $\lim_{h\to 0}\left|\frac{f(a+h)-f(a)-f'(a)h}{h}\right|=0$이다.

(h) $f'(a)$가 존재하여

$$f(a+h)-f(a)=f'(a)h+o(h)$$

이다. 여기서 $g(h)=o(h)$라는 것은 $\lim_{h\to 0}\frac{g(h)}{h}=0$을 의미한다. (이 경우에는 $o(h)$는 오차를 의미하므로, $h\to 0$일 때, 근사적으로, $f(a+h)-f(a)\approx f'(a)h$이다.)

참고 $f'(a)=\lim_{x\to a}\frac{f(x)-f(a)}{x-a}$로 나타낼 수도 있다. 이것은 다음과 동치이다.

$$\lim_{x\to a}\left[\frac{f(x)-f(a)}{x-a}-f'(a)\right]=0.$$

이때, $\frac{f(x)-f(a)}{x-a}-f'(a)=\epsilon(x-a)$로 놓으면, 이것은 다음과 같이 나타낼 수 있다.

$$f(x)-f(a)=f'(a)(x-a)+\epsilon(x-a).$$

단, $\lim_{x\to a}\epsilon(x-a)=0$이다.

정리 3.2.3

구간 $I\subset\mathbb{R}$에 대하여 함수 $f: I\to\mathbb{R}$는 점 $a\in I$에서 미분가능하기 위한 필요충분조건은 선형사상 $T:\mathbb{R}\to\mathbb{R}$이 존재하여

$$\lim_{h\to 0}\frac{f(a+h)-f(a)-T(h)}{|h|}=0$$

이다.

증명 $(\Rightarrow)$ 임의의 $h\in\mathbb{R}$에 대하여 $T(h)=f'(a)h$로 정의하자. 그러면 분명히 T는 $\mathbb{R}$에서 $\mathbb{R}$로의 선형사상이다. 그러므로 정리 3.1.2에 의하여 결과가 나온다.

$(\Leftarrow)$ 먼저, $\lim_{h\to 0}\frac{f(a+h)-f(a)-T(h)}{|h|}=0$를 만족하는 선형사상 $T:\mathbb{R}\to\mathbb{R}$은 유일하다는 것을 보이자. T_1, T_2는 그러한 선형사상이라 하자. 임의의 $h\in\mathbb{R}$에 대하여 삼각부등식에 의하여

$$\begin{aligned}&|T_1(h)-T_2(h)|\\ &\le|f(a+h)-f(a)-T_1(h)|+|f(a+h)-f(a)-T_2(h)|\end{aligned}$$

이다. 그러므로 짜내기 정리에 의하여

$$\lim_{h\to 0}\frac{|T_1(h)-T_2(h)|}{|h|}=0$$

임을 알 수 있다. 따라서 T_1, T_2는 선형사상이므로, 모든 $h\neq 0$에 대하여

$$\begin{aligned}0&=\lim_{t\to 0}\frac{|T_1(th)-T_2(th)|}{|th|}\\&=\lim_{t\to 0}\frac{|T_1(h)-T_2(h)|}{|h|}=\frac{|T_1(h)-T_2(h)|}{|h|}\end{aligned}$$

이다. 그러므로 모든 $h\in\mathbb{R}$에 대하여 $T_1(h)=T_2(h)$이다. 따라서 $T_1=T_2$이다.

$T:\mathbb{R}\to\mathbb{R}$은 선형사상이므로, T의 표현행렬은 1×1 행렬, 즉, 실수이다. 이것을 c로 놓자. 그러면 $T(h)=c\cdot h$이다. 이것은 유일하다. 따라서

$$\begin{aligned}0&=\lim_{h\to 0}\frac{f(a+h)-f(a)-T(h)}{|h|}\\&=\lim_{h\to 0}\frac{f(a+h)-f(a)-c\cdot h}{|h|}\end{aligned}$$

이다. 이것은 정리 3.2.2에 의하여

$$\lim_{h\to 0}\frac{f(a+h)-f(a)}{h}=c$$

와 동치이다. 그러므로 $\lim_{h\to 0}\frac{f(a+h)-f(a)}{h}$는 존재한다. 따라서 미분계수의 정의에 의하여 $c=f'(a)$이다. 그러므로 f는 점 a에서 미분가능하다. ◀

참고 정리 3.2.3에서 선형사상 T는 점 a에서 f의 **미분(differential)**이라 하고, $T=df(a)$로 나타낸다.

함수 f가 구간 I의 각 점 x에서 미분가능하면, f는 **구간 I에서 미분가능하다**고 한다. 이때, 함수 $f'(x)$, $x\in I$는 **f의 도함수(derivative)**라고 한다. 함수 $y=f(x)$의 도함수는

$$y',\ f',\ \frac{dy}{dx},\ \frac{df}{dx}$$

로도 나타낸다.

참고 (a) 점 $x=a$에서 함수 f의 미분계수 $f'(a)$는 곡선 $y=f(x)$ 위의 점 $(a,\ f(a))$에서의 접선의 기울기를 의미한다. 따라서 접선의 방정식은 다음과 같다.

$$y-f(a)=f'(a)(x-a).$$

(b) 점 a에서 미분가능한 함수 f는 반드시 그 점에서 접선을 갖는다. 그러나 그 역은 성립하지 않는다. 예를 들어, 함수 $f(x)=x^3$은 원점에서 미분가능하고, $f'(0)=0$이므로, 원점에서 그 함수의 접선은 x-축이다. 그러나 그 함수의 역함수 $f^{-1}(x)=x^{1/3}$은 원점에서 미분불가능함을 알 수 있다. 그러므로 이 함수는 해석학적 의미로 원점에서 접선을 갖지 않는다. 그러나 기하학적 의미로 $f^{-1}(x)=x^{1/3}$에 대한 원점에서의 접선은 $\mathbb{R}^2$의 y-축에 해당된다.

(c) 정리 3.2.3에서와 같이, 함수 $f: I \to \mathbb{R}$이 미분가능하기 위한 필요충분조건은 각 점 $x \in I$에 대하여 선형사상 $T: \mathbb{R} \to \mathbb{R}$이 존재하여

$$\lim_{h\to 0}\frac{f(x+h)-f(x)-T(h)}{|h|}=0$$

이다. 이때, 선형사상 T는 점 $x\in I$에서 **미분(differential)**이라 하고, $T=df(x)$로 나타낸다. x는 I의 임의의 점이므로, 통상적으로, $T=df$로 쓴다. $y=f(x)$로 놓으면, $T=dy$이다.

$T(h)=f'(x)\cdot h$이므로, $h=dx$(**무한소(infinitesimal)**)로 놓으면,

$$dy(dx)=T(dx)=f'(x)dx$$

이다. 이때, $dy(dx)$는 dy로 쓴다. 그러므로 $dy=f'(x)dx$이다. 이것을 함수 $y=f(x)$의 **미분(differential)**이라 한다. 따라서 미분 dy는 x와 dx의 2변수함수이다.

$f(x+\Delta x)-f(x)-T(\Delta x)=o(|\Delta x|)$이므로,

$$\begin{aligned}\Delta y :&= f(x+\Delta x)-f(x)=f'(x)\Delta x+o(|\Delta x|)\\ &\approx f'(x)dx=dy\end{aligned}$$

이다. 그러므로 $\Delta x \to 0$일 때, $f(x+\Delta x) \approx f(x) + f'(x)dx$이다.

예제 3.2.4 다음 함수의 미분가능한 점 x와 도함수를 구하여라.

(a) $f(x) = x^3 + x$ (b) $f(x) = \dfrac{1}{x}$

(c) $f(x) = \sqrt{x}$ (d) $f(x) = \sin x$

풀이 (a) $f(x) = x^3 + x$의 정의역은 $\mathbb{R}$이다. $x \in \mathbb{R}$는 임의의 점이라고 하자. 이때,

$$\begin{aligned} f'(x) &= \lim_{h\to 0} \frac{f(x+h)-f(x)}{h} \\ &= \lim_{h\to 0} \frac{\{(x+h)^3 + (x+h)\} - \{x^3 + x\}}{h} \\ &= \lim_{h\to 0} \frac{3x^2h + 3xh^2 + h^3 + h}{h} \\ &= \lim_{h\to 0}(3x^2 + 3xh + h^2 + 1) = 3x^2 + 1 \end{aligned}$$

이므로, f는 모든 $x \in \mathbb{R}$에서 미분가능하고, 그 도함수는 $f'(x) = 3x^2 + 1$이다.

(b) $f(x) = \dfrac{1}{x}$는 0을 제외한 모든 실수에서 정의된다. $x \in \mathbb{R} - \{0\}$라고 하자. 이때,

$$\begin{aligned} f'(x) &= \lim_{h\to 0} \frac{f(x+h)-f(x)}{h} = \lim_{h\to 0} \frac{\frac{1}{x+h} - \frac{1}{x}}{h} \\ &= \lim_{h\to 0}\left(-\frac{1}{x(x+h)}\right) = -\frac{1}{x^2} \end{aligned}$$

이므로, f는 0을 제외한 모든 실수에서 미분가능하고, 그 도함수는 $f'(x) = -\dfrac{1}{x^2}$이다.

$f(x) = \dfrac{1}{x}$는 $x=0$에서 정의되지 않으므로, f는 $x=0$에서 미분불가능하다.

(c) $f(x) = \sqrt{x}$는 $x \geq 0$에서 정의된다. $x > 0$라고 하자. 이때,

$$f'(x)=\lim_{h\to0}\frac{f(x+h)-f(x)}{h}=\lim_{h\to0}\frac{\sqrt{x+h}-\sqrt{x}}{h}$$
$$=\lim_{h\to0}\frac{1}{\sqrt{x+h}+\sqrt{x}}=\frac{1}{2\sqrt{x}}$$

이므로, f는 $x>0$에서 미분가능하고, 그 도함수는 $f'(x)=\dfrac{1}{2\sqrt{x}}$이다. 그러나

$$f'(0)=\lim_{h\to0+}\frac{f(0+h)-f(0)}{h}=\lim_{h\to0+}\frac{1}{\sqrt{h}}=\infty$$

이므로 f는 $x=0$에서 미분불가능하다.

(d) $f(x)=\sin x$는 모든 실수에서 정의된다. $x\in\mathbb{R}$는 임의의 점이라고 하자. 이때,

$$\sin(x+h)=\sin x\cos h+\cos x\sin h,\ \sin^2 h+\cos^2 h=1$$

이고

$$\lim_{h\to0}\frac{\sin h}{h}=1$$

이므로, 함수의 극한의 정리에 의하여 다음을 얻는다.

$$f'(x)=\lim_{h\to0}\frac{f(x+h)-f(x)}{h}=\lim_{h\to0}\frac{\sin(x+h)-\sin x}{h}$$
$$=\lim_{h\to0}\frac{(\sin x\ \cos h+\cos x\sin h)-\sin x}{h}$$
$$=\sin x\lim_{h\to0}\frac{\cos h-1}{h}+\cos x\lim_{h\to0}\frac{\sin h}{h}$$
$$=\sin x\lim_{h\to0}\frac{(\cos h-1)(\cos h+1)}{h(\cos h+1)}+\cos x\lim_{h\to0}\frac{\sin h}{h}$$
$$=\sin x\lim_{h\to0}\frac{(-\sin^2 h)}{h(\cos h+1)}+\cos x\lim_{h\to0}\frac{\sin h}{h}$$
$$=\sin x\lim_{h\to0}\left[-\frac{h}{\cos h+1}\left(\frac{\sin h}{h}\right)^2\right]+\cos x=\cos x.$$

그러므로 f는 모든 실수에서 미분가능하고, 그 도함수는 $f'(x)=\cos x$이다.

예제 3.2.5 함수

$$f(x)=\begin{cases} x\sin\dfrac{1}{x}, & x\neq 0 \\ 0, & x=0 \end{cases}$$

는 $x=0$에서 미분불가능함을 보여라.

증명 $\lim\limits_{h\to 0}\dfrac{f(0+h)-f(0)}{h}$가 존재하지 않음을 보이면 충분하다.

$$\lim_{h\to 0}\frac{f(0+h)-f(0)}{h}=\lim_{h\to 0}\sin\frac{1}{h}$$

에서 $h\to 0$일 때 $\sin\dfrac{1}{h}$는 진동하므로, $\lim\limits_{h\to 0}\sin\dfrac{1}{h}$는 존재하지 않는다. 그러므로 f는 $x=0$에서 미분불가능하다. ◀

예제 3.2.6 함수

$$f(x)=\begin{cases} x^2\sin\dfrac{1}{x}, & x\neq 0 \\ 0, & x=0 \end{cases}$$

는 $x=0$에서 미분가능함을 보이고, 그 도함수 $f'(x)$를 구하여라.

증명 $f'(0)=\lim\limits_{h\to 0}\dfrac{f(0+h)-f(0)}{h}=\lim\limits_{h\to 0}h\sin\dfrac{1}{h}=0$이므로, f는 $x=0$에서 미분가능하다. 따라서 그 도함수 $f'(x)$는 다음과 같다.

$$f'(x)=\begin{cases} 2x\sin\dfrac{1}{x}-\cos\dfrac{1}{x}, & x\neq 0 \\ 0, & x=0 \end{cases}.$$ ◀

정리 3.2.7

a를 포함하는 구간 I에서 정의된 함수 $f: I\to\mathbb{R}$가 점 $x=a$에서 미분가능하면 f는 점 $x=a$에서 연속이다.

증명 함수 f가 점 $x=a$에서 연속임을 보이기 위해서는 $\lim\limits_{x\to a}f(x)=f(a)$임을 보

이면 된다. 이때, $x-a=h$로 놓으면, $\lim_{h\to 0} f(a+h)=f(a)$, 즉,

$$\lim_{h\to 0}(f(a+h)-f(a))=0$$

임을 보이면 충분하다. f는 점 $x=a$에서 미분가능하므로, $f'(a)$가 존재한다. 따라서 함수의 극한의 정리에 의하여 다음을 얻는다.

$$\begin{aligned}\lim_{h\to 0}(f(a+h)-f(a)) &= \lim_{h\to 0} h\cdot\frac{f(a+h)-f(a)}{h}\\ &= \lim_{h\to 0} h\cdot\lim_{h\to 0}\frac{f(a+h)-f(a)}{h}\\ &= 0\cdot f'(a)=0.\end{aligned}$$

◀

정리 3.2.8

(a) 상수함수 $f(x)=k$는 미분가능하고, $f'(x)=0$이다.

(b) 음이 아닌 정수 n에 대하여 함수 $f(x)=x^n$의 도함수는 $f'(x)=nx^{n-1}$이다.

임의의 실수 k와 미분가능한 함수 $f,\ g: I\to\mathbb{R}$에 대하여 다음이 성립한다.

(c) 함수 $f+g$는 미분가능하고, $(f+g)'(x)=f'(x)+g'(x)$이다

(d) 함수 fg는 미분가능하고, $(fg)'(x)=f'(x)g(x)+f(x)g'(x)$이다.

(e) 함수 kf는 미분가능하고, $(kf)'(x)=kf'(x)$이다.

(f) 함수 f/g는 미분가능하고,

$$(f/g)'(x)=\frac{g(x)f'(x)-f(x)g'(x)}{[g(x)]^2}$$

이다. 단, $g(x)\neq 0$이다. 특히, 함수 $1/g$는 미분가능하고,

$$(1/g)'(x)=-\frac{g'(x)}{[g(x)]^2}$$

이다. 단, $g(x)\neq 0$이다.

자연수 n에 대하여 $g(x)=x^n$일 때, $(1/g)'(x)=-nx^{-n-1}$이다. 그러므로 모든 정수 n에 대하여 $[x^n]'=nx^{n-1}$이다.

(g) 삼각함수의 도함수는 다음과 같다.

$$[\sin x]' = \cos x, \quad [\tan x]' = \sec^2 x, \quad [\sec x]' = \sec x \tan x$$
$$[\cos x]' = -\sin x, \quad [\cot x]' = -\operatorname{cosec}^2 x, \quad [\operatorname{cosec} x]' = -\operatorname{cosec} x \cot x.$$

(h) **(연쇄법칙(chain rule))** 만일 구간 I에서 정의된 실가함수 f는 미분가능하고, Imf를 포함하는 구간 J에서 정의된 실가함수 g는 미분가능하면, f와 g의 합성함수 $g \circ f$는 구간 I에서 미분가능하고, 그 도함수는 다음과 같다.

$$(g \circ f)'(x) = [g(f(x))]' = g'(f(x))f'(x).$$

이때, $z = g(y)$, $y = f(x)$로 놓으면, 연쇄법칙은 다음과 같이 나타낼 수 있다.

$$\frac{dz}{dx} = \frac{dz}{dy} \cdot \frac{dy}{dx}.$$

증명 (a) $f'(x) = \lim_{h \to 0} \frac{f(x+h) - f(x)}{h} = \lim_{h \to 0} \frac{k-k}{h} = 0$

(b) $n = 0$일 때, $f'(x) = 0$이다.

$n = 1$일 때, $f'(x) = 1$이다.

$n \geq 2$일 때, 이항전개에 의하여 다음을 얻는다.

$$\begin{aligned} f'(x) &= \lim_{h \to 0} \frac{(x+h)^n - x^n}{h} \\ &= \lim_{h \to 0} \frac{{}_nC_1 x^{n-1}h + {}_nC_2 x^{n-2}h^2 + \cdots + {}_nC_{n-1} x h^{n-1} + h^n}{h} \\ &= {}_nC_1 x^{n-1} = nx^{n-1}. \end{aligned}$$

(c) $$\begin{aligned} (f+g)'(x) &= \lim_{h \to 0} \frac{f(x+h) + g(x+h) - f(x) - g(x)}{h} \\ &= \lim_{h \to 0} \frac{f(x+h) - f(x)}{h} + \lim_{h \to 0} \frac{g(x+h) - g(x)}{h} \\ &= f'(x) + g'(x). \end{aligned}$$

(d), (e) $$\begin{aligned} (fg)'(x) &= \lim_{h \to 0} \frac{f(x+h)g(x+h) - f(x)g(x)}{h} \\ &= \lim_{h \to 0} \frac{[f(x+h) - f(x)]g(x+h) + f(x)[g(x+h) - g(x)]}{h} \end{aligned}$$

$$= \lim_{h\to 0}\frac{f(x+h)-f(x)}{h}\cdot \lim_{h\to 0} g(x+h) + f(x)\lim_{h\to 0}\frac{g(x+h)-g(x)}{h}$$

이다. g는 미분가능하므로, g는 연속이다. 따라서 $\lim_{h\to 0} g(x+h)=g(x)$ 이다. 그러므로

$$(fg)'(x)=f'(x)g(x)+f(x)g'(x)$$

이다. 이때, $g(x)=k$로 놓으면, $(kf)'(x)=kf'(x)$를 얻는다.

(f)
$$(1/g)'(x)=\lim_{h\to 0}\frac{1/g(x+h)-1/g(x)}{h}$$
$$=-\lim_{h\to 0}\frac{g(x+h)-g(x)}{hg(x+h)g(x)}$$
$$=-\lim_{h\to 0}\frac{g(x+h)-g(x)}{h}\cdot\frac{1}{g(x)}\lim_{h\to 0}\frac{1}{g(x+h)}$$

이다. g는 미분가능하므로, g는 연속이다. 따라서 $\lim_{h\to 0} g(x+h)=g(x)$ 이다. 그러므로

$$(1/g)'(x)=-\frac{g'(x)}{[g(x)]^2}$$

을 얻는다. 특히, $(1/x^n)'=-\frac{nx^{n-1}}{[x^n]^2}=-nx^{-n-1}$이다.

$(f/g)'(x)=(f\cdot 1/g)'(x)$이므로, (d)에 의하여

$$(f/g)'(x)=f'(x)(1/g)(x)+f(x)(1/g)'(x)$$
$$=\frac{f'(x)}{g(x)}-\frac{f(x)g'(x)}{[g(x)]^2}$$
$$=\frac{f'(x)g(x)-f(x)g'(x)}{[g(x)]^2}$$

를 얻는다.

(g) $[\sin x]'=\cos x$는 예제 3.2.4에서 보였다.

$$\lim_{h\to 0}\frac{\cos h-1}{h}=-\lim_{h\to 0}\frac{\sin^2 h}{h(\cos h+1)}$$

$$=-\lim_{h\to 0} h \cdot \left(\frac{\sin h}{h}\right)^2 \cdot \frac{1}{\cos h+1}=0$$

이므로,

$$\begin{aligned}[\cos x]' &= \lim_{h\to 0}\frac{\cos(x+h)-\cos x}{h} \\ &= \lim_{h\to 0}\frac{\cos x\cos h-\sin x\sin h-\cos x}{h} \\ &= \cos x\lim_{h\to 0}\frac{\cos h-1}{h}-\sin x \\ &= -\sin x\end{aligned}$$

이다.

(f)에 의하여 다음을 얻는다.

$$[\tan x]' = \left(\frac{\sin x}{\cos x}\right)' = \frac{\cos^2 x+\sin^2 x}{\cos^2 x} = \frac{1}{\cos^2 x} = \sec^2 x.$$

$$[\cot x]' = \left(\frac{\cos x}{\sin x}\right)' = \frac{-\sin^2 x-\cos^2 x}{\sin^2 x} = -\frac{1}{\sin^2 x} = -\operatorname{cosec}^2 x$$

$$[\sec x]' = \left(\frac{1}{\cos x}\right)' = \frac{\sin x}{\cos^2 x} = \frac{1}{\cos x}\cdot\tan x = \sec x\cdot\tan x,$$

$$[\operatorname{cosec} x]' = \left(\frac{1}{\sin x}\right)' = -\frac{\cos x}{\sin^2 x} = -\frac{1}{\sin x}\cdot\cot x = -\operatorname{cosec} x\cdot\cot x.$$

(h) $y=f(x)$로 놓자. 도함수의 정의에 의하여

$$\begin{aligned}f(t)-f(x) &= (t-x)[f'(x)+\epsilon_1(t-x)], \\ g(s)-g(y) &= (s-y)[g'(y)+\epsilon_2(s-y)]\end{aligned}$$

이다. 여기서 $t\in I$, $s\in J$이고, $\lim_{t\to x}\epsilon_1(t-x)=0$, $\lim_{s\to y}\epsilon_2(s-y)=0$이다. $h(x)=g(f(x))$로 놓자. 그리고 $s=f(t)$로 놓자. 그러면

$$\begin{aligned}h(t)-h(x) &= g(f(t))-g(f(x)) \\ &= g(s)-g(y) \\ &= (s-y)[g'(y)+\epsilon_2(s-y)] \\ &= (f(t)-f(x))[g'(y)+\epsilon_2(s-y)] \\ &= (t-x)[f'(x)+\epsilon_1(t-x)][g'(y)+\epsilon_2(s-y)]\end{aligned}$$

이다. 만일 $t\neq x$이면,

$$\frac{h(t)-h(x)}{t-x}=[g'(y)+\epsilon_2(s-y)][f'(x)+\epsilon_1(t-x)]$$

이다. f는 연속이므로, $\lim_{t\to x} f(t)=f(x)$이다. 따라서 $t\to x$일 때, $s\to y$이다. 그러므로

$$h'(x)=\lim_{t\to x}\frac{h(t)-h(x)}{t-x}=g'(y)f'(x)$$

이다. ◀

예제 3.2.9 다음 함수의 도함수를 구하여라.

(a) $h(x)=\dfrac{5x^3-x^2}{x^4+2}$ (b) $h(x)=\dfrac{1}{x^{10}}$

(c) $h(x)=\dfrac{x\tan x}{1+\sec x}$ (d) $h(x)=(x^2+1)^{-3}$

(e) $h(x)=\sin 2x$ (f) $h(x)=\sin^2 3x\cos^3 5x$

풀이 (a) $f(x)=5x^3-x^2$, $g(x)=x^4+2$로 놓으면, 다음을 얻는다.

$$\begin{aligned}f'(x)&=(5x^3)'-(x^2)'=5(x^3)'-(x^2)'\\&=5\cdot 3x^{3-1}-2x^{2-1}=15x^2-2x,\\ g'(x)&=(x^4)'+(2)'=4x^{4-1}+0=4x^3\end{aligned}$$

따라서 h의 도함수는 다음과 같다.

$$\begin{aligned}h'(x)&=\frac{g(x)f'(x)-f(x)g'(x)}{[g(x)]^2}\\&=\frac{(x^4+2)(15x^2-2x)-(5x^3-x^2)(4x^3)}{(x^4+2)^2}\\&=\frac{-5x^6+2x^5+30x^2-4x}{(x^4+2)^2}\end{aligned}$$

(b) $g(x)=x^{10}$으로 놓으면, $g'(x)=10x^{10-1}=10x^9$이므로 h의 도함수는 다음과 같다.

$$h'(x)=-\frac{g'(x)}{[g(x)]^2}=-\frac{10x^9}{(x^{10})^2}=-\frac{10}{x^{11}}=-10x^{-11}.$$

(c) $f(x)=x\tan x$, $g(x)=1+\sec x$로 놓으면, 다음을 얻는다.

$$\begin{aligned}f'(x)&=[x\tan x]'=[x]'(\tan x)+(x)[\tan x]'\\&=1\cdot\tan x+x\sec^2 x=\tan x+x\sec^2 x,\end{aligned}$$

$$\begin{aligned}g'(x)&=[1+\sec x]'=[1]'+[\sec x]'\\&=0+\sec x\tan x=\sec x\tan x.\end{aligned}$$

따라서 h의 도함수는 다음과 같다.

$$\begin{aligned}h'(x)&=\frac{g(x)f'(x)-f(x)g'(x)}{[g(x)]^2}\\&=\frac{(1+\sec x)(\tan x+x\sec^2 x)-(x\tan x)(\sec x\tan x)}{(1+\sec x)^2}\\&=\frac{(1+\sec x)(\tan x+x\sec^2 x)-x\tan^2 x\sec x}{(1+\sec x)^2}.\end{aligned}$$

(d) $f(x)=x^2+1$, $g(x)=x^{-3}$으로 놓으면,

$$(g\circ f)(x):=g(f(x))=(f(x))^{-3}=(x^2+1)^{-3}=h(x)$$

이다. 이때,

$$\begin{aligned}f'(x)&=[x^2+1]'=[x^2]'+[1]'=2x^{2-1}+0=2x\\g'(x)&=-3x^{-3-1}=-3x^{-4}\end{aligned}$$

이다. 그러므로 h의 도함수는 다음과 같다.

$$\begin{aligned}h'(x)&=(g\circ f)'(x)=g'(f(x))f'(x)=-3(f(x))^{-4}(2x)\\&=-3(x^2+1)^{-4}(2x)=-\frac{6x}{(x^2+1)^4}.\end{aligned}$$

(e) $$\begin{aligned}h'(x)&=[\sin 2x]'=(\sin)'(2x)\cdot(2x)'=(\sin)'(2x)\cdot 2[x]'\\&=\cos(2x)\cdot 2\cdot 1=2\cos 2x.\end{aligned}$$

(f) $$\begin{aligned}h'(x)&=[\sin^2 3x\cos^3 5x]'\\&=[(\sin 3x)^2]'(\cos^3 5x)+(\sin^2 3x)[(\cos 5x)^2]'\\&=2(\sin 3x)^{2-1}[\sin 3x]'(\cos^3 5x)+(\sin^2 3x)2(\cos 5x)^{2-1}[\cos 5x]'\end{aligned}$$

$$= 2\sin 3x(\sin)'(3x)[3x]'\cos^3 5x + 2\sin^2 3x\cos 5x(\cos)'(5x)[5x]'$$
$$= 2\sin 3x\cos 3x \cdot 3\cos^3 5x + 2\sin^2 3x\cos 5x(-\sin 5x)\cdot 5$$
$$= 6\sin 3x\cos 3x\cos^3 5x - 10\sin^2 3x\cos 5x\sin 5x.$$

예제 3.2.10 $g'(3) = -1$이고 $f(x) = 4 - x^2$일 때 $x = 1$에서 곡선 $y = g(f(x))$의 접선의 기울기를 구하여라.

풀이 $x = 1$에서 곡선 $y = g(f(x))$의 접선의 기울기는 $y'(1)$이다.

$$y' = g'(f(x))f'(x)$$

이므로, $y'(1) = g'(f(1))f'(1)$이다. 또한, $f(1) = 4 - 1^2 = 3$이므로,

$$y'(1) = g'(3)f'(1) = -f'(1)$$

을 얻는다. 한편, $f'(x) = -2x$이므로 $f'(1) = -2$이다. 따라서 $y'(1) = -(-2) = 2$이다.

예제 3.2.11 $y = f(x^2+1)$이고, $f'(x) = \dfrac{1}{x+1}$일 때, $\dfrac{dy}{dx}$를 구하여라.

풀이
$$\frac{dy}{dx} = f'(x^2+1)[x^2+1]' = f'(x^2+1)\cdot(2x)$$
$$= \frac{1}{(x^2+1)+1}\cdot(2x)$$
$$= \frac{2x}{x^2+2}.$$

예제 3.2.12 $y = u^3 - 2u$이고, $u = x - \dfrac{1}{x}$일 때, $\left.\dfrac{dy}{dx}\right|_{x=1}$를 구하여라.

풀이 $y = g(u) = u^3 - 2u$이고 $u = f(x) = x - \dfrac{1}{x}$로 놓자. $u = f(x)$를 $y = g(u)$에 대입하면, $y = g(f(x))$이다. 따라서 연쇄법칙에 의하여 $y' = g'(f(x))f'(x)$이다. 즉,

$$\frac{dy}{dx} = \frac{dy}{du} \cdot \frac{du}{dx}$$

이다.

$$\frac{dy}{du} = 3u^2 - 2, \quad \frac{du}{dx} = 1 + \frac{1}{x^2}$$

이므로

$$\frac{dy}{dx} = (3u^2 - 2)\left(1 + \frac{1}{x^2}\right)$$

이다. $x = 1$일 때, $u = 0$이므로 $\left.\frac{dy}{dx}\right|_{x=1} = (-2) \cdot 2 = -4$이다.

정리 3.2.13

임의의 유리수 r에 대하여 $[x^r]' = rx^{r-1}$이다.

증명 $r = \frac{n}{m}$, $m,\ n \in \mathbb{Z}$이고, $m > 0$라고 하자. 그러면 $y = x^r = x^{n/m}$은 $y^m = x^n$이므로, 연쇄법칙에 의하여 $my^{m-1} \cdot y' = nx^{n-1}$이다. 그러므로

$$\begin{aligned} y' &= \frac{n}{m}\frac{x^{n-1}}{y^{m-1}} = \frac{n}{m}\frac{x^{n-1}}{(x^{n/m})^{m-1}} \\ &= \frac{n}{m}x^{n-1-\frac{n(m-1)}{m}} \\ &= \frac{n}{m}x^{\frac{n}{m}-1} = rx^{r-1} \end{aligned}$$

이다. ◀

예제 3.2.14 다음 함수의 도함수를 구하여라.

(a) $y = x^{5/3}$ (b) $y = \sqrt{x^2+1} = (x^2+1)^{\frac{1}{2}}$

풀이 (a) $y' = \frac{5}{3}x^{\frac{5}{3}-1} = \frac{5}{3}x^{\frac{2}{3}}$

(b) $y' = \frac{1}{2}(x^2+1)^{\frac{1}{2}-1}[x^2+1]' = \frac{1}{2}(x^2+1)^{-\frac{1}{2}}(2x) = \frac{x}{\sqrt{x^2+1}}$

문제 3.2.1 함수 $y = g(f(x))$에 대하여 $f(2) = 7$, $f'(2) = -2$, $g(x) = x^2$일 때, $\left.\dfrac{dy}{dx}\right|_{x=2}$의 값을 구하여라.

3.3 고계도함수

> **정의 3.3.1**
>
> 만일 함수 $y = f(x)$가 미분가능하고 그 도함수 $y' = f'(x)$도 미분가능하면, $y = f(x)$는 **두 번 미분가능하다(twice differentiable)**고 하고 $y' = f'(x)$의 도함수는 $y = f(x)$의 **2계 도함수(derivative of order 2)**라고 한다, 이때, 2계 도함수의 기호로는
>
> $$y'',\ f''(x),\ \text{또는}\ \frac{d^2y}{dx^2} = \frac{d}{dx}\left(\frac{dy}{dx}\right)$$
>
> 으로 나타낸다.

2계 도함수의 도함수를 **3계 도함수(derivative of order 3)**라 하고, 3계 도함수의 도함수를 **4계 도함수(derivative of order 4)**라 한다. 이와 같이, 자연수 n에 대하여 **n계 도함수(derivative of order n)**를 생각할 수 있다. 이러한 도함수들은 **고계 도함수(derivative of higher order)**라고 한다.

함수 $y = f(x)$의 고계 도함수에 대한 기호는 다음과 같다.

$$y'',\ y''',\ y^{(4)},\ \cdots,\ y^{(n)},\ \cdots$$
$$f''(x),\ f'''(x),\ f^{(4)}(x),\ \cdots,\ f^{(n)}(x),\ \cdots$$
$$\frac{d^2y}{dx^2},\ \frac{d^3y}{dx^3},\ \frac{d^4y}{dx^4},\ \cdots,\ \frac{d^ny}{dx^n},\ \cdots$$

만일 함수 $y = f(x)$가 미분가능하고, 그 도함수가 연속이면, 함수 f는 **C^1-급 함수**라고 한다. 만일 함수 f가 n번 미분가능하고, 또한 그의 k계 도함수 $f^{(k)}(1 \le k \le n)$이 존재하고 연속이면, 함수 f는 **C^n-급 함수**라고 한다. 만일 함수 f가 무한 번 미분가능하고, 또한 모든 n계 도함수 $f^{(n)}$이 존재하고 연속이면, 함수 f는 **C^∞-급 함수 또는 연속적으로 미분가능한(continuously differentiable) 함수**라고 한다. 그러면 다음을 알 수 있다.

$$C^{\infty} \subset \cdots \subset C^{n} \subset \cdots \subset C^{2} \subset C^{1} \subset C^{0}$$

여기서 C^0는 모든 연속함수들의 집합이고, C^n은 모든 C^n-급 함수들의 집합이다. 사실, 이 집합들은 실벡터공간임을 유의하자.

예제 3.3.2 다음 함수의 2계 도함수를 구하여라.

(a) $f(x) = 5x^2 - 6x + 1$　　(b) $f(x) = (3x - t)^4$

(c) $f(x) = \sec 2x$

풀이 (a) $f'(x) = 10x - 6,\ f''(x) = 10$

(b) $f'(x) = 4(3x-5)^{4-1}[3x-5]'$

$= 4(3x-5)^3 \cdot 3 = 12(3x-5)^3$

$f''(x) = 12 \cdot 3(3x-5)^{3-1}[3x-5]'$

$= 36(3x-5)^2 \cdot 3 = 108(3x-5)^2$

(c) $f'(x) = (\sec)'(2x)[2x]'$

$= \sec 2x \tan 2x \cdot 2 = 2\sec 2x \tan 2x$

$f''(x) = 2[\sec 2x]'(\tan 2x) + 2\sec 2x[\tan 2x]'$

$= 2(\sec)'(2x)[2x]'(\tan 2x) + 2\sec 2x(\tan)'(2x)[2x]'$

$= 2\sec 2x \tan 2x \cdot 2\tan 2x + 2\sec 2x \sec^2 2x \cdot 2$

$= 4\sec 2x \tan^2 2x + 4\sec^3 2x$

문제 3.3.1 함수 $f(x) = |x|^3$의 도함수와 2계 도함수를 구하여라. 또한, $f^{(3)}(0)$는 존재하지 않음을 보여라.

예제 3.3.3 다음 함수의 n계 도함수를 구하여라.

(a) $f(x) = \dfrac{1}{x}$　　(b) $f(x) = \sin x$

풀이 (a) $f'(x) = (-1)x^{-2}$

$f''(x) = (-1)(-2)x^{-3}$

$f'''(x) = (-1)(-2)(-3)x^{-4}$

$\cdots\cdots\cdots$

$$f^{(n)}(x) = (-1)(-2)(-3)\cdots(-n)x^{n+1} = (-1)^n n! x^{-(n+1)}$$

(b) $f'(x) = \cos x = \sin\left(x + \frac{\pi}{2}\right)$

$$f''(x) = -\sin x = \cos\left(x + \frac{\pi}{2}\right) = \sin\left(x + 2\cdot\frac{\pi}{2}\right)$$

$$f'''(x) = -\cos x = \cos\left(x + 2\cdot\frac{\pi}{2}\right) = \sin\left(x + 3\cdot\frac{\pi}{2}\right)$$

....

$$f^{(n)}(x) = \sin\left(x + \frac{n\pi}{2}\right)$$

정리 3.3.4

만일 함수 f, $g : I \to \mathbb{R}$가 n번 미분가능하면, 함수 $f+g$, fg도 n번 미분가능하고, $f+g$, fg의 n계 도함수는 다음과 같다.

$$(f+g)^{(n)}(x) = f^{(n)}(x) + g^{(n)}(x),$$

$$(fg)^{(n)}(x) = \sum_{k=0}^{n} {}_nC_k f^{(k)}(x) g^{(n-k)}(x) = \sum_{k=0}^{n} {}_nC_k f^{(n-k)}(x) g^{(k)}(x).$$

여기서 ${}_nC_k = \dfrac{n!}{k!(n-k)!}$이다.

증명 첫 번째 등식은 자명하다. 두 번째 등식은 수학적 귀납법으로 증명하자.
$n=1$일 때는 자명하다.
$n=m$일 때 등식이 성립한다고 가정하자. 즉,

$$(fg)^{(m)}(x) = \sum_{k=0}^{m} {}_mC_k f^{(k)}(x) g^{(m-k)}(x).$$

$n = m+1$일 때,

$$\begin{aligned}
&(fg)^{(m+1)}(x) \\
&= (f'g + fg')^{(m)}(x) \\
&= (f'g)^{(m)}(x) + (fg')^{(m)}(x) \\
&= \sum_{k=0}^{m} {}_mC_k (f')^{(k)}(x) g^{(m-k)}(x) + \sum_{k=0}^{m} {}_mC_k f^{(k)}(x) (g')^{(m-k)}(x)
\end{aligned}$$

$$= \sum_{k=0}^{m} {}_mC_k f^{(k+1)}(x) g^{(m-k)}(x) + \sum_{k=0}^{m} {}_mC_k f^{(k)}(x) g^{(m-k+1)}(x)$$

$$= {}_mC_0 f'(x) g^{(m)}(x) + {}_mC_1 f''(x) g^{(m-1)}(x) + \cdots + {}_mC_m f^{(m+1)}(x) g(x)$$
$$+ {}_mC_0 f(x) g^{(m+1)}(x) + {}_mC_1 f'(x) g^{(m)}(x) + \cdots + {}_mC_m f^{(m)}(x) g'(x)$$

$$= {}_mC_0 f(x) g^{(m+1)}(x) + ({}_mC_0 + {}_mC_1) f'(x) g^{(m)}(x)$$
$$+ ({}_mC_1 + {}_mC_2) f''(x) g^{(m-1)}(x) + \cdots + ({}_mC_{m-1} + {}_mC_m) f^{(m)}(x) g'(x)$$
$$+ {}_mC_m f^{(m+1)}(x) g(x)$$

이다. ${}_mC_0 = {}_{m+1}C_0 = 1$이고, ${}_mC_m = {}_{m+1}C_{m+1} = 1$이다. 또한, ${}_mC_k + {}_mC_{k+1} = {}_{m+1}C_{k+1}$이다. 그러므로

$$(fg)^{(m+1)}(x) = {}_{m+1}C_0 f(x) g^{(m+1)} + {}_{m+1}C_1 f'(x) g^{(m)}(x)$$
$$+ \cdots + {}_{m+1}C_m f^{(m)}(x) g'(x) + {}_{m+1}C_{m+1} f^{(m+1)}(x) g(x)$$
$$= \sum_{k=0}^{m+1} {}_{m+1}C_k f^{(k)}(x) g^{(m-k+1)}(x)$$

이다. 따라서 수학적 귀납법에 의하여 두 번째 등식이 성립한다. ◀

예제 3.3.5 함수 $h(x) = \frac{1}{x}\sin x$의 n계 도함수를 구하여라.

풀이 $f(x) = \frac{1}{x}$, $g(x) = \sin x$로 놓으면, 예제 3.3.3에 의하여

$$f^{(k)}(x) = (-1)^k k! x^{-(k+1)}, \quad g^{(n-k)}(x) = \sin\left(x + \frac{(n-k)\pi}{2}\right)$$

이므로 $h^{(n)}(x) = \sum_{k=0}^{n} {}_nC_k (-1)^k k! x^{-(k+1)} \sin\left(x + \frac{(n-k)\pi}{2}\right)$이다.

예제 3.3.6 함수 $f(x) = \begin{cases} x^3 \sin\frac{1}{x}, & x \neq 0 \\ 0, & x = 0 \end{cases}$를 생각하자. 분명히 $f \in C^0$이다. f의 도함수

$$f'(x) = \begin{cases} 3x^2 \sin\frac{1}{x} - x\cos\frac{1}{x}, & x \neq 0 \\ 0, & x = 0 \end{cases}$$

는 연속이다. 그러므로 $f \in C^1$이다. 그러나 도함수 f'는 원점에서 미분불가능하므로, $f \notin C^2$이다.

문제 3.3.2 $a,\ c \in \mathbb{R}$이고, $c > 0$라고 하자. 함수 $f : [-1,\ 1] \to \mathbb{R}$은 다음과 같이 정의하자.

$$f(x) := \begin{cases} x^a \sin(x^{-c}), & x \neq 0 \\ 0, & x = 0 \end{cases}.$$

이때, 다음을 증명하여라.

(a) f가 연속이기 위한 필요충분조건은 $a > 0$이다.

(b) $f'(0)$가 존재하기 위한 필요충분조건은 $a > 1$이다.

(c) f'가 유계이기 위한 필요충분조건은 $a \geq 1 + c$이다.

(d) f'가 연속이기 위한 필요충분조건은 $a > 1 + c$이다.

(e) $f''(0)$가 존재하기 위한 필요충분조건은 $a > 2 + c$이다.

(f) f''가 유계이기 위한 필요충분조건은 $a \geq 2 + 2c$이다.

(g) f''가 연속이기 위한 필요충분조건은 $a > 2 + 2c$이다.

예제 3.3.7 함수 $y = f(x) = x^3$에서 $x_0 = 2$이고 $dx = 0.005$일 때, dy를 구하여라.

풀이 $f'(x) = 3x^2$이므로 $dy = f'(x_0)dx = 3x_0^2 dx$이다. 그러므로

$$dy = 3 \cdot 2^2 \cdot (0.005) = 0.6$$

이다.

예제 3.3.8 미분을 이용하여 $\sqrt{4.2}$과 $\sqrt{8.7}$의 근삿값을 구하여라.

풀이 $\sqrt{4.2}$에서 $x_0 = 2,\ \Delta x = 0.2,\ f(x) = \sqrt{x}$로 놓으면, $f'(x) = \dfrac{1}{2\sqrt{x}}$이므로

$$\begin{aligned} \sqrt{4.2} &= f(x_0 + \Delta x) \approx f(x_0) + f'(x_0)\Delta x \\ &= \sqrt{4} + \frac{1}{2\sqrt{4}} \cdot (0.2) = 2 + (0.05) = 2.05 \end{aligned}$$

이다.

$\sqrt{8.7}$ 에서 $x_0 = 9$, $\Delta x = -0.3$, $f(x) = \sqrt{x}$ 놓으면, $f'(x) = \dfrac{1}{2\sqrt{x}}$ 이므로

$$\begin{aligned}\sqrt{8.7} &= f(x_0 + \Delta x) \approx f(x_0) + f'(x_0)\Delta x \\ &= \sqrt{9} + \frac{1}{2\sqrt{9}} \cdot (-0.3) = 3 + (-0.05) = 2.95\end{aligned}$$

이다.

예제 3.3.9 함수 $y = f(x) = \sin^2 3x$의 미분 dy를 구하여라.

풀이 $f'(x) = 2\sin 3x \cos 3x \cdot 3 = 6\sin 3x \cos 3x$이므로,
$dy = f'(x)dx = 6\sin 3x \cos 3x dx$이다.

문제 3.3.3 다음 함수의 미분을 구하여라.

(a) $y = (3x^2 + 4)^5$

(b) $y = \sin(\tan x)$

(c) $y = \cos^3 2x$

정리 3.3.10

미분가능한 함수 f, $g : I \to \mathbb{R}$에 대하여 다음이 성립한다.

(a) 임의의 실수 k에 대하여 $d(k) = 0$이다.

(b) 임의의 실수 k에 대하여 $d(kf) = kdf$이다.

(c) $d(f+g) = df + dg$

(d) $d(fg) = gdf + fdg$

(e) $d(f/g) = \dfrac{gdf - fdg}{g^2}$

(f) $d(f^n) = nf^{n-1}df$

증명 (c)를 증명해 보자. 나머지도 같은 방법으로 증명하면 된다.

$$\begin{aligned}d(f+g) &= (f+g)'(x)dx = (f'(x) + g'(x))dx \\ &= f'(x)dx + g'(x)dx = df + dg.\end{aligned}$$

◀

3.4 평균값의 정리

정의 3.4.1

열린구간 I에서 정의된 미분가능한 실가함수 f에 대하여 $f'(c)=0$를 만족하는 점 $c \in I$는 f의 **임계점(critical point)**이라고 한다. 임계점 $x=c$에서 곡선 $y=f(x)$의 접선의 방정식은 $y=f(c)$이므로, 그 접선은 x-축에 평행하다.

예제 3.4.2 다음 함수의 임계점을 모두 구하여라.

(a) $f(x)=\dfrac{1}{x^2+1}$ (b) $f(x)=x^3-6x$

풀이 (a) $f'(x)=-(x^2+1)^{-1-1}(2x)=-\dfrac{2x}{(x^2+1)^2}=0$에서 $x=0$이므로 임계점은 0이다.

(b) $f(x)=3x^2-6=0$에서 $x=\pm\sqrt{2}$ 이므로 임계점은 $\pm\sqrt{2}$ 이다.

정의 3.4.3

함수 $f: I \to \mathbb{R}$이 점 $x=c \in I$에서 **극댓값(local maximal value)(또는 극솟값(local minimal value))** $f(c)$**를 갖는다**는 것은 점 $x=c$의 어떤 근방 $N(c)$가 존재하여 모든 $x \in I \cap N(c)$에 대하여

$$f(x) \leq f(c) \text{ (또는 } f(x) \geq f(c))$$

일 때를 말한다. 함수 f가 점 $x=c$에서 **극값(extremal)을 갖는다**는 것은 f가 점 $x=c$에서 극댓값 또는 극솟값을 가질 때를 말한다.

정리 3.4.4

미분가능한 함수 $f:(a, b) \to \mathbb{R}$이 점 $x=c \in (a, b)$에서 극값을 가지면, 점 c는 f의 임계점이다.

증명 $f(c)$는 극댓값이라 가정하자. 그러면 $c+h \in (a, b)$를 만족하는 모든 $h>0$

에 대하여

$$\frac{f(c+h)-f(c)}{h} \leq 0$$

이므로,

$$\lim_{h \to 0+} \frac{f(c+h)-f(c)}{h} \leq 0$$

이다. 또한, $c+h \in (a,\ b)$를 만족하는 모든 $h<0$에 대하여

$$\frac{f(c+h)-f(c)}{h} \geq 0$$

이므로

$$\lim_{h \to 0-} \frac{f(c+h)-f(c)}{h} \geq 0$$

이다. f는 점 $c \in (a,\ b)$에서 미분가능하므로,

$$f'(c) = \lim_{h \to 0+} \frac{f(c+h)-f(c)}{h} = \lim_{h \to 0-} \frac{f(c+h)-f(c)}{h}$$

이다. 그러므로 $f'(c)=0$이다. 따라서 $x=c$는 f의 임계점이다. ◀

참고 일반적으로 정리 3.4.4의 역은 성립하지 않는다. 즉, 점 $x=c$가 미분가능한 함수 f의 임계점이라고 해서 f는 $x=c$에서 극값을 갖는 것은 아니다. 예를 들어, $x=0$은 함수 $f(x)=x^3$의 임계점이다. 그러나 $f(0)=0$은 $x=0$에서의 극값이 아니다.

평균값의 정리를 간단히 증명하기 위하여 다음 정리가 필요하다.

정리 3.4.5 (롤의 정리(Rolle's Theorem))

실가함수 f는 닫힌구간 $[a,\ b]$에서 연속이고, 열린구간 $(a,\ b)$에서 미분가능하다고 하자. 만일 $f(a)=f(b)=l$이면, $f'(c)=0$을 만족하는 점 $x=c$가 열린구간 $(a,\ b)$에서 적어도 하나 존재한다. 즉, x-축 평행인 접선이 적어도 하나 존재한다.

증명 만일 f가 상수함수이면, 자명하다.

함수 f는 상수함수가 아니라고 가정하자. 그러면 f는 열린구간 (a, b)에서 극값을 적어도 하나 갖는다는 것을 알 수 있다. 그러므로 정리 3.3.4에 의하여 결과가 나온다. ◀

문제 3.4.1 만일 $c_0 + \frac{1}{2}c_1 + \cdots + \frac{1}{n}c_{n-1} + \frac{1}{n+1}c_n = 0$이면, 방정식

$$c_0 + c_1 x + \cdots + c_{n-1}x^{n-1} + c_n x^n = 0$$

은 0과 1 사이에서 적어도 하나의 실근을 가짐을 보여라.

정리 3.4.6 (평균값의 정리(Mean Value Theorem))

실가함수 f는 닫힌구간 $[a, b]$에서 연속이고, 열린구간 (a, b)에서 미분가능하다고 하자. 그러면 다음을 만족하는 점 $x = c$가 열린구간 (a, b)에서 적어도 하나 존재한다.

$$\frac{f(b) - f(a)}{b - a} = f'(c)$$

즉, 점 $(a, f(a))$와 점 $(b, f(b))$를 지나는 직선과 평행인 접선이 적어도 하나 존재한다.

증명 점 $(a, f(a))$와 점 $(b, f(b))$를 지나는 직선의 방정식은 다음과 같다.

$$y = \frac{f(b) - f(a)}{b - a}(x - a) - f(a)$$

이때, $g(x) = f(x) - \frac{f(b) - f(a)}{b - a}(x - a) + f(a)$로 놓으면, 함수 g는 닫힌구간 $[a, b]$에서 연속이고, 열린구간 (a, b)에서 미분가능하다. 또한, $g(a) = g(b) = 0$이다. 따라서 롤의 정리에 의하여 적어도 한 점 $c \in (a, b)$가 존재하여 $g'(c) = 0$이다.

$$g'(x) = f'(x) - \frac{f(b) - f(a)}{b - a}$$

이므로, 결과를 얻는다. ◀

문제 3.4.2 만일 $0 < x \le \frac{\pi}{2}$이면, $\frac{\sin x}{x} \ge \frac{\pi}{2}$임을 증명하여라.

문제 3.4.3 다음을 증명하여라.

(a) 모든 실수 x, y에 대하여

$$|\sin x - \sin y| \le |x - y|,$$
$$|\cos x - \cos y| \le |x - y|$$

이다.

(b) 열린구간 $\left(-\frac{\pi}{2}, \frac{\pi}{2}\right)$에 속하는 모든 x, y에 대하여

$$|\tan x - \tan y| \ge |x - y|$$

이다.

문제 3.4.4 함수 $g : \mathbb{R} \to \mathbb{R}$는 미분가능하고, 그 도함수는 유계라고 하자. 임의의 $\epsilon > 0$에 대하여 $f(x) := x + \epsilon g(x)$라고 정의하자. 그러면 충분히 작은 $\epsilon > 0$에 대하여 f는 단사함수임을 증명하여라.

문제 3.4.5 함수 $f : (0, \infty) \to \mathbb{R}$는 미분가능하고, $\lim_{x \to +\infty} f'(x) = 0$이라고 하자. $g(x) = f(x+1) - f(x)$로 놓자. 그러면 $\lim_{x \to +\infty} g(x) = 0$임을 보여라.

문제 3.4.6 $f : (a, b) \to \mathbb{R}$은 두 번 미분가능하고, $f'(a) = f'(b) = 0$이라 하자. 그러면 적어도 한 점 $\xi \in (a, b)$가 존재하여

$$|f''(\xi)| \ge \frac{4}{(b-a)^2}(f(b) - f(a))$$

가 성립함을 증명하여라.

정의 3.4.7

열린구간 (a, b)에서 정의된 실가함수 f가 **증가(increasing)(또는 감소(decreasing))한다**는 것은 $x_1 < x_2$를 만족하는 모든 $x_1, x_2 \in (a, b)$에 대하여 $f(x_1) < f(x_2)$ (또는 $f(x_1) > f(x_2)$)일 때를 말한다. 다시 말해, $x \in (a, b)$의 값이 커짐에 따라 대응하는 함숫값 $f(x)$가 커질 때(또는 작아질 때)를 말한다. 증가함수나 감소함수를 통틀어 **단조함수(monotonic function)**라고 한다.

문제 3.4.7 실가함수 f는 닫힌구간 $[a, b]$에서 연속이고, 열린구간 (a, b)에서 미분가능하다고 하자. 만일 $\lim_{x \to a+} f'(x)$는 존재하고 $\lim_{x \to a+} f'(x) = l$이면, $f'(a)$는 존재하고 $f'(a) = l$임을 증명하여라.

문제 3.4.8 함수 $f : [a, b] \to \mathbb{R}$은 미분가능하다고 하자. 만일 M은 $f'(a)$와 $f'(b)$ 사이의 점이면, 점 $\xi \in (a, b)$가 존재하여 $f'(\xi) = M$임을 증명하여라.

문제 3.4.9 함수 f는 $[0, \infty)$에서 연속이고, $(0, \infty)$에서 미분가능하다고 하자. $f(0) = 0$이고, f'는 단조증가함수라고 하자. 그러면 함수 $g(x) = \dfrac{f(x)}{x}$는 $(0, \infty)$에서 단조증가임을 증명하여라.

정리 3.4.8

열린구간 (a, b)에서 정의된 실가함수 f가 미분가능할 때, 모든 $x \in (a, b)$에 대하여 $f'(x) > 0$ (또는 $f'(x) < 0$)이면, f는 (a, b)에서 증가(또는 감소)한다.

증명 첫 번째 명제만 증명하자. 다른 명제의 증명도 마찬가지이다.

$x_1 < x_2$를 만족하는 임의의 $x_1, x_2 \in (a, b)$에 대하여 함수 f는 닫힌구간 $[x_1, x_2]$에서 연속이고, 열린구간 (x_1, x_2)에서 미분가능하다. 그러므로 평균값의 정리에 의하여 점 $\xi \in (x_1, x_2)$가 존재하여

$$\frac{f(x_2) - f(x_1)}{x_2 - x_1} = f'(\xi) > 0$$

이다. 따라서 $f(x_1) < f(x_2)$이다. 그러므로 f는 구간 (a, b)에서 증가함수이다. ◀

예제 3.4.9 다음 함수들이 어떤 열린구간에서 증가 또는 감소하는지를 조사하여라.

(a) $f(x) = x^2$　　(b) $f(x) = x^3 + 2x - 1$

(c) $f(x) = 3x^4 - 8x^3 + 2$

풀이 (a) $f'(x) = 2x$이므로 $x = 0$은 f의 임계점이다. 그러므로 $x < 0$일 때, $f'(x) < 0$이고, $x > 0$일 때 $f'(x) > 0$이다. 따라서 f는 열린구간 $(-\infty, 0)$에서 감소하고, 열린구간 $(0, \infty)$에서 증가한다.

(b) $f'(x) = 3x^2 + 2$이므로 모든 실수 x에 대하여 $f'(x) > 0$이다. 그러므로 f는 $\mathbb{R}$에서 증가한다.

(c) $f'(x) = 12x^3 - 24x^2 = 12x^2(x-2)$이므로, $x = 0, 2$는 f의 임계점이다. 그러므로 $x < 0$ 또는 $0 < x < 2$일 때 $f'(x) < 0$이고, $x > 2$일 때 $f'(x) > 0$이다. 따라서 f는 열린구간 $(-\infty, 0)$과 $(0, 2)$에서 감소하고, 열린구간 $(2, \infty)$에서 증가한다.

문제 3.4.10 함수 f, g는 닫힌구간 $[a, b]$에서 미분가능하다고 하자. 만일 $f(a) = g(a)$이고, 모든 $x \in (a, b]$에 대하여 $f'(x) < g'(x)$이면, $f(b) < g(b)$임을 증명하여라.

정리 3.4.10

만일 미분가능한 함수 $f : (a, b) \to \mathbb{R}$의 도함수가 0이면, 그 함수는 상수함수이다.

증명 점 $x_0 \in (a, b)$는 고정시키자. 임의의 점 $x \in (a, b)$에 대하여 $x_0 < x$라고 가정하자. 그러면 f는 닫힌구간 $[x_0, x]$에서 연속이고, 열린구간 (x_0, x)에서 미분가능하다. 그러므로 평균값의 정리에 의하여 점 $\xi \in (x_0, x)$가 존재하여

$$\frac{f(x) - f(x_0)}{x - x_0} = f'(\xi) = 0$$

이다. 따라서 모든 점 $x \in (x_0, b)$에 대하여 $f(x) = f(x_0)$이다. 마찬가지로, 모든 점 $x \in (a, x_0)$에 대하여 $f(x) = f(x_0)$이다. 그러므로 모든 점 $x \in (a, b)$에 대하여 $f(x) = f(x_0)$이다. 따라서 f는 상수함수이다.

문제 3.4.11 함수 $f : \mathbb{R} \to \mathbb{R}$은 모든 $x, y \in \mathbb{R}$에 대하여

$$|f(x) - f(y)| \le (x-y)^2$$

을 만족한다고 하자. 그러면 f는 상수함수임을 증명하여라.

3.5 역함수와 음함수의 도함수

역함수의 정리와 음함수의 정리는 15장에서 일반적인 형태로 증명하기로 하고, 이 절에서는 정리만 서술하고, 이를 이용하기로 하자.

정리 3.5.1 (역함수의 정리(inverse function theorem))

$E \subset \mathbb{R}$은 열린집합이고, $f : E \to \mathbb{R}$은 C^1-급 함수라고 하자. $a \in E$에 대하여 $f'(a) \neq 0$이고, $f(a) = b$라고 하자. 그러면 열린집합 $U, V \subset \mathbb{R}$이 존재하여 $a \in U, b \in V$이고, $f : U \to V$는 전단사 함수이다. 또한, f의 역함수 $f^{-1} : V \to U$는 C^1-급 함수이고,

$$(f^{-1})'(y) = \frac{1}{f'(f^{-1}(y))}, \quad y \in V$$

이다. 특히, $(f^{-1})'(b) = \dfrac{1}{f'(f^{-1}(b))} = \dfrac{1}{f'(a)}$이다.

참고 함수 f의 역함수 f^{-1}의 도함수는 f^{-1}를 직접 구한 다음에 도함수를 구할 수도 있지만 일반적으로 f^{-1}를 구하기 어려운 경우가 많다. 이러한 경우에 역함수의 정리가 유용하다.

예제 3.5.2 다항함수 $y=f(x)=x^3+2x+1$는 전단사이다. 왜냐하면, $f'(x)=3x^2+2>0$이므로, f는 증가함수이기 때문이다. 분명히, f는 C^1-급 함수이고, $f'(1)=5>0$이다. 이때 f의 역함수 f^{-1}는 구하기 어렵다. 그러나 $f(1)=4$이므로, 역함수의 정리에 의하여 $(f^{-1})'(4)$는 다음과 같다.

$$(f^{-1})'(4)=\frac{1}{f'(f^{-1}(4))}=\frac{1}{f'(1)}=\frac{1}{5}.$$

문제 3.5.1 (a) 함수 $f(x)=3x^5+x-2$에 대하여 $(f^{-1})'(2)$의 값을 구하여라.

(b) 함수 $f(x)=2\tan x,\ -\frac{\pi}{2}<x<\frac{\pi}{2}$에 대하여 $(f^{-1})'(2)$의 값을 구하여라.

지금까지 $y=f(x)$꼴의 함수의 도함수에 대하여 다루었다. 이러한 꼴의 함수는 **양함수**(explicit function)라고 한다. 그러나 함수 중에는 미지수 $x,\ y$의 방정식 $g(x,\ y)=0$에 의하여 정의되는 x의 함수 $y=y(x)$가 존재하여 $g(x,\ y(x))=0$를 만족하는 경우가 있다. 이것은 함수 $y=y(x)$가 방정식 $g(x,\ y)=0$의 해를 의미한다. 이러한 함수는 **음함수**(implicit function)이라 한다. 그러한 음함수는 일반적으로 유일하지 않다. 또한, 음함수는 일반적으로 미분가능하지 않다.

예제 3.5.3 방정식 $x-y^2=0$을 만족하는 음함수 $y=y(x)$는 무수히 많이 존재한다.

$$y=\sqrt{x},\ y=-\sqrt{x},\ y_a=\begin{cases}\sqrt{x}, & 0\le x\le a\\ -\sqrt{x}, & x>a\end{cases},\ a\ge 0$$

처음 두 함수는 $x>0$에서 미분가능하지만, 마지막 함수는 $x=a$에서 미분불가능하다.

참고 예제 3.5.3에서 알 수 있듯이 음함수는 일반적으로 유일하지 않다. 또한, 음함수는 미분가능할 수도 있고, 그렇지 않을 수도 있다. 주어진 방정식으로부터 음함수를 항상 정의할 수 있는 것은 아니다. 예를 들어, 방정식 $x^2+y^2=-1$은 음함수를 갖지 않는다. 방정식이 음함수를 갖더라도 대수적으로 그 음함수를 구할 수 없는 경우가 있다. 예를 들어, 방정식

$$x^6-x^2y^3-y^5=0$$

을 만족하는 함수 $y=y(x)$가 존재하지만, 5차 방정식은 대수적으로 풀 수 없다는 것이 이미 잘 알려져 있다.

그러면 다음과 같은 의문이 생긴다.

(1) 어떤 조건에서 이러한 음함수 $y=y(x)$가 C^1-급 함수일까?
(2) 이러한 음함수 $y=y(x)$는 구체적으로 찾을 수 있을까?
(3) 만일 이러한 함수 $y=y(x)$를 구체적으로 찾을 수 없다면, 그 음함수의 도함수는 무엇일까?

이러한 궁금증을 해결하기 위해서는 다변수함수의 미분가능성에 대한 개념이 필요하다. 그러나 여기서는 직관적으로 이와 관련된 음함수의 정리만 서술하고, 이를 이용한다.

정리 3.5.4 (음함수의 정리(implicit function theorem))

$E\subset\mathbb{R}^2$는 열린집합이라 하고, 함수 $g: E\to\mathbb{R}$은 C^1-급 함수라고 하자. 즉, y를 상수로 간주하여 x의 함수 $F(x)=g(x, y)$는 C^1-급 함수이고, 동시에 x를 상수로 간주하여 y의 함수 $G(y)=g(x, y)$는 C^1-급 함수라고 하자. $(a, b)\in E$에 대하여 $g(a, b)=0$이라 하자. $\left.\dfrac{dG}{dy}\right|_{(a, b)}\neq 0$이라 하자. 그러면 열린집합 $U\subset E$와 $W\subset\mathbb{R}$이 존재하여 $(a, b)\in U$, $a\in W$이고 다음이 성립한다.

(i) 각 $x\in W$에 대하여 유일한 $y=y(x)$가 존재하여

$$g(x, y)=0,\ (x, y)\in U$$

이다.

(ii) 함수 $y=y(x)$는 W에서 $\mathbb{R}$로의 C^1-급 함수이고, $y(a)=b$이며, $g(x, y(x))=0$, $x\in W$이다. 또한,

$$\frac{dy}{dx}=-\frac{dF}{dx}\Big/\frac{dG}{dy},\ x\in W,$$

$$\left.\frac{dy}{dx}\right|_{x=a}=-\frac{dF}{dx}\Big/\left.\frac{dG}{dy}\right|_{(a, b)}$$

이다.

예제 3.5.5 방정식 $x^2y-2x+y=0$을 만족하는 음함수 $y=y(x)$는 다음과 같음을 알 수 있다.

$$y=y(x)=\frac{2x}{x^2+1},\ x\in\mathbb{R}.$$

이 함수는 미분가능하다.

예제 3.5.6 방정식 $x-y^3=1$을 만족하는 음함수 $y=y(x)$는 다음과 같음을 알 수 있다.

$$y=y(x)=(x-1)^{1/3},\ x\in\mathbb{R}.$$

이 함수는 $x=1$에서 미분불가능하다.

만일 방정식 $g(x,\ y)=0$에 의하여 정의되는 미분가능한 음함수 $y=y(x)$가 존재하면, 음함수 $y=y(x)$를 구하지 않고, 그 음함수의 도함수

$$\frac{dy}{dx}=-\frac{dF}{dx}\bigg/\frac{dG}{dy},\ x\in W$$

를 구하는 것을 **음함수 미분법(implicit differentiation)**이라 한다.

예제 3.5.7 $4x^2y-3y=x^3-1$일 때, $\dfrac{dy}{dx}$를 구하여라.

풀이 $g(x,\ y)=4x^2y-3y-x^3-1$로 놓자. y를 상수로 간주하면, $F(x)=g(x,\ y)$는 x의 C^1-급 함수이고, x를 상수로 간주하면, $G(y)=g(x,\ y)$는 y의 C^1-급 함수이다. $g(1,\ 0)=0$이고, $\dfrac{dG}{dy}=4x^2-3$이므로, $\dfrac{dG}{dy}\bigg|_{(1,\ 0)}=1\neq 0$이다. 그러므로 음함수의 정리에 의하여 C^1-급 함수 $y=y(x)$가 존재하여 $y(1)=0$이다.

$$\frac{dy}{dx}=-\frac{dF}{dx}\bigg/\frac{dG}{dy},\quad \frac{dF}{dx}=8xy-3x^2,\quad \frac{dG}{dy}=4x^2-3$$

이므로, $\dfrac{dy}{dx}=-\dfrac{8xy-3x^2}{4x^2-3}$이다. 특히, $\dfrac{dy}{dx}\bigg|_{x=1}=-\dfrac{8xy-3x^2}{4x^2-3}\bigg|_{(1,0)}=3$

이다. 이 경우에는 음함수를 직접 찾을 수 있다. 그 음함수는 다음과 같다.

$$y = \frac{x^3 - 1}{4x^2 - 3}.$$

예제 3.5.8 $\cos\left(\frac{\pi}{2}xy\right) = xy^2 - 1$일 때, $\frac{dy}{dx}$를 구하여라.

풀이 $g(x,\ y) = \cos\left(\frac{\pi}{2}xy\right) - xy^2 + 1$으로 놓자. y를 상수로 간주하면, $F(x) = g(x,\ y)$는 x의 C^1-급 함수이고, x를 상수로 간주하면, $G(y) = g(x,\ y)$는 y의 C^1-급 함수이다. $g(1,\ 1) = 0$이고, $\frac{dG}{dy} = -\frac{\pi}{2}x\sin\left(\frac{\pi}{2}xy\right) - 2xy$이므로, $\left.\frac{dG}{dy}\right|_{(1,1)} = -\frac{\pi}{2} - 2 \neq 0$이다. 그러므로 음함수의 정리에 의하여 C^1-급 함수 $y = y(x)$가 존재하여 $y(1) = 1$이다.

$$\frac{dy}{dx} = -\frac{dF}{dx}\Big/\frac{dG}{dy},$$

$$\frac{dF}{dx} = -\frac{\pi}{2}y\sin\left(\frac{\pi}{2}xy\right) - y^2,$$

$$\frac{dG}{dy} = -\frac{\pi}{2}x\sin\left(\frac{\pi}{2}xy\right) - 2xy$$

이므로, $\frac{dy}{dx} = -\frac{\frac{\pi}{2}y\sin\left(\frac{\pi}{2}xy\right) + y^2}{\frac{\pi}{2}x\sin\left(\frac{\pi}{2}xy\right) + 2xy}$이다. 특히. $\left.\frac{dy}{dx}\right|_{x=1} = -\frac{\pi + 2}{\pi + 4}$이다.

예제 3.5.9 곡선 $x^3 + y^3 = 3xy$ 위의 점 $\left(\frac{2}{3},\ \frac{4}{3}\right)$에서의 접선의 방정식을 구하여라.

풀이 $g(x,\ y) = x^3 + y^3 - 3xy$로 놓자. y를 상수로 간주하면, $F(x) = g(x,\ y)$는 x의 C^1-급 함수이고, x를 상수로 간주하면, $G(y) = g(x,\ y)$는 y의 C^1-급 함수이다. $g\left(\frac{2}{3},\ \frac{4}{3}\right) = 0$이고, $\frac{dF}{dx} = 3x^2 - 3y$, $\frac{dG}{dy} = 3y^2 - 3x$이므로, $\left.\frac{dG}{dy}\right|_{\left(\frac{2}{3},\ \frac{4}{3}\right)} = \frac{10}{3} \neq 0$이다. 그러므로 음함수의 정리에 의하여 C^1-급 함수 $y = y(x)$가 존재하여 $y\left(\frac{2}{3}\right) = \frac{4}{3}$이다.

$$\frac{dy}{dx} = -\frac{dF}{dx} \Big/ \frac{dG}{dy}$$

이므로, $\frac{dy}{dx} = -\frac{x^2 - y}{y^2 - x}$이다. 그러므로 $\left.\frac{dy}{dx}\right|_{x=\frac{2}{3}} = \frac{4}{5}$이다. 따라서 접선의 방정식은

$$y - \frac{4}{3} = \frac{4}{5}\left(x - \frac{2}{3}\right)$$
$$y = \frac{4}{5}x + \frac{4}{5}$$

이다. $(x+y)^3 - 3xy(x+y) = 3xy$이다. $x+y=k$로 놓으면, $k^3 = 3xy(k+1)$이므로, $k^3 = 3x(k-x)(k+1)$이다. $3(k+1)x^2 - 3k(k+1)x + k^3 = 0$의 판별식은

$$D = 3k^2(k+1)(3-k)$$

이다. 만일 $k > 3$ 또는 $k < -1$이면, $D < 0$이다. 만일 $k=3$이면, 앞에서와 마찬가지로, $x+y=3$은 점 $\left(\frac{3}{2}, \frac{3}{2}\right)$에서의 접선의 방정식임을 알 수 있다. 그러나 직선 $x+y=-1$은 점근선이다. $x^3+y^3=3xy$는 x, y에 관하여 대칭이므로, 주어진 방정식이 나타내는 곡선은 다음과 같다.

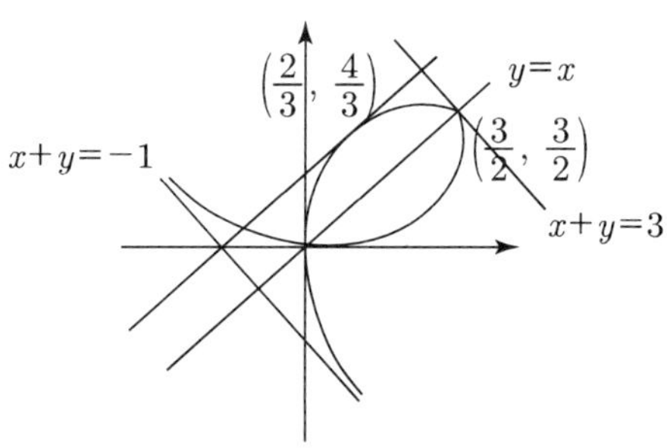

[그림 3.5.1] $x^3+y^3=3xy$의 그래프

문제 3.5.2 다음 방정식은 C^1-급 함수 $y=y(x)$를 갖는다고 가정하자. 이때, $\frac{dy}{dx}$를 구하여라.

(a) $xy^2 - x + 16 = 0$

(b) $6x - \sqrt{2xy} + xy^3 = y^2$

(c) $xy + \sin y = x^2$

(d) $\sqrt{x} + \sqrt{y} = 1$

(e) $\sin(\tan y) = x - y$ (f) $x^{2/3} + y^{2/3} = 1$

문제 3.5.3 다음 방정식이 나타내는 곡선 위의 주어진 점에서 접선의 방정식을 구하여라.

(a) $x^3y + xy^3 = 10$; $(1,\ 2)$ (b) $\sin xy = y$; $\left(\frac{\pi}{2},\ 1\right)$

(c) $\sqrt{3 + \tan xy} - 2 = 0$; $(1,\ 1)$ (d) $y^3 + xy^2 - x^2 = 11$; $(1,\ 2)$

3.6 함수의 그래프의 형태

정의 3.6.1

열린구간 $(a,\ b)$에서 정의된 C^2-급 실가함수 f에 대하여 f의 그래프의 형태가 **위로 오목(concave upward)(또는 아래로 오목(concave downward))하다**는 것은 f'가 $(a,\ b)$에서 감소(또는 증가)할 때를 말한다. 다시 말해, 모든 $x \in (a,\ b)$에 대하여 $f''(x) < 0$ (또는 $f''(x) > 0$)일 때를 말한다[그림 3.6.1 참고].

함수 $f : (a,\ b) \to \mathbb{R}$이 **볼록함수(convex function) (또는 오목함수(concave function))** 라는 것은 $x_1 < x_2$를 만족하는 임의의 점 $x_1,\ x_2 \in (a,\ b)$에 대하여 $0 \le t \le 1$일 때,

$$f((1-t)x_1 + tx_2) \le (1-t)f(x_1) + tf(x_2)$$

$$(\text{또는 } f((1-t)x_1 + tx_2) \ge (1-t)f(x_1) + tf(x_2))$$

가 성립하는 것을 말한다.

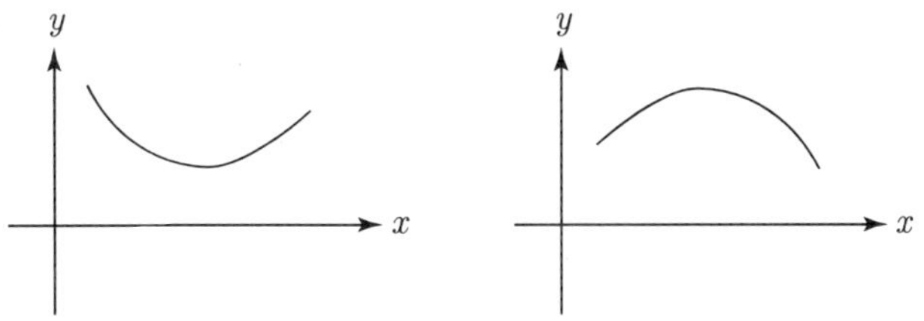

[그림 3.6.1] 위로 오목한 함수와 아래로 오목한 함수

문제 3.6.1 만일 함수 $f:(a,\ b)\to\mathbb{R}$은 미분가능하면, f가 볼록함수이기 위한 필요충분조건은 f'가 단조증가함수임을 증명하여라.
만일 f가 두 번 미분가능하면, f가 볼록함수이기 위한 필요충분조건은 $f''(x)\geq 0,\ x\in(a,\ b)$임을 증명하여라.

예제 3.6.2 다음 함수들의 그래프가 어떤 열린구간에서 위로 오목 또는 아래로 오목인지를 조사하여라.

(a) $f(x)=x^2$ (b) $f(x)=x^3+2x-1$

(c) $f(x)=3x^4-8x^3+2$

풀이 (a) $f'(x)=2x$이고 $f''(x)=2$이므로, 모든 실수 x에 대하여 $f''(x)>0$이다. 그러므로 $f(x)=x^2$의 그래프의 형태는 $\mathbb{R}$에서 위로 오목하다.

(b) $f'(x)=3x^2+2$이고 $f''(x)=6x$이므로, $x<0$일 때 $f''(x)<0$이고, $x>0$일 때 $f''(x)>0$이다. 그러므로 $f(x)=x^3+2x-1$의 그래프의 형태는 열린구간 $(-\infty,\ 0)$에서 아래로 오목하고, 열린구간 $(0,\ \infty)$에서 위로 오목하다.

(c) $f'(x)=12x^3-24x^2$이고 $f''(x)=36x^2-48x=12x(3x-4)$이므로, $0<x<\dfrac{4}{3}$일 때 $f''(x)<0$이고, $x<0$ 또는 $x>\dfrac{4}{3}$일 때 $f''(x)>0$이다. 그러므로 $f(x)=3x^4-8x^3+2$의 그래프의 형태는 열린구간 $\left(0,\ \dfrac{4}{3}\right)$에서 아래로 오목하고, 열린구간 $(-\infty,\ 0)$과 $\left(\dfrac{4}{3},\ \infty\right)$에서 위로 오목하다.

정의 3.6.3
2번 미분가능한 함수 f에 대하여 점 $x=c$가 f의 **변곡점(inflection point)**이라는 것은 점 $x=c$를 중심으로 f의 그래프의 형태가 바뀔 때를 말한다.

참고 f의 모든 변곡점은 f'의 임계점이다. 그러나 그 역은 성립하지 않는다. 즉, 일반적으로 f'의 모든 임계점은 f의 변곡점이라고 할 수 없다. 예를 들어, 예제 3.6.2 (b)에서 점 $x=0$은 함수 $f(x)=x^3+2x-1$의 변곡점이다. 또한, $f''(0)=0$이므로, $x=0$은 f'의 임계점이다.

함수 $f(x)=x^4$에서 $f''(0)=0$이므로 점 $x=0$은 f'의 임계점이다. 그러나 $x=0$을 중심으로 $f(x)=x^4$의 그래프의 형태는 바뀌지 않는다. 그러므로 $x=0$은 f의 변곡점이 아니다.

예제 3.6.4 다음 함수들의 그래프를 그려라.

(a) $f(x)=x^3+2x-1$ (b) $f(x)=3x^4-8x^3+2$

풀이 예제 3.4.9와 예제 3.6.2에서 구한 함수의 증가 또는 감소 상태의 열린구간과 위로 오목 또는 아래로 오목 상태의 열린구간을 참작하여 함수의 그래프를 그리면 된다. 이와 같은 상태를 나타낸 표는 **증감표(increasing or decreasing table)**라고 한다.

이때 먼저 함수 f의 임계점을 구하고, 다음에 도함수 f'의 임계점을 구한 후 증감 상태와 위로 오목 또는 아래로 오목 상태를 고려하여 함수의 그래프를 그린다.

(a) 함수 $f(x)=x^3+2x-1$는 $x=0$에서 변곡점을 갖는다. 왜냐하면, $x=0$을 중심으로 그래프의 형태가 바뀌기 때문이다. 또한, $x=0$은 f'의 임계점이다.

[증감표]

x	$-\infty$	$\cdots$	0	$\cdots$	$+\infty$
$f'(x)$		$+$	$+$	$+$	
$f(x)$		↗	↗	↗	
$f''(x)$		$-$	0	$+$	
$f(x)$	아래로 오목		-1		위로 오목

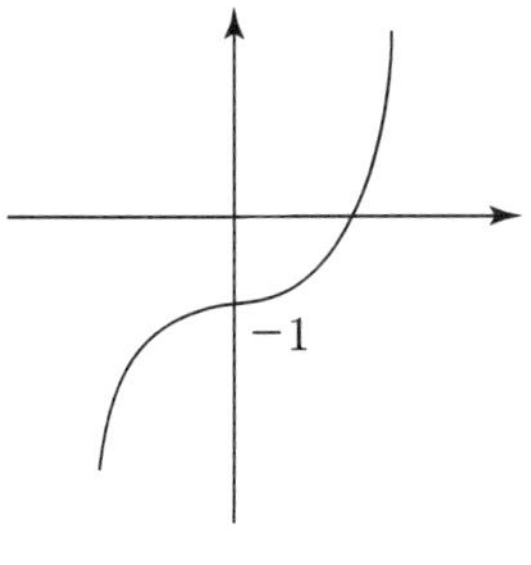

[그림 3.6.2] 함수 $f(x)=x^3+2x-1$의 그래프

(b) 함수 $f(x) = 3x^4 - 8x^3 + 2$는 점 $x = 0, \dfrac{4}{3}$에서 변곡점을 갖는다. 왜냐하면 점 $x = 0, \dfrac{4}{3}$을 중심으로 그래프의 형태가 바뀌기 때문이다. 그러나 $x = \dfrac{4}{3}$은 f'의 임계점이 아니다.

[증감표]

x	$-\infty$	$\cdots$	0	$\cdots$	$4/3$	$\cdots$	2	$\cdots$	$+\infty$
$f'(x)$		$-$	0		$-$		0	$+$	
$f(x)$			↘		↘		↗		
$f''(x)$		$+$	0	$-$	0	$+$			
$f(x)$		위로 오목	2	아래로 오목	$f\left(\dfrac{4}{3}\right)$	위로 오목	$f(2)$	위로 오목	

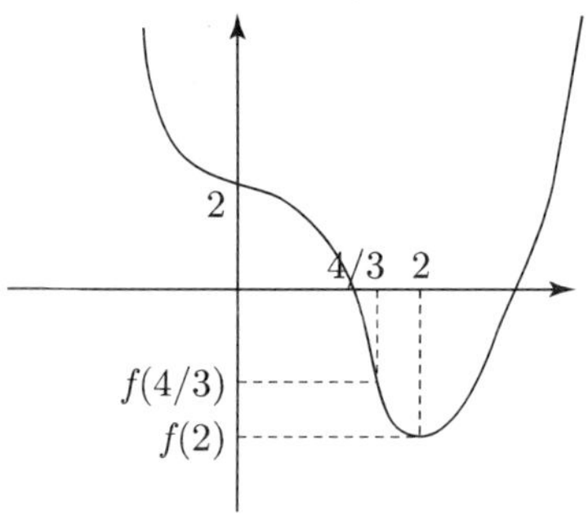

[그림 3.6.3] 함수 $f(x) = 3x^4 - 8x^3 + 2$의 그래프

일반적으로, n차 다항함수

$$f(x) = a_0 x^n + a_1 x^{n-1} + \cdots + a_{n-1} x + a_n$$

의 그래프의 형태는 다음과 같다.

(i) n이 홀수일 때

(a) $a_0 > 0$ (b) $a_0 < 0$

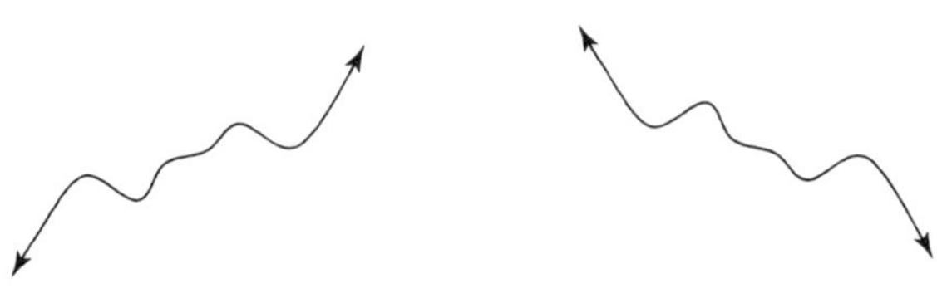

[그림 3.6.4] 홀수차 다항함수의 그래프

(ii) n이 짝수일 때

(a) $a_0 > 0$ (b) $a_0 < 0$

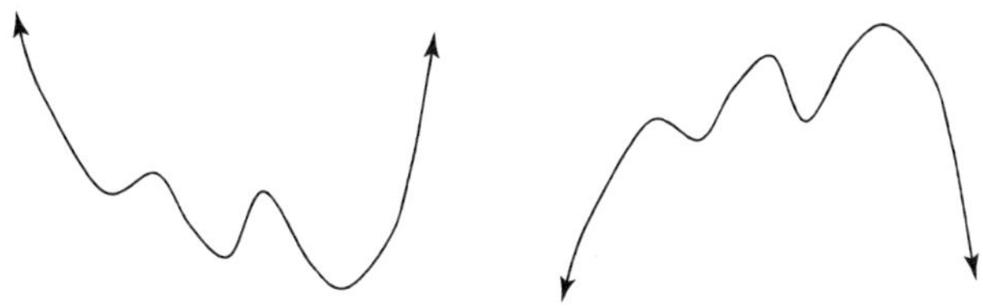

[그림 3.6.5] 짝수차 다항함수의 그래프

예제 3.6.5 유리함수 $f(x)=\dfrac{4x-5}{x^2-1}$의 그래프를 그려라.

풀이 점 $x=\pm 1$에서 함수는 정의되지 않는다. 함수의 극한에서 다음을 알 수 있다.

$$\lim_{x\to 1+}\frac{4x-5}{(x+1)(x-1)}=-\infty,\ \lim_{x\to 1-}\frac{4x-5}{(x+1)(x-1)}=+\infty,$$

$$\lim_{x\to -1+}\frac{4x-5}{(x+1)(x-1)}=+\infty,\ \lim_{x\to -1-}\frac{4x-5}{(x+1)(x-1)}=-\infty,$$

$$\lim_{x\to +\infty}\frac{4x-5}{x^2-1}=0,\ \lim_{x\to -\infty}\frac{4x-5}{x^2-1}=0.$$

이제 f의 임계점은 $f'(x)=0$을 만족하는 x이므로,

$$f'(x)=\frac{-4x^2+10x-4}{(x^2-1)^2}=\frac{-2(2x-1)(x-2)}{(x^2-1)^2}=0$$

을 풀면, $x=\frac{1}{2}$, 2이다. 따라서 f의 임계점은 $\frac{1}{2}$, 2이다.

$x<-1$, $-1<x<\frac{1}{2}$ 또는 $x>2$일 때 $f'(x)<0$이고, $\frac{1}{2}<x<1$ 또는 $1<x<2$일 때 $f'(x)>0$이다. 그러므로 열린구간 $(-\infty, -1)$, $\left(-1, \frac{1}{2}\right)$ 또는 $(2, \infty)$에서 f는 감소하고, 열린구간 $\left(\frac{1}{2}, 1\right)$ 또는 $(1, 2)$에서 f는 증가한다.

이를 종합하여 증감표를 작성하면, 다음과 같다.

[증감표]

x	$-\infty$	$\cdots$	-1	$\cdots$	$1/2$	$\cdots$	1	$\cdots$	2	$\cdots$	$+\infty$
$f'(x)$		$-$		$-$	0	$+$		$+$	0	$-$	
$f(x)$	0	$\searrow -\infty$		$+\infty$	$\searrow 4$	$\nearrow +\infty$		$-\infty \nearrow$	1	$\searrow$	0

증감표를 고려하여 함수 $f(x)=\dfrac{4x-5}{x^2-1}$의 그래프를 그리면, 다음과 같다.

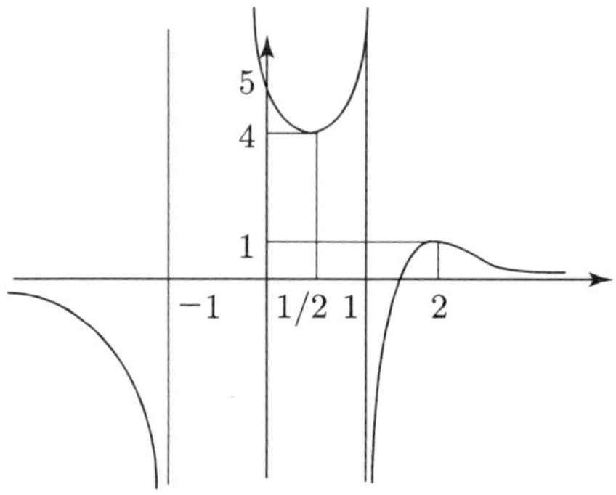

[그림 3.6.6] 함수 $f(x)=\dfrac{4x-5}{x^2-1}$의 그래프

3.7 극값을 구하는 방법

C^2-급 함수 f의 극값을 구하는 방법에는 두 가지가 있다. 하나는 1계 도함수에 의한 방법이고, 다른 하나는 2계 도함수에 의한 방법이다.

1계 도함수에 의한 방법은 f의 임계점을 구한 후 증감표를 작성하여 함수의 증가 또는 감소 상태를 고려하여 극값을 구한다.

만일 f가 그의 임계점 c의 왼쪽 근방에서는 증가하고 오른쪽 근방에서는 감소할 때 $f(c)$는 **극댓값**이다.
만일 f가 그의 임계점 c의 왼쪽 근방에서는 감소하고 오른쪽 근방에서는 증가할 때 $f(c)$는 **극솟값**이다.

2계 도함수에 의한 방법은 f의 임계점 c를 구한 후 그 점 c에서 함수 f의 그래프의 형태가 위로 오목 또는 아래로 오목 상태인지를 고려하여 극값을 구한다.

만일 $f'(c)=0$이고 $f''(c)<0$이면 $f(c)$는 **극댓값**이다.
만일 $f'(c)=0$이고 $f''(c)>0$이면 $f(c)$는 **극솟값**이다.

3.8 역도함수

지금까지 미분가능한 함수 f가 주어질 때, 그 도함수 f'를 구했다. 역으로,

정의 3.8.1
함수 f가 주어질 때,

$$F'(x)=f(x)$$

를 만족하는 미분가능한 함수 F가 존재하면, 함수 F는 f**의 역도함수**(antid erivative) **또는 원시함수**(primitive function)라고 한다. 예를 들어,

$$[x^2]'=[x^2-2]'=[x^2+3]'=2x$$

이므로,

$$x^2,\ x^2-1,\ x^2+3$$

는 $2x$의 역도함수이다.

상수함수의 도함수는 0이다. 그 역도 성립한다는 것을 정리 3.4.10에서 보였다. 그러므로 다음 정리를 얻는다.

정리 3.8.2

F, G가 열린구간 $(a,\ b)$에서 미분가능한 함수일 때, 모든 $x\in(a,\ b)$에 대하여 $F'(x)=G'(x)$이면 모든 $x\in(a,\ b)$에서 $G(x)=F(x)+C$이다. 단, C는 상수이다.

증명 $H(x) = G(x) - F(x)$로 놓으면, 함수 H는 열린구간 $(a,\ b)$에서 미분가능하고, $H'(x) = G'(x) - F'(x) = 0$이다. 그러므로 $H(x) = C$는 상수함수이다. 따라서 $G(x) = F(x) + C$이다. ◀

정의 3.8.3

함수 f의 임의의 역도함수를 **f의 부정적분(indefinite integral)**이라 하고, $\int f(x)dx$로 나타낸다. 이때, $\int$를 **적분기호(integral symbol)**라 하고 f를 **피적분함수(integrand)**, 변수 x를 **적분변수(integral variable)**라 한다. 적분변수 x는 다른 변수로 사용해도 괜찮다. 즉,

$$\int f(x)dx = \int f(u)du = \int f(t)dt = \int f(\theta)d\theta = \cdots$$

만일 F가 함수 f의 임의의 역도함수, 즉, $F'(x) = f(x)$이면,

$$\int f(x)dx = F(x) + C$$

로 나타낸다. 이때, C는 임의의 상수를 의미한다. C는 **적분상수(constant of integration)**라고 한다.

$dF = F'(x)dx = f(x)dx$이므로,

$$\int f(x)dx = \int dF = F(x) + C$$

임을 유의하여라.

3.9 부정적분에 관한 기본 공식

이미 알고 있는 다음과 같은 도함수의 기본 공식으로부터 부정적분의 기본 공식을 쉽게 유도할 수 있다.

정리 3.9.1

(a) $$\int (f(x)+g(x))dx = \int f(x)dx + \int g(x)dx,$$

(b) $$\int kf(x)dx = k\int f(x)dx,\ k\in\mathbb{R}.$$

증명 (a) $H(x)$, $F(x)$, $G(x)$는 각각 $f(x)+g(x)$, $f(x)$, $g(x)$의 임의의 역도함수라고 하자. 즉, $H'(x)=f(x)+g(x)$, $F'(x)=f(x)$, $G'(x)=g(x)$.

$$H'(x)=F'(x)+G'(x)=(F(x)+G(x))'$$

이므로, 정리 3.8.2에 의하여 $H(x)=F(x)+G(x)+C$이다.

$$\int f(x)dx = F(x)+C_1,\ \int g(x)dx = G(x)+C_2$$
$$\int (f(x)+g(x))dx = H(x)+C_3$$

이므로,

$$\int (f(x)+g(x))dx = F(x)+G(x)+C+C_3$$

이다. H, F, G는 임의이므로, $C+C_3=C_1+C_2$를 만족하도록 H, F, G를 선택하자. 그러면

$$\int (f(x)+g(x))dx = \int f(x)dx + \int g(x)dx$$

이다.

(b) $G(x)$, $F(x)$는 각각 $kf(x)$, $f(x)$의 임의의 역도함수라고 하자. 즉, $G'(x)=kf(x)$, $F'(x)=f(x)$. 만일 $k\neq 0$이면, $G'(x)=kF'(x)=(kF(x))'$이므로, 정리 3.8.2에 의하여 $G(x)=kF(x)+C$이다.

$$\int kf(x)dx = G(x)+C_1,\ \int f(x)dx = F(x)+C_2$$
$$k\int f(x)dx = kF(x)+kC_2$$

이므로, $\int kf(x)dx = kF(x)+C+C_1$이다, G, F는 임의이므로, $C+C_1=kC_2$를 만족하도록 G, F를 선택하자. 그러면

$$\int kf(x)dx = k\int f(x)dx,\ k \neq 0$$

이다. 만일 $k=0$이면, G, F는 임의이므로, $C+C_1=0$을 만족하도록 G, F를 선택하자. 그러면 $\int kf(x)dx = k\int f(x)dx$, $k=0$이다. ◀

(c) 임의의 유리수 r에 대하여 $[x^r]' = rx^{r-1}$이다.

$$\int x^r dx = \frac{1}{r+1}x^{r+1} + C,\ r \neq -1.$$

(d) $[\sin x]' = \cos x$,

$$\int \cos x dx = \sin x + C$$

(e) $[\cos x]' = -\sin x$,

$$\int \sin x dx = -\cos x + C$$

(f) $[\tan x]' = \sec^2 x$,

$$\int \sec^2 x dx = \tan x + C$$

(g) $[\cot x]' = -\operatorname{cosec}^2 x$,

$$\int \operatorname{cosec}^2 x dx = -\cot x + C$$

(h) $[\sec x]' = \sec x \tan x$,

$$\int \sec x \tan x dx = \sec x + C$$

(i) $[\operatorname{cosec} x]' = -\operatorname{cosec} x \cot x$,

$$\int \operatorname{cosec} x \cot x dx = -\operatorname{cosec} x + C$$

예제 3.9.2 다음의 부정적분을 구하여라.

(a) $\int (x^{2/3} + 3x^{-4})dx$ (b) $\int \frac{1-\sin x}{\cos^2 x}dx$

풀이 (a) $\int (x^{2/3} + 3x^{-4})dx = \int x^{2/3}dx + 3\int x^{-4}dx$

$$= \frac{1}{\frac{2}{3}+1}x^{\frac{2}{3}+1} + 3 \cdot \frac{1}{-4+1}x^{-4+1} + C$$

$$= \frac{3}{5}x^{\frac{5}{3}} - x^{-3} + C.$$

(b) $\int \frac{1-\sin x}{\cos^2 x}dx = \int \left(\frac{1}{\cos^2 x} - \frac{\sin x}{\cos^2 x}\right)dx$

$$= \int \frac{1}{\cos^2 x}dx - \int \frac{\sin x}{\cos^2 x}dx$$

$$= \int \sec^2 x dx - \int \sec x \tan x dx = \tan x - \sec x + C.$$

3.10 미분방정식

함수 $y = y(x)$의 도함수를 포함하고 있는 식을 **미분방정식(differential equation)**이라 한다. 이러한 방정식은 응용 수학에서 많이 다룬다. 미분방정식의 해(solution)를 구하는 것은 부정적분을 이용하여 함수 y를 찾는 것이다. 일반적으로 그 해는 유일하지 않다. 미분방정식의 **초기조건(initial condition)** $y_0 = y(x_0)$을 만족하는 해 $y = y(x)$를 구하는 문제를 **초깃값 문제(initial value problem)**라고 한다. 초깃값 문제는 유일한 해를 갖는다.

예제 3.10.1 다음 미분방정식의 해를 구하여라.

$$\frac{dy}{dx} = x^2 - 1, \; y(3) = 2.$$

풀이 $dy = (x^2 - 1)dx$이므로, $\int dy = \int (x^2 - 1)dx$이다. 따라서 $y = \frac{1}{3}x^3 - x + C$이다. 이와 같은 해를 **일반해(general solution)**라 한다. $y(3) = 2$이므로, $C = -4$이다. 그러므로 해는

$$y = \frac{1}{3}x^3 - x - 4$$

이다.

예제 3.10.2 다음 미분방정식을 구하여라.

$$\frac{dy}{dx} = xy^2,\ y(0) = 1.$$

풀이 $y = 0$는 주어진 미분방정식을 만족한다. 이러한 해를 **자명한 해(trivial solution)**이라 한다. 그러나 $y(0) = 1$이므로, $y = 0$는 초깃값 문제의 해가 아니다. $y \neq 0$라고 가정하자. 그러면 $\frac{1}{y^2}dy = xdx$이다. 따라서 $\int \frac{1}{y^2}dy = \int xdx$이다. 그러므로 $-\frac{1}{y} = \frac{1}{2}x^2 + C$이다. $y(0) = 1$이므로, $C = -1$이다. 그러므로 해는 $y = -\frac{2}{x^2 - 2}$이다.

예제 3.10.3 다음 미분방정식의 해를 구하여라.

$$y'y^2 + y' = x,\ y(1) = 0.$$

풀이 $(y^2+1)dy = xdx$이므로, $\int (y^2+1)dy = \int xdx$이다. 그러므로 $\frac{1}{3}y^3 + y = \frac{1}{2}x^2 + C$이다. $y(1) = 0$이므로, $C = -\frac{1}{2}$이다. 따라서 음함수의 정리에 의하여 해 $y = y(x)$는 방정식

$$\frac{1}{3}y^3 + y = \frac{1}{2}x^2 - \frac{1}{2}$$

을 만족한다.

참고 예제 3.10.3의 해 $y = y(x)$는 주어진 방정식을 만족하는 함수이다. 음함수 정리에 의하여 그 해는 초기조건을 만족하는 1의 어떤 근방에서 유일한 C^1-급 함수이다.

CHAPTER

4 정적분

영주가 소작인에게 소작료를 부과하기 시작한 이래로, 넓이를 구하는 문제는 그의 큰 관심거리였다. 토지가 직선으로 경계를 이루고 있으면, 그 넓이는 그것을 임의로 분할한 삼각형들의 넓이를 합하면 쉽게 구할 수 있지만 곡선으로 경계를 이루고 있으면 이와 같이 구하기란 어렵다.

도형의 넓이를 구하는 문제는 고대 이집트인과 바빌로니아인에 의하여 최초로 시도되었다. 그들은 단순한 도형의 넓이를 구하는 방법을 고안했다. 그러나 이 방법으로는 원과 같은 도형에서조차도 그 넓이의 정밀한 근삿값을 구해 내지 못하였다. 그러나 고대 그리스인들은 극한 개념을 사용하여 도형에 대한 체계적인 측량법을 사용하였다.

그리스인들은 어떤 도형의 넓이를 구할 때 넓이를 구할 수 있는 일련의 다각형을 연속적으로 그 도형에 내접시키는 **구분구적법**(method of exhaustion)으로 정밀한 근삿값을 구하였다. 정적분은 이러한 점에서 착안되었다. 아르키메데스는 이러한 방법을 개발해 낸 대표적인 인물이다. 그는 정514각형을 이용하여 원주율과 원의 넓이의 근삿값을 구하였다. 그는 원주율이 $3+\dfrac{10}{17} \le \pi \le 3+\dfrac{1}{7}$임을 밝혀냈다.

이 장에서는 정적분의 정의와 그의 성질을 알아본다.

4.1 분할

만일 수열 $\{a_n\}$이 증가(또는 감소)수열이고 위로(또는 아래로) 유계이면, 그 수열의 극한값은 반드시 존재한다는 것을 유의하자.

이 수열의 극한은 집합 $\{a_1,\ a_2,\ \cdots\}$의 상한(supremum)(또는 하한(infimum))이다. 이것을 **단조수렴정리**(monotone convergence theorem)라 한다.

정의 4.1.1

집합 $P=\{a=x_0,\ x_1,\ \cdots,\ x_{n-1},\ x_n=b\}$가 닫힌구간 $[a,\ b]$의 **분할**(partition)이라는 것은 다음을 만족할 때를 말한다.

$$a=x_0<x_1<x_2<\cdots<x_n=b$$

이때, x_0, x_1, $\cdots$, x_n을 구간 $[a, b]$의 **분할점**(points of partition)이라 한다. $[a, b]$의 임의의 두 분할 P, Q에 대하여, 만일 $P \subset Q$이면, Q를 P의 **세분**(refinement)이라 한다.

$[a, b]$의 분할 $P = \{a = x_0, x_1, \cdots, x_n = b\}$에 대하여 소구간 $[x_{i-1}, x_i]$의 길이를 Δx_i라고 하자. 즉, $\Delta x_i = x_i - x_{i-1}$. 이때,

$$\| P \| = \max_{1 \le i \le n} \Delta x_i$$

를 P의 **노름**(norm)이라 한다.

$\| P \| \to 0+$이라는 것은 $[a, b]$의 분할점들이 존재하여 그 점들 사이의 길이가 충분히 작다는 것을 의미한다.

예제 4.1.2 단위구간 $[0, 1]$의 분할들을 생각해보자.

$$P_1 = \{0, 1\}, \ P_2 = \left\{0, \frac{1}{2}, 1\right\}, \ P_3 = \left\{0, \frac{1}{3}, \frac{1}{2}, 1\right\},$$

$$P_4 = \left\{0, \frac{1}{3}, \frac{1}{2}, \frac{2}{3}, 1\right\}, \ P_5 = \left\{0, \frac{1}{4}, \frac{1}{3}, \frac{1}{2}, \frac{2}{3}, \frac{3}{4}, 1\right\}, \ \cdots$$

$$\| P_1 \| = 1, \ \| P_2 \| = \frac{1}{2}, \ \| P_3 \| = \frac{1}{2}, \ \| P_4 \| = \frac{1}{3}, \ \| P_5 \| = \frac{1}{4}, \ \cdots$$

그러면 다음을 알 수 있다.

$$P_1 \subset P_2 \subset P_3 \subset P_4 \subset P_5 \subset \cdots$$

이고, $\lim_{n \to \infty} \| P_n \| = 0$이다. 이것은 구간 $[0, 1]$를 아주 미세하게 분할한다는 것을 의미한다. 다시 말해, 구간 $[0, 1]$을 길이가 0에 가까운 소구간들로 분할한다는 것이다. 그러므로 구간 $[a, b]$의 임의의 분할 P에 대하여 $\| P \| \to 0$이라는 것은 구간 $[a, b]$를 아주 미세하게 분할한다는 것이다.

4.2 정적분

정의 4.2.1

유계함수 $f : [a,\ b] \to \mathbb{R}$에 대하여

$$P = \{a = x_0,\ x_1,\ \cdots,\ x_{n-1},\ x_n = b\}$$

가 $[a,\ b]$의 분할일 때,

$$m_i = \inf_{x \in [x_{i-1},\ x]} f(x),\ M_i = \sup_{x \in [x_{i-1},\ x_i]} f(x)$$

로 놓자. 이때, P에 대한 f의 **하합**(lower sum) $L(P,\ f)$, **상합**(upper sum) $U(P,\ f)$ **그리고 리만 합**(Riemann sum) $R(P,\ f)$는 각각 다음과 같이 정의한다.

$$L(P,\ f) = \sum_{i=1}^{n} m_i \triangle x_i,$$

$$U(P,\ f) = \sum_{i=1}^{n} M_i \triangle x_i,$$

$$R(P,\ f) = \sum_{i=1}^{n} f(t_i) \cdot \triangle x_i,\ t_i \in [x_{i-1},\ x_i].$$

만일 f가 음이 아닌 실가함수라면, $U(P,\ f)$는 각 소구간 $[x_{i-1},\ x_i]$를 밑변으로 하고, 곡선 위에 외접하는 직사각형들의 넓이의 합을 의미한다.

$L(P,\ f)$는 각 소구간 $[x_{i-1},\ x_i]$를 밑변으로 하고, 곡선 아래에 내접하는 직사각형들의 넓이의 합을 의미한다.

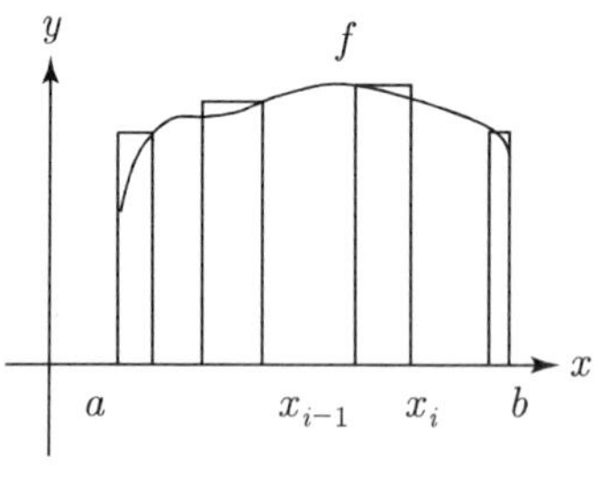

[그림 4.2.1] 상합 $U(P,\ f)$

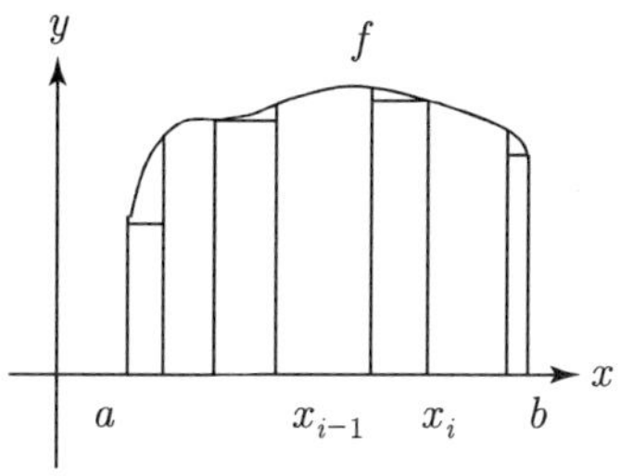

[그림 4.2.2] 하합 $L(P, f)$

$R(P, f)$는 각 소구간 $[x_{i-1}, x_i]$를 밑변으로 하고, 그 소구간의 임의의 점 t_i에 대응하는 함숫값 $f(t_i)$를 다른 변의 길이로 하는 직사각형들의 넓이들의 합을 의미한다.

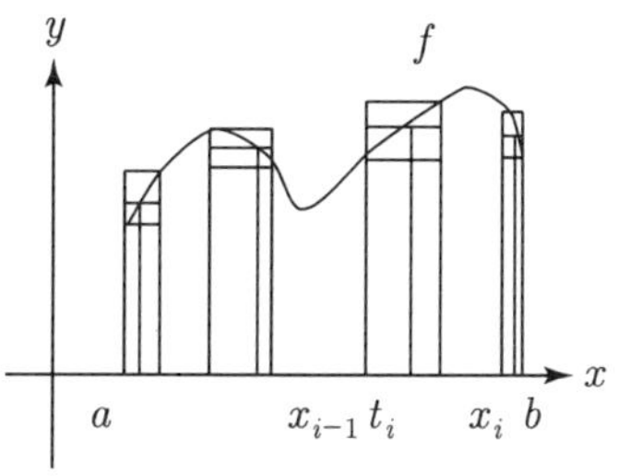

[그림 4.2.3] 리만합 $R(P, f)$

$$m_i \le f(t_i) \le M_i,\ t_i \in [x_{i-1}, x_i]$$

이므로, 다음을 알 수 있다.

$$L(P, f) \le R(P, f) \le U(P, f).$$

만일 Q가 P의 세분이면,

$$L(P, f) \le L(Q, f) \le R(Q, f) \le U(Q, f) \le U(P, f)$$

임을 알 수 있다. 왜냐하면, 분할

$$Q = \{a = x_0, x_1, \cdots, x_{i-1}, c, x_i, \cdots, x_n = b\}$$

을 생각하면 충분하다. 그러면 $P \subset Q$이므로 다음을 알 수 있다.

$$L(Q.f) = \sum_{j \ne i} m_j \Delta x_j + \inf_{x \in [x_{i-1}, c]} f(x) \cdot (c - x_{i-1}) + \inf_{x \in [c, x_i]} f(x) \cdot (x_i - c),$$

$$U(Q.f) = \sum_{j \ne i} M_j \Delta x_j + \sup_{x \in [x_{i-1}, c]} f(x) \cdot (c - x_{i-1}) + \sup_{x \in [c, x_i]} f(x) \cdot (x_i - c),$$

$$R(Q.f)=\sum_{j\neq i}f(t_j)\triangle x_j+f(t_i^*)(c-x_{i-1})+f(t_i^{**})(x_i-c)$$

여기서 $t_j\in[x_{j-1},\ x_j]$, $t_i^*\in[x_{i-1},\ c]$, $t_i^{**}\in[c,\ x_i]$이다. 한편,

$$\sup_{x\in[x_{i-1},\ c]}f(x)\le M_i$$
$$\sup_{x\in[c,\ x_i]}f(x)\le M_i$$

이고,

$$\inf_{x\in[x_{i-1},\ c]}f(x)\ge m_i$$
$$\inf_{x\in[c,\ x_i]}f(x)\ge m_i$$

이므로,

$$L(P,\ f)\le L(Q,\ f)\le R(Q,\ f)\le U(Q,\ f)\le U(P,\ f)$$

이다.

이것은 $[a,\ b]$의 분할 P를 세분하면 할수록 그 세분에 대한 f의 하합은 증가하고, 상합은 감소한다는 것을 의미한다. 따라서 P의 세분열 $P\subset Q_1\subset Q_2\subset\cdots$에 대하여 상합열 $\{U(Q_k,\ f)\}$은 P의 하합 $L(P,\ f)$에 의해 아래로 유계이고, 하합열 $\{L(Q_k,\ f)\}$은 P의 상합 $U(P,\ f)$에 의해 위로 유계이다. 그러므로 단조수렴정리에 의하여 상합열 $\{U(Q_k,\ f)\}$의 극한과 하합열 $\{L(Q_k,\ f)\}$의 극한이 존재한다. 이때,

$$\inf_k U(Q_k,\ f)=\lim_{k\to\infty}U(Q_k,\ f)=\overline{\int_a^b}f(x)dx$$
$$\sup_k L(Q_k,\ f)=\lim_{k\to\infty}L(Q_k,\ f)=\underline{\int_a^b}f(x)dx$$

로 나타내고, $\overline{\int_a^b}f(x)dx$와 $\underline{\int_a^b}f(x)dx$를 각각 $[a,\ b]$에서 **f의 상적분(upper integral)과 하적분(lower integral)**이라고 한다. 분명히,

$$\underline{\int_a^b}f(x)dx\le\overline{\int_a^b}f(x)dx$$

이다. 이때, 일반적으로, f의 상적분과 하적분은 같다고 할 수 없다. 앞으로, 하적분과 상적분을 각각 다음과 같이 나타내자.

$$\lim_{\|P\|\to 0} L(P,\ f) = \underline{\int_a^b} f(x)dx,$$

$$\lim_{\|P\|\to 0} U(P,\ f) = \overline{\int_a^b} f(x)dx.$$

정의 4.2.2

만일 f의 상적분과 하적분이 같으면, 즉,

$$\overline{\int_a^b} f(x)dx = \underline{\int_a^b} f(x)dx$$

이면, f는 $[a,\ b]$**에서 (리만)적분가능하다**(Riemann integrable)고 한다. 이때, 이 공통의 값을

$$\int_a^b f(x)dx$$

로 나타내고, 이를 $[a,\ b]$**에서 함수** f**에 대한 정적분**(definite integral)이라고 한다.

만일 f가 $[a,\ b]$에서 적분가능하면,

$$\lim_{\|P\|\to 0} L(P,\ f) = \lim_{\|P\|\to 0} U(P,\ f)$$

이어야 하므로, 이것은 다음을 얻는다.

정리 4.2.3

다음과 동치이다.

(a) 함수 f는 $[a,\ b]$에서 적분가능하다.

(b) $\lim_{\|P\|\to 0} (U(P,\ f) - L(P,\ f)) = 0$

(c) 임의의 $\epsilon > 0$에 대하여 $\delta > 0$가 존재하여

$$0 < \|P\| < \delta$$

을 만족하는 모든 분할 P에 대하여

$$U(P,\ f) - L(P,\ f) < \epsilon$$

이 성립한다.

$[a,\ b]$를 세분하면 할수록 하합은 증가하고, 상합은 감소하므로,

(d) 임의의 $\epsilon > 0$에 대하여 $\delta > 0$가 존재하여

$$0 < \| P \| < \delta$$

를 만족하는 어떤 분할 P에 대하여

$$U(P,\ f) - L(P,\ f) < \epsilon$$

이 성립한다.

정리 4.2.4

만일 f가 $[a,\ b]$에서 적분가능하면,

$$\int_a^b f(x)dx = \lim_{\| P \| \to 0} R(P,\ f)$$

$$= \lim_{\| P \| \to 0} \sum_{i=1}^{n} f(t_i) \Delta x_i$$

이다. 여기서 $t_i \in [x_{i-1},\ x_i]$는 임의의 점이다.

역으로, 만일 $[a,\ b]$에서 f의 리만합의 극한이 존재하면, f는 $[a,\ b]$에서 적분가능하다.

증명 $L(P,\ f) \le R(P,\ f) \le U(P,\ f)$이므로, 만일 f가 $[a,\ b]$에서 적분가능하면, 짜내기 정리에 의하여 결과가 나온다.

역으로, $[a,\ b]$에서 f의 리만합의 극한이 존재한다고 가정하자. $\epsilon > 0$은 임의로 주어졌다고 하자. 그러면 $m_i = \inf_{x \in [x_{i-1},\ x_i]} f(x)$이므로, $t_i \in [x_{i-1},\ x_i]$가 존재하여

$$m_i \le f(t_i) < m_i + \epsilon$$

이고, $M_i = \sup_{x \in [x_{i-1},\ x]} f(x)$이므로, $s_i \in [x_{i-1},\ x]$가 존재하여

$$M_i - \epsilon < f(s_i) \le M_i$$

이다. 따라서 다음을 얻는다.

$$L(P,\ f) \le \sum_{i=1}^{n} f(t_i)\Delta x_i < L(P,\ f) + \epsilon(b-a),$$
$$U(P,\ f) - \epsilon(b-a) \le \sum_{i=1}^{n} f(s_i)\Delta x_i < U(P,\ f).$$

임의의 $t_i \in [x_{i-1},\ x_i]$에 대하여 극한

$$\lim_{\|P\|\to 0} R(P,\ f) = \lim_{\|P\|\to 0} \sum_{i=1}^{n} f(t_i)\Delta x_i$$

가 존재하므로, $\|P\| \to 0$일 때,

$$\underline{\int_a^b} f(x)dx \le \lim_{\|P\|\to 0} R(P,\ f) \le \underline{\int_a^b} f(x)dx + \epsilon(b-a),$$
$$\overline{\int_a^b} f(x)dx - \epsilon(b-a) \le \lim_{\|P\|\to 0} R(P,\ f) \le \overline{\int_a^b} f(x)dx$$

이다. 이때, $\epsilon \to 0$를 취하면,

$$\underline{\int_a^b} f(x)dx = \lim_{\|P\|\to 0} R(P,\ f) = \overline{\int_a^b} f(x)dx$$

이다. 따라서 f는 $[a,\ b]$에서 적분가능하다. ◀

참고 만일 모든 $x \in [a,\ b]$에 대하여 $f(x) \ge 0$이고 f가 $[a,\ b]$에서 적분가능하면, 분명히,

$$\int_a^b f(x)dx \ge 0$$

이다. 이 정적분의 값을 $[a,\ b]$에서 곡선 $y = f(x)$ 아래로 둘러싸인 영역의 **넓이(area)**라고 한다.

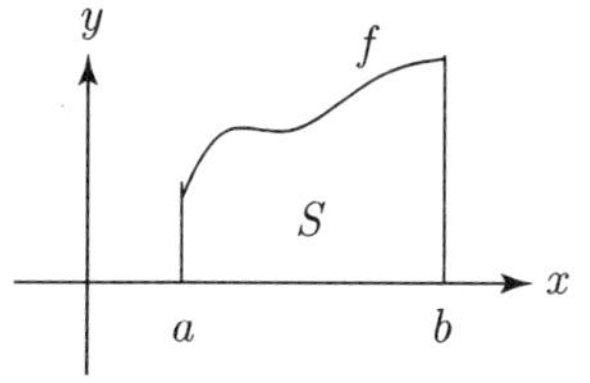

[그림 4.2.4] $\int_a^b f(x)dx =$ (영역 S의 넓이)

적분가능한 함수에 대하여 알아보자. 그러한 함수들 중에는 연속함수와 단조함수가 있다. 연속함수 $f:[a, b] \to \mathbb{R}$은 $[a, b]$ 위에서 평등연속임을 유의하자.

정리 4.2.5

연속함수 $f:[a, b] \to \mathbb{R}$은 적분가능하다.

증명 임의의 $\epsilon > 0$에 대하여 $(b-a)\eta < \epsilon$를 만족하는 $\eta > 0$가 존재한다. 정리 2.3.12에 의하여 f는 $[a, b]$ 위에서 평등연속이므로, 다음이 성립한다. 그러한 $\eta > 0$에 대하여 $\delta > 0$가 존재하여

$$|x-t| < \delta$$

를 만족하는 모든 $x, t \in [a, b]$에 대하여

$$|f(x) - f(t)| < \eta$$

가 성립한다. 이때

$$P = \{a = x_0, x_1, x_2, \cdots, x_n = b\}$$

는 $x_i - x_{i-1} < \delta \, (i = 1, 2, \cdots, n)$을 만족하는 $[a, b]$의 분할이라고 하자. 그러면

$$\max_{x \in [x_{i-1}, x_i]} f(x) = M_i, \ \min_{x \in [x_{i-1}, x_i]} f(x) = m_i$$

일 때 $M_i - m_i < \eta$임을 알 수 있다. 따라서 다음을 얻는다.

$$U(P, f) - L(P, f) = \sum_{i=1}^{n} (M_i - m_i)(x_i - x_{i-1}) < \eta(b-a) < \epsilon.$$

그러므로 f는 $[a, b]$에서 적분가능하다. ◀

문제 4.2.1 만일 함수 $f:[a, b] \to [0, \infty)$는 연속이고, $\int_a^b f(x)dx = 0$이면, $f(x) \equiv 0$, $x \in [a, b]$임을 증명하여라.

연속함수 $f:[a, b] \to \mathbb{R}$에 대하여 구간 $[a, b]$를 다음과 같이 균등분할하자.

$$P: \ x_0 = a, \ x_1 = a + \frac{b-a}{n}, \ x_2 = a + 2 \cdot \frac{b-a}{n}, \ \cdots,$$
$$x_i = a + i \cdot \frac{b-a}{n}, \ \cdots, \ x_n = a + n \cdot \frac{b-a}{n} = b.$$

그러면 $\int_a^b f(x)dx = \lim_{\|P\| \to 0} R(P, f) = \lim_{n \to \infty} \sum_{i=1}^{n} f(t_i) \triangle x_i$, $t_i \in [x_{i-1}, x_i]$이다. $\triangle x_i = x_i - x_{i-1} = \frac{b-a}{n}$이고, $t_i \in [x_{i-1}, x_i]$는 임의이므로, t_i는 x_{i-1} 또는 x_i로 잡으면 충분하다. 그러면

(i) $t_i = x_{i-1}$일 때, $\int_a^b f(x)dx = \lim_{n \to \infty} \sum_{i=1}^{n} f\left(a + (i-1) \cdot \frac{b-a}{n}\right) \frac{b-a}{n}$이고

(ii) $t_i = x_i$일 때, $\int_a^b f(x)dx = \lim_{n \to \infty} \sum_{i=1}^{n} f\left(a + i \cdot \frac{b-a}{n}\right) \frac{b-a}{n}$이다.

그러므로

$$\int_a^b f(x)dx = (b-a) \int_0^1 f(a + (b-a)x)dx$$

임을 알 수 있다.

참고 등식 (ii)의 우변에서 $\lim_{k \to \infty} \sum_{i=1}^{n}$은 $\int_0^1$로 $\frac{i}{n}$은 x로, $\frac{1}{n}$는 dx로 대체하면, (ii)의 우변은 $(b-a)\int_0^1 f(a+(b-a)x)dx$로 해석할 수 있다. (i)의 경우에는 $\frac{i-1}{n}$은 x로 대체하면 된다.

예제 4.2.6 $\int_0^1 x^2 dx$를 구하여라.

풀이 $f(x) = x^2$은 구간 $[0, 1]$에서 연속이다. 구간 $[0, 1]$을 균등분할하면,

$$\int_0^1 x^2 dx = \lim_{n \to \infty} \sum_{i=1}^{n} \left(\frac{i}{n}\right)^2 \cdot \frac{1}{n}$$

이다. $\sum_{i=1}^{n} i^2 = \frac{1}{6} n(n+1)(2n+1)$이므로,

$$\int_0^1 x^2 dx = \lim_{n=1} \frac{1}{6} \frac{(n+1)(2n+1)}{n^2} = \frac{1}{3}$$

이다.

문제 4.2.2 $\int_0^1 x^n dx = \dfrac{1}{n+1}$ 일 때,

$$\lim_{n\to\infty} \frac{\left(\sum_{i=1}^{n} i^4\right)\left(\sum_{i=1}^{n} i^6\right)}{\left(\sum_{i=1}^{n} i^2\right)\left(\sum_{i=1}^{n} i^8\right)}$$

의 값을 구하여라.

정리 4.2.7
단조함수 $f : [a, b] \to \mathbb{R}$은 적분가능하다.

증명 f는 증가함수라고 가정하자.

$$P = \left\{ a = x_0,\ x_1 = a + \frac{1}{n},\ x_2 = a + \frac{2}{n},\ \cdots,\ x_n = b \right\}$$

를 $[a, b]$의 분할이라고 하자. 이때, 임의의 $\epsilon > 0$에 대하여 어떤 자연수 N이 존재해서 $n \geq N$을 만족하는 모든 n에 대하여

$$\frac{f(b) - f(a)}{n} < \epsilon$$

이라고 하자. 그러면

$$\sup_{x \in [x_{i-1},\, x_i]} f(x) = f(x_i) = M_i$$

$$\inf_{x \in [x_{i-1},\, x_i]} f(x) = f(x_{i-1}) = m_i$$

이므로, 다음을 알 수 있다.

$$U(P,\ f) - L(P,\ f) = \frac{1}{n} \sum_{i=1}^{n} (f(x_i) - f(x_{i-1}))$$

$$= \frac{1}{n}(f(b) - f(a)) < \epsilon.$$

그러므로 f는 $[a,\ b]$에서 적분가능하다. f가 감소함수인 경우도 마찬가지이다. ◀

적분불가능한 함수에 대하여 알아보자.

예제 4.2.8 함수

$$f(x) = \begin{cases} 1, & x \in [0,\ 1] \cap \mathbb{Q} \\ 0, & x \not\in [0,\ 1] \cap \mathbb{Q}^c \end{cases}$$

는 구간 $[0,\ 1]$에서 적분불가능하다.

풀이 $P = \{0 = x_0,\ x_1,\ \cdots,\ x_n = 1\}$은 $[0,\ 1]$의 임의의 분할이라 하자. 그러면 정리 1.9.8과 따름정리 1.9.9에 의하여 각 소구간 $[x_{i-1},\ x_i]$에는 유리수와 무리수가 존재한다. 그러므로 $m_i = 0$이고, $M_i = 1$이다. 따라서

$$\underline{\int_0^1} f(x)dx = \lim_{\|P\| \to 0} L(P,\ f) = 0,$$

$$\overline{\int_0^1} f(x)dx = \lim_{\|P\| \to 0} U(P,\ f) = 1$$

이다. f의 상적분과 하적분은 같지 않으므로, f는 구간 $[0,\ 1]$에서 적분불가능하다.

정리 4.2.9

닫힌구간 $[a,\ b]$에서 유계인 실가함수 f가 유한개의 점들을 제외하고 연속이면, f는 적분가능하다.

증명 불연속인 점이 한 개인 경우만 증명하면 충분하다. f는 점 $c \in (a,\ b)$에서 불연속이라 가정하자.

$$\sup_{x \in [a,\ b]} |f(x)| = M$$

으로 놓자.

$$a = x_0 < x_1 < \cdots < x_{k-1} < c < x_k < x_{k+1} < \cdots < x_n = b$$

이고, 임의의 $\epsilon > 0$에 대하여 $\triangle x_k < \dfrac{\epsilon}{4M}$이라 하자.

$$K = [a,\ b] - (x_{k-1},\ x_k)$$

로 놓으면, K는 유계인 닫힌집합이다. 그러므로 정리 1.23.13에 의하여 K는 긴밀집합이다. 정리 2.3.12에 의하여 f는 K 위에서 평등연속이므로, 임의의 $\epsilon > 0$에 대하여 $\delta > 0$가 존재하여

$$|s - t| < \delta$$

를 만족하는 모든 $s,\ t \in K$에 대하여

$$|f(s) - f(t)| < \frac{\epsilon}{2(b-a)}$$

이 성립한다.

$[a,\ b]$의 분할 $P = \{a = x_0,\ x_1,\ x_2,\ \cdots,\ x_n = b\}$는 $\triangle x_i < \delta,\ i \neq k$를 만족하도록 택하자.

$$\min_{x \in [x_{i-1},\ x_i]} f(x) = m_i,\ \max_{x \in [x_{i-1},\ x_i]} f(x) = M_i$$

로 놓으면,

$$M_i - m_i < \frac{\epsilon}{2(b-a)},\ i \neq k\text{이고, } M_k - m_k \leq 2M$$

임을 알 수 있다. 그러므로 다음을 얻는다.

$$\begin{aligned} U(P,\ f) - L(P,\ f) &= \sum_{i=1}^{n} (M_i - m_i) \triangle x_i \\ &= \sum_{i \neq k} (M_i - m_i) \triangle x_i + (M_k - m_k) \triangle x_k \\ &< \frac{\epsilon}{2(b-a)} \sum_{i \neq k} (x_i - x_{i-1}) + 2M \cdot \frac{\epsilon}{4M}. \\ &< \frac{\epsilon}{2(b-a)} \sum_{i=1}^{n} (x_i - x_{i-1}) + 2M \cdot \frac{\epsilon}{4M} \end{aligned}$$

$$= \frac{\epsilon}{2} + \frac{\epsilon}{2} = \epsilon.$$

따라서 f는 $[a, b]$에서 적분가능하다. ◀

문제 4.2.3 함수 $f : [a, b] \to \mathbb{R}$는 다음과 같이 정의하자. $a \le x_0 \le b$일 때,

$$f(x) = \begin{cases} 1, & x = x_0 \\ 0, & x \ne x_0 \end{cases}.$$

그러면, f는 적분가능하고, $\int_a^b f(x)dx = 0$임을 보여라.

정리 4.2.10

적분가능한 함수 $f : [a, b] \to \mathbb{R}$에 대하여 $x \in [a, b]$일 때

$$m \le f(x) \le M$$

이라 하자. 만일 $\phi : [m, M] \to \mathbb{R}$이 연속함수이면, 합성함수

$$h = \phi \circ f : [a, b] \to \mathbb{R}$$

은 적분가능하다.

증명 $\phi : [m, M] \to \mathbb{R}$은 평등연속이므로, 임의의 $\epsilon > 0$에 대하여 $\delta > 0$가 존재하여

$$|s - t| < \delta$$

를 만족하는 모든 $s, t \in [m, M]$에 대하여

$$|\phi(s) - \phi(t)| < \frac{\epsilon}{2(b-a)}$$

이 성립한다. 이때 $\delta < \epsilon$를 만족하도록 $\delta > 0$을 선택하고,

$$\sup_{t \in [m, M]} |h(t)| + 1 = K$$

라고 하자. f는 $[a, b]$에서 적분가능하므로, 다음을 만족하는 $[a, b]$의 분할

$$P = \{a = x_0,\ x_1,\ \cdots,\ x_n = b\}$$

가 존재함을 알 수 있다.

$$U(P,\ f) - L(P,\ f) < \left(\frac{\delta}{4K}\right)^2$$

이때, $i = 1,\ 2,\ \cdots,\ n$에 대하여

$$\sup_{x \in [x_{i-1},\ x_i]} f(x) = M_i,\ \inf_{x \in [x_{i-1},\ x_i]} f(x) = m_i$$
$$\sup_{x \in [x_{i-1},\ x_i]} h(x) = M_i^*,\ \inf_{x \in [x_{i-1},\ x_i]} h(x) = m_i^*$$

이라 놓고,

$$A = \left\{i \mid M_i - m_i < \frac{\delta}{4K}\right\},\ B = \left\{i \mid M_i - m_i \geq \frac{\delta}{4K}\right\}$$

라고 하자. 이때, 만일 $i \in A$이면, $M_i^* - m_i^* < \dfrac{\epsilon}{2(b-a)}$이고, 만일 $i \in B$이면, $M_i^* - m_i^* \leq 2K$임을 알 수 있다.

$$\begin{aligned} \frac{\delta}{4K}\sum_{i \in B}(x_i - x_{i-1}) &\leq \sum_{i \in B}(M_i - m_i)(x_i - x_{i-1}) \\ &\leq U(P,\ f) - L(P,\ f) < \left(\frac{\delta}{4K}\right)^2 \end{aligned}$$

이므로, $\displaystyle\sum_{i \in B}(x_i - x_{i-1}) < \frac{\delta}{4K}$를 얻는다. 그러므로 다음을 얻는다.

$$\begin{aligned} &U(P,\ h) - L(P,\ h) \\ &= \sum_{i \in A}(M_i^* - m_i^*)(x_i - x_{i-1}) + \sum_{i \in B}(M_i^* - m_i^*)(x_i - x_{i-1}) \\ &\leq \frac{\epsilon}{2(b-a)}\sum_{i \in A}(x_i - x_{i-1}) + 2K\sum_{i \in B}(x_i - x_{i-1}) \\ &< \frac{\epsilon}{2(b-a)}\sum_{i=1}^{n}(x_i - x_{i-1}) + 2K \cdot \frac{\delta}{4K} \\ &= \frac{\epsilon}{2(b-a)} \cdot (b-a) + \frac{\delta}{2} < \frac{\epsilon}{2} + \frac{\epsilon}{2} = \epsilon. \end{aligned}$$

따라서 $h : [a,\ b] \to \mathbb{R}$은 적분가능하다. ◀

정리 4.2.11

유계함수 $f,\ g : [a,\ b] \to \mathbb{R}$이 적분가능하면 다음이 성립한다.

(a) 임의의 실수 c에 대하여 cf는 적분가능하고

$$\int_a^b cf(x)dx = c\int_a^b f(x)dx$$

이다. 또한, $f+g$는 적분가능하고,

$$\int_a^b (f(x)+g(x))dx = \int_a^b f(x)dx + \int_a^b g(x)dx$$

이다.

(b) 만일 모든 $x \in [a,\ b]$에서 $f(x) \le g(x)$이면,

$$\int_a^b f(x)dx \le \int_a^b g(x)dx$$

이다.

(c) 만일 $a<c<b$이면, f는 $[a,\ c]$와 $[c,\ b]$에서 적분가능하고

$$\int_a^b f(x)dx = \int_a^c f(x)dx + \int_c^b f(x)dx$$

이다.

(d) 만일 모든 $x \in [a,\ b]$에서 $|f(x)| \le M$이면,

$$\left|\int_a^b f(x)dx\right| \le M(b-a)$$

이다.

증명 (a) 정리 4.2.4에 의하여 $\int_a^b f(x)dx = \lim_{\|P\|\to 0} R(P,\ f)$이다.

$$\lim_{\|P\|\to 0} R(P,\ cf) = c\cdot \lim_{\|P\|\to 0} R(P,\ f) = c\int_a^b f(x)dx$$

이므로, cf는 $[a,\ b]$에서 적분가능하고,

$$\int_a^b cf(x)dx = c\int_a^b f(x)dx$$

이다.

정리 4.2.4에 의하여

$$\int_a^b f(x)dx = \lim_{\|P\|\to 0} R(P,\ f),\quad \int_a^b g(x)dx = \lim_{\|P\|\to 0} R(P,\ g)$$

이다.

$$\begin{aligned}\lim_{\|P\|\to 0} R(P,\ f+g) &= \lim_{\|P\|\to 0} R(P,\ f) + \lim_{\|P\|\to 0} R(P,\ g) \\ &= \int_a^b f(x)dx + \int_a^b g(x)dx\end{aligned}$$

이므로, $f+g$는 $[a,\ b]$에서 적분가능하고,

$$\int_a^b (f(x)+g(x))dx = \int_a^b f(x)dx + \int_a^b g(x)dx$$

이다.

(b) (a)에 의하여 $f-g$는 $[a,\ b]$에서 적분가능하고

$$\int_a^b (f(x)-g(x))dx = \int_a^b f(x)dx - \int_a^b g(x)dx$$

이다. 또한, 모든 $x\in[a,\ b]$에서 $f(x)-g(x)\ge 0$이므로, $\int_a^b (f(x)-g(x))dx \ge 0$임을 알 수 있다. 그러므로 (b)가 성립함을 알 수 있다.

(c) 임의의 $\epsilon > 0$에 대하여 다음을 만족하는 $[a,\ b]$의 분할 P가 존재한다.

$$U(P,\ f) - L(P,\ f) < \epsilon$$

이것은 모든 P의 모든 세분에 대해서도 성립하므로 $c\in P$라 가정해도 좋다. 이때

$$[a,\ c]\cap P = P_1,\quad [c,\ b]\cap P = P_2$$

라고 하자. 그러면

$$U(P,\ f) = U(P_1,\ f) + U(P_2,\ f),\ L(P,\ f) = L(P_1,\ f) + L(P_2,\ f)$$

이므로, 다음을 알 수 있다.

$$\begin{aligned} U(P_1,\ f) - L(P_1,\ f) &= U(P,\ f) - L(P,\ f) - (U(P_2,\ f) - L(P_2,\ f)) \\ &\le U(P,\ f) - L(P,\ f) < \epsilon, \end{aligned}$$

$$\begin{aligned} U(P_2,\ f) - L(P_2,\ f) &= U(P,\ f) - L(P,\ f) - (U(P_1,\ f) - L(P_1,\ f)) \\ &\le U(P,\ f) - L(P,\ f) < \epsilon. \end{aligned}$$

그러므로 f는 $[a,\ c]$와 $[c,\ b]$에서 적분가능하다. 따라서

$$\int_a^c f(x)dx = \lim_{\|P_1\| \to 0} R(P_1,\ f),$$

$$\int_c^b f(x)dx = \lim_{\|P_2\| \to 0} R(P_2,\ f)$$

이다. $\|P\| \to 0$일 때, $\|P_1\| \to 0$이고, $\|P_2\| \to 0$이고, 그 역도 성립한다. 그러므로

$$\begin{aligned} \lim_{\|P\| \to 0} R(P,\ f) &= \lim_{\|P_1\| \to 0} R(P_1,\ f) + \lim_{\|P_2\| \to 0} R(P_2,\ f) \\ &= \int_a^c f(x)dx + \int_c^b f(x)dx \end{aligned}$$

이다. 따라서 $\int_a^b f(x)dx = \int_a^c f(x)dx + \int_c^b f(x)dx$이다.

(d) $P = \{a = x_0,\ x_1,\ \cdots,\ x_n = b\}$ 를 $[a,\ b]$의 임의의 분할이라고 하자. 그러면 다음을 얻는다.

$$\int_a^b f(x)dx \le U(P,\ f) \le \sum_{i=1}^{n} M(x_i - x_{i-1}) = M(b-a).$$

이때 위의 부등식은 $f(x)$ 대신에 $-f(x)$를 대입하여도 성립함을 알 수 있다. 그러므로 다음을 얻는다.

$$-\int_a^b f(x)dx \le U(P,\ -f) \le \sum_{i=1}^{n} M(x_i - x_{i-1}) = M(b-a).$$

따라서 (d)가 증명된다. ◀

정리 4.2.12 (적분에 관한 평균값의 정리)

함수 f가 구간 $[a, b]$에서 연속이면, 다음을 만족하는 점 $c \in (a, b)$가 존재한다.

$$\frac{1}{b-a}\int_a^b f(x)dx = f(c)$$

증명 최댓값·최솟값의 정리에 의하여 f는 최댓값 M과 최솟값 m을 갖는다. 즉,

$$m \leq f(x) \leq M$$

정리 4.2.11에 의하여 다음 부등식을 얻는다.

$$m(b-a) = \int_a^b m dx \leq \int_a^b f(x)dx \leq \int_a^b M dx = M(b-a),$$

$$m \leq \frac{1}{b-a}\int_a^b f(x)dx \leq M.$$

그러므로 중간값의 정리에 의하여 다음을 만족하는 $c \in (a, b)$가 존재한다.

$$\frac{1}{b-a}\int_a^b f(x)dx = f(c).$$ ◀

문제 4.2.4 $f, g : [a, b] \to \mathbb{R}$은 연속이고, 모든 $x \in [a, b]$에서 $g(x) \neq 0$이라 하자. 그러면 점 $\xi \in (a, b)$가 존재하여

$$\int_a^b f(x)g(x)dx = f(\xi)\int_a^b g(x)dx$$

가 성립함을 증명하여라.

문제 4.2.5 $f : [a, b] \to \mathbb{R}$은 연속함수이고 단조증가함수라고 하자. 만일 g는 $[a, b]$에서 음이 아니고 적분가능한 함수라고 하자. 그러면 점 $\xi \in [a, b]$가 존재하여

$$\int_a^b f(x)g(x)dx = f(a)\int_a^{\xi} g(x)dx + f(b)\int_{\xi}^b g(x)dx$$

가 성립함을 보여라.

정리 4.2.13

만일 유계함수 f, g가 $[a, b]$에서 적분가능하면, 다음이 성립한다.

(a) fg는 $[a, b]$에서 적분가능하다.
(b) $\left|\int_a^b f(x)dx\right| \le \int_a^b |f(x)|dx$

증명 (a) 정리 4.2.10에서 $\phi(t) = t^2$을 취하면, f^2은 $[a, b]$에서 적분가능함을 알 수 있다. 정리 4.2.11에 의하여 $f \pm g$는 $[a, b]$에서 적분가능하고,

$$4fg = (f+g)^2 - (f-g)^2$$

이므로, fg는 $[a, b]$에서 적분가능하다.

(b) 정리 4.2.10에서 $\phi(t) = |t|$를 취하면, $|f|$는 $[a, b]$에서 적분가능함을 알 수 있다.

정리 4.2.11에 의하여 다음을 알 수 있다.

$$\int_a^b f(x)dx \le \int_a^b |f(x)|dx.$$

이때, $f(x)$ 대신에 $-f(x)$를 대입하여도 성립한다. 즉,

$$-\int_a^b f(x)dx \le \int_a^b |f(x)|dx.$$

이것으로부터 (b)가 증명된다. ◀

문제 4.2.6 p, $q > 0$이고 $\frac{1}{p} + \frac{1}{q} = 1$이라 하자.

(a) 만일 u, $v \ge 0$이면, $uv \le \frac{u^p}{p} + \frac{v^q}{q}$임을 보여라. 또한, 등식이 성립하기 위한 필요충분조건은 $u^p = v^q$임을 보여라.

(b) 만일 f, $g : [a, b] \to [0, \infty)$는 적분가능하고,

$$\int_a^b (f(x))^p dx = 1 = \int_a^b (g(x))^q dx$$

이면, $\int_a^b f(x)g(x)dx \le 1$임을 증명하여라.

(c) 만일 f, $g : [a, b] \to \mathbb{R}$은 적분가능하면,

$$\left| \int_a^b f(x)g(x)dx \right| \le \left[\int_a^b |f(x)|^p dx \right]^{1/p} \left[\int_a^b |g(x)|^q dx \right]^{1/q}$$

임을 증명하여라.

문제 4.1.7 함수 $f : [a, b] \to \mathbb{R}$은 C^1-급 함수라고 하자. $f(a) = f(b) = 0$이고, $\int_a^b (f(x))^2 dx = 1$이라 하자. 이때,

$$\int_a^b x f(x) f'(x) dx = -\frac{1}{2}$$

이고,

$$\int_a^b [f'(x)]^2 dx \cdot \int_a^b x^2 [f(x)]^2 dx \ge \frac{1}{4}$$

임을 보여라.

정리 4.2.14

적분가능한 유계함수 $f : [a, b] \to \mathbb{R}$에 대하여 $x \in [a, b]$일 때

$$F(x) = \int_a^x f(t)dt$$

로 놓으면, $F : [a, b] \to \mathbb{R}$은 (평등)연속함수이다. 특히, 만일 f가 점 $x_0 \in [a, b]$에서 연속이면, F는 점 x_0에서 미분가능하고

$$F'(x_0) = f(x_0)$$

이다.

증명 모든 $t \in [a, b]$에 대하여 $|f(t)| \le M$이라고 하자. 그러면 x, $y \in [a, b]$일 때, 정리 4.2.11에 의하여 다음을 알 수 있다.

$$|F(x)-F(y)| = \left|\int_x^y f(t)dt\right| \le M(y-x).$$

이때, 임의의 $\epsilon > 0$ 에 대하여 $0 < \delta < \dfrac{\epsilon}{M}$를 취하면,

$$|y-x| < \delta$$

를 만족하는 모든 $x,\ y \in [a,\ b]$에 대하여

$$|F(y)-F(x)| < \epsilon$$

이 성립한다. 그러므로 F는 $[a,\ b]$ 위에서 평등연속이다.
만일 f가 점 $x_0 \in [a,\ b]$에서 연속이면, 임의의 $\epsilon > 0$에 대하여 $\delta > 0$가 존재하여

$$|t-x_0| < \delta$$

를 만족하는 모든 $t \in [a,\ b]$에 대하여

$$|f(t)-f(x_0)| < \epsilon$$

이 성립한다.
$|(x_0+h)-x_0| < \delta,\ x_0+h \in [a,\ b]$일 때, 정리 4.2.11에 의하여 다음을 알 수 있다.

$$\left|\frac{F(x_0+h)-F(x_0)}{h} - f(x_0)\right| = \left|\frac{1}{h}\int_{x_0}^{x_0+h}(f(t)-f(x_0))dt\right| < \epsilon.$$

이것은 $F'(x_0) = f(x_0)$을 의미한다. ◀

문제 4.2.8 함수 $f: \mathbb{R} \to \mathbb{R}$은 연속이고, 함수 $\phi: [a,\ b] \to \mathbb{R}$은 연속이라 하자.

$$g(y) = \int_a^{\phi(y)} f(x)dx$$

로 놓자. 그러면 $g: [a,\ b] \to \mathbb{R}$은 연속임을 증명하여라.

문제 4.2.9 함수 $f:[a,\ b]\to\mathbb{R}$은 연속이고, 함수 $\phi:[\alpha,\ \beta]\to\mathbb{R}$은 미분가능하다고 하자. $Im\phi\subset[a,\ b]$라고 하자.

$$\psi(y)=\int_a^{\phi(y)}f(x)dx$$

로 놓자. 그러면 $\psi'(y)=f(\phi(y))\phi'(y)$임을 증명하여라.

문제 4.2.10 $F(x)=\int_{-1}^{x^3}\sqrt{1+t^2}\,dt$일 때, $(F^{-1})'(0)$의 값을 구하여라.

정리 4.2.15 (미적분학에 관한 기본정리)

만일 유계함수 $f:[a,\ b]\to\mathbb{R}$이 적분가능하고, $F'=f$를 만족하는 미분가능한 함수 $F:[a,\ b]\to\mathbb{R}$이 존재하면, 다음이 성립한다.

$$\int_a^b f(x)dx=F(b)-F(a).$$

편의상, $F(b)-F(a)$를 나타내는 기호로 $F(x)\mid_a^b$ 또는 $[F(x)]_a^b$를 사용한다.

증명 $P=\{a=x_0,\ x_1,\ \cdots,\ x_n=b\}$는 $[a,\ b]$의 분할이라 하자. f는 $[a,\ b]$에서 적분가능하므로, 정리 4.2.4에 의하여

$$\lim_{\|P\|\to 0}R(P,\ f)=\int_a^b f(x)dx$$

이다. 평균값의 정리에 의하여 각 $i=1,\ 2,\ \cdots,\ n$에 대하여 다음을 만족하는 점 $t_i\in(x_{i-1},\ x_i)$가 존재한다.

$$F(x_i)-F(x_{i-1})=f(t_i)(x_i-x_{i-1}).$$

그러므로 다음 리만합을 얻는다.

$$R(P,\ f)=\sum_{i=1}^n f(t_i)(x_i-x_{i-1})=F(b)-F(a).$$

따라서 $\int_a^b f(x)dx = F(b) - F(a)$이다. ◀

정리 4.2.16 (부분적분법)

유계함수 $f,\ g : [a,\ b] \to \mathbb{R}$이 적분가능하고, $F' = f,\ G' = g$를 만족하는 적분가능한 함수

$$F,\ G : [a,\ b] \to \mathbb{R}$$

이 존재할 때, 다음이 성립한다.

$$\int_a^b F(x)g(x)dx = F(b)G(b) - F(a)G(a) - \int_a^b f(x)G(x)dx$$

증명 $H(x) = F(x)G(x)$로 놓으면,

$$H'(x) = f(x)G(x) + F(x)g(x)$$

이므로 정리 4.2.11과 4.2.13에 의하여 H'는 $[a,\ b]$에서 적분가능하다. 정리 4.2.11과 4.2.15에 의하여 다음을 얻는다.

$$\int_a^b f(x)G(x)dx + \int_a^b F(x)g(x)dx$$
$$= \int_a^b (f(x)G(x) + F(x)g(x))dx = F(b)G(b) - F(a)G(a).$$

그러므로 정리가 증명된다. ◀

예제 4.2.17 다음의 정적분을 구하여라.

(a) $\int_0^2 (5x^3 - 4x^2 - 2x - 3)dx$ (b) $\int_1^4 \sqrt{x}\,dx$

(c) $\int_{\frac{\pi}{3}}^{\frac{\pi}{2}} \sin x dx$

풀이 (a) $\int_0^2 (5x^3 - 4x^2 - 2x - 3)dx$

$$= 5\int_0^2 x^3 dx - 4\int_0^2 x^2 dx - 2\int_0^2 x dx - 3\int_0^2 x^0 dx$$

$$= 5 \cdot \frac{1}{3+1} x^{3+1}\Big|_0^2 - 4 \cdot \frac{1}{2+1} x^{2+1}\Big|_0^2$$

$$- 2 \cdot \frac{1}{1+1} x^{1+1}\Big|_0^2 - 3 \cdot \frac{1}{0+1} x^{0+1}\Big|_0^2$$

$$= \left[\frac{5}{4}x^4 - \frac{4}{3}x^3 - x^2 - 3x\right]_0^2$$

$$= 20 - \frac{32}{3} - 4 - 6 = -\frac{2}{3}$$

(b) $$\int_1^4 \sqrt{x}\, dx = \int_1^4 x^{\frac{1}{2}} dx = \frac{1}{\frac{1}{2}+1} x^{\frac{1}{2}+1}\Bigg|_1^4 = \frac{2}{3} x^{\frac{3}{2}}\Bigg|_1^4$$

$$= \frac{2}{3} \cdot 2^3 - \frac{2}{3} = \frac{14}{3}$$

(c) $$\int_{\frac{\pi}{3}}^{\frac{\pi}{2}} \sin x dx = -\cos x\Bigg|_{\frac{\pi}{3}}^{\frac{\pi}{2}} = -\cos\frac{\pi}{2} - \left(-\cos\frac{\pi}{3}\right) = \frac{1}{2}$$

4.3 치환적분

부정적분이나 정적분을 구하는 문제는 역도함수를 구하는 문제로 귀착된다. 일반적으로, 역도함수를 구할 때는 이미 알고 있는 역도함수의 공식을 이용하여 구하는 경우가 있다. 이러한 경우에 대한 예를 들어 보자.

예제 4.3.1 다음의 적분을 구하여라.

(a) $\int 2x\sqrt{x^2-4}\, dx$

(b) $\int_2^3 2x\sqrt{x^2-4}\, dx$

(c) $\int_0^2 \frac{x^2}{\sqrt{x^3+1}} dx$

(d) $\int \sin^2 x \cos x dx$

(e) $\int_0^{\frac{\pi}{4}} \sin^2 x \cos x dx$

풀이 (a) $\sqrt{x^2-4} = (x^2-4)^{\frac{1}{2}} = t$라고 놓으면, $x^2 - 4 = t^2$이다. 이때, 양변을 미

분하면 $2xdx = 2tdt$이다. 그러므로 다음을 얻는다.

$$\begin{aligned}\int 2x\sqrt{x^2-4}\,dx &= \int \sqrt{x^2-4}\cdot 2xdx = \int t\cdot 2tdt = \int 2t^2dt\\ &= 2\int t^2dt = 2\cdot\frac{1}{2+1}t^{2+1}+C\\ &= \frac{2}{3}t^3+C = \frac{2}{3}(x^2-4)^{\frac{3}{2}}+C\end{aligned}$$

(b) $\sqrt{x^2-4} = (x^2-4)^{\frac{1}{2}} = t$라고 놓으면, $x=2$일 때 $t=0$이고, $x=3$일 때 $t=\sqrt{5}$이다. $x^2-4=t^2$이므로, 이의 양변을 미분하면 $2xdx=2tdt$이다. 그러므로 다음을 얻는다.

$$\begin{aligned}\int_2^3 2x\sqrt{x^2-4}\,dx &= \int_2^3 \sqrt{x^2-4}\cdot 2xdx\\ &= \int_0^{\sqrt{5}} t\cdot 2tdt = \int_0^{\sqrt{5}} 2t^2dt\\ &= 2\int_0^{\sqrt{5}} t^2dt = 2\cdot\frac{1}{2+1}t^{2+1}\Big|_0^{\sqrt{5}}\\ &= \frac{2}{3}t^3\Big|_0^{\sqrt{5}} = \frac{2}{3}\cdot 5^{\frac{3}{2}}-0 = \frac{10}{3}\sqrt{5}.\end{aligned}$$

(c) $\sqrt{x^3+1}=t$라고 놓으면, $x^3+1=t^2$이다. 이때, 양변을 미분하면, $3x^2dx = 2tdt$, $x^2dx = \frac{2}{3}tdt$이다. 그러므로 다음을 얻는다.

$$\begin{aligned}\int \frac{x^2}{\sqrt{x^3+1}}dx &= \int \frac{1}{\sqrt{x^3+1}}\cdot x^2dx\\ &= \int \frac{1}{t}\cdot\frac{2}{3}tdt = \frac{2}{3}\int t^0dt = \frac{2}{3}\frac{1}{0+1}t^{0+1}+C\\ &= \frac{2}{3}t+C = \frac{2}{3}\sqrt{x^3+1}+C\end{aligned}$$

(d) $\sqrt{x^3+1}=t$ 라고 놓으면, $x=0$일 때 $t=1$이고, $x=2$일 때 $t=3$이다. $x^3+1=t^2$이므로, 이의 양변을 미분하면, $3x^2dx=2tdt$, $x^2dx = \frac{2}{3}tdt$이다. 따라서 다음을 얻는다.

$$\int_0^2 \frac{x^2}{\sqrt{x^3+1}}dx = \int_0^2 \frac{1}{\sqrt{x^3+1}} \cdot x^2 dx$$
$$= \int_1^3 \frac{1}{t} \cdot \frac{2}{3}tdt = \frac{2}{3}\int_1^3 t^0 dt = \frac{2}{3}\frac{1}{0+1}t^{0+1}\Big|_1^3$$
$$= \frac{2}{3}t\Big|_1^3 = \frac{2}{3} \cdot 3 - \frac{2}{3} \cdot 1 = \frac{4}{3}$$

(e) $\sin x = t$라고 놓고, 양변을 미분하면, $\cos x dx = dt$이다. 그러므로 다음을 얻는다.

$$\int \sin^2 x \cos x dx = \int t^2 dt = \frac{1}{2+1}t^{2+1} + C$$
$$= \frac{1}{3}t^3 + C = \frac{1}{3}\sin^3 x + C.$$

(f) $\sin x = t$라고 놓으면, $x=0$일 때 $t=0$이고, $x = \frac{\pi}{4}$일 때 $t = \frac{1}{\sqrt{2}} = 2^{-\frac{1}{2}}$이다.

$\sin x = t$의 양변을 미분하면, $\cos x dx = dt$이다. 그러므로 다음을 얻는다.

$$\int_0^{\frac{\pi}{4}} \sin^2 x \cos x dx = \int_0^{2^{-1/2}} t^2 dt = \frac{1}{2+1}t^{2+1} \Big|_0^{2^{-1/2}}$$
$$= \frac{1}{3}t^3 \Big|_0^{2^{-1/2}} = \frac{1}{3} \cdot 2^{-3/2} = \frac{1}{6\sqrt{2}}.$$

문제 4.3.1 다음 적분을 구하여라.

(a) $\int x^{-1/3}\sqrt{x^{2/3}+4}\,dx$　　(b) $\int \frac{x+2}{\sqrt{x-1}}dx$

(c) $\int \frac{1}{x\sqrt{1+x^{-2/3}}}dx$　　(d) $\int \frac{\sin\sqrt{x}}{\sqrt{x}}dx$

(e) $\int \sqrt{\tan x}\sec^2 x dx$　　(f) $\int_1^2 \frac{x-3}{\sqrt{1+6x-x^2}}dx$

(g) $\int_0^{\pi/3}(1+\sin^2 x)\cos x dx$

4.4 넓이

정의 4.4.1

함수 f와 g가 구간 $[a, b]$에서 적분가능하고, 모든 $x \in [a, b]$에 대하여 $g(x) \le f(x)$일 때, 집합

$$S = \{(x, y) \mid a \le x \le b,\ g(x) \le y \le f(x)\}$$

을 $[a, b]$에서 f와 g 사이의 **영역(domain)**이라 하고, 이 영역 S의 넓이 A를 $[a, b]$에서 f와 g 사이의 **넓이(area)**라고 한다. 다음과 같이 정의한다.

$$A = \int_a^b (f(x) - g(x))dx.$$

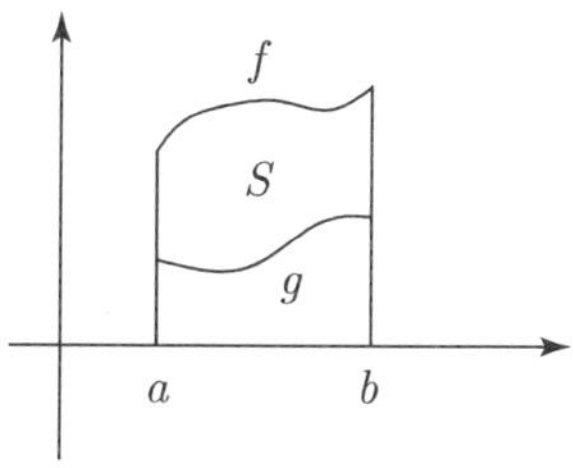

[그림 4.4.1] 함수 f와 g 사이의 영역 S

예제 4.4.2 구간 $[0, 1]$에서 함수 $f(x) = x$와 $g(x) = x^2$ 사이의 넓이를 구하여라.

풀이 $[0, 1]$에서 $x^2 \le x$이므로, $[0, 1]$에서 함수 $f(x) = x$와 $g(x) = x^2$ 사이의 넓이는 다음과 같다.

$$\begin{aligned} A &= \int_0^1 (x - x^2)dx = \int_0^1 x\,dx - \int_0^1 x^2 dx \\ &= \frac{1}{1+1}x^{1+1}\Big|_0^1 - \frac{1}{2+1}x^{2+1}\Big|_0^1 \\ &= \frac{1}{2}x^2\Big|_0^1 - \frac{1}{3}x^3\Big|_0^1 \\ &= \frac{1}{2} - \frac{1}{3} = \frac{1}{6}. \end{aligned}$$

문제 4.4.1 다음 곡선들에 의하여 둘러싸인 영역의 넓이를 구하여라.

(a) $y=x,\ y=x^2-4x-5$

(b) $y=x^2+4,\ y=6x-x^2$

(c) $y^2-2x=0,\ y^2+4x-12=0$

(d) $y=x^2-x,\ y=x^2-9x+16,\ y=-x$

문제 4.4.2 다음 영역의 넓이를 구하여라.

(a) 곡선 $y=|x^2-4|,\ x\in[-3,\ 1]$과 x-축 사이의 영역

(b) $[0,\ \pi]$에서 $y=\cos\dfrac{x}{4}$와 $y=\dfrac{1}{2}\sin 2x$ 사이의 영역

문제 4.4.3 $y=4-x^2$과 x-축으로 둘러싸인 영역의 넓이를 이등분하는 직선 $y=c$를 구하여라.

CHAPTER

5

자연로그 함수와 지수함수

고교수학에서는 지수함수를 먼저 학습한 후 로그함수를 다룬다.

$f(x)=3^x$와 같은 지수함수에서 x의 값이 무리수일 때, 3^x는 어떻게 정의하여야 할까? 예를 들어, $3^{\sqrt{2}}$와 같은 수는 어떻게 계산하여야 할까?

이러한 어려움 때문에 로그함수를 먼저 정의한 후에 그 역함수를 지수함수라고 정의하는 것이 이론 전개에서 매우 자연스럽다.

5.1 자연로그

정의 5.1.1

임의의 $x \in (0, \infty)$에 대하여 **자연로그(natural logarithm)** $\ln x$는 다음과 같이 정의한다.

$$\ln x := \int_1^x \frac{1}{t} dt.$$

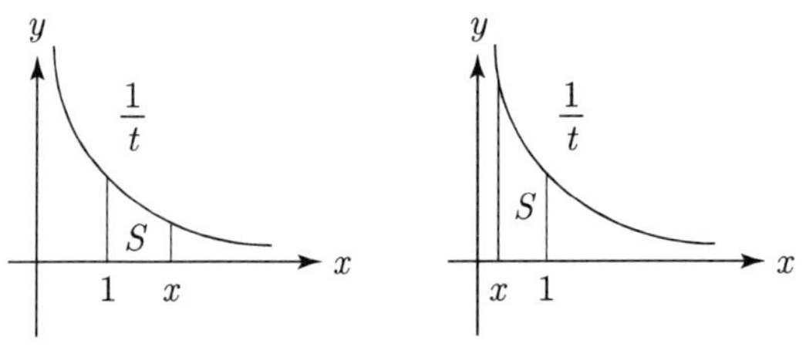

[그림 5.1.1] $\ln x = \begin{cases} (S\text{의 넓이}), & x \geq 1 \\ -(S\text{의 넓이}), & 0 < x < 1 \end{cases}$

정리 5.1.2

자연로그 함수 $f(x)=\ln x$는 미분가능하고, 그 도함수는

$$f'(x) = [\ln x]' = \frac{1}{x}$$

이다.

증명 적분에 관한 평균값의 정리와 짜내기 정리에 의하여 다음을 알 수 있다.

$$\begin{aligned} f'(x) &= \lim_{h\to 0}\frac{f(x+h)-f(x)}{h} = \lim_{h\to 0}\frac{1}{h}\left(\int_1^{x+h}\frac{1}{t}dt - \int_1^{x}\frac{1}{t}dt\right) \\ &= \lim_{h\to 0}\frac{1}{h}\int_x^{x+h}\frac{1}{t}dt \\ &= \lim_{h\to 0}\frac{1}{\xi} = \frac{1}{x}. \end{aligned}$$

여기서 $x < \xi = \xi_h < x+h$ (또는 $x > \xi = \xi_h > x+h$)이다. ◀

정리 5.1.3

$x > 0$, $y > 0$일 때, 다음이 성립한다.

(a) $\ln xy = \ln x + \ln y$

(b) 임의의 유리수 r에 대하여 $\ln x^r = r\ln x$이다.

증명 (a) 로그함수의 정의로부터 다음을 알 수 있다.

$$\ln xy = \int_1^{xy}\frac{1}{t}dt = \int_1^{x}\frac{1}{t}dt + \int_x^{xy}\frac{1}{t}dt = \ln x + \int_x^{xy}\frac{1}{t}dt.$$

이때, $t = xu$라 놓으면, $t = x$일 때 $u = 1$이고, $t = xy$일 때 $u = y$이다. $t = xu$의 양변을 미분하면, $dt = x\,du$이다. 그러므로 다음을 얻는다.

$$\int_x^{xy}\frac{1}{t}dt = \int_1^{y}\frac{1}{u}du = \ln y$$

따라서 (a)가 성립한다.

(b) $t = u^r$이라 놓으면, $t = 1$일 때 $u = 1$이고, $t = x^r$일 때 $u = x$이다. $t = u^r$의 양변을 미분하면, $dt = ru^{r-1}dr$이다. 그러므로 다음을 얻는다.

$$\ln x^r = \int_1^{x^r}\frac{1}{t}dt = \int_1^{x}\frac{1}{u^r}\cdot ru^{r-1}du = r\int_1^{x}\frac{1}{u}du = r\ln x.$$

예제 5.1.4 다음을 증명하여라.

(a) $\lim_{x\to\infty}\ln x = +\infty$ (b) $\lim_{x\to 0+}\ln x = -\infty$

증명 (a) $[\ln x]' = \frac{1}{x} > 0$이므로, $\ln x$는 증가함수이다. 충분히 큰 자연수 n에 대하여, 만일 $x > 3^n$이면, $\ln x > \ln 3^n$이다.

$$\begin{aligned}\ln 3^n &= \int_1^{3^n}\frac{1}{t}dt = \int_1^{3}\frac{1}{t}dt + \int_3^{3^2}\frac{1}{t}dt + \cdots + \int_{3^{n-1}}^{3^n}\frac{1}{t}dt \\ &> \frac{1}{3}\cdot(3-1) + \frac{1}{3^2}\cdot(3^2-3) + \frac{1}{3^3}\cdot(3^3-3^2) \\ &\quad + \cdots + \frac{1}{3^n}\cdot(3^n - 3^{n-1}) \\ &= \frac{1}{3}\cdot 2 + \frac{1}{3^2}\cdot 2\cdot 3 + \frac{1}{3^3}\cdot 2\cdot 3^2 \\ &\quad + \cdots + \frac{1}{3^n}\cdot 2\cdot 3^{n-1} = \frac{2n}{3}.\end{aligned}$$

이때, $\lim_{n\to\infty}\frac{2n}{3} = +\infty$이므로, $\lim_{x\to\infty}\ln x = +\infty$임을 알 수 있다.

(b) 충분히 큰 자연수 n에 대하여, 만일 $0 < x < \frac{1}{3^n}$이면,

$$\ln x < \ln\frac{1}{3^n} = -\ln 3^n < -\frac{2n}{3}$$

이다. $\lim_{n\to\infty}\ln\frac{1}{3^n} = -\infty$이고, $n\to\infty$일 때 $x\to 0+$이므로, $\lim_{x\to 0+}\ln x = -\infty$임을 알 수 있다.

예제 5.1.5 자연로그 함수 $f(x) = \ln x$의 그래프의 개형을 그려라.

풀이 $f'(x) = \frac{1}{x} > 0$이므로 f는 구간 $(0, \infty)$에서 증가함수이다. $f''(x) = -\frac{1}{x^2} < 0$이므로, f의 그래프의 형태는 아래로 오목하다. 예제 5.1.4에 의하여 $\lim_{x\to\infty}\ln x = +\infty$, $\lim_{x\to 0+}\ln x = -\infty$이고, $f(1) = \int_1^1\frac{1}{t}dt = 0$이므로, 자연로그 함수 $f(x) = \ln x$의 그래프의 개형은 다음과 같다.

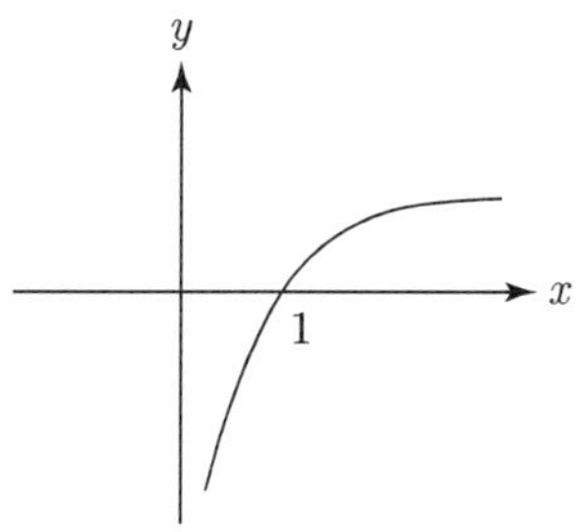

[그림 5.1.2] 자연로그 함수의 그래프

예제 5.1.6 $x>0$일 때, $\frac{x}{x+1}<\ln(x+1)<x$임을 증명하여라.

증명 $f(x)=x-\ln(x+1)$이라 놓으면, $f(0)=0$이다. $x\geq 0$일 때,

$$f'(x)=1-\frac{1}{x+1}=\frac{x}{x+1}\geq 0$$

이므로, 함수 f는 증가함수이다. 그러므로 모든 $x\in[0,\ \infty)$에 대하여 $f(x)\geq 0$이다. 따라서 모든 양의 실수 $x>0$에 대하여 $\ln(x+1)<x$이다. $g(x)=\ln(x+1)-\frac{x}{x+1}$로 놓으면, $g(0)=0$이다. $x>0$일 때, $g'(x)=\frac{x}{(x+1)^2}\geq 0$이므로, 함수 g는 증가함수이다. 그러므로 모든 $x\in[0,\ \infty)$에 대하여 $g(x)\geq 0$이다. 따라서 모든 양의 실수 $x>0$에 대하여 $\frac{x}{x+1}<\ln(x+1)$이다.

예제 5.1.7 0이 아닌 모든 실수 x에 대하여 $[\ln|x|]'=\frac{1}{x}$임을 보여라.

증명 $x>0$일 때는 자명하다.
$x<0$일 때, 연쇄법칙에 의하여

$$[\ln|x|]'=[\ln(-x)]'=\frac{1}{-x}\cdot(-1)=\frac{1}{x}$$

이다.

참고 0이 아닌 미분가능한 함수 $f(x)$에 대하여

$$[\ln|f(x)|]' = \frac{f'(x)}{f(x)}$$

이다.

예제 5.1.8 함수 $y = \ln|\sec x + \tan x|$의 도함수를 구하여라.

풀이 $y' = \dfrac{[\sec x + \tan x]'}{\sec x + \tan x} = \dfrac{\sec x \tan x + \sec^2 x}{\sec x + \tan x} = \dfrac{\sec x(\sec x + \tan x)}{\sec x + \tan x} = \sec x.$

예제 5.1.9 함수 $y = \ln|\operatorname{cosec} x + \cot x|$의 도함수를 구하여라.

풀이 $y' = \dfrac{[\operatorname{cosec} x + \cot x]'}{\operatorname{cosec} x + \cot x} = \dfrac{-\operatorname{cosec} x \cot x - \operatorname{cosec}^2 x}{\operatorname{cosec} x + \cot x} = -\operatorname{cosec} x.$

5.2 $\dfrac{f'(x)}{f(x)}$의 역도함수

$[\ln|x|]' = \dfrac{1}{x}$이므로,

$$\int \frac{1}{x}dx = \ln|x| + C$$

이다.

$[\ln|f(x)|]' = \dfrac{f'(x)}{f(x)}$이므로,

$$\int \frac{f'(x)}{f(x)}dx = \ln|f(x)| + C$$

이다.

$[\ln|\sec x + \tan x|]' = \sec x$이므로,

$$\int \sec x dx = \ln|\sec x + \tan x| + C$$

이다.

$[\ln|\operatorname{cosec} x + \cot x|]' = -\operatorname{cosec} x$이므로,

$$\int \operatorname{cosec} x\,dx = -\ln|\operatorname{cosec} x + \cot x| + C$$
$$= \ln|\operatorname{cosec} x - \cot x| + C$$

이다.

문제 5.2.1 함수 $f:\mathbb{R}\to\mathbb{R}$은 미분가능하고, 모든 $x,\ y\in\mathbb{R}$에 대하여

$$f(x+y) = f(x) + f(y)$$

를 만족한다고 하자. $f'(0) = c$라고 하자. 그러면 $f(x) = cx$임을 증명하여라.

문제 5.2.2 함수 $f:\mathbb{R}\to(0,\ \infty)$는 미분가능하고, 모든 $x,\ y\in\mathbb{R}$에 대하여

$$f(x+y) = f(x)f(y)$$

를 만족한다고 하자. $f'(0) = c$라고 하자. 그러면 $f(x) = e^{cx}$임을 증명하여라.

문제 5.2.3 다음의 적분을 구하여라.

(a) $\displaystyle\int \frac{2x+1}{x^2-x}dx$ (b) $\displaystyle\int_{-2}^{3} \frac{1}{x+3}dx$

(c) $\displaystyle\int \frac{\sec^2 x}{\tan x}dx$ (d) $\displaystyle\int_{0}^{\frac{\pi}{3}} \tan x\,dx$

(e) $\displaystyle\int \frac{1}{x(\ln x)^2}dx$ (f) $\displaystyle\int_{2}^{5} \frac{1}{x\ln x}dx$

(g) $\displaystyle\int \frac{x^2}{\sqrt{x^3+1}}dx$

5.3 지수함수

구간 $(0,\ \infty)$에서 $\mathbb{R}$에로의 자연로그 함수 $f(x) = \ln x$는 전단사이고 C^1-급 함수이며, 모든 $x\in(0,\ \infty)$에 대하여 $f'(x) > 0$이다. 그러므로 역함수의 정리에 의하여 그 역함수 $f^{-1}:\mathbb{R}\to(0,\ \infty)$도 전단사이고 C^1-급 함수이다. 이때, 이 역함수는 $\exp(x)$로 나타낸

다. 즉,

$$y=\exp(x) \Leftrightarrow x=\ln y.$$

$x=\ln y$의 양변을 미분하면,

$$1=\frac{1}{y}\cdot y',\ y'=y$$

이다. 즉, $[\exp(x)]'=\exp(x)$. 이때, $[\exp(x)]'=\exp(x)>0$이므로, 함수 $\exp(x)$는 증가함수이다. 또한, $\ln 1=0$이므로, $\exp(0)=1$이다. 함수 $y=\exp(x)$는 $y=\ln x$의 역함수이므로, $y=\exp(x)$는 $y=\ln x$와 직선 $y=x$에 관해 대칭이다. 따라서 함수 $y=\exp(x)$의 그래프는 다음과 같다.

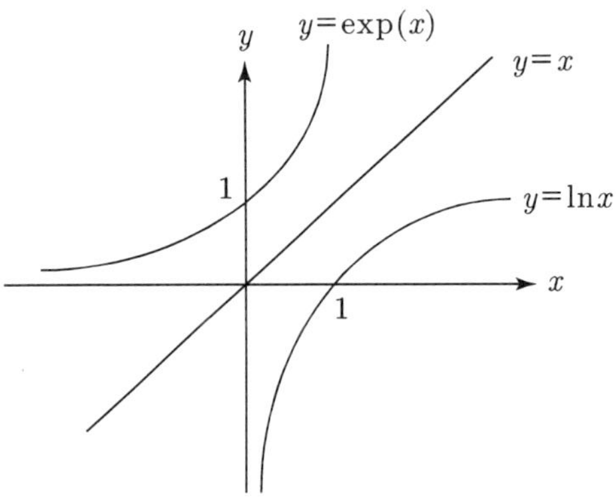

[그림 5.3.1] 함수 $y=\exp(x)$의 그래프

정의 5.3.1

$\exp(1):=e$라 정의한다. 이때,

$$1=\ln e=\int_1^e \frac{1}{t}dt$$

이다.

정리 5.3.2

n이 정수일 때, $\lim_{n\to\infty}\left(1+\frac{1}{n}\right)^n=e$이다.

증명 자연로그 함수의 연속성에 의하여 다음을 알 수 있다.

$$\begin{aligned}\ln\left[\lim_{n\to\infty}\left(1+\frac{1}{n}\right)^n\right] &= \lim_{n\to\infty}\ln\left(1+\frac{1}{n}\right)^n = \lim_{n\to\infty} n\ln\left(1+\frac{1}{n}\right) \\ &= \lim_{n\to\infty}\frac{\ln\left(1+\frac{1}{n}\right)}{\frac{1}{n}} = \lim_{n\to\infty}\frac{\ln\left(1+\frac{1}{n}\right)-\ln 1}{\frac{1}{n}} \\ &= \lim_{h\to 0}\frac{\ln(1+h)-\ln 1}{h} \\ &= [\ln x]'\,|_{x=1} = \frac{1}{x}\bigg|_{x=1} = 1.\end{aligned}$$

그러므로 $\lim_{n\to\infty}\left(1+\frac{1}{n}\right)^n = \exp(1) = e$ 이다. ◀

참고 (a) 정리 5.3.2를 활용하면, e의 근사값을 구할 수 있다. 예를 들어, $n=10^6$일 때 정확히

$$e \approx \left(1+\frac{1}{n}\right)^n \approx 2.71828$$

이다.

(b) $\lim_{x\to\infty}\left(1+\frac{1}{x}\right)^x = e$

정리 5.3.3

유리수 r에 대하여 $\exp(r)=e^r$ 이다.

증명 $y=\exp(r)$이라 놓으면, $\ln y = r = r\cdot 1 = r\ln e = \ln e^r$ 이므로, $y=e^r$ 이다. ◀

정의 5.3.4

임의의 실수 x에 대하여 $\exp(x) := e^x$ 라고 정의한다. 이때,

$$y=\exp(x)=e^x$$

를 **지수함수(exponential function)** 또는 e**를 밑으로 갖는 지수함수**라고 한다.

참고 임의의 실수 x에 대하여

$$y = \exp(x) \Leftrightarrow x = \ln y$$

이므로, $\ln e^x = x$이고, 또한, 임의의 $x > 0$에 대하여 $e^{\ln x} = x$이다.

정의 5.3.5

$a > 0$일 때, 임의의 실수 x에 대하여

$$a^x := e^{x \ln a}$$

로 정의한다.

참고 $x > 0$일 때, 임의의 실수 a에 대하여 $x^a = e^{a \ln x}$이므로, $\ln x^a = \ln e^{a \ln x} = a \ln x$이다. 또한, $[\exp(x)]' = \exp(x)$이므로 $[e^x]' = e^x$이다.

정리 5.3.6

임의의 실수 x, y에 대하여 다음이 성립한다.

(a) $e^x e^y = e^{x+y}$ (b) $\dfrac{e^x}{e^y} = e^{x-y}$ (c) $(e^x)^y = e^{xy}$

증명 (a) $e^x = u$, $e^y = v$라 놓으면, $x = \ln u$, $y = \ln v$이다. 이때,

$$x + y = \ln u + \ln v = \ln uv$$

이므로, $e^x e^y = uv = e^{x+y}$이다.

(b) (a)에서

$$x - y = \ln u - \ln v = \ln u + \ln v^{-1} = \ln uv^{-1} = \ln \frac{u}{v}$$

이므로, $\dfrac{e^x}{e^y} = \dfrac{u}{v} = e^{x-y}$이다.

(c) $e^x = u$라 놓으면, $x = \ln u$이다. 이때, $xy = y \ln u = \ln u^y$이므로 $(e^x)^y = u^y = e^{xy}$이다. ◀

문제 5.3.1 다음 함수의 도함수를 구하여라.

(a) $y=e^{x^2}\ln x$ (b) $y=\sin(e^{x+\ln x})$

(c) $y=e^x\cos x$ (d) $y=\cos(xe^x)$

(e) $y=x^x,\ x>0$ (f) $y=(\ln x)^{1/x},\ x>1$

(g) $y=x^{\ln x},\ x>0$ (h) $y=x^{1/x},\ x>0$

5.4 지수함수의 역도함수

$[e^x]'=e^x$ 이므로,

$$\int e^x dx = e^x + C$$

이다.

예제 5.4.1 다음의 적분을 구하여라.

(a) $\int e^{3x}dx$ (b) $\int_0^1 e^{3x}dx$

(c) $\int xe^{1-x^2}dx$ (d) $\int_0^1 xe^{1-x^2}dx$

(e) $\int \frac{e^x}{1+e^x}dx$ (f) $\int_0^1 \frac{e^x}{1+e^x}dx$

풀이 (a) $3x=t$라 놓으면, $3dx=dt$, $dx=\frac{1}{3}dt$이다. 그러므로 다음을 얻는다.

$$\int e^{3x}dx=\int e^t\cdot\frac{1}{3}dt=\frac{1}{3}\int e^t dt.$$
$$=\frac{1}{3}e^t+C=\frac{1}{3}e^{3x}+C.$$

(b) $3x=t$라 놓으면, $x=0$일 때 $t=0$이고, $x=1$일 때 $t=3$이다. $3x=t$의 양변을 미분하면, $3dx=dt$, $dx=\frac{1}{3}dt$이므로, 다음을 얻는다.

$$\int_0^1 e^{3x}dx = \int_0^3 e^t \cdot \frac{1}{3}dt = \frac{1}{3}\int_0^3 dt = \frac{1}{3}e^t \Big|_0^3$$

$$= \frac{1}{3}e^3 - \frac{1}{3}e^0 = \frac{1}{3}(e^3 - 1).$$

(c) $1-x^2 = t$라 놓으면, $-2xdx = dt$, $xdx = -\frac{1}{2}dt$이다. 그러므로 다음을 얻는다.

$$\int xe^{1-x^2}dx = \int e^{1-x^2}xdx = \int e^t \cdot \left(-\frac{1}{2}\right)dt = -\frac{1}{2}\int e^t dt$$

$$= -\frac{1}{2}e^t + C = -\frac{1}{2}e^{1-x^2} + C.$$

(d) $1-x^2 = t$라 놓으면, $x=0$일 때 $t=1$이고, $x=1$일 때 $t=0$이다. $1-x^2 = t$의 양변을 미분하면, $-2xdx = dt$, $xdx = -\frac{1}{2}dt$이다. 그러므로 다음을 얻는다.

$$\int_0^1 xe^{1-x^2}dx = \int_1^0 e^t \cdot \left(-\frac{1}{2}\right)dt = -\frac{1}{2}\int_1^0 e^t dt$$

$$= \frac{1}{2}\int_0^1 e^t dt = \frac{1}{2}e^t \Big|_0^1 = \frac{1}{2}e - \frac{1}{2} = \frac{1}{2}(e-1).$$

(e) $1+e^x = t$라 놓으면, $e^x dx = dt$이다. 그러므로 다음을 얻는다.

$$\int \frac{e^x}{1+e^x}dx = \int \frac{1}{t}dt = \ln|t| + C = \ln(1+e^x) + C.$$

(f) $1+e^x = t$라 놓으면, $x=0$일 때 $t=2$이고, $x=1$일 때 $t=1+e$이다. $1+e^x = t$의 양변을 미분하면, $e^x dx = dt$이다. 그러므로 다음을 얻는다.

$$\int_0^1 \frac{e^x}{1+e^x}dx = \int_2^{1+e} \frac{1}{t}dt = \ln|t|\,\Big|_2^{1+e}$$

$$= \ln(1+e) - \ln 2 = \ln\frac{1+e}{2}.$$

문제 5.4.1 다음을 적분하여라.

(a) $\int xe^{x^2}dx$

(b) $\int e^{2x}\sqrt{1+e^{2x}}\,dx$

(c) $\int e^{\sin x}\cos x dx$

(d) $\int_1^9 \frac{1}{\sqrt{x}}e^{\sqrt{x}}dx$

(e) $\int 10^{-x}dx$

(f) $\int 3^{-x}e^{x}dx$

(g) $\int \frac{3^{x}}{1+3^{x}}dx$

(h) $\int 2^{\sin x}\cos x dx$

5.5 로피탈 법칙

미분가능한 함수 f, g에 대하여

$$f(a)=g(a)=0 \text{ 또는 } \lim_{x\to a}f(x)=\lim_{x\to a}g(x)=\infty$$

인 경우에 $\lim_{x\to a}\frac{f(x)}{g(x)}$를 구할 때, 로피탈 법칙은 매우 유용하다.

정리 5.5.1 ($\frac{0}{0}$꼴의 로피탈 법칙(L'Hopital's rules))

구간 (a, b)에서 정의된 미분가능한 함수 f, g에 대하여 g, g'가 (a, b)에서 0이 아니고, $\lim_{x\to a+}f(x)=\lim_{x\to a+}g(x)=0$일 때, 만일 $\lim_{x\to a+}\frac{f'(x)}{g'(x)}$가 존재하면, 다음이 성립한다.

$$\lim_{x\to a+}\frac{f(x)}{g(x)}=\lim_{x\to a+}\frac{f'(x)}{g'(x)}.$$

증명 $f(a)=g(a)=0$이라 정의하자. 그러면 f, g는 $[a, b)$에서 연속이다. 임의의 $x\in(a, b)$에 대하여 $z\in(a, x)$일 때, 함수 $h:[a, z]\to\mathbb{R}$을 다음과 같이 정의하자.

$$h(t)=f(t)-\frac{f(z)}{g(z)}g(t),\ t\in[a, z].$$

그러면 h는 $[a, z]$에서 연속이고, (a, z)에서 미분가능하다. $h(a)=h(z)=0$이므로, 롤의 정리에 의하여 다음을 만족하는 $t_z\in(a, z)$가 존재한다.

$$h'(t_z)=f'(t_z)-\frac{f(z)}{g(z)}g'(t_z)=0.$$

따라서

$$\frac{f(z)}{g(z)} = \frac{f'(t_z)}{g'(t_z)}$$

이다. $a < t_z < z < x$이므로, 만일 $x \to a_+$이면, $z \to a_+$이고, $t_z \to a_+$이다. 따라서 다음을 얻는다.

$$\lim_{x \to a_+} \frac{f(x)}{g(x)} = \lim_{z \to a_+} \frac{f(z)}{g(z)} = \lim_{z \to a_+} \frac{f'(t_z)}{g'(t_z)}$$
$$= \lim_{t_z \to a_+} \frac{f'(t_z)}{g'(t_z)} = \lim_{x \to a_+} \frac{f'(x)}{g'(x)}.$$ ◀

참고 $\frac{0}{0}$꼴의 로피탈의 정리는

$$x \to a-,\ x \to a,\ x \to +\infty,\ x \to -\infty$$

의 경우에도 성립한다.

문제 5.5.1 만일 f는 x의 근방에서 두 번 미분가능하면,

$$\lim_{h \to 0} \frac{f(x+h) + f(x-h) - 2f(x)}{h^2} = f''(x)$$

임을 보여라.

예제 5.5.2 다음의 극한을 구하여라.

$$\lim_{x \to 0} \frac{x^3}{x - \sin x}$$

풀이 $\lim_{x \to 0} \frac{x^3}{x - \sin x} = \lim_{x \to 0} \frac{3x^2}{1 - \cos x} = \lim_{x \to 0} \frac{6x}{\sin x} = \lim_{x \to 0} \frac{6}{\cos x} = 6.$

문제 5.5.2 $\lim_{x \to 0} \frac{\int_0^x \sin(t^3)dt}{x^4}$의 값을 구하여라.

정리 5.5.3 (코시(Cauchy)의 평균값의 정리)

만일 f, g가 닫힌구간 $[a, b]$에서 연속이고, 열린구간 (a, b)에서 미분가능한 실가함수이면, 다음을 만족하는 점 $x \in (a, b)$가 적어도 하나 존재한다.

$$(f(b) - f(a))g'(x) = (g(b) - g(a))f'(x)$$

증명 $h(t) = (f(b) - f(a))g(t) - (g(b) - g(a))f(t)$로 놓으면, h는 $[a, b]$에서 연속이고, (a, b)에서 미분가능이다. 또한, 다음을 만족한다.

$$h(a) = f(b)g(a) - f(a)g(b) = h(b).$$

그러므로 롤의 정리에 의하여 $h'(x) = 0$을 만족하는 점 $x \in (a, b)$가 존재한다. ◀

정리 5.5.4 ($\frac{\infty}{\infty}$꼴의 로피탈의 정리)

$-\infty < a < b < +\infty$일 때, 열린구간 (a, b)에서 미분가능한 실가함수 f, g가 모든 $x \in (a, b)$에서 $g'(x) \neq 0$이고, $-\infty < A < +\infty$일 때

$$\lim_{x \to a+} \frac{f'(x)}{g'(x)} = A$$

라고 하자. 이때, 만일

$$\lim_{x \to a+} g(x) = +\infty$$

이면,

$$\lim_{x \to a+} \frac{f(x)}{g(x)} = A$$

이다.

증명 $\lim_{x \to a+} g(x) = +\infty$이므로, 임의의 양수 $M > 0$에 대하여 $\delta > 0$가 존재하여

$$a \le x < a + \delta$$

를 만족하는 모든 $x \in (a, b)$에 대하여

$$g(x) > M$$

이 성립한다.

이때, $a < x < y < c_1 < a + \delta < b$라고 하자. 정리 5.5.3에 의하여 다음을 만족하는 점 $t \in (x,\ y)$가 존재한다.

$$\frac{f(x) - f(y)}{g(x) - g(y)} = \frac{f'(t)}{g'(t)}$$

$a < x < c_1$에서 $g(x) > 0$이므로, 위의 등식에 $\dfrac{g(x) - g(y)}{g(x)}$를 곱하면, 다음을 얻는다.

$$\frac{f(x)}{g(x)} - \frac{f(y)}{g(x)} = \frac{f'(t)}{g'(t)} - \frac{g(y)}{g(x)}\frac{f'(t)}{g'(t)}.$$

이때 만일 $t \to a+$이면, $x \to a+$이다. 또한, 만일 $x \to a+$이면, $g(x) \to +\infty$이므로, 다음을 얻는다.

$$\lim_{x \to a+} \frac{f(x)}{g(x)} = \lim_{t \to a+} \frac{f'(t)}{g'(t)} = A.$$

참고 $\dfrac{\infty}{\infty}$꼴의 로피탈의 정리는

$$x \to a_-,\ x \to a,\ x \to +\infty,\ x \to -\infty$$

의 경우에도 성립한다.

예제 5.5.5 다음의 극한을 구하여라.

$$\lim_{x \to \infty} \frac{2x^2 + 3}{x^2 - 2x}$$

풀이 $\displaystyle \lim_{x \to \infty} \frac{2x^2 + 3}{x^2 - 2x} = \lim_{x \to \infty} \frac{4x}{2x - 2} = \lim_{x \to \infty} \frac{4}{2} = 2.$

참고 $\dfrac{0}{0}$꼴이 아닌 부정형의 극한을 구하는 경우에 $\dfrac{0}{0}$이나 $\dfrac{\infty}{\infty}$꼴로 고칠 수 있는 경우가 있다. 이에 대한 예를 들어보자.

예제 5.5.6 다음의 극한을 구하여라.

(a) $\lim_{x\to 0+}\left(\frac{1}{x}-\frac{1}{\sin x}\right)$ (b) $\lim_{x\to 0+} x\ln x$

(c) $\lim_{x\to\infty}\left(1+\frac{a}{x}\right)^{x}$ (d) $\lim_{x\to 0+}(1+ax)^{\frac{1}{x}}$

(e) $\lim_{x\to 0+} x^{x}$ (f) $\lim_{x\to 0+}\left(1+\frac{1}{x}\right)^{x}$

풀이 (a)
$$\lim_{x\to 0+}\left(\frac{1}{x}-\frac{1}{\sin x}\right)=\lim_{x\to 0+}\frac{\sin x-x}{x\sin x}=\lim_{x\to 0+}\frac{\cos x-1}{\sin x+x\cos x}=\lim_{x\to 0+}\frac{-\sin x}{\cos x+\cos x-x\sin x}=0.$$

(b)
$$\lim_{x\to 0+} x\ln x=\lim_{x\to 0+}\frac{\ln x}{\frac{1}{x}}=\lim_{x\to 0+}\frac{\frac{1}{x}}{-\frac{1}{x^2}}=\lim_{x\to 0+}(-x)=0.$$

(c)
$$\lim_{x\to\infty}\left(1+\frac{a}{x}\right)^{x}=\lim_{x\to\infty}\exp\left(x\ln\left(1+\frac{a}{x}\right)\right)=\exp\left(\lim_{x\to\infty}\frac{\ln\left(1+\frac{a}{x}\right)}{\frac{1}{x}}\right)$$
$$=\exp\left(\lim_{x\to\infty}\frac{\frac{1}{1+\frac{a}{x}}\cdot\left(-\frac{a}{x^2}\right)}{-\frac{1}{x^2}}\right)=\exp\left(\lim_{x\to\infty}\frac{a}{1+\frac{a}{x}}\right)$$
$$=\exp(a)=e^{a}.$$

(d)
$$\lim_{x\to 0+}(1+ax)^{\frac{1}{x}}=\lim_{x\to 0+}\exp\left(\frac{1}{x}\ln(1+ax)\right)=\exp\left(\lim_{x\to 0+}\frac{\ln(1+ax)}{x}\right)$$
$$=\exp\left(\lim_{x\to 0+}\frac{a}{1+ax}\right)=\exp(a)=e^{a}$$

(e)
$$\lim_{x\to 0+} x^{x}=\lim_{x\to 0+}\exp(x\ln x)=\exp\left(\lim_{x\to 0+}\frac{\ln x}{\frac{1}{x}}\right)$$
$$=\exp\left(\lim_{x\to 0+}\frac{\frac{1}{x}}{-\frac{1}{x^2}}\right)=\exp(\lim_{x\to 0+}(-x))=\exp(0)=1$$

(f)
$$\lim_{x\to 0+}\left(1+\frac{1}{x}\right)^{x}=\lim_{x\to 0+}\exp\left(x\ln\left(1+\frac{1}{x}\right)\right)=\exp\left(\lim_{x\to 0+}\frac{\ln\left(1+\frac{1}{x}\right)}{\frac{1}{x}}\right)$$

$$= \exp\left(\lim_{x \to 0+} \frac{\frac{1}{1+\frac{1}{x}} \cdot \left(-\frac{1}{x^2}\right)}{-\frac{1}{x^2}} \right) = \exp\left(\lim_{x \to 0+} \frac{x}{x+1} \right)$$

$$= \exp(0) = 1$$

문제 5.5.3 다음 극한값을 구하여라.

(a) $\lim_{x \to 0} \frac{b^x - 1}{x},\ b > 0$

(b) $\lim_{x \to 0} \frac{\ln(x+1)}{x}$

(c) $\lim_{x \to 0} \frac{e - (1+x)^{1/x}}{x}$

(d) $\lim_{x \to \infty} \frac{x}{\ln x}[x^{1/x} - 1]$

(e) $\lim_{x \to 0} \frac{\tan x - x}{x(1 - \cos x)}$

(f) $\lim_{x - 0} \frac{x - \sin x}{\tan x - x}$

(g) $\lim_{x \to \infty} (a+x)^{p/x}$

(h) $\lim_{x \to \infty} (1 + x + x^2)^{1/x}$

(i) $\lim_{x \to 1} \frac{1 + \cos \pi x}{x^2 - 2x + 1}$

(j) $\lim_{x \to 0} (\cos x)^{1/x^2}$

(k) $\lim_{x \to \infty} \sin x^{1/x}$

(l) $\lim_{x \to \infty} \left(1 + \frac{1}{x}\right)^{\ln x}$

(m) $\lim_{x \to 2} \frac{1}{x-2} \int_2^x \sin t dt$

문제 5.5.4 함수 $f(x) = \begin{cases} xe^{-1/x^2}, & x \neq 0 \\ 0, & x = 0 \end{cases}$은 $x = 0$에서 연속임을 보여라. 또한, 함수 f는 $x = 0$에서 미분가능함을 보이고, $f'(0)$의 값을 구하여라.

5.6 역삼각함수

삼각함수는 정의역에서 미분가능하다. 또한, 삼각함수는 주기함수이므로, 일반적으로 전단사 함수가 아니다. 그러나 만일 삼각함수의 정의역을 적당히 제한하면, 삼각함수는 미분가능한 전단사 함수가 되게 할 수 있다. 이때, 그 역함수, 즉, 역삼각함수도 미분가능한 전단사 함수이다.

다음과 같이 정의역을 제한한 삼각함수들은 모두 미분가능한 전단사 함수이다. 이와 같이 제한한 정의역을 각 삼각함수의 **주치역**(principle domain)이라고 한다. 이때, 각 삼각함수들의 주치역과 치역을 반드시 기억해 두기 바란다.

$$\sin : \left[-\frac{\pi}{2},\ \frac{\pi}{2}\right] \to [-1,\ 1]$$
$$\cos : [0,\ \pi] \to [-1,\ 1]$$
$$\tan : \left(-\frac{\pi}{2},\ \frac{\pi}{2}\right) \to \mathbb{R}$$
$$\sec : \left[-\pi,\ -\frac{\pi}{2}\right) \cup \left[0,\ \frac{\pi}{2}\right) \to (-\infty,\ -1] \cup [1,\ \infty)$$
$$\operatorname{cosec} : \left[-\frac{\pi}{2},\ 0\right) \cup \left(0,\ \frac{\pi}{2}\right] \to (-\infty,\ -1] \cup [1,\ \infty)$$
$$\cot : (0,\ \pi) \to \mathbb{R}$$

위의 삼각함수의 역함수, 즉, 역삼각함수는 다음과 같이 나타낸다.

$$\sin^{-1} : [-1,\ 1] \to \left[-\frac{\pi}{2},\ \frac{\pi}{2}\right]$$
$$\cos^{-1} : [-1,\ 1] \to [0,\ \pi]$$
$$\tan^{-1} : \mathbb{R} \to \left(-\frac{\pi}{2},\ \frac{\pi}{2}\right)$$
$$\sec^{-1} : (-\infty,\ -1] \cup [1,\ \infty) \to \left[-\pi,\ -\frac{\pi}{2}\right) \cup \left[0,\ \frac{\pi}{2}\right)$$
$$\operatorname{cosec}^{-1} : (-\infty,\ -1] \cup [1,\ \infty) \to \left[-\frac{\pi}{2},\ 0\right) \cup \left(0,\ \frac{\pi}{2}\right]$$
$$\cot^{-1} : \mathbb{R} \to (0,\ \pi)$$

주의 $\sin^{-1}\left(\sin\frac{2\pi}{3}\right) = \sin^{-1}\frac{\sqrt{3}}{2} = \frac{\pi}{3} \neq \frac{2\pi}{3}$이고, $\sin\left(\sin^{-1}\frac{\sqrt{3}}{2}\right) = \sin\frac{\pi}{3} = \frac{\sqrt{3}}{2}$이다. 이것은 $\frac{2\pi}{3}$가 사인함수의 주치역 $\left[-\frac{\pi}{2},\ \frac{\pi}{2}\right]$에 속하지 않기 때문이다. 따라서 역삼각함수를 생각할 때는 반드시 주치역을 고려해야 한다.

예제 5.6.1 다음을 구하여라.

(a) $\sin^{-1}\left(-\frac{\sqrt{3}}{2}\right)$ (b) $\cos^{-1}\frac{1}{2}$

(c) $\tan^{-1}\sqrt{3}$ (d) $\cos^{-1}\left(\sin\frac{\pi}{3}\right)$

(e) $\sin[\tan^{-1}(\cos 0)]$

풀이 (a) $\sin^{-1}\left(-\frac{\sqrt{3}}{2}\right)=-\frac{\pi}{3}$

(b) $\cos^{-1}\frac{1}{2}=\frac{\pi}{3}$

(c) $\tan^{-1}\sqrt{3}=\frac{\pi}{3}$

(d) $\cos^{-1}\left(\sin\frac{\pi}{3}\right)=\cos^{-1}\frac{\sqrt{3}}{2}=\frac{\pi}{6}$

(e) $\sin[\tan^{-1}(\cos 0)]=\sin(\tan^{-1}1)=\sin\frac{\pi}{4}=\frac{\sqrt{2}}{2}$

예제 5.6.2 $x\in[-1,\ 1]$일 때 다음을 증명하여라.

$$\sin^{-1}x+\cos^{-1}x=\frac{\pi}{2}$$

증명 $\sin^{-1}x=\alpha$, $\cos^{-1}x=\beta$로 놓으면, $x=\sin\alpha$, $x=\cos\beta$이다. 이때,

$$\begin{aligned}\sin(\alpha+\beta)&=\sin\alpha\cos\beta+\cos\alpha\sin\beta\\&=x^2+\sqrt{1-\sin^2\alpha}\cdot\sqrt{1-\cos^2\beta}\\&=x^2+\sqrt{1-x^2}\sqrt{1-x^2}\\&=x^2+(1-x^2)=1\end{aligned}$$

이므로, $\alpha+\beta=\frac{\pi}{2}$이다. 즉, $\sin^{-1}x+\cos^{-1}x=\frac{\pi}{2}$이다. ◀

문제 5.6.1 다음을 증명하여라.

$$4\tan^{-1}\frac{1}{5}-\tan^{-1}\frac{1}{239}=\frac{\pi}{4}.$$

역함수의 정리에 의하여 역삼각함수의 도함수를 구하면, 다음과 같다.

$$(\sin^{-1})'(x)=\frac{1}{(\sin)'(\sin^{-1}x)}=\frac{1}{\cos(\sin^{-1}x)}$$

에서 $y=\sin^{-1}x$로 놓으면, $\sin y=x$이다. 이때,

$$\cos y = \sqrt{1-\sin^2 y} = \sqrt{1-x^2}$$

이므로,

$$(\sin^{-1})'(x) = \frac{1}{\sqrt{1-x^2}}$$

이다.

$$(\cos^{-1})'(x) = \frac{1}{(\cos)'(\cos^{-1}x)} = \frac{1}{-\sin(\cos^{-1}x)}$$

에서 $y=\cos^{-1}x$로 놓으면, $\cos y = x$이다. 이때,

$$\sin y = \sqrt{1-\cos^2 y} = \sqrt{1-x^2}$$

이므로,

$$(\cos^{-1})'(x) = -\frac{1}{\sqrt{1-x^2}}$$

이다.

$$(\tan^{-1})'(x) = \frac{1}{(\tan)'(\tan^{-1}x)} = \frac{1}{\sec^2(\tan^{-1}x)}$$

에서 $y=\tan^{-1}x$로 놓으면, $\tan y = x$이다. 이때,

$$\sec^2 y = 1+\tan^2 y = 1+x^2$$

이므로

$$(\tan^{-1})'(x) = \frac{1}{1+x^2}$$

이다.

$$(\sec^{-1})'(x) = \frac{1}{(\sec)'(\sec^{-1}x)} = \frac{1}{\sec(\sec^{-1}x)\tan(\sec^{-1}x)}$$

에서 $y=\sec^{-1}x$로 놓으면, $\sec y = x$이다. 이때

$$\tan y = \sqrt{\sec^2 y - 1} = \sqrt{x^2-1}$$

이므로

$$(\sec^{-1})'(x) = \frac{1}{x\sqrt{x^2-1}}$$

이다.

$$(\operatorname{cosec}^{-1})'(x) = \frac{1}{(\operatorname{cosec})'(\operatorname{cosec}^{-1}x)}$$
$$= \frac{1}{-\operatorname{cosec}(\operatorname{cosec}^{-1}x)\cot(\operatorname{cosec}^{-1}x)}$$

에서 $y = \operatorname{cosec}^{-1}x$로 놓으면, $\operatorname{cosec}y = x$이다. 이때

$$\cot y = \sqrt{\operatorname{cosec}^2 y - 1} = \sqrt{x^2-1}$$

이므로,

$$(\operatorname{cosec}^{-1})'(x) = -\frac{1}{x\sqrt{x^2-1}}$$

이다.

$$(\cot^{-1})'(x) = \frac{1}{(\cot)'(\cot^{-1}x)} = \frac{1}{-\operatorname{cosec}^2(\cot^{-1}x)}$$

에서 $y = \cot^{-1}x$로 놓으면, $\cot y = x$이다. 이때

$$\operatorname{cosec}^2 y = 1 + \cot^2 y = 1 + x^2$$

이므로

$$(\cot^{-1})'(x) = -\frac{1}{1+x^2}$$

이다.

문제 5.6.2 $\lim_{x \to 0} \frac{\tan^{-1}x - \sin^{-1}x}{x(1-\cos x)}$의 값을 구하여라.

이것으로부터 다음의 부정적분을 얻는다.

$$\int \frac{1}{\sqrt{1-x^2}}dx = \sin^{-1}x + C,$$

$$\int \frac{1}{1+x^2}dx = \tan^{-1}x + C,$$

$$\int \frac{1}{x\sqrt{x^2-1}}dx = \sec^{-1}x + C$$

예제 5.6.3 $a > 0$일 때 다음을 증명하여라.

(a) $\displaystyle\int \frac{1}{\sqrt{a^2-x^2}} = \sin^{-1}\frac{x}{a} + C$

(b) $\displaystyle\int \frac{1}{a^2+x^2}dx = \frac{1}{a}\tan^{-1}\frac{x}{a} + C$

(c) $\displaystyle\int \frac{1}{x\sqrt{x^2-a^2}}dx = \frac{1}{a}\sec^{-1}\frac{x}{a} + C$

증명 (a) $x = a\sin t$로 놓으면, $t = \sin^{-1}\dfrac{x}{a}$이다. 또한, $\sqrt{a^2-x^2} = a\cos t$이고, $dx = a\cos t dt$이다. 그러므로 다음을 얻는다.

$$\int \frac{1}{\sqrt{a^2-x^2}} = \int \frac{1}{a\cos t}a\cos t dt = \int dt = t + C = \sin^{-1}\frac{x}{a} + C$$

(b) $x = a\tan t$로 놓으면, $t = \tan^{-1}\dfrac{x}{a}$이다. 또한, $a^2 + x^2 = a^2\sec^2 t$이고, $dx = a\sec^2 t dt$이다. 그러므로 다음을 얻는다.

$$\begin{aligned}\int \frac{1}{a^2+x^2} &= \int \frac{1}{a^2\sec^2 t}a\sec^2 t dt \\ &= \frac{1}{a}\int dt = \frac{1}{a}t + C = \frac{1}{a}\tan^{-1}\frac{x}{a} + C.\end{aligned}$$

(c) $x = a\sec t$로 놓으면, $t = \sec^{-1}\dfrac{x}{a}$이다. 또한, $\sqrt{x^2-a^2} = a\tan t$이고, $dx = a\sec t\tan t dt$이다. 그러므로 다음을 얻는다.

$$\begin{aligned}\int \frac{1}{x\sqrt{x^2-a^2}} &= \int \frac{1}{a\sec t \cdot a\tan t}a\sec t\tan t dt \\ &= \frac{1}{a}\int dt = \frac{1}{a}t + C = \frac{1}{a}\sec^{-1}\frac{x}{a} + C.\end{aligned}$$ ◀

예제 5.6.4 다음의 적분을 구하여라.

(a) $\displaystyle\int_0^3 \frac{1}{9+x^2}dx$　　　(b) $\displaystyle\int_0^{\frac{1}{2}} \frac{1}{\sqrt{1-x^2}}dx$

(c) $\int_0^1 \frac{e^x}{\sqrt{1-e^{2x}}}dx$

풀이 (a) $\int_0^3 \frac{1}{9+x^2}dx = \frac{1}{3}\tan^{-1}\frac{x}{3} \mid_0^3 = \frac{1}{3}\tan^{-1}1 - \frac{1}{3}\tan^{-1}0$

$$= \frac{1}{3} \cdot \frac{\pi}{4} = \frac{\pi}{12}$$

(b) $\int_0^{\frac{1}{2}} \frac{1}{\sqrt{1-x^2}}dx = \sin^{-1}x \mid_0^{\frac{1}{2}} = \sin^{-1}\frac{1}{2} - \sin^{-1}0 = \sin^{-1}\frac{1}{2} = \frac{\pi}{6}$

(c) $e^x = t$로 놓으면, $x=0$일 때 $t=1$이고, $x=1$일 때 $t=e$이다. 또한, $e^x = t$의 양변을 미분하면, $e^x dx = dt$이다. 그러므로 다음을 얻는다.

$$\int_0^1 \frac{e^x}{\sqrt{1-e^{2x}}}dx = \int_0^e \frac{1}{\sqrt{1-t^2}}dt$$

$$= \sin^{-1}t \mid_0^e = \sin^{-1}e - \sin^{-1}0 = \sin^{-1}e.$$

문제 5.6.3 다음 극한값을 구하여라.

(a) $\lim_{n\to\infty}\left[\frac{n}{n^2+1^2} + \frac{n}{n^2+2^2} + \cdots + \frac{n}{n^2+n^2}\right]$

(b) $\lim_{n\to\infty}\left[\frac{1}{\sqrt{n^2+1^2}} + \frac{1}{\sqrt{n^2+2^2}} + \cdots + \frac{1}{\sqrt{n^2+n^2}}\right]$

(c) $\lim_{n\to\infty}\sum_{k=1}^{n}\frac{n}{n^2+k^2\pi^2/16}$

5.7 쌍곡선 함수

정의 5.7.1

쌍곡선 함수는 다음과 같이 정의한다.

$$\sinh x := \frac{e^x - e^{-x}}{2}, \quad \cosh x := \frac{e^x + e^{-x}}{2}, \quad \tanh x := \frac{\sinh x}{\cosh x}$$

$$\text{sech} x := \frac{1}{\cosh x}, \quad \text{cosech} x := \frac{1}{\sinh x}, \quad \coth x := \frac{1}{\tanh x}$$

문제 5.7.1 다음을 증명하여라.

(a) $\cosh^2 x - \sinh^2 x = 1$

(b) $\sinh(x+y) = \sinh x \cosh y + \cosh x \sinh y$

(c) $\cosh(x+y) = \cosh x \cosh y + \sinh x \sinh y$

(d) $1 - \tanh^2 x = \mathrm{sech}^2 x$

(e) $\coth^2 x - 1 = \mathrm{cosech}^2 x$

(f) $\sinh^{-1} x = \ln(x + \sqrt{x^2+1})$

$\cosh^{-1} x = \ln(x + \sqrt{x^2-1})$

$\tanh^{-1} = \dfrac{1}{2}\ln\dfrac{1+x}{1-x}$

(g) $[\sinh x]' = \cosh x$, $[\cosh x]' = \sinh x$

$[\tanh x]' = \mathrm{sech}^2 x$, $[\coth x]' = -\,\mathrm{cosech}^2 x$

5장 자연로그 함수와 지수함수

CHAPTER

6 적분의 기교

6.1 부분적분법

미분 공식은 항상 부정적분 공식으로 바꾸어 해석할 수 있다. 예를 들어, 미분에 대한 합의 공식으로부터 적분의 선형성을 증명할 수 있다. 즉, $d(f+g)=df+dg$이므로,

$$\begin{aligned}\int (df+dg) &= \int d(f+g)\\ &= f+g+C\\ &= \int df + \int dg\end{aligned}$$

이다. 또한 $d(fg)=fdg+gdf$이므로,

$$\begin{aligned}\int d(fg) &= \int (fdg+gdf)\\ &= \int fdg + \int gdf\end{aligned}$$

이다. 따라서

$$\begin{aligned}\int fdg &= \int d(fg) - \int gdf\\ &= uv - \int vdu\end{aligned}$$

이다. 위와 같은 공식에 의하여 적분하는 방법은 **부분적분법**(integration by parts)이라 한다. 정적분인 경우에는 다음과 같다.

$$\int_a^b fdg = fg\,|_a^b - \int_a^b gdf.$$

만일 f, g가 x의 함수이면.

$$\int fg'dx = fg - \int gf'dx$$

$$\int_a^b fg'dx = fg\,|_a^b - \int_a^b gf'dx$$

이다. 부분적분법을 많은 경우에 유용하게 사용된다. 이 부분적분법은 f, g'를 어떻게 선택

할 것인가가 중요하다. f, g'를 선택하는 일반적인 방법이 있는 것이 아니라 그것은 단지 오른쪽의 적분이 가능하도록 선택하여야 하는 것이다. 예제를 통하여 부분적분법을 알아보자.

예제 6.1.1 다음의 적분을 구하여라.

(a) $\int xe^x dx$ (b) $\int x^3 \ln x dx$

(c) $\int \ln x dx$ (d) $\int_0^1 \tan^{-1} x dx$

풀이 (a) $f(x)=x$, $g'(x)=e^x$으로 놓으면, $f'(x)=1$, $g(x)=e^x$이다. 따라서 부분적분법에 의하여 다음을 얻는다.

$$\int xe^x dx = xe^x - \int e^x dx = xe^x - e^x + C$$

(b) $f(x)=\ln x$, $g'(x)=x^3$으로 놓으면, $f'(x)=\frac{1}{x}$, $g(x)=\frac{1}{4}x^4$이다. 따라서 부분적분법에 의하여 다음을 얻는다.

$$\begin{aligned}\int x^3 \ln x dx &= \frac{1}{4}x^4 \ln x - \int \frac{1}{x} \cdot \frac{1}{4}x^4 dx \\ &= \frac{1}{4}x^4 \ln x - \frac{1}{4}\int x^3 dx = \frac{1}{4}x^4 \ln x - \frac{1}{4} \cdot \frac{1}{4}x^4 + C \\ &= \frac{1}{4}x^4 \ln x - \frac{1}{16}x^4 + C.\end{aligned}$$

(c) $f(x)=\ln x$, $g'(x)=1$으로 놓으면, $f'(x)=\frac{1}{x}$, $g(x)=\frac{1}{4}x^4$이다. 따라서 부분적분법에 의하여 다음을 얻는다.

$$\int \ln x dx = x\ln x - \int x \cdot \frac{1}{x} dx = x\ln x - \int dx = x\ln x - x + C.$$

(d) $f(x)=\tan^{-1}x$, $g'(x)=1$으로 놓으면, $f'(x)=\frac{1}{1+x^2}$, $g(x)=x$이다. 따라서 부분적분법에 의하여 다음을 얻는다.

$$\begin{aligned}\int_0^1 \tan^{-1} x dx &= x\tan^{-1}x \,|_0^1 - \int_0^1 x \cdot \frac{1}{1+x^2} dx \\ &= \frac{\pi}{4} - \frac{1}{2}\ln(1+x^2)\,|_0^1 = \frac{\pi}{4} - \frac{1}{2}\ln 2.\end{aligned}$$

예제 6.1.2 $\int e^x \sin x dx$을 구하여라.

풀이 $f(x)=\sin x,\ g'(x)=e^x$으로 놓으면, $f'(x)=\cos x,\ g(x)=e^x$이다. 따라서 부분적분법에 의하여 다음을 얻는다.

$$\int e^x \sin x dx = e^x \sin x - \int e^x \cos x dx.$$

이때, 다시 위의 두 번째 적분에서 $f(x)=\cos x,\ g'(x)=e^x$으로 놓으면, $f'(x)=-\sin x,\ g(x)=e^x$이다. 따라서 부분적분법에 의하여 다음을 얻는다.

$$\begin{aligned}\int e^x \cos x dx &= e^x \cos x - \int e^x \cdot (-\sin x) dx \\ &= e^x \cos x + \int e^x \sin x dx.\end{aligned}$$

그러므로 다음을 얻는다.

$$\begin{aligned}\int e^x \sin x dx &= e^x \sin x - \int e^x \cos x dx \\ &= e^x \sin x - [e^x \cos x + \int e^x \sin x dx] \\ &= e^x \sin x - e^x \cos x - \int e^x \sin x dx\end{aligned}$$

따라서 다음을 알 수 있다.

$$\int e^x \sin x dx = \frac{1}{2} e^x (\sin x - \cos x) + C.$$

문제 6.1.1 다음을 적분하여라.

(a) $\int x \tan^{-1} x dx$

(b) $\int x (\ln x)^2 dx$

(c) $\int \sin(\ln x) dx$

(d) $\int x^3 \cos(x^2) dx$

(e) $\int \frac{x^7}{(1+x^4)^{3/2}} dx$

(f) $\int_0^1 x^5 e^{-x^2} dx$

예제 6.1.3 n이 자연수일 때, 다음을 증명하여라.

(a) $\int x^n e^x dx = x^n e^x - n \int x^{n-1} e^x dx$

(b) $\int x^n e^{-x^2}dx = -\frac{1}{2}x^{n-1}e^{-x^2} + \frac{n-1}{2}\int x^{n-2}e^{-x^2}dx$

(c) $\int (\ln x)^n dx = x(\ln x)^n - n\int (\ln x)^{n-1}dx$

(d) $\int x^n \cos x dx = x^n \sin x - n\int x^{n-1}\sin x dx$

(e) $\int \sin^n x dx = -\frac{1}{n}\sin^{n-1}x\cos x + \frac{n-1}{n}\int \sin^{n-2}x dx$

(f) $\int \cos^n x dx = \frac{1}{n}\cos^{n-1}x\sin x + \frac{n-1}{n}\int \cos^{n-2}x dx$

(g) $\int \tan^n x dx = \frac{1}{n-1}\tan^{n-1}x - \int \tan^{n-2}x dx$

(h) $\int \sec^n x dx = \frac{1}{n-1}\sec^{n-2}x\tan x + \frac{n-2}{n-1}\int \sec^{n-2}x dx$

(i) $\int \operatorname{cosec}^n x dx = -\frac{1}{n-1}\operatorname{cosec}^{n-2}x + \frac{n-2}{n-1}\int \operatorname{cosec}^{n-2}x dx$

(j) $\int \cot^n x dx = -\frac{1}{n-1}\cot^{n-1}x - \int \cot^{n-2}x dx$

증명 (a) $f(x) = x^n$, $g'(x) = e^x$으로 놓으면, $f'(x) = nx^{n-1}$, $g(x) = e^x$이다. 따라서 부분적분법에 의하여 결과가 나온다.

(b) $f(x) = x^{n-1}$, $g'(x) = xe^{-x^2}$으로 놓으면, $f'(x) = (n-1)x^{n-2}$, $g(x) = -\frac{1}{2}e^{-x^2}$이다. 따라서 부분적분법에 의하여 결과가 나온다.

(c) $f(x) = (\ln x)^n$, $g'(x) = 1$으로 놓으면, $f'(x) = n(\ln x)^{n-1} \cdot \frac{1}{x}$, $g(x) = x$이다. 따라서 부분적분법에 의하여 결과가 나온다.

(d) $f(x) = x^n$, $g'(x) = \cos x$으로 놓으면, $f'(x) = nx^{n-1}$, $g(x) = \sin x$이다. 따라서 부분적분법에 의하여 결과가 나온다.

(e) $f(x) = \sin^{n-1}x$, $g'(x) = \sin x$으로 놓으면, $f'(x) = (n-1)\sin^{n-2}x \cos x$, $g(x) = -\cos x$이다. 따라서 부분적분법에 의하여 다음을 얻는다.

$$\begin{aligned}\int \sin^n x dx &= \sin^{n-1}x \cdot (-\cos x) - (n-1)\int \sin^{n-2}x\cos x \cdot (-\cos x)dx \\ &= -\sin^{n-1}x\cos x + (n-1)\int \sin^{n-2}x\cos^2 x dx \\ &= -\sin^{n-1}x\cos x + (n-1)\int \sin^{n-2}x(1-\sin^2 x)dx \\ &= -\sin^{n-1}x\cos x + (n-1)\int \sin^{n-2}x dx - (n-1)\int \sin^n x dx.\end{aligned}$$

따라서 다음을 얻는다.

$$\int \sin^n x dx = -\frac{1}{n} sin^{n-1} x \cos x + \frac{n-1}{n} \int \sin^{n-2} x dx.$$

(f) $f(x) = \cos^{n-1} x$, $g'(x) = \cos x$으로 놓으면,

$f'(x) = -(n-1)\cos^{n-2} x \sin x$, $g(x) = \sin x$이다. 따라서 부분적분법에 의하여 다음을 얻는다.

$$\begin{aligned}\int \cos^n x dx &= \cos^{n-1} x \cdot \sin x + (n-1)\int \cos^{n-2} x \sin x \cdot (\sin x) dx \\ &= \cos^{n-1} x \sin x + (n-1)\int \cos^{n-2} x \sin^2 x dx \\ &= \cos^{n-1} x \sin x + (n-1)\int \cos^{n-2} x (1-\cos^2 x) dx \\ &= \cos^{n-1} x \sin x + (n-1)\int \cos^{n-2} x dx - (n-1)\int \cos^n x dx\end{aligned}$$

따라서 다음을 얻는다.

$$\int \cos^n x dx = \frac{1}{n} cos^{n-1} x \sin x + \frac{n-1}{n} \int \cos^{n-2} x dx.$$

(g) $\tan x = t$로 놓으면, $\sec^2 x dx = dt$이다. 그러므로 다음을 얻는다.

$$\begin{aligned}\int \tan^{n-2} x \sec^2 x dx &= \int t^{n-2} dt = \frac{1}{n-1} t^{n-1} + C \\ &= \frac{1}{n-1} \tan^{n-1} x + C.\end{aligned}$$

$1 + \tan^2 x = \sec^2 x$이므로, 다음을 얻는다.

$$\begin{aligned}\int \tan^n x dx &= \int \tan^{n-2} x (\sec^2 x - 1) dx \\ &= \int \tan^{n-2} x \sec^2 x dx - \int \tan^{n-2} x dx \\ &= \frac{1}{n-1} \tan^{n-1} x - \int \tan^{n-1} x dx.\end{aligned}$$

(h) $f(x) = \sec^{n-2} x$, $g'(x) = \sec^2 x$로 놓으면,

$$f'(x) = (n-2)\sec^{n-3} x \sec x \tan x = (n-2)\sec^{n-2} x \tan x$$

이고 $g(x) = \tan x$이다. 따라서 부분적분법에 의하여 다음을 얻는다.

$$\begin{aligned}\int \sec^n x dx &= \sec^{n-2}x\tan x - (n-2)\int \sec^{n-2}x\tan x \cdot \tan x dx \\ &= \sec^{n-2}x\tan x - (n-2)\int \sec^{n-2}x(\sec^2 x - 1)dx \\ &= \sec^{n-2}x\tan x - (n-2)\int \sec^n x dx + (n-2)\int \sec^{n-2}x dx.\end{aligned}$$

그러므로 $\int \sec^n x dx = \frac{1}{n-1}\sec^{n-2}x\tan x + \frac{n-2}{n-1}\int \sec^{n-2}x dx$ 이다.

(i) $f(x) = \operatorname{cosec}^{n-2}x$, $g'(x) = \operatorname{cosec}^2 x$로 놓으면,

$f'(x) = -(n-2)\operatorname{cosec}^{n-3}x\operatorname{cosec}x\cot x = -(n-2)\operatorname{cosec}^{n-2}x\cot x$

이고 $g(x) = -\cot x$ 이다. 따라서 부분적분법에 의하여 다음을 얻는다.

$$\begin{aligned}&\int \operatorname{cosec}^n x dx \\ &= -\operatorname{cosec}^{n-2}x\cot x - (n-2)\int \operatorname{cosec}^{n-2}x\cot x \cdot \cot x dx \\ &= -\operatorname{cosec}^{n-2}x\cot x - (n-2)\int \operatorname{cosec}^{n-2}x(\operatorname{cosec}^2 x - 1)dx \\ &= -\operatorname{cosec}^{n-2}x\cot x - (n-2)\int \operatorname{cosec}^n x dx + (n-2)\int \operatorname{cosec}^{n-2}x dx.\end{aligned}$$

그러므로

$$\int \operatorname{cosec}^n x dx = -\frac{1}{n-1}\operatorname{cosec}^{n-2}x + \frac{n-2}{n-1}\int \operatorname{cosec}^{n-2}x dx.$$

(j) $$\begin{aligned}\int \cot^n x dx &= \int \cot^{n-2}x\cot^2 x dx = \int \cot^{n-2}x(\operatorname{cosec}^2 x - 1)dx \\ &= \int \cot^{n-2}x\operatorname{cosec}^2 x dx - \int \cot^{n-2}x dx \\ &= -\frac{1}{n-1}\cot^{n-1}x dx - \int \cot^{n-2}x dx.\end{aligned}$$

참고 (g)와 (f)로부터 다음을 알 수 있다.

$$\int_0^{\frac{\pi}{2}} \sin^n x dx = \frac{n-1}{n}\int_0^{\frac{\pi}{2}} \sin^{n-2}x dx,$$

$$\int_0^{\frac{\pi}{2}} \cos^n x dx = \frac{n-1}{n}\int_0^{\frac{\pi}{2}} \cos^{n-2}x dx.$$

그러므로 다음을 얻는다.

$$\int_0^{\frac{\pi}{2}} \sin^n x dx = \int_0^{\frac{\pi}{2}} \cos^n x dx$$

$$= \begin{cases} \frac{n-1}{n} \cdot \frac{n-3}{n-2} \cdot \cdots \cdot \frac{2}{3}, & n: \text{홀수} \\ \frac{n-1}{n} \cdot \frac{n-3}{n-2} \cdot \cdots \cdot \frac{1}{2} \cdot \frac{\pi}{2}, & n: \text{짝수} \end{cases}$$

문제 6.1.2 m, n이 음이 아닌 정수일 때 다음을 증명하여라.

(a) $\int_0^{2\pi} \sin mx \sin nx dx = \begin{cases} 0, & m \neq n \\ \pi, & m = n \end{cases}$

(b) $\int_0^{2\pi} \sin mx \cos nx dx = 0$

(c) $\int_0^{2\pi} \cos mx \cos nx dx = \begin{cases} 0, & m \neq n \\ \pi, & m = n \neq 0 \\ 2\pi, & m = n = 0 \end{cases}$

문제 6.1.3 다음을 적분하여라.

(a) $\int \sin^3 x \cos^2 x dx$

(b) $\int \tan^3 x \sec^3 x dx$

(c) $\int \sin^3(3x) \cos^4(3x) dx$

(d) $\int \sin^{3/2} x \cos^3 x dx$

(e) $\int \sin 2x \sin 4x dx$

문제 6.1.4 m, n은 자연수일 때, 다음을 증명하여라.

$$\int \sin^m x \cos^n x dx$$

$$= \frac{1}{m+n} \sin^{m+1} x \cos^{n-1} x + \frac{n-1}{m+n} \int \sin^m x \cos^{n-2} x dx$$

$$= -\frac{1}{m+n} \sin^{m-1} x \cos^{n+1} x + \frac{m-1}{m+n} \int \sin^{m-2} x \cos^n x dx.$$

6.2 삼각치환

피적분함수는 다음과 같은 무리식 중 어느 하나를 포함하고 있을 때, 삼각함수가 포함하는 함수로 치환하여 적분을 구하는 방법을 **삼각치환(trigonomtric substitution)**이라 한다.

$$\sqrt{a^2-x^2},\quad \sqrt{a^2+x^2},\quad \sqrt{x^2-a^2}\quad (a>0).$$

(i) 피적분함수가 $\sqrt{a^2-x^2}$ 을 포함하는 경우

$x=a\sin\theta\left(-\dfrac{\pi}{2}\le\theta\le\dfrac{\pi}{2}\right)$라 놓으면, $\theta=\sin^{-1}\dfrac{x}{a}$이고, $\sqrt{a^2-x^2}=a\cos\theta$이다. 또한, $dx=a\cos\theta d\theta$이다.

(ii) 피적분함수가 $\sqrt{a^2+x^2}$ 을 포함하는 경우

$x=a\tan\theta\left(-\dfrac{\pi}{2}<\theta<\dfrac{\pi}{2}\right)$라 놓으면, $\theta=\tan^{-1}\dfrac{x}{a}$이고, $\sqrt{a^2+x^2}=a\sec\theta$이다. 또한, $dx=a\sec^2\theta d\theta$이다.

(iii) 피적분함수가 $\sqrt{x^2-a^2}$ 을 포함하는 경우

$x=a\sec\theta(x\ge a$이면 $0\le\theta<\dfrac{\pi}{2}$, $x\le -a$이면 $-\pi\le\theta<\dfrac{\pi}{2})$로 놓으면 $\theta=\sec^{-1}\dfrac{x}{a}$이고, $\sqrt{x^2-a^2}=a\tan\theta$이다. 또한, $dx=a\sec\theta\tan\theta d\theta$이다.

예제 6.2.1 다음의 적분을 구하여라.

(a) $\displaystyle\int_0^a\sqrt{a^2-x^2}\,dx$ (b) $\displaystyle\int\frac{1}{(4-x^2)^2}dx$

(c) $\displaystyle\int\frac{1}{(9+x^2)^2}dx$ (d) $\displaystyle\int\frac{1}{\sqrt{x^2-5}}dx$

풀이 (a) (i)의 경우에 의하여 $x=a\sin\theta$라 놓으면, $x=0$일 때 $\theta=0$이고, $x=a$일 때 $\theta=\dfrac{\pi}{2}$이다. $\cos^2\theta=\dfrac{1+\cos 2\theta}{2}$이므로 다음을 얻는다.

$$\int_0^a\sqrt{a^2-x^2}\,dx=\int_0^{\frac{\pi}{2}}a\cos\theta\cdot a\cos\theta d\theta=\frac{a^2}{2}\int(1+\cos 2\theta)d\theta$$
$$=\frac{a^2}{2}\left[\theta+\frac{1}{2}\sin 2\theta\right]_0^{\frac{\pi}{2}}=\frac{\pi a^2}{4}.$$

(b) (i)의 경우에 의하여 $x=2\sin\theta$라 놓으면, $\sin\theta=\dfrac{x}{2}$이고, $dx=$

$2\cos\theta d\theta$이므로

$$\cos\theta = \sqrt{1-\sin^2 x} = \sqrt{1-\frac{x^2}{4}} = \frac{\sqrt{4-x^2}}{2}$$

이다. 따라서 다음을 얻는다.

$$\sec\theta = \frac{2}{\sqrt{4-x^2}},\ \tan\theta = \frac{\frac{x}{2}}{\frac{\sqrt{4-x^2}}{2}} = \frac{x}{\sqrt{4-x^2}}.$$

이때, 다음을 알 수 있다.

$$\begin{aligned}\int \frac{1}{(4-x^2)^2}dx &= \int \frac{1}{(4\cos^2\theta)^2}\cdot 2\cos\theta d\theta \\ &= \int \frac{1}{8\cos^3\theta}d\theta = \frac{1}{8}\int \sec^3\theta d\theta.\end{aligned}$$

위의 마지막 적분에서 $f'(x) = \sec^2 x,\ g(x) = \sec x$라 놓으면

$$f(x) = \tan x,\ g'(x) = \sec x\tan x$$

이므로, 부분적분법과

$$\int \sec\theta d\theta = \ln|\sec\theta + \tan\theta| + C$$

에 의하여 다음을 알 수 있다.

$$\begin{aligned}\int \sec^3\theta d\theta &= \tan\theta\sec\theta - \int \tan\theta\cdot\sec\theta\tan\theta d\theta \\ &= \tan\theta\sec\theta - \int \sec\theta(\sec^2\theta - 1)d\theta \\ &= \tan\theta\sec\theta - \int \sec^3\theta d\theta + \int \sec\theta d\theta \\ &= \tan\theta\sec\theta - \int \sec^3\theta d\theta + \ln|\sec x + \tan\theta|.\end{aligned}$$

그러므로 $\int \sec^3\theta d\theta = \frac{1}{2}(\tan\theta\sec\theta + \ln|\sec\theta + \tan\theta|) + C$이다. 따라서 다음을 얻는다.

$$\int \frac{1}{(4-x^2)^2}dx$$

$$= \frac{1}{16}(\tan\theta \sec\theta + \ln|\sec\theta + \tan\theta|) + C'$$

$$= \frac{1}{16}\left[\frac{x}{\sqrt{4-x^2}} \cdot \frac{2}{\sqrt{4-x^2}} + \ln\left|\frac{2}{\sqrt{4-x^2}} + \frac{x}{\sqrt{4-x^2}}\right|\right] + C'$$

$$= \frac{1}{16}\left[\frac{2x}{4-x^2} + \ln\left|\frac{x+2}{\sqrt{4-x^2}}\right|\right] + C'.$$

(c) (ii)에 의하여 $x = 3\tan\theta$라 놓으면, $\tan\theta = \frac{x}{3}$이고 $\theta = \tan^{-1}\frac{x}{3}$이므로, $\sin\theta = \frac{x}{\sqrt{x^2+9}}$, $\cos\theta = \frac{3}{\sqrt{x^2+9}}$임을 쉽게 알 수 있다. 또한, $dx = 3\sec^2\theta d\theta$이다. 이때, 다음을 얻는다.

$$\int \frac{1}{(9+x^2)^2}dx = \int \frac{1}{(9\sec^2\theta)^2} \cdot 3\sec^2\theta d\theta$$

$$= \frac{1}{27}\int \cos^2\theta d\theta = \frac{1}{27}\int \frac{\cos 2\theta + 1}{2}d\theta$$

$$= \frac{1}{54}\left[\frac{1}{2}\sin 2\theta + \theta\right] + C = \frac{1}{54}[\sin\theta\cos\theta + \theta] + C$$

$$= \frac{1}{54}\left[\frac{3x}{\sqrt{x^2+9}} + \tan^{-1}\frac{x}{3}\right] + C.$$

(d) (iii)의 경우에 의하여 $x = \sqrt{5}\sec\theta$라 놓으면 $\sec\theta = \frac{x}{\sqrt{5}}$이므로 $\tan\theta = \frac{\sqrt{x^2-5}}{\sqrt{5}}$임을 쉽게 알 수 있다. $dx = \sqrt{5}\sec\theta\tan\theta d\theta$이므로, 다음을 얻는다.

$$\int \frac{1}{\sqrt{x^2-5}}dx = \int \frac{1}{\sqrt{5}\tan\theta} \cdot \sqrt{5}\sec\theta\tan\theta d\theta = \int \sec\theta$$

$$= \ln|\sec\theta + \tan\theta| + C$$

$$= \ln\left|\frac{x+\sqrt{x^2-5}}{\sqrt{5}}\right| + C.$$

문제 6.2.1 다음 적분을 구하여라.

(a) $\int \frac{x^3}{\sqrt{25-x^2}}dx$

(b) $\int \frac{x^3}{\sqrt{x^2+25}}dx$

(c) $\int \frac{1}{x^2\sqrt{4x^2-9}}dx$

(d) $\int_{-1}^{1} \frac{1}{\sqrt{(x+2)(3-x)}}dx$

(e) $\displaystyle\int_0^{1/\sqrt{2}} \frac{x\sin^{-1}(x^2)}{\sqrt{1-x^4}}dx$　　　　(f) $\displaystyle\int \frac{x}{\sqrt{x^2+x+1}}dx$

(g) $\displaystyle\int_1^2 \frac{1}{(x^2-2x+4)^{3/2}}dx$

6.3 유리함수의 적분

두 다항함수 $P(x)$와 $Q(x)$의 몫 $\dfrac{P(x)}{Q(x)}$ $(Q(x) \neq 0)$으로 정의된 함수 $f(x) = \dfrac{P(x)}{Q(x)}$를 **유리함수(rational function)**라고 한다. 이때, 일반적으로 유리함수 $f(x)$는 다항함수와

$$\frac{A}{(ax+b)^k} \quad \text{또는} \quad \frac{Ax+B}{(ax^2+bx+c)^l}$$

와 같은 모양의 **부분분수(partial fraction)**들의 합으로 분해된다. 이러한 부분분수들의 적분은 앞에서 배운 적분을 통해서 구할 수 있다. 따라서 유리함수를 부분분수로 분해하여 유리함수의 적분을 구한다. 이에 대해 예를 들어 설명하기로 하자.

예제 6.3.1 $\displaystyle\int \frac{x^2-2x+2}{x^3-x^2-4x+4}dx$를 구하여라.

풀이 피적분함수는 다음과 같이 부분분수로 분해된다.

$$\frac{x^2-2x+2}{x^3-x^2-4x+4} = \frac{x^2-2x+2}{(x-1)(x-2)(x+2)}$$
$$= \frac{A}{x-1} + \frac{B}{x-2} + \frac{C}{x+2}$$

이때 A, B, C는 피적분함수의 분모가 단근(simple root)을 가질 때 다음과 같이 쉽게 구할 수 있다.

$$A = \frac{x^2-2x+2}{(x-2)(x+2)}\bigg|_{x=1} = -\frac{1}{3},$$

$$B = \frac{x^2-2x+2}{(x-1)(x+2)}\bigg|_{x=2} = \frac{1}{2},$$

$$C = \left.\frac{x^2-2x+2}{(x-1)(x-2)}\right|_{x=-2} = \frac{5}{6}.$$

따라서 다음을 얻는다.

$$\begin{aligned}\int \frac{x^2-2x+2}{x^3-x^2-4x+4}dx &\\ &= -\frac{1}{3}\int \frac{1}{x-1}dx + \frac{1}{2}\int\frac{1}{x-2}dx + \frac{5}{6}\int\frac{1}{x+2}dx \\ &= -\frac{1}{3}\ln|x-1| + \frac{1}{2}\ln|x-2| + \frac{5}{6}\ln|x+2| + C.\end{aligned}$$

예제 6.3.2 $\int \frac{2x+4}{x^3-2x}dx$를 구하여라.

풀이 피적분함수는 다음과 같이 부분분수로 분해된다.

$$\frac{2x+4}{x^3-2x^2} = \frac{2x+4}{x^2(x-2)} = \frac{A}{x} + \frac{B}{x^2} + \frac{C}{x-2}.$$

이때, 피적분함수의 분모는 $x=2$에서 단근을 가지므로,

$$C = \left.\frac{2x+4}{x^2}\right|_{x=2} = 2$$

이다. 위의 등식의 양변에 $x^2(x-2)$를 곱하면, 다음을 얻는다.

$$2x+4 = Ax(x-2) + B(x-2) + 2x^2.$$

이때, 계수비교법 또는 수치대입법으로부터 $A=-2$, $B=-2$를 얻는다. 따라서 다음을 얻는다.

$$\begin{aligned}\int \frac{2x+4}{x^3-2x}dx &= -2\int\frac{1}{x}dx - 2\int\frac{1}{x^2} + 2\int\frac{1}{x-2}dx \\ &= -2\ln|x| + \frac{2}{x} + 2\ln|x-2| + C.\end{aligned}$$

예제 6.3.3 $\int \frac{3x^4+6x^2+2x+3}{x^5+2x^3+x}dx$를 구하여라.

풀이 피적분함수는 다음과 같이 부분분수로 분해된다.

$$\frac{3x^4+6x^2+2x+3}{x^5+2x^3+x}=\frac{3x^4+6x^2+2x+3}{x(x^2+1)^2}$$
$$=\frac{A}{x}+\frac{B_1x+C_1}{x^2+1}+\frac{B_2x+C_2}{(x^2+1)^2}.$$

이때, 피적분함수의 분모가 $x=0$에서 단근을 가지므로,

$$A=\left.\frac{3x^4+6x^2+2x+3}{(x^2+1)^2}\right|_{x=0}=3$$

이다. 위의 등식의 양변에 $x(x^2+1)^2$을 곱하면, 다음을 얻는다.

$$3x^4+6x^2+2x+3=3(x^2+1)^2+x(x^2+1)(B_1x+C_1)+x(B_2x+C_2).$$

이때, 계수비교법 또는 수치대입법으로부터

$$B_1=C_1=B_2=0,\ C_2=2$$

를 얻는다. 따라서 다음을 얻는다.

$$\int\frac{3x^4+6x^2+2x+3}{x^5+2x^3+x}dx=3\int\frac{1}{x}dx+2\int\frac{1}{(x^2+1)^2}dx$$
$$=3\ln|x|+2\int\frac{1}{(x^2+1)^2}dx.$$

마지막 적분을 구하기 위하여 $x=\tan\theta$라 놓으면,

$$\theta=\tan^{-1}x,\ \sin\theta=\frac{x}{\sqrt{x^2+1}},\ \cos\theta=\frac{1}{\sqrt{x^2+1}}$$

이고, $dx=\sec^2\theta d\theta$이므로, 다음을 알 수 있다.

$$\int\frac{1}{(x^2+1)^2}dx=\int\frac{1}{\sec^4\theta}\cdot\sec^2\theta d\theta$$
$$=\int\cos^2\theta d\theta=\frac{1}{2}\int(1+2\cos2\theta)d\theta$$
$$=\frac{1}{2}\left(\theta+\frac{1}{2}\sin2\theta\right)+C=\frac{1}{2}(\theta+\sin\theta\cos\theta)+C$$

$$= \frac{1}{2}\left(\tan^{-1}x + \frac{x}{\sqrt{x^2+1}} \cdot \frac{1}{\sqrt{x^2+1}}\right) + C.$$

그러므로 다음을 얻는다.

$$\int \frac{3x^4+6x^2+2x+3}{x^5+2x^3+x}dx = 3\ln|x| + \tan^{-1}x + \frac{x}{\sqrt{x^2+1}} + C.$$

문제 6.3.1 다음을 적분하여라.

(a) $\int \frac{x^2+2x-2}{x^3-4x}dx$ (b) $\int \frac{x^3-4x-1}{x(x-1)^3}dx$

(c) $\int \frac{x^3+x+2}{x(x^2+1)^2}dx$ (d) $\int \frac{x^3+x^2+x-1}{x^2+2x+2}dx$

(e) $\int \frac{x^2+1}{x^3+x^2+x}dx$ (f) $\int \frac{1}{x^6-1}dx$

6.4 탄젠트 반각 공식을 이용한 치환

피적분함수가 $\sin x$ 또는 $\cos x$로 이루어진 유리함수의 적분의 경우에는 $t = \tan\frac{x}{2}$로 치환하여 피적분함수를 t에 관한 유리함수로 변형하여 적분하면 된다. 이때 $dt = \frac{1}{2}\sec^2\frac{x}{2}dx$이고,

$$\sin\frac{x}{2} = \frac{t}{\sqrt{1+t^2}}, \quad \cos\frac{x}{2} = \frac{1}{\sqrt{1+t^2}}$$

이므로, 다음을 알 수 있다.

$$dx = \frac{2}{1+t^2}dt,$$
$$\sin x = 2\sin\frac{x}{2}\cos\frac{x}{2} = \frac{2t}{1+t^2},$$
$$\cos x = \cos^2\frac{x}{2} - \sin^2\frac{x}{2} = \frac{1-t^2}{1+t^2}.$$

예제 6.4.1 다음의 적분을 구하여라.

(a) $\displaystyle\int_0^{\frac{\pi}{2}} \frac{1}{1+\cos x}dx$ (b) $\displaystyle\int \frac{1}{3-2\sin x}dx$

(c) $\displaystyle\int \frac{\sin x}{1+\sin x}dx$

풀이 (a) $t=\tan\frac{x}{2}$라 놓으면, $x=0$일 때 $t=0$이고, $x=\frac{\pi}{2}$일 때 $t=1$이므로, 다음을 얻는다.

$$\int_0^{\frac{\pi}{2}} \frac{1}{1+\cos x}dx = \int_0^1 \frac{1}{1+\frac{1-t^2}{1+t^2}} \cdot \frac{2}{1+t^2}dt$$
$$= \int_0^1 dt = t\,|_0^1 = 1.$$

(b) $t=\tan\frac{x}{2}$라 놓으면, 다음을 얻는다.

$$\int \frac{1}{3-2\sin x}dx = \int \frac{1}{3-2\frac{2t}{1+t^2}} \cdot \frac{2}{1+t^2}dt = \int \frac{2}{3t^2-4t+3}dt$$
$$= \frac{2}{3}\int \frac{1}{\left(t-\frac{2}{3}\right)^2+\left(\frac{\sqrt{5}}{3}\right)^2}dt$$
$$= \frac{2}{3}\cdot\frac{3}{\sqrt{5}}\tan^{-1}\left(\frac{t-\frac{2}{3}}{\frac{\sqrt{5}}{3}}\right)+C$$
$$= \frac{2}{\sqrt{5}}\tan^{-1}\left(\frac{3t-2}{\sqrt{5}}\right)+C$$
$$= \frac{2}{\sqrt{5}}\tan^{-1}\left(\frac{3\tan\frac{x}{2}-2}{\sqrt{5}}\right)+C.$$

(c) $t=\tan\frac{x}{2}$라 놓으면, 다음을 얻는다.

$$\int \frac{\sin x}{1+\sin x}dx = \int \frac{\frac{2t}{1+t^2}}{1+\frac{2t}{1+t^2}} \cdot \frac{2}{1+t^2}dt = \int \frac{4t}{(t+1)^2(t^2+1)}dt$$

$$
\begin{aligned}
&=-2\int \frac{1}{(t+1)^2}dt+2\int \frac{1}{t^2+1}dt \\
&=\frac{2}{t+1}+2\tan^{-1}t+C \\
&=\frac{2}{1+\tan^{-1}\dfrac{x}{2}}+2\tan^{-1}\left(\tan\frac{x}{2}\right)+C \\
&=\frac{2}{1+\tan\dfrac{x}{2}}+2\cdot\frac{x}{2}+C \\
&=\frac{2}{1+\tan\dfrac{x}{2}}+x+C.
\end{aligned}
$$

예제 6.4.2 $\int \sec x dx$를 구하여라.

풀이 $t=\tan\frac{x}{2}$라 놓으면, 다음을 얻는다.

$$
\begin{aligned}
\int \sec x dx &= \int \frac{1}{\cos x}dx=\int \frac{1}{\dfrac{1-t^2}{1+t^2}}\cdot\frac{2}{1+t^2}dt \\
&=-\int \frac{2}{t^2-1}dt=\int \frac{1}{t+1}dt-\int \frac{1}{t-1}dt \\
&=\ln|t+1|-\ln|t-1|+C \\
&=\ln\left|\frac{t+1}{t-1}\right|+C \\
&=\ln\left|\frac{\tan\dfrac{x}{2}+1}{\tan\dfrac{x}{2}-1}\right|+C \\
&=\ln\left|\frac{\sin\dfrac{x}{2}+\cos\dfrac{x}{2}}{\sin\dfrac{x}{2}-\cos\dfrac{x}{2}}\right|+C \\
&=\ln\left|\frac{1+2\sin\dfrac{x}{2}\cos\dfrac{x}{2}}{\sin^2\dfrac{x}{2}-\cos^2\dfrac{x}{2}}\right|+C \\
&=\ln\left|\frac{1+\sin x}{\cos x}\right|+C
\end{aligned}
$$

$$= \ln|\sec x + \tan x| + C.$$

문제 6.4.1 다음을 적분하여라.

(a) $\int \frac{1}{3+2\cos x}dx$ (b) $\int \frac{1}{1+\sin x}dx$

(c) $\int \frac{3+\sin x}{2-\cos x}dx$ (d) $\int \frac{1}{2+2\sin x+\cos x}dx$

(e) $\int \frac{1}{3\sin x+4\cos x}dx$ (f) $\int \frac{\sec^3 x}{\cos x-1}dx$

6.5 기타의 적분

적분을 구할 때는 적당히 치환하여 기본 공식이나 부분적분법을 고려하면 된다. 특히, 피적분함수에 무리함수가 포함될 때는 삼각치환법을 이용하고, 피적분함수가 유리함수일 때는 부분분수로 분해하여 적분을 구하면 된다. 또한, 피적분함수가 $\sin x$ 또는 $\cos x$에 관한 유리함수인 경우에는 탄젠트의 반각 공식을 이용하면 된다.

이 이외의 특수한 경우에는 피적분함수가 유리함수가 되도록 적당히 치환하거나 점화식으로 적분을 구하면 된다.

예제 6.5.1 다음의 적분을 구하여라.

(a) $\int x^2\sqrt{x+1}\,dx$ (b) $\int \sqrt{\frac{x+1}{x-1}}\,dx$

(c) $\int \frac{1}{x^{1/2}+x^{1/3}}dx$

풀이 (a) $\sqrt{x+1}=t$라 놓으면, $x=t^2-1$이고, $dx=2tdt$이다. 따라서 다음을 얻는다.

$$\begin{aligned}\int x^2\sqrt{x+1}\,dx &= \int (t^2-1)^2 t\cdot 2tdt\\ &= 2\int (t^6-2t^4+t^2)dt\\ &= 2\left(\frac{1}{7}t^7-\frac{2}{5}t^5+\frac{1}{3}t^3\right)+C\end{aligned}$$

$$= \frac{2}{7}(x+1)^{\frac{7}{2}} - \frac{4}{5}(x+1)^{\frac{5}{2}} + \frac{2}{3}(x+1)^{\frac{3}{2}} + C.$$

(b) $\sqrt{\dfrac{x+1}{x-1}} = t$라 놓으면, $x = \dfrac{t^2+1}{t^2-1}$이고, $dx = -\dfrac{4t}{(t^2-1)^2}dt$이다. 따라서 다음을 얻는다.

$$\begin{aligned}
\int \sqrt{\frac{x+1}{x-1}}\,dx &= -4\int \frac{t^2}{(t^2-1)^2}dt \\
&= \int \left[\frac{1}{t+1} - \frac{1}{t-1} - \frac{1}{(t-1)^2} - \frac{1}{(t+1)^2}\right]dt \\
&= \ln|t+1| - \ln|t-1| + \frac{1}{t-1} + \frac{1}{t+1} + C \\
&= \ln\left|\frac{t+1}{t-1}\right| + \frac{2t}{t^2-1} + C \\
&= \ln\left|\frac{\sqrt{x+1}+\sqrt{x-1}}{\sqrt{x+1}-\sqrt{x-1}}\right| + \sqrt{\frac{x+1}{x-1}} + C \\
&= \ln|x+\sqrt{x^2-1}\,| + \sqrt{\frac{x+1}{x-1}} + C.
\end{aligned}$$

(c) 2와 3의 최소공배수가 6이므로, $x = t^6$이라 놓으면, $dx = 6t^5dt$이다. 따라서 다음을 얻는다.

$$\begin{aligned}
\int \frac{1}{x^{1/2}+x^{1/3}}dx &= \int \frac{1}{t^3+t^2}\cdot 6t^5dt \\
&= 6\int \frac{t^3}{t+1}dt = 6\int \left(t^2 - t + 1 - \frac{1}{t+1}\right)dt \\
&= 6\left[\frac{1}{3}t^3 - \frac{1}{2}t^2 + t - \ln|t+1|\right) + C \\
&= 2x^{1/2} - 3t^{1/3} + 6x^{1/6} - 6\ln|1+x^{1/6}| + C.
\end{aligned}$$

예제 6.5.2 임의의 실수 α에 대하여 다음을 증명하여라.

$$\int_0^{\frac{\pi}{2}} \frac{\sin^\alpha x}{\sin^\alpha x + \cos^\alpha x}dx = \int_0^{\frac{\pi}{2}} \frac{\cos^\alpha x}{\sin^\alpha x + \cos^\alpha x} = \frac{\pi}{4}$$

증명 $t = \dfrac{\pi}{2} - x$라 놓으면, $x = 0$일 때 $t = \dfrac{\pi}{2}$이고, $x = \dfrac{\pi}{2}$일 때 $t = 0$이다. 또한, $dx = -dt$이다. 따라서 다음을 얻는다.

$$\begin{aligned}
I &= \int_0^{\frac{\pi}{2}} \frac{\sin^\alpha x}{\sin^\alpha x + \cos^\alpha x} dx \\
&= \int_{\frac{\pi}{2}}^0 \frac{\sin^\alpha\left(\frac{\pi}{2} - t\right)}{\sin^\alpha\left(\frac{\pi}{2} - t\right) + \cos^\alpha\left(\frac{\pi}{2} - t\right)} \cdot (-dt) \\
&= \int_0^{\frac{\pi}{2}} \frac{\cos^\alpha t}{\cos^\alpha t + \sin^\alpha t} dt \\
&= \int_0^{\frac{\pi}{2}} \frac{\cos^\alpha x}{\cos^\alpha x + \sin^\alpha x} dx.
\end{aligned}$$

이때, 다음을 알 수 있다.

$$\begin{aligned}
2I &= \int_0^{\frac{\pi}{2}} \frac{\sin^\alpha x}{\sin^\alpha x + \cos^\alpha x} dx + \int_0^{\frac{\pi}{2}} \frac{\cos^\alpha x}{\sin^\alpha x + \cos^\alpha x} dx \\
&= \int_0^{\frac{\pi}{2}} dx = \frac{\pi}{2}.
\end{aligned}$$

그러므로 $I = \frac{\pi}{4}$이다.

문제 6.5.1 다음을 적분하여라.

(a) $\int x^3 \sqrt[3]{x^2+1}\, dx$ (b) $\int \frac{1}{1+\sqrt{x}} dx$

(c) $\int \frac{1}{x^{1/2} - x^{1/4}} dx$ (d) $\int \frac{1-\sqrt{x}}{1+\sqrt{x}} dx$

(e) $\int x^7 \sqrt[3]{x^4+1}\, dx$ (f) $\int \frac{1}{x^{2/3}(1+x^{2/3})} dx$

문제 6.5.2 $\int_0^\pi \frac{x \sin x}{1+\cos^2 x} dx$의 값을 구하여라.

CHAPTER

7 적분의 응용

정적분은 극한으로 정의되기 때문에 매우 유용한 의미를 갖는다. 정적분은 물리학, 전자기학, 열역학뿐만 아니라 화학, 공학, 경제학, 통계학 등에도 지대한 영향을 주었다.

이 장에서는 정적분을 응용한 대표적인 문제 가운데 입체도형의 부피와 겉넓이, 호의 길이 그리고 특이적분 등을 중점적으로 다룬다.

7.1 회전체의 부피

박판법

구간 $[a, b]$에서 정의된 음이 아닌 연속함수 f에 대하여 x-축, 직선 $x=a$, $x=b$, 그리고 f의 그래프에 의하여 둘러싸인 영역을 R이라 하자. $[a, b]$의 임의의 분할

$$P=\{a=x_0,\ x_1,\ x_2,\ \cdots,\ x_{i-1},\ x_i,\ \cdots,\ x_n=b\}$$

에 대하여 $\|P\| \to 0$일 때, R의 넓이 A는 다음과 같다는 것을 이미 배웠다.

$$A=\int_a^b f(x)dx=\lim_{n\to\infty}\sum_{i=1}^{n} f(t_i)\triangle x_i,\ t_i \in [x_{i-1},\ x_i].$$

이때, 영역 R을 x-축에 수직으로 아주 얇게 채를 썰었을 때, 즉, $\|P\| \to 0$일 때, $f(x)dx$는 점 x에서 가로의 길이가 dx이고, 세로의 길이가 $f(x)$인 소직사각형의 넓이를 의미하고, $\int_a^b f(x)dx$는 이러한 소직사각형들의 넓이를 모두 합한 것을 의미한다.

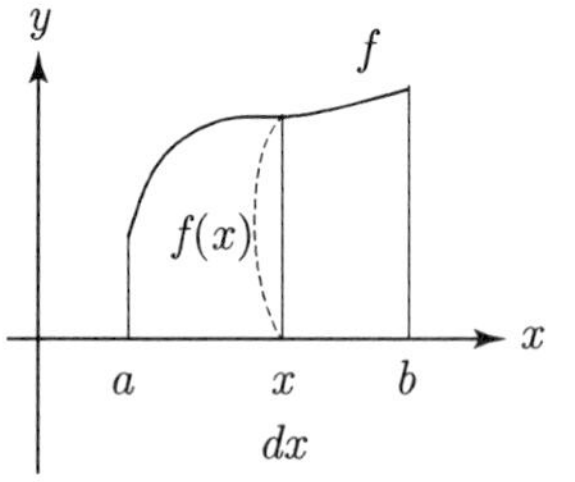

[그림 7.1.1] 소직사각형의 넓이 $f(x)dx$

또한, 이러한 소직사각형을 x-축을 중심으로 1회전시켜 얻어진 회전체는 밑면은 반지름이 $f(x)$이고, 높이의 길이가 dx인 소원기둥이므로, 그의 부피는 $\pi(f(x))^2dx$이다. 이러한 소원기둥들의 부피의 합이 영역 R을 x-축을 중심으로 1회전시켜 얻어진 회전체에 대한 부피 V를 의미한다. 즉,

$$V = \int_a^b \pi(f(x))^2 dx = \lim_{n \to \infty} \sum_{i=1}^{n} \pi(f(t_i))^2 \Delta x_i,\ t_i \in [x_{i-1},\ x_i]$$

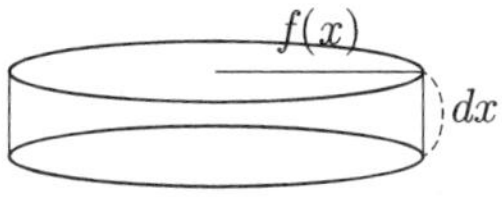

[그림 7.1.2] 소직사각형의 회전체의 부피 $\pi\{f(x)\}^2dx$

이와 같은 방법으로 회전체의 부피를 구하는 법을 **박판법(slicing method)**이라고 한다.

예제 7.1.1 구간 $[0,\ 1]$에서 정의된 함수 $f(x) = x$, $g(x) = x^2$에 의해 둘러싸인 영역을 x-축을 중심으로 1회전시켜 얻어진 회전체의 부피를 구하여라.

풀이 $f(x) = x$와 직선 $x = 1$ 및 x-축으로 둘러싸인 영역을 R_1이라고 하고, $g(x) = x^2$과 $x = 1$ 및 x-축으로 둘러싸인 영역을 R_2라고 하자. 이때 R_1과 R_2를 각각 x-축을 중심으로 1회전시켜 얻어진 회전체의 부피를 V_1과 V_2라고 하자. 그러면 다음을 알 수 있다.

$$V_1 = \int_0^1 \pi(f(x))^2 dx = \int_0^1 \pi x^2 dx = \frac{\pi}{3}$$

$$V_2 = \int_0 \pi(g(x))^2 dx = \int_0^1 \pi x^4 dx = \frac{\pi}{5}$$

따라서 구하고자 하는 회전체의 부피는 다음과 같다.

$$V = V_1 - V_2 = \frac{\pi}{3} - \frac{\pi}{5} = \frac{2}{15}\pi.$$

원주 박리법

구간 $[a,\ b]$에서 정의된 음이 아닌 연속함수 f에 대하여 x-축, 직선 $x=a,\ x=b$, 그리고 f의 그래프에 의하여 둘러싸인 영역을 R이라 하자. $[a,\ b]$의 임의의 분할

$$P=\{a=x_0,\ x_1,\ x_2,\ \cdots,\ x_{i-1},\ x_i,\ \cdots,\ x_n=b\}$$

에 대하여 $\|P\|\to 0$일 때, 즉, 영역 R을 x-축에 수직으로 아주 얇게 채를 썰었을 때, $f(x)dx$는 점 x에서 가로의 길이가 dx이고, 세로의 길이가 $f(x)$인 소직사각형의 넓이를 의미하는데, 이 소직사각형을 y-축을 중심으로 1회전시켜 얻어진 회전체는 밑면은 반지름이 x이고, 두께가 dx이며 높이의 길이가 $f(x)$인 소원통이다.

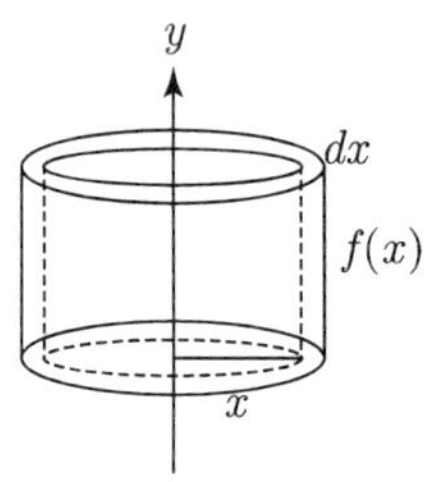

[그림 7.1.3] 소직사각형의 y축에 관한 회전체

이 원통을 수직으로 잘라서 펼쳐 놓으면, 가로의 길이가 $2\pi x$이고, 세로의 길이는 dx이며 높이의 길이는 $f(x)$인 소직육면체로 간주 할 수 있다.

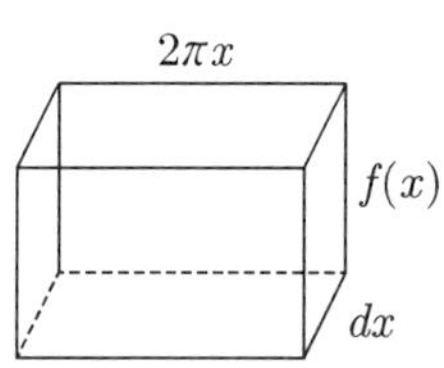

[그림 7.1.4] 소원통의 펼친 직육면체

이때, 그의 부피는 $2\pi xf(x)dx$이다. 이러한 소원통들의 부피의 합이 영역 R을 y-축을 중심으로 1회전시켜 얻어진 회전체의 부피 V를 의미한다. V는 다음과 같다.

$$V=\int_a^b 2\pi xf(x)dx=\lim_{n\to\infty}\sum_{i=1}^{n}2\pi t_i f(t_i)\triangle x_i,\ t_i\in[x_{i-1},\ x_i]$$

이와 같은 방법으로 회전체의 부피를 구하는 법을 **원주박리법**(method of cylindrical

shells)이라고 한다.

만일 회전축이 영역 R의 오른쪽의 직선 $x=c$이면, 그 회전체의 부피는 다음과 같다.

$$V=\int_a^b 2\pi(c-x)f(x)dx.$$

만일 회전축이 영역 R의 왼쪽의 직선 $x=c$이면, 그 회전체의 부피는 다음과 같다.

$$V=\int_a^b 2\pi(x-c)f(x)dx.$$

예제 7.1.2 구간 $[0,\ 1]$에서 $y=x$와 $y=x^2$으로 둘러싸인 영역을 직선 $x=3$을 중심으로 1회전하여 얻어진 회전체의 부피를 구하여라.

풀이

$$V=\int_0^1 2\pi(3-x)(x-x^2)dx=2\pi\int_0^1(x^3-4x^2+3x)dx$$
$$=2\pi\left[\frac{1}{4}x^4-\frac{4}{3}x^3+\frac{3}{2}x^2\right]_0^1=\frac{5}{6}\pi$$

예제 7.1.3 직선 $y=1$, $y=-x+2$, x-축, 그리고 y-축으로 둘러싸인 영역 R을 직선 $y=-x$를 중심으로 1회전시켜 얻어진 회전체의 부피를 구하여라.

풀이 영역 R은 사다리꼴을 이루고 있다. 꼭짓점 $(0,\ 0)$, $(1,\ 0)$, $(0,\ 1)$을 갖는 삼각형 영역을 R_1이라 하고, 꼭짓점 $(1,\ 0)$, $(2,\ 0)$, $(1,\ 1)$, $(0,\ 1)$을 갖는 평행사변형 영역을 R_2라고 하자. 그러면 $R=R_1\cup R_2$이다. 이때, 영역 R_1과 R_2를 직선 $y=-x$를 축으로 1회전시켜 얻어진 회전체의 부피를 각각 V_1과 V_2라고 하자. 그러면 구하고자 하는 회전체의 부피는 $V=V_1+V_2$이다.

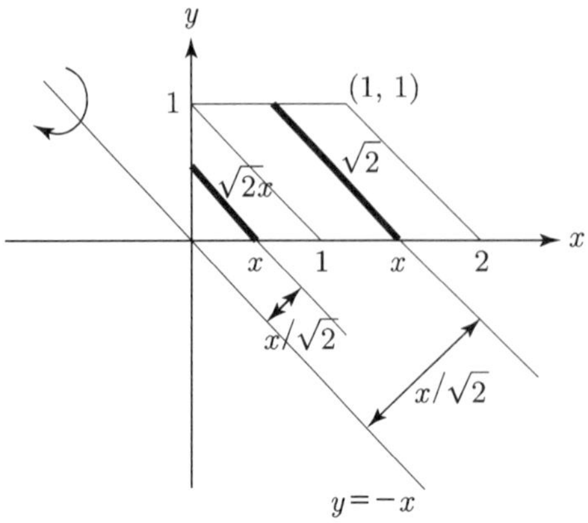

[그림 7.1.5] 직선 $y=1$, $y=-x+2$, x-축, 그리고 y-축으로 둘러싸인 영역 R

영역 R_1을 직선 $y=-x$를 축으로 1회전시켰을 때, 점 $x\in[0,\ 1]$을 지나고 직선 $y=-x$에 평행인 직선(아주 얇은 두께의 소직사각형)의 회전 반경은 $\frac{1}{\sqrt{2}}x$이고, 높이의 길이는 $\sqrt{2}x$가 됨을 알 수 있다. 따라서 다음을 알 수 있다.

$$V_1=\int_0^1 2\pi\left(\frac{1}{\sqrt{2}}x\right)\cdot(\sqrt{2}x)dx=2\pi\int_0^1 x^2dx=\frac{2}{3}\pi.$$

또한, 같은 방법으로 영역 R_2를 직선 $y=-x$를 축으로 1회전시켰을 때, 점 $x\in[1,\ 2]$을 지나고 직선 $y=-x$에 평행인 직선(아주 얇은 두께의 소직사각형)의 회전 반경은 $\frac{1}{\sqrt{2}}x$이고 높이의 길이는 $\sqrt{2}$가 됨을 알 수 있다. 따라서 다음을 얻는다.

$$V_2=\int_1^2 2\pi\left(\frac{1}{\sqrt{2}}x\right)\cdot\sqrt{2}\,dx=2\pi\int_1^2 xdx=3\pi.$$

그러므로 구하고자 하는 회전체의 부피는 다음과 같다.

$$V=V_1+V_2=\frac{2}{3}\pi+3\pi=\frac{11}{3}\pi.$$

문제 7.1.1 다음 영역 R을 주어진 축으로 회전시켜 얻어진 회전체의 부피를 구하여라.

(a) $R=\{(x,\ y)\mid 0\le x\le 2,\ 0\le y\le x^3\}$; 축 $y=-1$

(b) $R=\left\{(x,\ y)\mid \frac{\pi}{4}\le x\le\frac{3\pi}{4},\ \cos x\le y\le\sin x\right\}$; 축 $y=1$

(c) $R=\{(x,\ y)\mid 0\le x\le 1,\ x^2+1\le y\le x+1\}$; 축 $y=2$

(d) $R=\{(x, y) \mid 1 \le y \le 2,\ \sqrt{y} \le x \le y\}$; 축 $x=1$

(e) $R=\{(x, y) \mid 0 \le y \le 1,\ e^y \le x \le 2y+1\}$; 축 $y=0$

(f) $R=\{(x, y) \mid x \ge y,\ x^2+(y-1)^2 \le 1\}$; 축 $y=x$

7.2 곡선의 길이

> **정의 7.2.1**
>
> 닫힌구간 $[a, b]$에서 정의된 C^1-급 함수 $y=f(x)$의 그래프는 **매끄러운 곡선**(smooth curve)이라고 한다.

이와 같은 매끄러운 곡선 C의 길이를 구해보자.

구간 $[a, b]$의 임의의 분할 $P=\{a=x_0, x_1, \cdots, x_n=b\}$에 대하여 $P_i=(x_i, f(x_i)) \in C$라고 하자. 이때, 각 선분 $\overline{P_{i-1}P_i}$의 길이 $|\overline{P_{i-1}P_i}|$는 다음과 같다.

$$
\begin{aligned}
|\overline{P_{i-1}P_i}| &= \sqrt{(x_i-x_{i-1})^2+(f(x_i)-f(x_{i-1}))^2} \\
&= (x_i-x_{i-1})\sqrt{1+\left[\frac{f(x_i)-f(x_{i-1})}{x_i-x_{i-1}}\right]^2}.
\end{aligned}
$$

평균값의 정리에 의하여 다음을 만족하는 점 $t_i \in (x_{i-1}, x_i)$가 존재한다.

$$f'(t_i)=\frac{f(x_i)-f(x_{i-1})}{x_i-x_{i-1}}.$$

그러므로 점 P_0에서 점 P_n까지 각 선분들의 길이의 합 L_n은 다음과 같다.

$$L_n=\sum_{i=1}^{n}|\overline{P_{i-1}P_i}|=\sum_{i=1}^{n}\sqrt{1+(f'(t_i))^2}\,\Delta x_i.$$

그러므로 $\|P\| \to 0$일 때, 즉, $n \to \infty$일 때, 곡선 C의 길이는 다음과 같다.

$$L=\int_a^b \sqrt{1+(f'(x))^2}\,dx=\lim_{n\to\infty}\sum_{i=1}^{n}\sqrt{1+(f'(t_i))^2}\,\Delta x_i,\ t_i \in (x_{i-1}, x_i)$$

예제 7.2.2 곡선 $C: y=x^2,\ x\in\left[0,\ \frac{1}{2}\right]$의 길이를 구하여라.

풀이 $L=\int_0^{\frac{1}{2}}\sqrt{1+y'^2}\,dx=\int_0^{\frac{1}{2}}\sqrt{1+(2x)^2}\,dx=2\int_0^{\frac{1}{2}}\sqrt{\frac{1}{4}+x^2}\,dx$에서 $x=\frac{1}{2}\tan\theta$라 놓으면, $x=0$일 때 $\theta=0$이고, $x=\frac{1}{2}$일 때 $\theta=\frac{\pi}{4}$이다. 또한, $dx=\frac{1}{2}\sec^2\theta d\theta$이므로, 부분적분법에 의하여 다음을 얻는다.

$$\begin{aligned}
L&=2\int_0^{\frac{\pi}{4}}\frac{1}{2}\sec\theta\cdot\frac{1}{2}\sec^2\theta d\theta=\frac{1}{2}\int_0^{\frac{\pi}{4}}\sec^2\theta\cdot\sec\theta d\theta\\
&=\frac{1}{2}\left[\tan\theta\sec\theta\,\Big|_0^{\frac{\pi}{4}}-\int_0^{\frac{\pi}{4}}\tan\theta\cdot\sec\theta\tan\theta d\theta\right]\\
&=\frac{1}{2}\left[\sqrt{2}-\int_0^{\frac{\pi}{4}}\sec\theta(\sec^2\theta-1)d\theta\right]\\
&=\frac{\sqrt{2}}{2}-\frac{1}{2}\int_0^{\frac{\pi}{4}}\sec^3\theta d\theta+\frac{1}{2}\int_0^{\frac{\pi}{4}}\sec\theta d\theta\\
&=\frac{\sqrt{2}}{2}+\frac{1}{2}\ln|\sec\theta+\tan\theta|\,\Big|_0^{\frac{\pi}{4}}-\frac{1}{2}\int_0^{\frac{\pi}{4}}\sec^3\theta d\theta\\
&=\frac{\sqrt{2}}{2}+\frac{1}{2}\ln(\sqrt{2}+1)-\frac{1}{2}\int_0^{\frac{\pi}{4}}\sec^3\theta d\theta.
\end{aligned}$$

따라서 $L=\frac{\sqrt{2}}{4}+\frac{1}{4}\ln(\sqrt{2}+1)$이다.

문제 7.2.1 주어진 구간에 대한 호 C의 길이를 구하여라.

(a) $C: x=\cos 2t,\ y=\sin 2t,\ t\in\left[0,\ \frac{\pi}{8}\right]$

(b) $C: y=-\frac{1}{2}\ln x+\frac{1}{4}x^2,\ x\in[1,\ 2]$

(c) $C: y=\ln x,\ y\in[1,\ 2]$

7.3 회전체의 겉넓이

매끄러운 곡선 $C: y=f(x),\ x \in [a,\ b]$를 x-축을 중심으로 1회전시켜 얻어진 회전체의 겉넓이를 구해보자.

임의의 분할 $P=\{a=x_0,\ x_1,\ \cdots,\ x_n=b\}$에 대하여 $P_i=(x_i,\ f(x_i))$라고 하자. 이때 각 선분 $\overline{P_{i-1}P_i}$의 길이 $|\overline{P_{i-1}P_i}|$는 다음과 같다.

$$|\overline{P_{i-1}P_i}| = \sqrt{1+(f'(t_i))^2}\,\Delta x_i,\ t_i \in (x_{i-1},\ x_i).$$

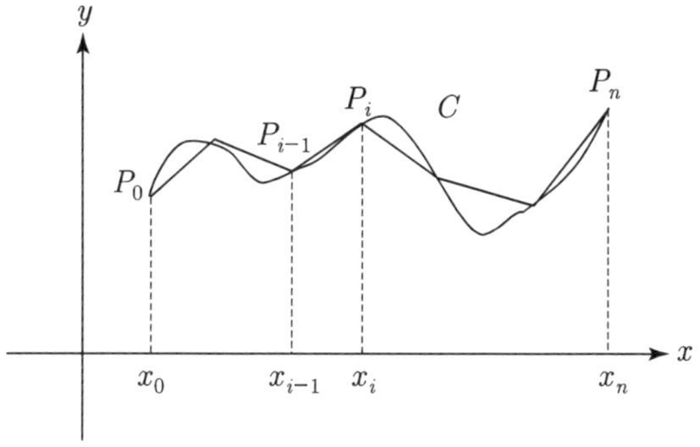

[그림 7.3.1] 매끄러운 곡선 C

선분 $\overline{P_{i-1}P_i}$를 x-축을 중심으로 1회전하여 얻어진 회전체는 밑면의 반지름이 $f(x_i)$이고, 윗면의 반지름이 $f(x_{i-1})$이며 모선의 길이가 $|P_{i-1}P_i|$인 원뿔대를 생각하자.

$f(x_{i-1}) < f(x_i)$이라 가정하자. 이 원뿔대의 한 모선을 잘라서 펼쳐 놓으면, 아래의 그림 7.3.2와 같다.

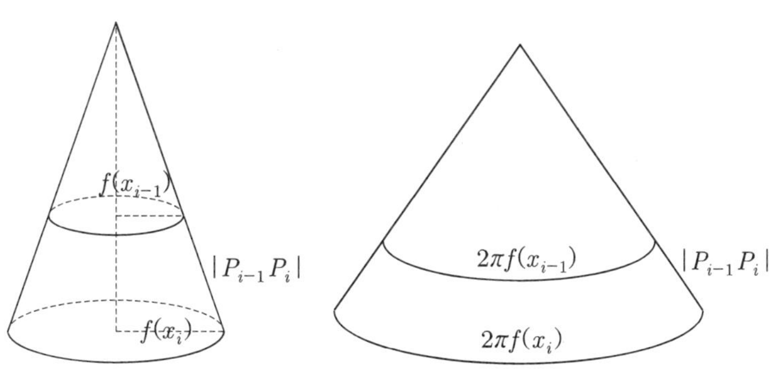

[그림 7.3.2] 원뿔대와 그의 펼친 도형

이렇게 펼쳐 놓은 영역의 넓이 A_i가 선분 $\overline{P_{i-1}P_i}$를 x-축을 중심으로 1회전하여 얻어진 회전체의 겉넓이이다. 따라서 A_i는 큰 부채꼴의 넓이에서 작은 부채꼴의 넓이를 뺀 것이다. 그러므로 다음을 쉽게 얻을 수 있다.

$$A_i = \pi(f(x_{i-1}) + f(x_i))|\overline{P_{i-1}P_i}| = \pi(f(x_{i-1}) + f(x_i))|\sqrt{1+(f'(t_i))^2}\triangle x_i$$

따라서 각 선분 $\overline{P_{i-1}P_i}$들에 의해 만들어진 회전체의 겉넓이의 총합은 다음과 같다.

$$S_n = \sum_{i=1}^{n}\pi[f(x_{i-1}) + f(x_i)]\sqrt{1+(f'(t_i))^2}\triangle x_i$$

$G(x) = 2\pi f(x)\sqrt{1+(f'(x))^2}$이라 놓으면,

$$L(P,\ G) \le S_n \le U(P,\ G),\ L(P,\ G) \le R(P,\ G) \le U(P,\ G)$$

임을 알 수 있다. G은 $[a,\ b]$에서 연속함수이므로 적분가능하다. 따라서

$$\int_a^b G(x)dx = \overline{\int_a^b} G(x)dx = \underline{\int_a^b} G(x)dx = \lim_{\|P\|\to 0} R(P,\ G)$$

이다. 그러므로 다음을 알 수 있다.

$$\begin{aligned}\int_a^b G(x)dx &= \lim_{n\to\infty}\sum_{i=1}^{n}\pi[f(x_{i-1}) + f(x_i)]\sqrt{1+(f(t_i))^2}\triangle x_i \\ &= \lim_{n\to\infty}\sum_{i=1}^{n}2\pi f(\xi_i)\sqrt{(1+(f'(\xi_i))^2\triangle x_i},\ \xi_i \in [x_{i-1},\ x_i].\end{aligned}$$

그러므로 매끄러운 곡선 $C: y = f(x),\ x \in [a,\ b]$를 x-축을 중심으로 1회전시킨 **회전체의 겉넓이** A는 다음과 같이 정의한다.

$$A = \int_a^b 2\pi f(x)\sqrt{1+(f'(x))^2}\,dx.$$

이때, 곡선 $C: y = f(t),\ t \in [a,\ x]$의 길이는

$$s = s(x) = \int_a^x \sqrt{1+(f'(t))^2}\,dt$$

이므로,

$$\frac{ds}{dx} = \sqrt{1+(f'(x))^2}, \quad ds = \sqrt{1+(f'(x))^2}\,dx$$

이다. 그러므로 회전체의 겉넓이 A는 다음과 같이 정의한다.

$$\begin{aligned} A &= \int_C 2\pi f(x)ds \\ &:= \int_a^b 2\pi f(x)\sqrt{1+(f'(x))^2}\,dx. \end{aligned}$$

예제 7.3.1 곡선 $C: f(x) = x^2,\ x \in \left[0,\ \frac{1}{2}\right]$을 x-축을 중심으로 1회전시킨 회전체의 겉넓이를 구하여라.

풀이 $A = \int_0^{\frac{1}{2}} 2\pi x^2\sqrt{1+4x^2}\,dx = 4\pi\int_0^{\frac{1}{2}} x^2\sqrt{\frac{1}{4}+x^2}\,dx$에서 $x = \frac{1}{2}\tan\theta$라 놓으면, $x=0$일 때 $\theta=0$이고, $x=\frac{1}{2}$일 때 $\theta=\frac{\pi}{4}$이다. 또한, $dx = \frac{1}{2}\sec^2\theta d\theta$이다. 그러므로 다음을 얻는다.

$$\begin{aligned} A &= 4\pi\int_0^{\frac{\pi}{4}} \frac{1}{4}\tan^2\theta \cdot \frac{1}{2}\sec\theta \cdot \frac{1}{2}\sec^2\theta d\theta \\ &= \frac{1}{4}\pi\int_0^{\frac{\pi}{4}} (\sec^2\theta - 1)\sec^3\theta d\theta \\ &= \frac{1}{4}\pi\int_0^{\frac{\pi}{4}} (\sec^5\theta - \sec^3\theta)d\theta. \end{aligned}$$

예제 6.1.3에서

$$\int \sec^n x dx = \frac{1}{n-1}\sec^{n-2}x\tan x + \frac{n-2}{n-1}\int \sec^{n-2}x dx$$

이므로, 다음을 얻는다.

$$\begin{aligned} \int_0^{\frac{\pi}{4}} \sec^3\theta d\theta &= \frac{1}{2}\sec\theta\tan\theta\,\Big|_0^{\frac{\pi}{4}} + \frac{1}{2}\int_0^{\frac{\pi}{4}} \sec\theta d\theta \\ &= \frac{\sqrt{2}}{2} + \frac{1}{2}\ln|\sec\theta + \tan\theta|\,\Big|_0^{\frac{\pi}{4}} \\ &= \frac{\sqrt{2}}{2} + \frac{1}{2}\ln(\sqrt{2}+1), \end{aligned}$$

$$\int_0^{\frac{\pi}{4}} \sec^5\theta d\theta = \frac{1}{4}\sec^3\theta\tan\theta\,|_0^{\frac{\pi}{4}} + \frac{3}{4}\int_0^{\frac{\pi}{4}}\sec^3 d\theta$$
$$= \frac{\sqrt{2}}{2} + \frac{3}{4}\left[\frac{\sqrt{2}}{2} + \frac{1}{2}\ln(\sqrt{2}+1)\right]$$
$$= \frac{7\sqrt{2}}{8} + \frac{3}{8}\ln(\sqrt{2}+1).$$

그러므로 $A = \frac{1}{32}\pi[3\sqrt{2} - \ln(\sqrt{2}+1)]$이다.

문제 7.3.1 주어진 축을 중심으로 호 C를 회전시켜 얻어진 회전체의 겉넓이를 구하여라.

(a) $C = \{(x,\ y)\,|\,x = y^{1/3},\ 1 \le y \le 27\}$; 축 $x = 0$

(b) $C = \{(x,\ y)\,|\,y = 3x,\ 0 \le x \le 2\}$; 축 $x = 3$

(c) $C = \{(x,\ y)\,|\,y^2 = x + 1,\ 1 \le y \le 2\}$; 축 $x = 0$

7.4 특이적분

앞에서 닫힌구간 $[a,\ b]$에서 유계함수에 대한 적분가능성을 정의하였고, $[a,\ b]$에서 연속함수는 적분가능하다는 것을 보였다. 즉, 정적분 $\int_a^b f(x)dx$가 존재함을 보였다.

이 절에서는 긴밀구간이 아닌 구간, 즉, 구간

$$(a,\ b],\ [a,\ b),\ (a,\ b),\ [a,\ \infty),\ (-\infty,\ b],\ (-\infty,\ \infty)$$

에서 정의된 연속함수들의 적분에 대하여 알아보기로 한다. 이러한 적분은 **특이적분** (improper integral)이라 한다.

정의 7.4.1

(a) 연속함수 $f : (a,\ b] \to \mathbb{R}$에 대한 특이적분은 다음과 같이 정의한다.

$$\int_a^b f(x)dx = \lim_{\epsilon \to 0+}\int_{a+\epsilon}^b f(x)dx.$$

(b) 연속함수 $f : [a,\ b) \to \mathbb{R}$에 대한 특이적분은 다음과 같이 정의한다.

$$\int_a^b f(x)dx = \lim_{\epsilon \to 0+} \int_a^{b-\epsilon} f(x)dx.$$

(c) 연속함수 $f:(a,\ b) \to \mathbb{R}$에 대한 특이적분은 다음과 같이 정의한다. 임의의 점 $c \in (a,\ b)$에 대하여

$$\int_a^b f(x)dx = \int_a^c f(x)dx + \int_c^b f(x)dx.$$

(d) 연속함수 $f:[a,\ \infty) \to \mathbb{R}$에 대한 특이적분은 다음과 같이 정의한다.

$$\int_a^\infty f(x)dx = \lim_{M \to \infty} \int_a^M f(x)dx.$$

(e) 연속함수 $f:(-\infty,\ b] \to \mathbb{R}$에 대한 특이적분은 다음과 같이 정의한다.

$$\int_{-\infty}^b f(x)dx = \lim_{M \to -\infty} \int_M^b f(x)dx.$$

(f) 연속함수 $f:(-\infty,\ \infty) \to \mathbb{R}$에 대한 특이적분은 다음과 같이 정의한다. 임의의 점 $c \in (-\infty,\ \infty)$에 대하여

$$\int_{-\infty}^\infty f(x)dx = \int_{-\infty}^c f(x)dx + \int_c^\infty f(x)dx.$$

만일 위의 극한이 존재하면, **특이적분은 수렴한다(converge)**고 하고, 그 극한값을 특이적분의 값이라 한다. 그렇지 않으면, **발산한다(diverge)**고 한다.

예제 7.4.2 $\int_1^\infty x^{-1/2}dx$의 수렴·발산을 판정하여라.

풀이 $\int_1^\infty x^{-1/2}dx = \lim_{M \to \infty} \int_1^M x^{-1/2}dx = \lim_{M \to \infty} [2\sqrt{x}]_1^M = \lim_{M \to \infty} (2\sqrt{M} - 2) = \infty$

이므로, 위의 특이적분은 발산한다.

예제 7.4.3 $\int_{-\infty}^\infty \frac{1}{x^2+1}dx$를 구하여라.

풀이 $$\int_{-\infty}^{\infty}\frac{1}{x^2+1}dx=\int_{-\infty}^{0}\frac{1}{x^2+1}dx+\int_{0}^{\infty}\frac{1}{x^2+1}dx$$
$$=\lim_{M\to-\infty}\int_{M}^{0}\frac{1}{x^2+1}dx+\lim_{N\to\infty}\int_{0}^{N}\frac{1}{x^2+1}dx$$
$$=\lim_{M\to-\infty}[\tan^{-1}x]_M^0+\lim_{N\to\infty}[\tan^{-1}x]_0^N$$
$$=\lim_{M\to-\infty}(-\tan^{-1}M)+\lim_{N\to\infty}\tan^{-1}N=\frac{\pi}{2}+\frac{\pi}{2}=\pi.$$

따라서 위의 특이적분의 값은 π이다.

예제 7.4.4 함수 $f(x)=\dfrac{1}{\sqrt{x-1}}$와 직선 $x=1$, $x=2$로 둘러싸인 영역 R의 넓이를 구하여라.

풀이 $$\int_1^2\frac{1}{\sqrt{x-1}}dx=\lim_{\epsilon\to0+}\int_{1+\epsilon}^{2}(x-1)^{-1/2}dx=\lim_{\epsilon\to0+}[2(x-1)^{1/2}]_{1+\epsilon}^2$$
$$=\lim_{\epsilon\to0+}[2-2\sqrt{\epsilon}]=2$$

이므로, R의 넓이는 2이다.

예제 7.4.5 $\displaystyle\int_{-1}^{2}x^{-\frac{4}{3}}dx$의 수렴·발산을 판정하여라.

풀이 피적분함수는 $x=0$에서 불연속이다. $\displaystyle\lim_{x\to0-}x^{-\frac{4}{3}}=-\infty$이고 $\displaystyle\lim_{x\to0+}x^{-\frac{4}{3}}=\infty$이다. 그러므로 다음을 얻는다.

$$\int_{-1}^{2}x^{-\frac{4}{3}}dx=\int_{-1}^{0}x^{-\frac{4}{3}}dx+\int_{0}^{2}x^{-\frac{4}{3}}dx$$
$$=\lim_{\epsilon\to0+}\int_{-1}^{0-\epsilon}x^{-\frac{4}{3}}dx+\lim_{\epsilon'\to0+}\int_{0+\epsilon'}^{2}x^{-\frac{4}{3}}dx$$
$$=\lim_{\epsilon\to0+}\left[-3x^{-\frac{1}{3}}\right]_{-1}^{-\epsilon}+\lim_{\epsilon'\to0+}\left[-3x^{-\frac{1}{3}}\right]_{\epsilon'}^{2}$$
$$=\lim_{\epsilon\to0+}\left[3\epsilon^{-\frac{1}{3}}-3\right]+\lim_{\epsilon'\to0+}\left[-3\cdot2^{-\frac{1}{3}}+3\cdot\epsilon'^{-\frac{1}{3}}\right]=\infty.$$

따라서 위의 특이적분은 발산한다.

예제 7.4.6 $\int_1^2 \frac{1}{(x-1)(x-2)}dx$의 수렴·발산을 판정하여라.

풀이 $\lim_{x\to 1+} \frac{1}{(x-1)(x-2)} = -\infty$, $\lim_{x\to 2-} \frac{1}{(x-1)(x-2)} = -\infty$이다.

$$\begin{aligned}
&\int_1^2 \frac{1}{(x-1)(x-2)}dx \\
&= \int_1^{3/2} \frac{1}{(x-1)(x-2)}dx + \int_{3/2}^2 \frac{1}{(x-1)(x-2)dx} \\
&= \lim_{\epsilon\to 0+} \int_{1+\epsilon}^{3/2} \left\{\frac{1}{x-2} - \frac{1}{x-1}\right\}dx + \lim_{\epsilon'\to 0+} \int_{3/2}^{2-\epsilon'} \left\{\frac{1}{x-2} - \frac{1}{x-1}\right\}dx \\
&= \lim_{\epsilon\to 0+} [\ln|x-2| - \ln|x-1|]_{1+\epsilon}^{3/2} + \lim_{\epsilon'\to 0+} [\ln|x-2| - \ln|x-1|]_{3/2}^{2-\epsilon'} \\
&= \infty - \infty
\end{aligned}$$

이므로, 위의 특이적분은 발산한다.

문제 7.4.1 $\int_0^\infty \frac{1}{x^4+4}dx = \frac{\pi}{8}$ 임을 보여라.

문제 7.4.2 다음 특이적분을 구하여라.

(a) $\int_0^\infty x^5 e^{-x} dx$ (b) $\int_1^2 \frac{1}{\sqrt{x(2-x)}}dx$

문제 7.4.3 $\int_0^\infty \frac{\cos x}{1+x}dx = \int_0^\infty \frac{\sin x}{(1+x)^2}dx$ 임을 보여라.

정리 7.4.7 (비교판정법)

$f : [a, \infty) \to [0, \infty)$는 연속함수라고 하자.

(a) 만일 연속함수 $g : [a, \infty) \to [0, \infty)$가 존재하여 충분히 큰 M에 대하여 $x \geq M$

일 때 $f(x) \le g(x)$이고, $\int_a^\infty g(x)dx$가 수렴하면, $\int_a^\infty f(x)dx$도 수렴한다.

(b) 만일 연속함수 $g : [a, \infty) \to [0, \infty)$가 존재하여 모든 $x \ge a$에 대하여 $g(x) \le f(x)$이고, $\int_a^\infty g(x)dx$가 발산하면, $\int_a^\infty f(x)dx$도 발산한다.

증명 (a) $0 \le a_n = \int_{M+n}^{M+n+1} f(x)dx \le \int_{M+n}^{M+n+1} g(x)dx = b_n$이다.

$$\int_a^\infty f(x)dx = \int_a^M f(x)dx + \sum_{n=0}^\infty a_n,$$

$$\int_a^\infty g(x)dx = \int_a^M g(x)dx + \sum_{n=0}^\infty b_n$$

이므로, 급수에 관한 비교판정법(정리 8.2.16)에 의하여 결과가 나온다.

(b) (a) $0 \le a_n = \int_{M+n}^{M+n+1} f(x)dx \ge \int_{M+n}^{M+n+1} g(x)dx = b_n$이다.

$$\int_a^\infty f(x)dx = \int_a^M f(x)dx + \sum_{n=0}^\infty a_n,$$

$$\int_a^\infty g(x)dx = \int_a^M g(x)dx + \sum_{n=0}^\infty b_n$$

이므로, 급수에 관한 비교판정법(정리 8.2.16)에 의하여 결과가 나온다. ◀

문제 7.4.4 $1 < s < \infty$에 대하여

$$\zeta(s) := \sum_{n=1}^\infty \frac{1}{n^s}$$

라고 정의하자. 이러한 함수를 **리만제타(Riemman-zeta)함수**라고 한다.

(a) $\zeta(s) = s\int_1^\infty \frac{[x]}{x^{s+1}}dx$임을 보여라.

(b) $\zeta(s) = \frac{s}{s-1} - s\int_1^\infty \frac{x-[x]}{x^{s+1}}dx$임을 보여라.

(c) (b)에서의 적분은 모든 $s > 0$에 대하여 수렴함을 보여라.

(도움말: (a)를 증명하기 위하여 $[1,\ N]$ 위에서의 적분과 급수의 N-번째 부분합과의 차를 구하여라.)

문제 7.4.5 $f:(a,\ b] \to [0,\ \infty)$는 연속함수라고 하자. 다음을 증명하여라.

(a) 만일 연속함수 $g:(a,\ b] \to [0,\ \infty)$가 존재하여 $a < x \le b$일 때 $f(x) \le g(x)$이고, $\int_a^b g(x)dx$가 수렴하면, $\int_a^b f(x)dx$도 수렴한다.

(b) 만일 연속함수 $g:(a,\ b] \to [0,\ \infty)$가 존재하여 $a < x \le b$일 때 $g(x) \le f(x)$이고, $\int_a^b g(x)dx$가 발산하면, $\int_a^b f(x)dx$도 발산한다.

문제 7.4.6 $f:(a,\ b] \to [0,\ \infty)$는 연속함수라고 하자. 다음을 증명하여라.

만일 연속함수 $g:(a,\ b] \to [0,\ \infty)$가 존재하여 $\lim_{x \to a+} \frac{f(x)}{g(x)} = A \neq 0,\ \infty$이면, $\int_a^b f(x)dx$가 수렴(발산)하기 위한 필요충분조건은 $\int_a^b g(x)dx$가 수렴(발산)한다. 이때,

만일 $A = 0$이고, $\int_a^b g(x)dx$는 수렴하면, $\int_a^b f(x)dx$는 수렴한다.

만일 $A = \infty$이고, $\int_a^b g(x)dx$는 발산하면, $\int_a^b f(x)dx$는 발산한다.

예제 7.4.8 $\int_0^\infty \frac{1}{e^x+1}dx$의 수렴·발산을 판정하여라.

풀이 $\frac{1}{e^x+1} \le \frac{1}{e^x}$이고, $\int_0^\infty e^{-x} = 1$이므로, 비교판정법에 의하여 $\int_0^\infty \frac{1}{e^x+1}dx$는 수렴한다.

7장 적분의 응용

정리 7.4.9 (극한비교판정법)

$f:[a,\ \infty)\to[0,\ \infty)$는 연속함수라고 하자.

만일 연속함수 $g:[a,\ \infty)\to[0,\ \infty)$가 존재하여 $\lim_{x\to\infty}\dfrac{f(x)}{g(x)}=A\neq 0,\ \infty$이면, $\int_a^\infty f(x)dx$가 수렴(발산)하기 위한 필요충분조건은 $\int_a^\infty g(x)dx$가 수렴(발산)한다.

이때,

만일 $A=0$이고, $\int_a^\infty g(x)dx$는 수렴하면, $\int_a^\infty f(x)dx$는 수렴한다.

만일 $A=\infty$이고, $\int_a^\infty g(x)dx$는 발산하면, $\int_a^\infty f(x)dx$는 발산한다.

증명 $\lim_{x\to\infty}\dfrac{f(x)}{g(x)}=A\neq 0,\ \infty$이므로, 임의의 $\epsilon>0$에 대하여 $M>0$가 존재하여 $x>M$일 때 $\left|\dfrac{f(x)}{g(x)}-A\right|<\epsilon$이 성립한다. 따라서 $x>M$일 때, $(A-\epsilon)g(x)<f(x)<(A-\epsilon)g(x)$이다. $\epsilon>0$은 $0<\epsilon<A$를 만족하도록 선택하자. 그러면 비교판정법에 의하여 결과가 나온다.

만일 $\lim_{x\to\infty}\dfrac{f(x)}{g(x)}=A=0$이면. 임의의 $\epsilon>0$에 대하여 $M>0$이 존재하여 $x>M$일 때, $\dfrac{f(x)}{g(x)}<\epsilon$이 성립한다. 따라서 $x>M$일 때, $f(x)<\epsilon g(x)$이다. 그러므로 만일 $\int_a^\infty g(x)dx$가 수렴하면, 비교판정법에 의하여 $\int_a^\infty f(x)dx$도 수렴한다.

만일 $\lim_{x\to\infty}\dfrac{f(x)}{g(x)}=A=\infty$이면, 임의의 양수 $N>0$에 대하여 $M>0$이 존재하여 $x>M$일 때, $\dfrac{f(x)}{g(x)}>N$이 성립한다. 따라서 $x>M$일 때, $Ng(x)<f(x)$이다. 그러므로 만일 $\int_a^\infty g(x)dx$가 발산하면, 비교판정법에 의하여 $\int_a^\infty f(x)dx$는 발산한다. ◀

예제 7.4.10 $\int_2^\infty \dfrac{1}{\ln x}dx$의 수렴·발산을 판정하여라.

풀이 $x\geq 2$일 때, $\dfrac{1}{x}<\dfrac{1}{\ln x}$이고, $\int_2^\infty \dfrac{1}{x}dx=\infty$이므로, 비교판정법에 의하여

$\int_2^\infty \frac{1}{\ln x}dx$는 발산한다.

문제 7.4.7 다음 특이적분의 수렴·발산을 판정하여라.

(a) $\int_1^\infty \frac{x}{3x^4+5x^2+1}dx$ (b) $\int_2^\infty \frac{x^2-1}{\sqrt{x^6+16}}dx$

(c) $\int_0^\infty e^{-x^2}dx$ (d) $\int_1^\infty \frac{\ln x}{x+1}dx$

(e) $\int_0^\infty \frac{1-\cos x}{x^2}dx$ (f) $\int_2^3 \frac{1}{x^2(x^3-8)^{2/3}}dx$

(g) $\int_1^5 \frac{1}{\sqrt{(5-x)(x-1)}}dx$ (h) $\int_0^{\pi/2} \frac{1}{(\cos x)^{1/n}}dx, n>1$

(i) $\int_0^\pi \frac{\sin x}{x^3}dx$ (j) $\int_{-1}^1 \frac{2^{\sin^{-1}x}}{1-x}dx$

정의 7.4.11

연속함수 $f:[a, \infty) \to \mathbb{R}$에 대하여 $\int_a^\infty f(x)dx$가 **절대수렴한다**(absolutely converge)는 것은 $\int_a^\infty |f(x)|dx$가 수렴할 때를 말한다.

$\int_a^\infty f(x)dx$가 **조건수렴한다**(conditionally converge)는 것은 $\int_a^\infty f(x)dx$는 수렴하지만, 절대수렴하지 않을 때를 말한다.

연속함수 $f:(a, b] \to \mathbb{R}$에 대해서도 마찬가지로 정의한다.

예제 7.4.12 $\int_0^\infty \frac{\sin x}{x}dx$는 조건수렴함을 보여라.

풀이 $\frac{\sin x}{x}$는 $0 < x \le 1$에서 연속이고, $\lim_{x\to 0}\frac{\sin x}{x} = 1$이므로,

$$f(x) := \begin{cases} \frac{\sin x}{x}, & 0 < x \le 1 \\ 1, & x = 0 \end{cases}$$

라고 정의하면, $\frac{\sin x}{x} \le f(x)$, $0 < x \le 1$이다. f는 $[0,\ 1]$에서 연속이다. 그러므로 $\int_0^1 f(x)dx$는 존재한다. 따라서 비교판정법에 의하여 $\int_0^1 \frac{\sin x}{x}dx$는 수렴한다.

$\int_1^{\infty} \frac{\sin x}{x}dx$는 수렴함을 보이자.

$$\begin{aligned}\int_1^M \frac{\sin x}{x}dx &= -\frac{\cos x}{x}\Big|_1^M + \int_1^M \frac{\cos x}{x^2}dx \\ &= \cos 1 - \frac{\cos M}{M} + \int_1^M \frac{\cos x}{x^2}dx\end{aligned}$$

에서 $\int_1^{\infty} \frac{\cos x}{x^2}dx$는 비교판정법에 의하여 수렴한다. 따라서 $M \to \infty$를 취하면, $\int_1^{\infty} \frac{\sin x}{x}dx = \cos 1 - \int_1^{\infty} \frac{\cos x}{x^2}dx$이다. 그러므로 $\int_1^{\infty} \frac{\sin x}{x}dx$는 수렴한다. 따라서 $\int_0^{\infty} \frac{\sin x}{x}dx$는 수렴한다.

$\int_0^{\infty} \left|\frac{\sin x}{x}\right|dx$는 발산함을 보이자.

$$\int_0^{\infty} \left|\frac{\sin x}{x}\right|dx = \sum_{n=0}^{\infty} \int_{n\pi}^{(n+1)\pi} \left|\frac{\sin x}{x}\right|dx$$

이므로, $x = t + n\pi$로 놓으면,

$$\int_0^{\infty} \left|\frac{\sin x}{x}\right|dx = \sum_{n=0}^{\infty} \int_0^{\pi} \frac{\sin t}{t+n\pi}dt$$

이다. $0 \le t \le \pi$에 대하여 $\frac{1}{t+n\pi} \ge \frac{1}{(n+1)\pi}$이므로,

$$\int_0^{\pi} \frac{\sin t}{t+n\pi}dt \ge \frac{1}{(n+1)\pi}\int_0^{\pi} \sin t\,dt = \frac{2}{(n+1)\pi}$$

이다. $\sum_{n=0}^{\infty} \frac{2}{(n+1)\pi}$는 발산하므로, 급수의 비교판정법에 의하여 $\int_0^{\infty} \left|\frac{\sin x}{x}\right|dx$는 발산한다.

정리 7.4.13

연속함수 $f : [a, \infty) \to \mathbb{R}$에 대하여 만일 $\int_a^\infty f(x)dx$는 절대수렴하면, $\int_a^\infty f(x)dx$는 수렴한다.

이 정리는 연속함수 $f : (a, b] \to \mathbb{R}$에 대해서도 성립한다.

증명 $-|f(x)| \le f(x) \le |f(x)|$이므로,

$$0 \le f(x) + |f(x)| \le 2|f(x)|$$

이다. $\int_a^\infty |f(x)|dx$는 수렴하므로, 비교판정법에 의하여 $\int_a^\infty (f(x)+|f(x)|)dx$는 수렴한다.

$$\begin{aligned}\int_a^\infty f(x)dx &= \int_a^\infty (f(x)+|f(x)|-|f(x)|)dx \\ &= \int_a^\infty (f(x)+|f(x)|)dx - \int_a^\infty |f(x)|dx\end{aligned}$$

이므로, $\int_a^\infty f(x)dx$는 수렴한다. ◀

예제 7.4.14 $\int_0^\infty \frac{\cos x}{x^2+1}dx$는 절대수렴한다. 왜냐하면, $\left|\frac{\cos x}{x^2+1}\right| \le \frac{1}{x^2+1}$이고, $\int_0^\infty \frac{1}{x^2+1}dx = \tan^{-1}x\,|_0^\infty = \frac{\pi}{2}$이므로, 비교판정법에 의하여 $\int_0^\infty \left|\frac{\cos x}{x^2+1}\right|dx$는 수렴한다.

해답

제1장 기초 개념

문제 1.3.1

(a), (b), (c)는 정의에 의하여 자명하다.

(d) $x \in A - B \Leftrightarrow x \in A,\ x \notin B \Leftrightarrow x \in A,\ x \in B^c \Leftrightarrow x \in A \cap B^c$

(e) (i) $A \subset B \Leftrightarrow A \cap B = A$임을 보이자.

($\Rightarrow$) (b)에 의하여 $A \cap B \subset A$이다. 그러므로 $A \subset A \cap B$임을 보이면 충분하다. $x \in A$라고 하자. $A \subset B$이므로, $x \in B$이다. 그러므로 $x \in A \cap B$이다. 따라서 $A \subset A \cap B$이다.

($\Leftarrow$) (b)에 의하여 $A = A \cap B \subset B$이다.

(ii) $A \subset B \Leftrightarrow A \cup B = B$임을 보이자.

($\Rightarrow$) (a)에 의하여 $B \subset A \cup B$이다. 그러므로 $A \cup B \subset B$임을 보이면 충분하다. $x \in A \cup B$라고 하자. 그러면 $x \in A$ 또는 $x \in B$이다. $A \subset B$이므로, $x \in B$이다. 따라서 $A \cup B \subset B$이다.

($\Leftarrow$) (a)에 의하여 $A \subset A \cup B = B$이다.

(f) ($\Rightarrow$) $x \in B^c$라고 하자. 그러면 $x \notin B$이다. $A \subset B$이므로, $x \notin A$, 즉, $x \in A^c$이다. 그러므로 $B^c \subset A^c$이다.

($\Leftarrow$) $x \in A$라고 하자. 만일 $x \notin B$, 즉, $x \in B^c$라면, $B^c \subset A^c$이므로, $x \in A^c$, 즉, $x \notin A$이다. 이것은 모순이다. 그러므로 $x \in B$이다. 따라서 $A \subset B$이다.

문제 1.3.2

(1a) 문제 1.3.1 (a)에 의하여 $A \subset A \cup A$이므로, $A \cup A \subset A$임을 보이면 충분하다. 이것은 정의에 의하여 자명하다.

(2a) ($\subset$) $x \in (A \cup B) \cup C$라고 하자. 그러면 $x \in A \cup B$ 또는 $x \in C$이다. 따라서 $x \in A$ 또는 $x \in B$, 또는 $x \in C$이다. 그러므로 $x \in A$ 또는, $x \in B$ 또는 $x \in C$이다. 따라서 $x \in A$ 또는 $x \in B \cup C$이다. 그러므로 $x \in A \cup (B \cup C)$이다. 따라서 $(A \cup B) \cup C \subset A \cup (B \cup C)$이다.

(⊃) 마찬가지로 하면 된다.

(3a) 자명하자.

(4a) (⊂) $A \subset A \cup B$, $A \cup C$이므로, $A \subset (A \cup B) \cap (A \cup C)$이다.
$B \cap C \subset C \subset A \cup C$이고, $B \cap C \subset B \subset A \cup B$이므로,
$B \cap C \subset (A \cup C) \cap (A \cup B)$이다.
그러므로 $A \cup (B \cap C) \subset (A \cup B) \cap (A \cup C)$이다.

(⊃) $x \in (A \cup B) \cap (A \cup C)$라고 하자. 그러면 $x \in A \cup B$이고, $x \in A \cup C$이다. 따라서 $x \in A$ 또는 $x \in B$이고, $x \in A$ 또는 $x \in C$이다. 그러므로 $x \in A$ 또는, $x \in B$, $x \in C$이다. 따라서 $x \in A$ 또는 $x \in B \cap C$이다. 그러므로 $x \in A \cup (B \cap C)$이다. 따라서 $(A \cup B) \cap (A \cup C) \subset A \cup (B \cap C)$이다.

(5a) $A \subset A \cup \varnothing$ 이므로, $A \cup \varnothing \subset A$임을 보이면 충분하다. $x \in A \cup \varnothing$ 라고 하자. 그러면 $x \in A$ 또는 $x \in \varnothing$ 이다. $x \notin \varnothing$ 이므로, $x \in A$이다. 그러므로 $A \cup \varnothing \subset A$이다. $A \subset U$이므로, 문제 3.2.1 (e)에 의하여 $A \cup U = U$이다.

(6a) $x \in (A^c)^c \Leftrightarrow x \notin A^c \Leftrightarrow x \in A$

(7a) $A \cup A^c \subset U$이므로, $U \subset A \cup A^c$임을 보이면 충분하다. $A \subset U$이므로, 만일 $x \in U$이면, $x \in A$ 또는 $x \notin A$이다. 그러므로 $x \in A$ 또는 $x \in A^c$이다. 따라서 $x \in A \cup A^c$이다. 그러므로 $U \subset A \cup A^c$이다.
$\varnothing \subset U^c$이므로, $U^c \subset \varnothing$ 임을 보이면 충분하다. 만일 $U^c \not\subset \varnothing$ 이라면, $x \in U^c - \varnothing = U^c$가 존재한다. 그러므로 $x \notin U$이다. U는 전체집합이므로, 이것은 모순이다. 그러므로 $U^c \subset \varnothing$ 이다.

(8a) A, $B \subset A \cup B$이므로, 문제 1.3.1 (f)에 의하여 $(A \cup B)^c \subset A^c$, B^c이다. 따라서 $(A \cup B)^c \subset A^c \cap B^c$이다. 역으로, $x \in A^c \cap B^c$라고 하자. 그러면 $x \in A^c$, $x \in B^c$, 즉, $x \notin A$, $x \notin B$이다. 그러므로 $x \notin A \cup B$, 즉, $x \in (A \cup B)^c$이다. 따라서 $A^c \cap B^c \subset (A \cup B)^c$이다.

문제 1.3.3

$A \cup B = B \cup A$, $A \cap B = B \cap A$이므로, $A \triangle B = B \triangle A$가 성립한다.
벤 그림에 의하여 다음을 알 수 있다.

$$(A \triangle B) \triangle C = [(A \cup B \cup C) - A \cap B - A \cap C - B \cap C] \cup [A \cap B \cap C].$$

$A \triangle (B \triangle C) = (B \triangle C) \triangle A$이므로, 결합법칙이 성립한다.

$A \triangle \varnothing = A$이므로 항등원은 공집합이다.

$A \triangle A = \varnothing$ 이므로, 각 집합의 역원은 자기 자신이다.

문제 1.4.1

(a) $B, C \subset B \cup C$이므로, $A \times B, A \times C \subset A \times (B \cup C)$이다.
그러므로 $(A \times B) \cup (A \times C) \subset A \times (B \cup C)$이다.
$(x, y) \in A \times (B \cup C)$라고 하자. 그러면 $x \in A$이고 $y \in B \cup C$이다. $y \in B$ 또는 $y \in C$이다. 만일 $y \in B$이면, $(x, y) \in A \times B$이고, 만일 $y \in C$이면, $(x, y) \in A \times C$이다. 그러므로 $A \times (B \cup C) \subset (A \times B) \cup (A \times C)$이다.

(b) $B \cap C \subset B, C$이므로, $A \times (B \cap C) \subset A \times B, A \times C$이다.
그러므로 $A \times (B \cap C) \subset (A \times B) \cap (A \times C)$이다.
$(x, y) \in (A \times B) \cap (A \times C)$라고 하자. 그러면 $(x, y) \in A \times B, (x, y) \in A \times C$이다. 따라서 $x \in A, y \in B$이고, $x \in A, y \in C$이다. 그러므로 $x \in A, y \in B \cap C$이다. 따라서 $(x, y) \in A \times (B \cap C)$이다. 그러므로 $(A \times B) \cap (A \times C) \subset A \times (B \cap C)$이다.

문제 1.5.1

(a) $\mathbb{R} - \{3\}$

(b) $(3, \infty)$

(c) $[0, \infty) - \{3\}$

(d) $(-\infty, -2] \cup [2, \infty)$

문제 1.5.2

(a) y-축에 대칭인 그래프

(b) $f(x) \geq 0$일 때, $y = f(x)$이고, $f(x) < 0$일 때, $y = -f(x)$이다.

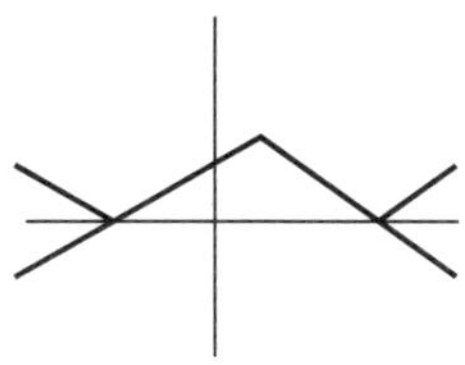

(c) y-축으로 2만큼 평행이동한 그래프

(d) $x \geq 0$일 때, $y = f(x)$이고, $x < 0$일 때, $y = f(-x)$이다.

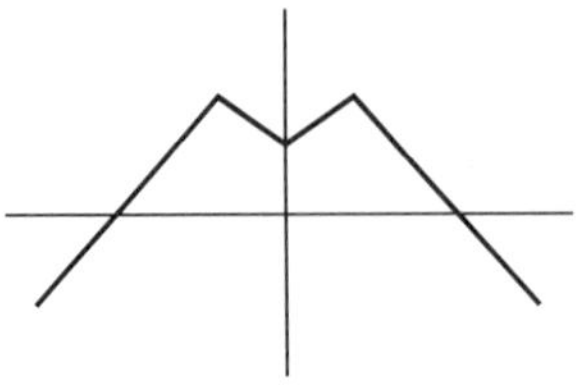

(e) $y \geq 0$일 때, $y = f(x)$이고, $y < 0$일 때, $y = -f(x)$이다.

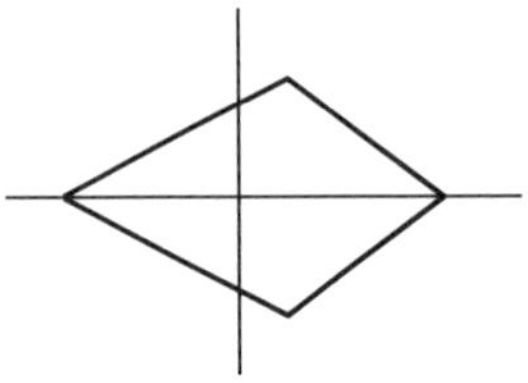

(f) $y \geq 0$일 때, $y = f(|x|)$이고, $y < 0$일 때, $y = -f(|x|)$이다.

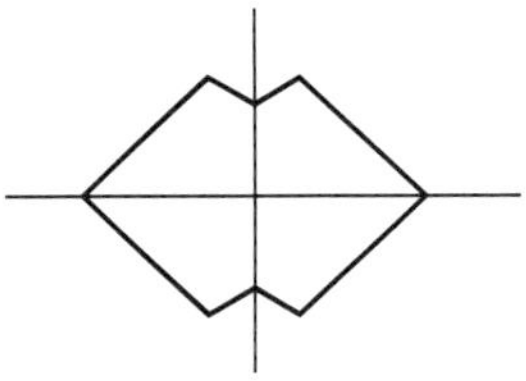

문제 1.5.3

(존재성) $g(x) = \frac{1}{2}[f(x) + f(-x)]$, $h(x) = \frac{1}{2}[f(x) - f(-x)]$로 놓자. 그러면 g는 우함수이고, h는 기함수이다. 또한, $f(x) = g(x) + h(x)$이다.

(유일성) $f(x) = g_i(x) + h_i(x)$, $i = 1, 2$이고, g_i는 우함수, h_i는 기함수라고 하자. 이때, $g_1 = g_2$이고, $h_1 = h_2$임을 보이자.

$g_1(x) + h_1(x) = g_2(x) + h_2(x)$이므로, $g_1(x) - g_2(x) = h_2(x) - h_1(x)$이다.

$$\begin{aligned} g_1(x) - g_2(x) &= g_1(-x) - g_2(-x) = h_2(-x) - h_1(-x) = -h_2(x) + h_1(x) \\ &= -[h_2(x) - h_1(x)] = -[g_1(x) - g_2(x)] \end{aligned}$$

이므로, $g_1(x) - g_2(x) = 0$, 즉, $g_1(x) = g_2(x)$이다. 그러므로 $h_1(x) = h_2(x)$이다.

문제 1.5.4

(a) 정의에 의하여 자명하다.

(b) $A_1, A_2 \subset A_1 \cup A_2$이므로, $f(A_1), f(A_2) \subset f(A_1 \cup A_2)$이다. 그러므로 $f(A_1) \cup f(A_2) \subset f(A_1 \cup A_2)$이다. 역으로, $y = f(A_1 \cup A_2)$라고 하자. 그러면 $x \in A_1 \cup A_2$가 존재하여 $y = f(x)$이다. $x \in A_1$ 또는 $x \in A_2$이므로, $y \in f(A_1) \cup f(A_2)$이다. 그러므로 $f(A_1 \cup A_2) \subset f(A_1) \cup f(A_2)$이다.

(c) $A_1 \cap A_2 \subset A_1, A_2$이므로, $f(A_1 \cap A_2) \subset f(A_1), f(A_2)$이다. 그러므로 $f(A_1 \cap A_2) \subset f(A_1) \cap f(A_2)$이다.

주의 •• 일반적으로 $f(A_1 \cap A_2) \neq f(A_1) \cap f(A_2)$이다. 그러나 만일 f는 단사함수이면, $f(A_1 \cap A_2) = f(A_1) \cap f(A_2)$이다. 왜냐하면, $y \in f(A_1) \cap f(A_2)$라고 하자. 그러면 $y \in f(A_1)$, $y \in f(A_2)$이다. 그러므로 $x_i \in A_i$, $i = 1, 2$가 존재하여 $y = f(x_i)$이다. $y = f(x_1) = f(x_2)$이고, f는 단사이므로, $x_1 = x_2$이다. $x_1 = x_2 = x$로 놓으면, $x \in A_1 \cap A_2$이고 $y = f(x)$이다. 그러므로 $y \in f(A_1 \cap A_2)$이다. 따라서 $f(A_1) \cap f(A_2) \subset f(A_1 \cap A_2)$이다.

(d) $x \in f^{-1}(B_1)$이라 하자. 그러면 $f(x) \in B_1 \subset B_2$이다. $f(x) \in B_2$이므로, $x \in f^{-1}(B_2)$이다. 그러므로 $f^{-1}(B_1) \subset f^{-1}(B_2)$이다.

(e) $B_1, B_2 \subset B_1 \cup B_2$이므로, $f^{-1}(B_1), f^{-1}(B_2) \subset f^{-1}(B_1 \cup B_2)$이다. 그러므로 $f^{-1}(B_1) \cup f^{-1}(B_2) \subset f^{-1}(B_1 \cup B_2)$이다. 역으로, $x \in f^{-1}(B_1 \cup B_2)$라고 하자. 그러면 $f(x) \in B_1 \cup B_2$이다. 따라서 $f(x) \in B_1$ 또는 $f(x) \in B_2$이다. 그러므로 $x \in f^{-1}(B_1)$ 또는 $x \in f^{-1}(B_2)$이다. 따라서 $x \in f^{-1}(B_1) \cup f^{-1}(B_2)$이다. 그러므로 $f^{-1}(B_1 \cup B_2) \subset f^{-1}(B_1) \cup f^{-1}(B_2)$이다.

(f) $B_1 \cap B_2 \subset B_1, B_2$이므로, $f^{-1}(B_1 \cap B_2) \subset f^{-1}(B_1), f^{-1}(B_2)$이다. 그러므로 $f^{-1}(B_1 \cap B_2) \subset f^{-1}(B_1) \cap f^{-1}(B_2)$이다. 역으로, $x \in f^{-1}(B_1) \cap f^{-1}(B_2)$라고 하자. 그러면 $x \in f^{-1}(B_1)$, $x \in f^{-1}(B_2)$이다. 따라서 $f(x) \in B_1$, $f(x) \in B_2$이다. 그러므로 $f(x) \in B_1 \cap B_2$이다. 따라서 $x \in f^{-1}(B_1 \cap B_2)$이다. 그러므로 $f^{-1}(B_1) \cap f^{-1}(B_2) \subset f^{-1}(B_1 \cap B_2)$이다.

(g) $f^{-1}(B_1 - B_2) = f^{-1}(B_1 \cap B_2^c) = f^{-1}(B_1) \cap f^{-1}(B_2^c)$이므로, $f^{-1}(B_2^c) = f^{-1}(B_2)^c$임을 보이면 충분하다. $x \in f^{-1}(B_2^c) \Leftrightarrow f(x) \in B_2^c \Leftrightarrow f(x) \notin B_2 \Leftrightarrow x \in f^{-1}(B_2)^c$.

(h) $x \in A_1$이라 하자. 그러면 $f(x) \in f(A_1)$이다. 따라서 $x \in f^{-1}(f(A_1))$이다. 그러므로 $A_1 \subset f^{-1}(f(A_1))$이다.

해답

(i) $y \in f(f^{-1}(B_1))$라고 하자. 그러면 $x \in f^{-1}(B_1)$이 존재하여 $y = f(x) \in Imf$이다. $y = f(x) \in B_1$이므로, $y \in Imf \cap B_1$이다. 그러므로 $f(f^{-1}(B_1)) \subset Imf \cap B_1$이다. 역으로, $y \in Imf \cap B_1$이라 하자. 그러면 $y \in Imf$, $y \in B_1$이다. 따라서 $x \in A$가 존재하여 $y = f(x)$이다. 그러므로 $y = f(x) \in B_1$이다. 따라서 $x \in f^{-1}(B_1)$이다. 그러므로 $y = f(x) \in f(f^{-1}(B_1))$이다. 따라서 $Imf \cap B_1 \subset f(f^{-1}(B_1))$이다.

주의 •• 만일 f는 전사함수이면, $f(f^{-1}(B_1)) = B_1$이다.

문제 1.6.1

$(h \circ (g \circ f))(x) = h((g \circ f)(x)) = h((g(f(x))) = (h \circ g)(f(x)) = ((h \circ g) \circ f)(x)$

문제 1.6.2

$(id_B \circ f)(x) = id_B(f(x)) = f(x)$, $(f \circ id_A)(x) = f(id_A(x)) = f(x)$

문제 1.6.3

(a) f, g는 단사함수라고 하자. $(g \circ f)(x_1) = (g \circ f)(x_2)$라고 하자. $g(f(x_1)) = g(f(x_2))$이고 g는 단사이므로, $f(x_1) = f(x_2)$이다. 또한 f는 단사이므로, $x_1 = x_2$이다. 그러므로 $g \circ f$는 단사이다.

f, g는 전사함수라고 하자. $z \in C$라고 하자. g는 전사이므로, $y \in B$가 존재하여 $z = g(y)$이다. 또한 f는 전사이므로, $x \in A$가 존재하여 $y = f(x)$이다. 그러므로 $x \in A$가 존재하여 $z = g(y) = g(f(x)) = (g \circ f)(x)$이다. 따라서 $g \circ f$는 전사이다.

(b) $f(x_1) = f(x_2)$라고 하자. 그러면 $g(f(x_1)) = g(f(x_2))$이다. $g \circ f$는 단사이므로, $x_1 = x_2$이다. 그러므로 f는 단사이다.

(c) $z \in C$라고 하자. $g \circ f$는 전사이므로, $x \in A$가 존재하여 $z = (g \circ f)(x) = g(f(x))$이다. $y = f(x) \in B$로 놓자. 그러면 $z = f(y)$이다. 그러므로 f는 전사이다.

(d) 항등함수는 전단사임을 유의하자.

$g \circ f = id_A$는 단사이므로, (b)에 의하여 f는 단사이다. $g \circ f = id_A$는 전사이므로, (c)에 의하여 g는 전사이다.

$f \circ g = id_B$는 단사이므로, (b)에 의하여 g는 단사이다. $f \circ g = id_B$는 전사이므로, (c)에 의하여 f는 전사이다. 그러므로 f, g는 전단사이다.

문제 1.7.1

(a) $y=0+y=(-x+x)+y=-x+(x+y)=-x+(x+z)=(-x+x)+z=0+z=z$

(b) (a)에서 $z=0$으로 놓으면, 결과가 나온다.

(c) (a)에서 $z=-x$로 놓으면, 결과가 나온다.

(d) $x+(-x)=(-x)+x=0$이므로, $-(-x)=x$이다.

(a') $y=1\cdot y=(x^{-1}x)y=x^{-1}(xy)=x^{-1}(xz)=(x^{-1}x)z=1\cdot z=z$

(b') (a')에서 $z=1$로 놓으면, 결과가 나온다.

(c') (a')에서 $z=1/x$로 놓으면, 결과가 나온다.

(d') $x\cdot(1/x)=(1/x)\cdot x=1$이므로, $1/(1/x)=x$이다.

(e) $0x=(0+0)x=0x+0x$이므로, (b)에 의하여 $0x=0$이다.

(f) $xy=0$이라 가정하자. $y=1y=((1/x)x)y=(1/x)(xy)=(1/x)0=0$이므로, 이것은 가정에 모순이다. 그러므로 $xy\neq 0$이다.

(g) $(-x)y+xy=((-x)+x)y=0y=0$이므로 $(-x)y=-(xy)$이다.
$x(-y)+xy=x((-y)+y)=x0=0$이므로 $x(-y)=-(xy)$이다.

(h) (g)에 의하여 $(-x)(-y)=-(x(-y))=-(-(xy))$이다. (d)에 의하여 $(-x)(-y)=xy$이다.

문제 1.8.1

(a) $0=(-x)+x>(-x)+0=-x$

(b) $x>0,\ z-y>0$이므로, $xz-xy=x(z-y)>0$이다. 그러므로 $xy<xz$이다.

(c) (a)에 의하여 $-x>0$이다. $z-y>0$이므로, $-xz+xy=(-x)(z-y)>0$이다. 그러므로 $xy>xz$이다.

(d) 만일 $x>0$이면, $x\cdot x=x^2>0$이다. 만일 $x<0$이면, (a)에 의하여 $-x>0$이다. 그러므로 $x^2=-(-(x\cdot x))=(-x)(-x)>0$이다.

(e) $x(1/x)=1>0$이다, 만일 $1/x\leq 0$이면, $-(1/x)\geq 0$이다. 그러므로
$-1=x(-(1/x))\geq 0$이다. 따라서 $1=(-(-1))\leq 0$이다. 이것은 모순이다. 그러므로 $1/x>0$이다. 마찬가지로, $1/y>0$이다. 그러므로 $(1/x)(1/y)>0$이다.
(b)에 의하여 $((1/x)(1/y))x<((1/x)(1/y))y$이다. 따라서 $0<1/y<1/x$이다.

문제 1.9.1

$c^2 = 2$를 만족하는 유리수 c가 존재한다고 가정하자. $c = \frac{n}{m}$으로 놓자. $\frac{n}{m}$은 기약분수라고 가정해도 무방하다. 그러면 $n^2 = 2m^2$이다. 따라서 n은 2의 배수이다. $n = 2n'$으로 놓자. 그러면 $2n'^2 = m^2$이다. 따라서 m은 2의 배수이다. $m = 2m'$으로 놓자. 그러면 $\frac{n}{m} = \frac{2n'}{2m'}$이다. 이것은 기약분수라는 가정에 모순이다.

문제 1.11.1

$\mathrm{x}, \mathrm{y} \in \langle \mathrm{v}_1, \cdots, \mathrm{v}_n \rangle$이고, $\alpha, \beta \in \mathbb{R}$이라 하자. 그러면

$$\mathrm{x} = a_1\mathrm{v}_1 + \cdots + a_n\mathrm{v}_n, \ a_i \in \mathbb{R}$$
$$\mathrm{y} = b_1\mathrm{v}_1 + \cdots + b_n\mathrm{v}_n, \ b_i \in \mathbb{R}$$

이다. 그러므로 $\alpha\mathrm{x} + \beta\mathrm{y} = (\alpha a_1 + \beta b_1)\mathrm{v}_1 + \cdots + (\alpha a_n + \beta b_n)\mathrm{v}_n$이다. $\alpha a_i + \beta b_i \in \mathbb{R}$, $i = 1, 2, \cdots, n$이므로, $\alpha\mathrm{x} + \beta\mathrm{y} \in \langle \mathrm{v}_1, \cdots, \mathrm{v}_n \rangle$이다. 그러므로 $\langle \mathrm{v}_1, \cdots, \mathrm{v}_n \rangle$은 V의 부분공간이다.

문제 1.13.1

(a) $\mathrm{e}_1 = (1, 0, 0)$, $\mathrm{e}_2 = (0, 1, 0)$, $\mathrm{e}_3 = (0, 0, 1)$은 일차독립임을 보이자.

$a\mathrm{e}_1 + b\mathrm{e}_2 + c\mathrm{e}_3 = (0, 0, 0)$라고 하자. 그러면 $(a, b, c) = (0, 0, 0)$이므로 $a = b = c = 0$이다.

$\langle \mathrm{e}_1, \mathrm{e}_2, \mathrm{e}_3 \rangle = \mathbb{R}^3$임을 보이자. $\mathbb{R}^3 \subset \langle \mathrm{e}_1, \mathrm{e}_2, \mathrm{e}_3 \rangle$임을 보이면 충분하다. 다시 말해, $\mathrm{x} = (x_1, x_2, x_3) \in \mathbb{R}^3$는 $\mathrm{e}_1, \mathrm{e}_2, \mathrm{e}_3$의 일차결합으로 나타낼 수 있다는 것을 보이면 된다.

$$\begin{aligned}\mathrm{x} &= (x_1, x_2, x_3) = x_1(1, 0, 0) + x_2(0, 1, 0) + x_3(0, 0, 1) \\ &= x_1\mathrm{e}_1 + x_2\mathrm{e}_2 + x_3\mathrm{e}_3\end{aligned}$$

이므로 $\mathbb{R}^3 \subset \langle \mathrm{e}_1, \mathrm{e}_2, \mathrm{e}_3 \rangle$이다.

(b) $\mathrm{v}_1 = (1, 0, 0)$, $\mathrm{v}_2 = (1, 1, 0)$, $\mathrm{v}_3 = (1, 1, 1)$은 일차독립임을 보이자.

$a\mathrm{v}_1 + b\mathrm{v}_2 + c\mathrm{v}_3 = (0, 0, 0)$라고 하자. 그러면 $(a + b + c, b + c, c) = (0, 0, 0)$이므로

$$\begin{cases} a + b + c = 0 \\ \quad\ \ b + c = 0 \\ \qquad\ \ c = 0 \end{cases}$$

이다. 그러므로 $a=b=c=0$이다.

$\langle \mathrm{v}_1,\ \mathrm{v}_2,\ \mathrm{v}_3 \rangle = \mathbb{R}^3$임을 보이자. $\mathbb{R}^3 \subset \langle \mathrm{v}_1,\ \mathrm{v}_2,\ \mathrm{v}_3 \rangle$임을 보이면 충분하다. 다시 말해, $\mathrm{x}=(x_1,\ x_2,\ x_3) \in \mathbb{R}^3$는 $\mathrm{v}_1,\ \mathrm{v}_2,\ \mathrm{v}_3$의 일차결합으로 나타낼 수 있다는 것을 보이면 된다. 즉,

$$\begin{aligned} \mathrm{x}=(x_1,\ x_2,\ x_3) &= a\mathrm{v}_1 + b\mathrm{v}_2 + c\mathrm{v}_3 \\ &= (a+b+c,\ b+c,\ c). \end{aligned}$$

$\mathrm{x}=(x_1,\ x_2,\ x_3)$는 주어진 벡터이므로,

$$\begin{cases} a+b+c=x_1 \\ \quad\ \ b+c=x_2 \\ \qquad\quad c=x_3 \end{cases}$$

이다. 이 연립방정식을 풀면, $a=x_1-x_2,\ b=x_2-x_3,\ c=x_3$이다. 그러므로

$$\mathrm{x}=(x_1,\ x_2,\ x_3)=(x_1-x_2)\mathrm{v}_1+(x_2-x_3)\mathrm{v}_2+x_3\mathrm{v}_3$$

이다. 따라서 $\mathbb{R}^3 \subset \langle \mathrm{e}_1,\ \mathrm{e}_2,\ \mathrm{e}_3 \rangle$이다.

참고 •• 벡터 $\mathrm{x}=(x_1,\ x_2,\ x_3)$에 대하여 기저 $\mathrm{e}_1,\ \mathrm{e}_2,\ \mathrm{e}_3$에 관한 x의 좌표성분은 $x_1,\ x_2,\ x_3$이고, 기저 $\mathrm{v}_1,\ \mathrm{v}_2,\ \mathrm{v}_3$에 관한 x의 좌표성분은 $x_1-x_2,\ x_2-x_3,\ x_3$이다.

(c) $W_1=\{(x,\ 2x) \mid x \in \mathbb{R}\}$은 원점을 지나는 직선임을 유의하자.

$\mathrm{x}=(x,\ 2x),\ x\in\mathbb{R},\ \mathrm{y}=(y,\ 2y),\ y\in\mathbb{R}$이라 하고, $\alpha,\ \beta\in\mathbb{R}$이라 하자. 그러면

$$\alpha\mathrm{x}+\beta\mathrm{y}=(\alpha x+\beta y,\ 2(\alpha x+\beta y)) \in W_1$$

이다. 그러므로 W_1은 $\mathbb{R}^2$의 부분공간이다.

$W_2=\{(x,\ y)\in\mathbb{R}^2 \mid 2x+y=1\}$은 원점을 지나지 않는 직선임을 유의하자. W_2는 영벡터 $(0,\ 0)$를 포함하지 않으므로 W_2는 $\mathbb{R}^2$의 부분공간이 아니다.

(d) W_1은 원점을 지나는 직선이므로 $\mathbb{R}^3$의 부분공간이다. W_4는 원점을 지나는 평면이므로, $\mathbb{R}^3$의 부분공간이다. 그러나 W_2는 원점을 지나지 않는 직선이므로 $\mathbb{R}^3$의 부분공간이 아니다. W_3는 원점을 지나지 않는 평면이므로 $\mathbb{R}^3$의 부분공간이 아니다.

문제 1.14.1

(a) $\begin{pmatrix} 8 & 4 & 0 \\ 9 & 12 & 5 \end{pmatrix}$ (b) $\begin{pmatrix} 4 \\ 4 \\ 4 \end{pmatrix}$

(c) $\begin{pmatrix} -1 & 2 & 1 \\ 2 & -1 & -1 \\ 2 & 4 & 0 \end{pmatrix}$

문제 1.15.1

(a) 1

(b) $\begin{vmatrix} 1 & a & a^2 \\ 1 & b & b^2 \\ 1 & c & c^2 \end{vmatrix} = \begin{vmatrix} 1 & a & a^2 \\ 0 & b-a & b^2-a^2 \\ 0 & c-a & c^2-a^2 \end{vmatrix} = (b-a)(c-a)\begin{vmatrix} 1 & a & a^2 \\ 0 & 1 & b+a \\ 0 & 1 & c+a \end{vmatrix} = (b-a)(c-a)(c-a)$

(c) $\begin{vmatrix} 1 & c & -b \\ -c & 1 & a \\ & b-a & 1 \end{vmatrix} = \begin{vmatrix} 1 & c & -b \\ 0 & c^2+1 & a-bc \\ 0 & -a-bc & 1+b^2 \end{vmatrix} = (1+c^2)(1+b^2)+(a-bc)(a+bc)$

$= 1+b^2+c^2+b^2c^2+a^2-b^2c^2 = 1+a^2+b^2+c^2$

(d) $\begin{vmatrix} a-b & l-m & x-y \\ b-c & m-n & y-z \\ c-a & n-l & z-x \end{vmatrix} = \begin{vmatrix} a-b & l-m & x-y \\ a-c & l-n & x-z \\ c-b & n-m & z-y \end{vmatrix} = \begin{vmatrix} a-b & l-m & x-y \\ c-a & n-l & z-x \\ b-c & m-n & y-z \end{vmatrix}$

$=-\begin{vmatrix} a-b & l-m & x-y \\ b-c & m-n & y-z \\ c-a & n-l & z-x \end{vmatrix}$이므로 $\begin{vmatrix} a-b & l-m & x-y \\ b-c & m-n & y-z \\ c-a & n-l & z-x \end{vmatrix} = 0$이다.

(e) $\begin{vmatrix} 1 & 1 & 1 & 1 & 1 \\ 1 & 0 & 1 & 1 & 1 \\ 1 & 1 & 0 & 1 & 1 \\ 1 & 1 & 1 & 0 & 1 \\ 1 & 1 & 1 & 1 & 0 \end{vmatrix} = \begin{vmatrix} 1 & 1 & 1 & 1 & 1 \\ 0 & -1 & 0 & 0 & 0 \\ 0 & 0 & -1 & 0 & 0 \\ 0 & 0 & 0 & -1 & 0 \\ 0 & 0 & 0 & 0 & -1 \end{vmatrix} = 1$

(f) $\begin{vmatrix} 1 & 1 & 1 & 1 \\ 1 & 2 & 1 & 1 \\ 1 & 1 & 3 & 1 \\ 1 & 1 & 1 & 4 \end{vmatrix} = \begin{vmatrix} 1 & 1 & 1 & 1 \\ 0 & 1 & 0 & 0 \\ 0 & 0 & 2 & 0 \\ 0 & 0 & 0 & 3 \end{vmatrix} = 6$

문제 1.15.2

(a) $\begin{vmatrix} 1 & 0 & 1 \\ 3 & 3 & 4 \\ 2 & 2 & 3 \end{vmatrix} = \begin{vmatrix} 1 & 0 & 1 \\ 0 & 3 & 1 \\ 0 & 2 & 1 \end{vmatrix} = 1$이므로, $\begin{pmatrix} 1 & 0 & 1 \\ 3 & 3 & 4 \\ 2 & 2 & 3 \end{pmatrix}^{-1} = \begin{pmatrix} 1 & 2 & -3 \\ -1 & 1 & -1 \\ 0 & -2 & 3 \end{pmatrix}$이다.

(b) $\begin{vmatrix} \cos t & -\sin t \\ \sin t & \cos t \end{vmatrix} = 1$이므로, $\begin{pmatrix} \cos t & -\sin t \\ \sin t & \cos t \end{pmatrix}^{-1} = \begin{pmatrix} \cos t & \sin t \\ -\sin t & \cos t \end{pmatrix}$이다.

문제 1.15.3

(a) $\begin{pmatrix} 2 & 1 \\ 6 & 3 \\ 1 & 2 \end{pmatrix} \sim \begin{pmatrix} 1 & 2 \\ 2 & 1 \\ 6 & 3 \end{pmatrix} \sim \begin{pmatrix} 1 & 2 \\ 0 & -3 \\ 0 & -9 \end{pmatrix} \sim \begin{pmatrix} 1 & 2 \\ 0 & -3 \\ 0 & 0 \end{pmatrix}$이므로 계수는 2이다.

(b) $\begin{pmatrix} 2 & 1 & -1 \\ 1 & 2 & 4 \\ 3 & 1 & -3 \end{pmatrix} \sim \begin{pmatrix} 1 & 2 & 4 \\ 2 & 1 & -1 \\ 3 & 1 & -3 \end{pmatrix} \sim \begin{pmatrix} 1 & 2 & 4 \\ 0 & -3 & -9 \\ 0 & -5 & -15 \end{pmatrix} \sim \begin{pmatrix} 1 & 2 & 4 \\ 0 & 1 & 3 \\ 0 & 1 & 3 \end{pmatrix} \sim \begin{pmatrix} 1 & 2 & 4 \\ 0 & 1 & 3 \\ 0 & 0 & 0 \end{pmatrix}$이므로 계수는 2이다.

(c) $\begin{pmatrix} 2 & -1 & 6 & -2 \\ 1 & 1 & 2 & 8 \\ 3 & -1 & 6 & 0 \end{pmatrix} \sim \begin{pmatrix} 1 & 1 & 2 & 8 \\ 2 & -1 & 6 & -2 \\ 3 & -1 & 6 & 0 \end{pmatrix} \sim \begin{pmatrix} 1 & 1 & 2 & 8 \\ 0 & -3 & 2 & -18 \\ 0 & -4 & 0 & -24 \end{pmatrix} \sim \begin{pmatrix} 1 & 1 & 2 & 8 \\ 0 & -3 & 2 & -16 \\ 0 & 1 & 0 & 6 \end{pmatrix} \sim \begin{pmatrix} 1 & 1 & 2 & 8 \\ 0 & 1 & 0 & 6 \\ 0 & -3 & 2 & -16 \end{pmatrix}$

$\sim \begin{pmatrix} 1 & 1 & 2 & 8 \\ 0 & 1 & 0 & 6 \\ 0 & 0 & 2 & 2 \end{pmatrix} \sim \begin{pmatrix} 1 & 1 & 2 & 8 \\ 0 & 1 & 0 & 6 \\ 0 & 0 & 1 & 1 \end{pmatrix}$이므로 계수는 3이다.

문제 1.16.1

($\Rightarrow$) 동차연립방정식 $\begin{cases} a_1x+b_1y+c_1z=0 \\ a_2x+b_2y+c_2z=0 \\ a_3x+b_3y+c_3z=0 \end{cases}$를 생각하자. 가정에 의하여 이 연립방정식은 해 $(x,\ y,\ -1)$을 갖는다. 이 해는 분명히 비자명한 해이다. 그러므로 따름정리 1.16.4에 의하여 $\begin{vmatrix} a_1 & b_1 & c_1 \\ a_2 & b_2 & c_2 \\ a_3 & b_3 & c_3 \end{vmatrix}=0$이다.

($\Leftarrow$) $\begin{cases} a_1x+b_1y=c_1 \\ a_2x+b_2y=c_2 \\ a_3x+b_3y=c_3 \end{cases}$는 $\begin{pmatrix} a_1 & b_1 & c_1 \\ a_2 & b_2 & c_2 \\ a_3 & b_3 & c_3 \end{pmatrix}$로 쓰자. $\begin{vmatrix} a_1 & b_1 & c_1 \\ a_2 & b_2 & c_2 \\ a_3 & b_3 & c_3 \end{vmatrix}=0$이므로, $rank\begin{pmatrix} a_1 & b_1 & c_1 \\ a_2 & b_2 & c_2 \\ a_3 & b_3 & c_3 \end{pmatrix}<3$ 이다. 만일 $rank\begin{pmatrix} a_1 & b_1 & c_1 \\ a_2 & b_2 & c_2 \\ a_3 & b_3 & c_3 \end{pmatrix}=1$이면, 이 연립방정식의 해는 하나의 방정식의 해와 같다. 이때 하나의 방정식의 해는 분명히 비자명한 해를 갖는다.

만일 $rank\begin{pmatrix} a_1 & b_1 & c_1 \\ a_2 & b_2 & c_2 \\ a_3 & b_3 & c_3 \end{pmatrix}=2$이면, 위의 연립방정식의 해는 두 개의 방정식으로 이루어진 연립방정식의 해와 같다. 이 연립방정식은 $\begin{cases} a_1x+b_1y=c_1 \\ a_2x+b_2y=c_2 \end{cases}$라고 가정해도 무방하다.

이때, $\begin{vmatrix} a_1 & b_1 \\ a_2 & b_2 \end{vmatrix} \neq 0$이므로 이 연립방정식은 해를 갖는다.

문제 1.16.2

두 점 $(x_1,\ y_1)$, $(x_2,\ y_2)$를 지나는 직선의 방정식을 $ax+by+c=0$라고 하자. 그러면

$$\begin{cases} ax+by+c=0 \\ ax_1+by_1+c=0 \\ ax_2+by_2+c=0 \end{cases}$$

이다. 이 연립방정식은 비자명한 해 $(a,\ b,\ c)$를 가지므로, 따름정리 1.16.4에 의하여 $\begin{vmatrix} x & y & 1 \\ x_1 & y_1 & 1 \\ x_2 & y_2 & 1 \end{vmatrix}=0$이다.

문제 1.16.3

$$\begin{vmatrix} 1 & 2 & 1 \\ 2 & 2 & 1 \\ 1 & 2 & 3 \end{vmatrix}=\begin{vmatrix} 1 & 2 & 1 \\ 0 & -2 & -1 \\ 0 & 0 & 2 \end{vmatrix}=-4,\ \begin{vmatrix} 5 & 2 & 1 \\ 6 & 2 & 1 \\ 9 & 2 & 3 \end{vmatrix}=\begin{vmatrix} 5 & 2 & 1 \\ 1 & 0 & 0 \\ -6 & -4 & 0 \end{vmatrix}=-4,\ \begin{vmatrix} 1 & 5 & 1 \\ 2 & 6 & 1 \\ 1 & 9 & 3 \end{vmatrix}=\begin{vmatrix} 1 & 5 & 1 \\ 1 & 1 & 0 \\ -2 & -6 & 0 \end{vmatrix}=-4$$

$$\begin{vmatrix} 1 & 2 & 5 \\ 2 & 2 & 6 \\ 1 & 2 & 9 \end{vmatrix}=\begin{vmatrix} 1 & 2 & 5 \\ 0 & -2 & -4 \\ 0 & 0 & 4 \end{vmatrix}=-8.$$

$$x=\frac{-4}{-4}=1,\ y=\frac{-4}{-4}=1,\ z=\frac{-8}{-4}=2$$

문제 1.17.1

(a) $\dfrac{x-2}{0}=\dfrac{y+1}{1}=\dfrac{z-3}{0},\ \begin{cases} x=2 \\ y=-1+t \\ z=3 \end{cases}$

(b) $\dfrac{x-4}{0}=\dfrac{y-3}{0}=\dfrac{z-2}{1},\ \begin{cases} x=4 \\ y=3 \\ z=2+t \end{cases}$

(c) $\dfrac{x}{4}=\dfrac{y}{2}=\dfrac{z}{-1},\ \begin{cases} x=4t \\ y=2t \\ z=-t \end{cases}$

(d) $\dfrac{x-1}{1/3}=\dfrac{y-1/2}{-2/3}=\dfrac{z-1/3}{2/3},\ \dfrac{x-1}{1}=\dfrac{y-1/2}{-2}=\dfrac{z-1/3}{2}$

(f) $\dfrac{x}{1}=\dfrac{y-1}{-1}=\dfrac{z-1}{0},\ \begin{cases} x=t \\ y=1-t \\ z=1 \end{cases}$

문제 1.17.2

(a) $-(x-2)+5(y-0)+8(z-3)=0,\ -x+5y+8z-22=0$

(b) $2(x-0)-(y-3)+z-4=0,\ 2x-y+z-1=0$

(c) $2(x+6)+y+1+3z=0,\ 2x+y+3z+13=0$

(d) $(0,\ 1,\ -1)\times(2,\ 0,\ 1)=(1,\ -2,\ -2)$

$x-2-2(y-1)-2z=0,\ x-2y-2z=0$

(e) $(5,\ 7,\ 2)\times(3,\ 1,\ 0)=(-2,\ 6,\ -16)$

$-2(x-2)+6(y+3)-16(z-1)=0,\ -2x+6y-16z+38=0.$

(f) $(7,\ -1,\ 3)\times(-4,\ -3,\ 2)=(7,\ -26,\ -25)$

$7(x-7)-26(y+1)-25(z-2)=0,\ 7x-26y-25z-25=0.$

문제 1.18.1

(a) $\mathrm{x},\ \mathrm{y}\in Ker\,T$이고, $\alpha,\ \beta\in\mathbb{R}$이라 하자. 그러면 $T(\alpha\mathrm{x}+\beta\mathrm{y})=\alpha T(\mathrm{x})+\beta T(\mathrm{y})=\mathrm{O}$이므로, $\alpha\mathrm{x}+\beta\mathrm{y}\in Ker\,T$이다. 그러므로 $Ker\,T$는 $\mathbb{R}^n$의 부분공간이다.

$\mathrm{u},\ \mathrm{v}\in Im\,T$이고, $\alpha,\ \beta\in\mathbb{R}$이라 하자. 그러면 $\mathrm{x},\ \mathrm{y}\in\mathbb{R}^n$이 존재하여 $\mathrm{u}=T(\mathrm{x}),\ \mathrm{v}=T(\mathrm{y})$이다.

이때, $\alpha\mathrm{u}+\beta\mathrm{v}=\alpha T(\mathrm{x})+\beta T(\mathrm{y})=T(\alpha\mathrm{x}+\beta\mathrm{y})$이므로, $\alpha\mathrm{u}+\beta\mathrm{v}\in Im\,T$이다. 그러므로 $Im\,T$는 $\mathbb{R}^m$의 부분공간이다.

(b) $(\Rightarrow)$ $\mathrm{x}\in Ker\,T$라고 하자. 그러면 $T(\mathrm{x})=\mathrm{O}=T(\mathrm{O})$이다. T는 단사이므로, $\mathrm{x}=\mathrm{O}$이다. 그러므로 $Ker\,T=\{\mathrm{O}\}$이다.

$(\Leftarrow)$ $T(\mathrm{x})=T(\mathrm{y})$라고 하자. 그러면 $T(\mathrm{x}-\mathrm{y})=\mathrm{O}$이다. 따라서 $\mathrm{x}-\mathrm{y}\in Ker\,T=\{\mathrm{O}\}$이다. 그러므로 $\mathrm{x}=\mathrm{y}$이다. 따라서 T는 단사이다.

문제 1.18.2

$(x,\ y)\in Ker\,T$라고 하자. 그러면 $\begin{cases}2x+y=0\\-x+y=0\\3x+y=0\end{cases}$이다. 이것을 $\begin{pmatrix}2&1\\-1&1\\3&1\end{pmatrix}$로 쓰자. 그러면

$\begin{pmatrix}2&1\\-1&1\\3&1\end{pmatrix}\sim\begin{pmatrix}1&-1\\2&1\\3&1\end{pmatrix}\sim\begin{pmatrix}1&-1\\0&3\\0&4\end{pmatrix}\sim\begin{pmatrix}1&-1\\0&1\\0&0\end{pmatrix}\sim\begin{pmatrix}1&0\\0&1\\0&0\end{pmatrix}$이므로 위의 방정식의 해는 자명한 해를 갖는다. 그러므로 $Ker\,T=\{(0,\ 0)\}$이다. 따라서 $\dim Ker\,T=0$이다. $T(x,\ y)=\begin{pmatrix}2&1\\-1&1\\3&1\end{pmatrix}\begin{pmatrix}x\\y\end{pmatrix}$

이므로, $\dim Im\,T = rank\begin{pmatrix} 2 & 1 \\ -1 & 1 \\ 3 & 1 \end{pmatrix} = 2$이다.

문제 1.18.3

$T(x,\ y,\ z) = \begin{pmatrix} 1 & 1 & 1 \\ 0 & 0 & 1 \\ 0 & -1 & 0 \\ 0 & 0 & 2 \end{pmatrix}\begin{pmatrix} x \\ y \\ z \end{pmatrix},\ \begin{pmatrix} 1 & 1 & 1 \\ 0 & 0 & 1 \\ 0 & -1 & 0 \\ 0 & 0 & 2 \end{pmatrix} \sim \begin{pmatrix} 1 & 1 & 1 \\ 0 & 1 & 0 \\ 0 & 0 & 1 \\ 0 & 0 & 0 \end{pmatrix}$이므로, $rank\,T = \dim Im\,T = 3$이다.

문제 1.18.4

$f(\lambda) = \det(A - \lambda I) = \begin{vmatrix} 1-\lambda & 1 \\ 0 & 1-\lambda \end{vmatrix} = (1-\lambda)^2 = 0$, 고윳값은 $\lambda = 1$(중근)이다. 그러므로 $f(1) = 0,\ f'(1) = 0$이다. $P(\lambda) = f(\lambda)Q(\lambda) + \alpha_0 + \alpha_1\lambda$이므로, 정리 1.18.13에 의하여 $P(A) = f(A)Q(A) + \alpha_0 E_2 + \alpha_1 A = \alpha_0 E_2 + \alpha_1 A$이다. $1 = P(1) = \alpha_0 + \alpha_1$이고, $P'(\lambda) = f'(\lambda)Q(\lambda) + f(\lambda)Q'(\lambda) + \alpha_1$이므로, $100 = P'(1) = \alpha_1$이다. 따라서

$$A^{100} = P(A) = \begin{pmatrix} \alpha_0 + \alpha_1 & \alpha_1 \\ 0 & \alpha_0 + \alpha_1 \end{pmatrix} = \begin{pmatrix} 1 & 100 \\ 0 & 1 \end{pmatrix}.$$

문제 1.20.1

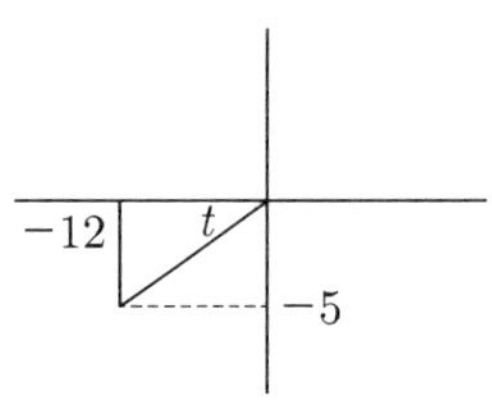

$\sin t = -\dfrac{5}{13},\ \cos t = -\dfrac{12}{13},\ \sec t = \dfrac{1}{\cos t} = -\dfrac{13}{12},\ \sin 2t = 2\sin t\cos t = \dfrac{120}{169},$

$\tan^2\dfrac{t}{2} = \dfrac{1-\cos t}{1+\cos t} = \dfrac{1+12/13}{1-12/13} = 25$이므로 $\tan\dfrac{t}{2} = -5$이다.

문제 1.22.1

(a) $A \cap B \subset A,\ B$이므로, $(A\cap B)' \subset A',\ B'$이다. 그러므로 $(A\cap B)' \subset A' \cap B'$이다.

(b) $A,\ B \subset A \cup B$이므로, $A',\ B' \subset (A\cup B)'$이다. 따라서 $A' \cup B' \subset (A\cup B)'$이다. 역으로, $x \in (A\cup B)'$라고 하자. 그러면 임의의 x의 근방 N에 대하여

$(A \cup B) \cap (N - \{x\}) \neq \varnothing$ 이다.

$$\varnothing \neq (A \cup B) \cap (N - \{x\}) = [A \cap (N - \{x\})] \cup [B \cap (N - \{x\})$$

이므로, $A \cap (N - \{x\}) \neq \varnothing$ 또는 $B \cap (N - \{x\}) \neq \varnothing$ 이다. 그러므로 $x \in A' \cup B'$ 이다. 따라서 $(A \cup B)' \subset A' \cup B'$ 이다.

문제 1.22.2

(a) $A \cap B \subset A,\ B$이므로, $\overline{A \cap B} \subset \overline{A},\ \overline{B}$이다. 그러므로 $\overline{A \cap B} \subset \overline{A} \cap \overline{B}$이다.

(b) $A,\ B \subset A \cup B$이므로, $\overline{A},\ \overline{B} \subset \overline{A \cup B}$이다. 따라서 $\overline{A} \cup \overline{B} \subset \overline{A \cup B}$이다. $\overline{A} \cup \overline{B}$는 $A \cup B$를 포함하는 닫힌집합이다. $\overline{A \cup B}$는 $A \cup B$를 포함하는 가장 작은 닫힌집합이므로, $\overline{A \cup B} \subset \overline{A} \cup \overline{B}$이다.

문제 1.22.3

(a) $\overline{A} = [0,\ 1]$　　　(b) $\overline{B} = B \cup \{0\}$

제2장 함수의 극한과 연속성

문제 2.2.1

$a \neq 0$이라 가정하자. $\epsilon = |a|/2$로 놓자. 그러면 가정에 의하여 $|a| < \epsilon = |a|/2$이다. 이것은 모순이다.

문제 2.2.2

$$\lim_{x \to 0} \frac{x^2 \sin \frac{1}{x}}{\sin x} = \lim_{x \to 0} \frac{x \sin \frac{1}{x}}{\frac{\sin x}{x}} = \frac{\lim_{x \to 0} x \sin \frac{1}{x}}{\lim_{x \to 0} \frac{\sin x}{x}} = 0$$

문제 2.3.1

(a) $x = 0$　　　(b) $x = n\pi,\ n \in \mathbb{Z}$

(c) $x = 0$

문제 2.3.2

(a) $[x]$와 (x)의 불연속점은 $x=n,\ n\in\mathbb{Z}$이다.

(b) $x=n\pi$ 또는 $\left(2n+\dfrac{1}{2}\right)\pi,\ n\in\mathbb{Z}$

문제 2.3.3

임의의 $\epsilon>0$에 대하여 $\delta>0$가 존재하여 $|x-0|<\delta,\ x\in[-1,\ 1]$일 때 $|f(x)-0|<\epsilon$이 성립함을 보이자. $\delta=\epsilon$으로 잡으면 된다. 그러므로 f는 원점에서 연속이다.
$0\neq a\in[-1,\ 1]$이라 하고, f는 $x=a$에서 연속이라 가정하자. 그러면 임의의 $\epsilon>0$에 대하여 $\delta>0$가 존재하여 $|x-a|<\delta,\ x\in[-1,\ 1]$일 때 $|f(x)-f(a)|<\epsilon$이 성립한다.
만일 a가 유리수이면, 아주 작은 $\epsilon>0$에 대하여 $\delta>0$가 존재하여 $|x-a|<\delta,\ x\in[-1,\ 1]$일 때 $|f(x)-0|<\epsilon$이 성립한다.

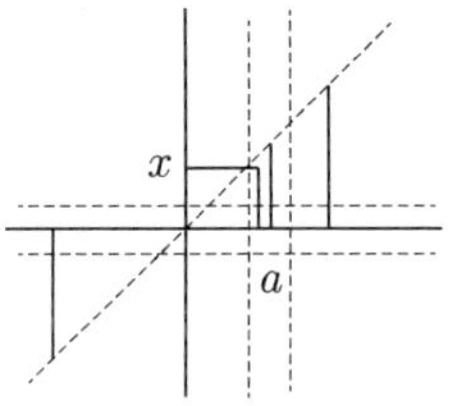

그러나 임의의 $\delta>0$에 대하여 $N_\delta(a)\cap[-1,\ 1]$에는 무리수 x가 존재하여 그러한 x에 대하여 $|f(x)-0|=|x-0|>\epsilon$이다. 이것은 모순이다. 그러므로 f는 유리수 $0\neq a\in[-1,\ 1]$에서 연속이 아니다.
만일 a가 무리수이면, 아주 작은 $\epsilon>0$에 대하여 $\delta>0$가 존재하여 $|x-a|<\delta,\ x\in[-1,\ 1]$일 때 $|f(x)-a|<\epsilon$이 성립한다. 임의의 $\delta>0$에 대하여 $N_\delta(a)\cap[-1,\ 1]$에는 유리수 x가 존재하여 그러한 x에 대하여 $|f(x)-a|=|0-a|>\epsilon$이다. 이것은 모순이다. 그러므로 f는 무리수 $a\in[-1,\ 1]$에서 연속이 아니다.

문제 2.3.4

a는 무리수라고 하자. f가 a에서 연속임을 보이기 위하여 임의의 $\epsilon>0$에 대하여 $\delta>0$가 존재하여 $|x-a|<\delta$일 때 $|f(x)-f(a)|=|f(x)-0|<\epsilon$이 성립함을 보이면 된다.
임의의 a의 근방 $N_\delta(a)$에는 유리수와 무리수가 존재한다. 그 근방의 무리수 x에 대해서는 자명하다. 고정된 $\epsilon>1$에 대하여 임의의 a의 δ-근방의 어떤 유리수 x에 대하여 $|f(x)-f(a)|=|f(x)-0|\geq\epsilon$이라 가정하자. $x=\dfrac{n}{m}$, $m>0$로 놓자. 그러면 $|f(x)-$

$f(a)| = \left|\frac{1}{m} - 0\right| = \frac{1}{m} \leq 1 < \epsilon$이다. 이것은 모순이다. 그러므로 f는 모든 무리수에서 연속이다.

f는 모든 유리수에서 불연속임을 보이자. f는 유리수 a에서 연속이라 가정하자. 그러면 임의의 $\epsilon > 0$에 대하여 $\delta > 0$가 존재하여 $|x-a| < \delta$일 때 $|f(x) - f(a)| < \epsilon$이 성립한다. 만일 $a = 0$이면, $|x| < \delta$일 때, $|f(x) - 1| < \epsilon$이 성립한다. $N_\delta(0)$에는 무리수 x가 존재하여 $|f(x) - 1| = |0 - 1| < \epsilon$이다. 이것은 $0 < \epsilon \leq 1$에 대해서는 성립하지 않는다.

만일 $a \neq 0$이면, $a = \frac{n}{m}$, $m > 0$로 놓자. 그러면 $|x - a| < \delta$일 때, $\left|f(x) - \frac{1}{m}\right| < \epsilon$이 성립한다. $N_\delta(a)$에는 무리수 x가 존재하여 $|f(x) - f(a)| = \left|0 - \frac{1}{m}\right| = \frac{1}{m} < \epsilon$이 성립한다. 그러나 이것은 $\epsilon \geq \frac{1}{m}$에 대해서는 성립하지 않는다. 그러므로 f는 모든 유리수에서 연속이 아니다.

문제 2.3.5

(a) $\lim_{h\to0}(f(a+h) - f(a)) = 0$임을 보이면 된다. $f(0) + f(0) = f(0+0) = f(0)$이므로 $f(0) = 0$이다. $\lim_{h\to0} f(h) = f(0)$이므로,

$$\lim_{h\to0}(f(a+h) - f(a)) = \lim_{h\to0}(f(a) + f(h) - f(a)) = \lim_{h\to0} f(h) = f(0) = 0$$

(b) (i) n은 자연수일 때, $f(n) = f(1+1+\cdots+1) = f(1) + f(1) + \cdots + f(1) = nf(1)$이다. $f(0) = 0$이므로, $0 = f(n-n) = f(n) + f(-n) = nf(1) + f(-n)$이다. 따라서 $f(-n) = -nf(1)$이다. 그러므로 모든 정수 n에 대하여 $f(n) = nf(1)$이다.

(ii) n은 자연수일 때, $f(1) = f\left(n \cdot \frac{1}{n}\right) = nf\left(\frac{1}{n}\right)$이므로, $f\left(\frac{1}{n}\right) = \frac{1}{n}f(1)$이다.

$0 = f(0) = f\left(\frac{1}{n} - \frac{1}{n}\right) = f\left(\frac{1}{n}\right) + f\left(-\frac{1}{n}\right) = \frac{1}{n}f(1) + f\left(-\frac{1}{n}\right)$이므로,

$f\left(-\frac{1}{n}\right) = -\frac{1}{n}f(1)$이다.

그러므로 0이 아닌 모든 정수 n에 대하여 $f\left(\frac{1}{n}\right) = \frac{1}{n}f(1)$이다.

0이 아닌 모든 정수 n과 자연수 m에 대하여

$$f\left(\frac{m}{n}\right) = f\left(m \cdot \frac{1}{n}\right) = mf\left(\frac{1}{n}\right) = m \cdot \frac{1}{n}f(1) = \frac{m}{n}f(1)$$

이다. 그러므로 모든 유리수 q에 대하여 $f(q) = qf(1)$이다.

해답

(iii) $\overline{\mathbb{Q}}=\mathbb{R}$이므로 임의의 실수 x에 대하여 유리수열 q_n이 존재하여 $x=\lim_{n\to\infty}q_n$이다.

(a)에 의하여 f는 $\mathbb{R}$에서 연속이므로,

$$f(x)=f(\lim_{n\to\infty}q_n)=\lim_{n\to\infty}f(q_n)=\lim_{n\to\infty}q_nf(1)=xf(1)=cx$$

문제 2.3.6

$f(0)=f(0+0)=f(0)f(0)$이므로 $f(0)=1$이다.

(i) n은 자연수일 때, $f(n)=f(1+1+\cdots+1)=f(1)^n=e^n$이다.

$1=f(0)=f(n-n)=f(n)f(-n)=e^nf(-n)$이므로 $f(-n)=e^{-n}$이다.

그러므로 모든 정수 n에 대하여 $f(n)=e^n$이다.

(ii) n은 자연수일 때, $e=f(1)=f\left(n\cdot\frac{1}{n}\right)=f\left(\frac{1}{n}+\cdots+\frac{1}{n}\right)=f\left(\frac{1}{n}\right)^n$이므로, $f\left(\frac{1}{n}\right)=e^{1/n}$이다. $1=f(0)=f\left(\frac{1}{n}-\frac{1}{n}\right)=f\left(\frac{1}{n}\right)f\left(-\frac{1}{n}\right)=e^{1/n}f\left(-\frac{1}{n}\right)$이므로, $f\left(-\frac{1}{n}\right)=e^{-1/n}$이다. 그러므로 0이 아닌 정수 n에 대하여 $f\left(\frac{1}{n}\right)=e^{1/n}$이다. 따라서 0이 아닌 정수 n과 자연수 m에 대하여 $f\left(\frac{m}{n}\right)=f\left(m\cdot\frac{1}{n}\right)=f\left(\frac{1}{n}\right)^m=(e^{1/n})^m=e^{m/n}$이다. 그러므로 모든 유리수 q에 대하여 $f(q)=e^q$이다.

(iii) $\overline{\mathbb{Q}}=\mathbb{R}$이므로, 임의의 실수 x에 대하여 유리수열 q_n이 존재하여 $x=\lim_{n\to\infty}q_n$이다. f는 $\mathbb{R}$에서 연속이므로, $f(x)=f(\lim_{n\to\infty}q_n)=\lim_{n\to\infty}f(q_n)=\lim_{n\to\infty}e^{q_n}=e^{\lim_{n\to\infty}q_n}=e^x$이다.

문제 2.3.7

Imf 위에는 상대위상이 주어진 것으로 간주한다. 그러면 임의의 열린집합 $V\subset\mathbb{R}$에 대하여 $f^{-1}(f(\mathbb{R})\cap V)$는 열린집합임을 보이면 된다. f는 연속이므로, $f^{-1}(V)$는 열린집합이다. $f^{-1}(f(\mathbb{R})\cap V)=f^{-1}(f(\mathbb{R}))\cap f^{-1}(V)=\mathbb{R}\cap f^{-1}(V)=f^{-1}(V)$이다. 그러므로 $f:\mathbb{R}\to Imf$는 연속이다.

문제 2.3.8

다음은 서로 동치임을 유의하자.

(i) $f:\mathbb{R}\to\mathbb{R}$은 연속이다.

(ii) 임의의 열린집합 $V\subset\mathbb{R}$에 대하여 $f^{-1}(V)$는 열린집합이다.

(iii) 임의의 닫힌집합 $F \subset \mathbb{R}$에 대하여 $f^{-1}(F)$는 닫힌집합이다.

($\Rightarrow$) $f(E) \subset \overline{f(E)}$이므로, $E \subset f^{-1}(f(E)) \subset f^{-1}(\overline{f(E)})$이다. $\overline{f(E)}$는 닫힌집합이므로, $f^{-1}(\overline{f(E)})$는 닫힌집합이다. 그러므로

$$E \subset \overline{E} \subset \overline{f^{-1}(\overline{f(E)})} = f^{-1}(\overline{f(E)})$$

이다. 따라서 $f(\overline{E}) \subset f(f^{-1}(\overline{f(E)})) \subset \overline{f(E)}$이다.

($\Leftarrow$) $F \subset \mathbb{R}$은 닫힌집합이라 하자. 그러면 $A = f^{-1}(F)$는 닫힌집합임을 보이면 된다. A가 닫힌집합이기 위한 필요충분조건은 $A = \overline{A}$이다. 그러므로 $\overline{A} \subset A$임을 보이면 충분하다. 가정에 의하여 $f(\overline{A}) \subset \overline{f(A)} = \overline{f(f^{-1}(F))} \subset \overline{F} = F$이다. 그러므로

$$\overline{A} \subset f^{-1}(f(\overline{A})) \subset f^{-1}(F) = A$$

이다.

문제 2.3.9

$\overline{f(\mathbb{Q})} = Imf$임을 보이자. $\overline{\mathbb{Q}} = \mathbb{R}$임을 유의하자. 문제 2.3.8에 의하여 $Imf = f(\overline{\mathbb{Q}}) \subset \overline{f(\mathbb{Q})}$이다. 역으로, $\overline{f(\mathbb{Q})} \subset Imf$임을 보이자. $f : \mathbb{R} \to \mathbb{R}$은 연속이므로, $f : \mathbb{R} \to Imf$는 연속임을 유의하자. 여기서 Imf 위에는 상대위상이 주어진 것으로 간주한다. $f(\mathbb{Q}) \subset Imf$이므로 $\overline{f(\mathbb{Q})} \subset \overline{Imf} = Imf$이다.

$\overline{\mathbb{Q}} = \mathbb{R}$이므로, 실수 x에 대하여 유리수열 p_n이 존재하여 $x = \lim_{n\to\infty} p_n$이다. 가정에 의하여 $f(p_n) = g(p_n)$이고, f, g는 연속이므로,

$$f(x) = f(\lim_{n\to\infty} p_n) = \lim_{n\to\infty} f(p_n) = \lim_{n\to\infty} g(p_n) = g(\lim_{n\to\infty} p_n) = g(x).$$

문제 2.3.10

임의의 $\epsilon > 0$에 대하여 $\delta = \delta(\epsilon) > 0$이 존재하여 $|x_1 - x_2| < \delta$, x_1, $x_2 \in \mathbb{R}$에 대하여 $|(ax_1 + b) - (ax_2 + b)| = |a||x_1 - x_2| < \epsilon$이 성립함을 보이면 된다.

만일 $a = 0$이면, 자명하다.

만일 $a \neq 0$이면, $\delta = \dfrac{\epsilon}{|a|}$를 잡으면 충분하다.

문제 2.3.11

$\{V_\alpha\}$는 Imf의 열린덮개라고 하자. 즉, $f(K) \subset \bigcup_{\alpha \in I} V_\alpha$. 이때,

$$K \subset f^{-1}(f(K)) \subset f^{-1}(\bigcup_{\alpha \in I} V_\alpha) = \bigcup_{\alpha \in I} f^{-1}(V_\alpha)$$

이다. f는 연속이므로, $f^{-1}(V_\alpha)$는 열린집합이다. K는 긴밀집합이므로, $\alpha_1, \cdots, \alpha_n \in I$가 존재하여 $K \subset \bigcup_{i=1}^{n} f^{-1}(V_{\alpha_i})$이다. 이때,

$$f(K) \subset f(\bigcup_{i=1}^{n} f^{-1}(V_{\alpha_i})) = \bigcup_{i=1}^{n} f(f^{-1}(V_{\alpha_i})) \subset \bigcup_{i=1}^{n} V_{\alpha_i}$$

이다. 그러므로 $f(K)$는 긴밀집합이다.

문제 2.3.12 (d)

문제 2.3.13

임의의 $\epsilon > 0$에 대하여 $\delta = \delta(\epsilon) > 0$가 존재하여 $|x_1 - x_2| < \delta$, x_1, $x_2 \in E$에 대하여 $|g(f(x_1)) - g(f(x_2))| < \epsilon$이 성립함을 보이면 된다.

g는 F 위에서 평등연속이므로, 임의의 $\epsilon > 0$에 대하여 $\delta_1 = \delta_1(\epsilon) > 0$가 존재하여 $|y_1 - y_2| < \delta_1$, y_1, $y_2 \in F$에 대하여 $|g(y_1) - g(y_2)| < \epsilon$이 성립한다. f는 E 위에서 평등연속이므로, 그러한 $\delta_1 > 0$에 대하여 $\delta > 0$가 존재하여 $|x_1 - x_2| < \delta$, x_1, $x_2 \in E$에 대하여 $|f(x_1) - f(x_2)| < \delta_1$이 성립한다. $y_i = f(x_i)$, $i = 1$, 2로 놓으면, 임의의 $\epsilon > 0$에 대하여 $\delta > 0$가 존재하여 $|x_1 - x_2| < \delta$, x_1, $x_2 \in E$에 대하여 $|g(f(x_1)) - g(f(x_2))| < \epsilon$이 성립한다.

문제 2.3.14

$g : K \to Img$는 전단사이고 연속함수임을 유의하자. 그러므로 $g^{-1} : Img \to K$는 연속이다. g는 긴밀집합 K 위에서 연속이므로, 문제 2.3.11에 의하여 Img는 긴밀집합이다.

(a) 정리 2.3.12에 의하여 g^{-1}는 Img 위에서 평등연속이다. $f = g^{-1} \circ h$이므로 문제 2.3.11에 의하여 f는 $\mathbb{R}$ 위에서 평등연속이다.

(b) 정리 2.3.5에 의하여 자명하다.

문제 2.3.15

(a) ($\Rightarrow$) $\rho_E(x) = 0$이라 하자. 그러면 임의의 $\epsilon > 0$에 대하여 $z \in E$가 존재하여 $0 \le |x - z| < \epsilon$이다. 이것은 임의의 $\epsilon > 0$에 대하여 $E \cap N_\epsilon(x) \ne \varnothing$ 임을 의미한다. 그러므로 $x \in \overline{E}$이다.

($\Leftarrow$) $x \in \overline{E}$라고 하자. 그러면 임의의 $\epsilon > 0$에 대하여 $E \cap N_\epsilon(x) \ne \varnothing$ 이다. $\epsilon = \dfrac{1}{n}$을 취하자. 그러면 $z_n \in E \cap N_{1/n}(x)$가 존재한다. 즉, $|x - z_n| < \dfrac{1}{n}$. $0 \le \rho_E(x) \le |z_n - x| < \dfrac{1}{n}$이다. $n \to \infty$를 취하면, 짜내기 정리에 의하여 $\rho_E(x) = 0$이다.

(b) 모든 $z \in E$에 대하여

$$\rho_E(x) \le |x - z| \le |x - y| + |y - z|$$

이므로, $\rho_E(x) \le |x - y| + \rho_E(y)$이다. 그러므로 $\rho_E(x) - \rho_E(y) \le |x - y|$이다. 이것은 x와 y를 교환해도 성립한다. 그러므로 $|\rho_E(x) - \rho_E(y)| \le |x - y|$이다.

문제 2.3.16

어떤 $x \in K$에 대하여 $\rho_F(x) = 0$이라 가정하자. 그러면 문제 2.3.15에 의하여 $x \in \overline{F} = F$이다. 이것은 $K \cap F \ne \varnothing$을 의미한다. 이것은 가정에 모순이다. 그러므로 모든 $x \in K$에 대하여 $\rho_F(x) > 0$이다. $x \in K$는 고정시키자. 문제 2.3.15에 의하여 ρ_F는 K 위에서 연속이므로, 정리 2.3.2에 의하여 x의 근방 N이 존재하여 $p \in K \cap N$에 대하여 $\rho_F(p) > 0$이다. 모든 $p \in K \cap N$과 모든 $q \in F$에 대하여 $|p - q| \ge \rho_F(p) > 0$이다. $\delta = \rho_F(p)/2$을 잡으면 된다.

문제 2.3.17

$\rho_A(x)$, $\rho_B(x) \ge 0$이므로, $\rho_A(x) + \rho_B(x) = 0$이기 위한 필요충분조건은 $\rho_A(x) = 0$, $\rho_B(x) = 0$이다. 문제 2.3.15에 의하여 $\rho_A(x) = 0 \Leftrightarrow x \in \overline{A}$이다. 만일 $\rho_A(x) = 0$, $\rho_B(x) = 0$이면, $x \in \overline{A} = A$, $x \in \overline{B} = B$이므로, $A \cap B \ne \varnothing$ 이다. 이것은 가정에 모순이다. 그러므로 모든 실수 x에 대하여 $\rho_A(x) + \rho_B(x) \ne 0$이다. 문제 2.3.15에 의하여 ρ_A, ρ_B는 $\mathbb{R}$ 위에서 연속이므로 f는 $\mathbb{R}$ 위에서 연속이다. 분명히 $0 \le f \le 1$이고, $f(x) = \begin{cases} 0, & x \in A \\ 1, & x \in B \end{cases}$이다.

문제 2.3.18

Imf는 연결집합이 아니라고 가정하자. 그러면 공집합이 아닌 열린집합 $V, W \subset \mathbb{R}$이 존재하여 $Imf = (Imf \cap V) \cup (Imf \cap W)$, $(Imf \cap V) \cap (Imf \cap W) = \varnothing$이다.

$$E = f^{-1}(f(E)) = f^{-1}(f(E) \cap V) \cup f^{-1}(f(E) \cap W) = (E \cap f^{-1}(V)) \cup (E \cap f^{-1}(W))$$
$$(E \cap f^{-1}(V)) \cap (E \cap f^{-1}(W)) = f^{-1}((Imf \cap V) \cap (Imf \cap W)) = f^{-1}(\varnothing) = \varnothing$$

이다. f는 연속이므로 $f^{-1}(V)$, $f^{-1}(W)$는 $\mathbb{R}$의 열린집합이다. $E \cap f^{-1}(V)$, $E \cap f^{-1}(W)$는 공집합이 아닌 E의 열린집합이다. E는 연결집합이므로, 이것은 모순이다. 그러므로 Imf는 연결집합이다.

제3장 도함수

문제 3.2.1

$\frac{dy}{dx} = g'(f(x))f'(x)$이고, $g'(x) = 2x$이므로,

$\left.\frac{dy}{dx}\right|_{x=2} = g'(f(2))f'(2) = -2g'(7) = (-2) \cdot 14 = -28.$

문제 3.3.1

$f'(x) = 3|x|^2$, $f''(x) = 6|x|$

$\lim_{h \to 0+} \frac{f''(0+h) - f''(0)}{h} = 1$, $\lim_{h \to 0-} \frac{f''(0+h) - f''(0)}{h} = -1$이므로, $f^{(3)}(0)$는 존재하지 않는다.

문제 3.3.2

(a) ($\Leftarrow$) $a > 0$라고 하자. $\lim_{x \to 0} f(x) = f(0) = 0$임을 보이면 충분하다.

$0 \le |x^a \sin(x^{-c})| \le |x|^a$이므로, 짜내기 정리에 의하여 $\lim_{x \to 0} f(x) = 0$이다.

($\Rightarrow$) $a \le 0$이라 가정하자. 그러면 f는 연속이므로, $\lim_{x \to 0} f(x) = f(0) = 0$이어야 한다.

그러면 0의 근방에서 f는 유계이다. 그러나 $a < 0$일 때 f는 0의 근방에서 유계

가 아니다. $a=0$일 때 $\lim_{x\to 0} f(x)$는 존재하지 않는다. 이것은 모순이다. 그러므로 $a>0$이다.

(b) ($\Leftarrow$) $a>1$이라 하자. 그러면

$f'(0)=\lim_{h\to 0}\dfrac{f(0+h)-f(0)}{h}=\lim_{h\to 0}\dfrac{h^a\sin(h^{-c})}{h}=\lim_{h\to 0}h^{a-1}\sin(h^{-c})=0$이다.

($\Rightarrow$) $a\le 1$이라 가정하자. 만일 $a=1$이면, $\lim_{h\to 0}\sin(h^{-c})$는 존재하지 않는다. 만일 $a<1$이면, $\lim_{h\to 0}h^{a-1}\sin(h^{-c})$가 존재하기 위해서는 0의 근방에서 h^{a-1}은 유계이어야 한다. 그러나 0의 근방에서는 h^{a-1}가 유계가 아니다. 그러므로 $a>1$이다.

(c) ($\Leftarrow$) $a\ge 1+c$라고 하자. (b)에 의하여

$$f'(x)=\begin{cases} ax^{a-1}\sin(x^{-c})-cx^{a-c-1}\cos(x^{-c}), & x\neq 0\\ 0, & x=0\end{cases}$$

이다. 만일 $a>1+c$이면, $\lim_{x\to 0}f'(x)=0$이고, 만일 $a=1+c$이면, $\lim_{x\to 0}x^{a-1}\sin(x^{-c})=0$이다. 그러므로 $f'(x)$는 $[-1,\ 1]$에서 유계이다.

($\Rightarrow$) $a<1+c$라고 가정하자. 그러면

$|ax^{a-1}\sin(x^{-c})-cx^{a-c-1}\cos(x^{-c})|=|x|^{a-c-1}|ax^c\sin(x^{-c})-c\cos(x^{-c})|$

이고 $\lim_{x\to 0}x^c\sin(x^{-c})=0$이므로, $ax^c\sin(x^{-c})-c\cos(x^{-c})$는 $[-1,\ 1]$에서 유계이다. 그러나 $a<1+c$이므로, $\lim_{x\to 0}|x|^{a-c-1}|ax^c\sin(x^{-c})-c\cos(x^{-c})|=\infty$이다. 따라서 $f'(x)$는 $[-1,\ 1]$에서 유계가 아니다. 이것은 모순이다. 그러므로 $a\ge 1+c$이다.

(d) ($\Leftarrow$) $a>1+c$라고 하자. 그러면 $\lim_{x\to 0}f'(x)=f'(0)=0$임을 보이면 충분하다.

(c)와 짜내기 정리에 의하여 이것은 자명하다.

($\Rightarrow$) $a=1+c$라고 가정하자. 그러면 $f'(x)=\begin{cases} ax^c\sin(x^{-c})-c\cos(x^{-c}), & x\neq 0\\ 0, & x=0\end{cases}$이다. 이때 $\lim_{x\to 0}f'(x)$는 존재하지 않는다. 이것은 모순이다. 그러므로 $a>1+c$이다.

(e) ($\Leftarrow$) $a>2+c$라고 하자. (c)에 의하여

$$f'(x)=\begin{cases} ax^{a-1}\sin(x^{-c})-cx^{a-c-1}\cos(x^{-c}), & x\neq 0\\ 0, & x=0\end{cases}$$

이다.

$$f''(0)=\lim_{h\to 0}\frac{f'(0+h)-f'(0)}{h}=\lim_{h\to 0}\frac{ah^{a-1}\sin(h^{-c})-ch^{a-c-1}\cos(h^{-c})}{h}$$

$$=\lim_{h\to 0}[ah^{a-2}\sin(h^{-c})-ch^{a-c-2}\cos(h^{-c})]=0$$

($\Rightarrow$) $a\le 2+c$라고 가정하자.

$|ah^{a-2}\sin(h^{-c})-ch^{a-c-2}\cos(h^{-c})|=|h|^{a-c-2}|ah^{c}\sin(h^{-c})-c\cos(h^{-c})|$

이다.

만일 $a\le 2+c$이면, $f''(0)$는 존재하지 않는다. 이것은 모순이다. 그러므로 $a>2+c$이다.

(f) ($\Leftarrow$) $a\ge 2+2c$라고 하자. 그러면 (e)에 의하여

$$f''(x)=\begin{cases}a(a-1)x^{a-2}\sin(x^{-c})-2acx^{a-c-2}\cos(x^{-c})-c^2cx^{a-2c-2}\sin(x^{-c}), & x\ne 0\\ 0, & x=0\end{cases}$$

이다. $\lim_{x\to 0}x^{a-2}\sin(x^{-c})=0$, $\lim_{x\to 0}x^{a-c-2}\cos(x^{-c})=0$이므로 f''는 $[-1,\ 1]$에서 유계이다.

($\Rightarrow$) $a<2+2c$라고 가정하자. $\lim_{x\to 0}|x^{a-2c-2}|=\infty$이므로 f''는 $[-1,\ 1]$에서 유계가 아니다. 이것은 가정에 모순이다. 그러므로 $a\ge 2+2c$이다.

(g) ($\Leftarrow$) $a>2+2c$라고 하자. 그러면 (e)에 의하여

$$f''(x)=\begin{cases}a(a-1)x^{a-2}\sin(x^{-c})-2acx^{a-c-2}\cos(x^{-c})-c^2cx^{a-2c-2}\sin(x^{-c}), & x\ne 0\\ 0, & x=0\end{cases}$$

이다. 이때, $\lim_{x\to 0}f''(x)=0=f''(0)$이다. 그러므로 f''는 $[-1,\ 1]$에서 연속이다.

($\Rightarrow$) $a\le 2+2c$라고 가정하자. 만일 $a=2+c$이면, $\lim_{x\to 0}\sin(x^{-c})$는 존재하지 않는다. 만일 $a<2+2c$이면, $\lim_{x\to 0}|x|^{a-2c-2}=\infty$이다. 그러므로 $\lim_{x\to 0}f''(x)$는 존재하지 않는다. 이것은 가정에 모순이다. 그러므로 $a>2+2c$이다.

문제 3.4.1

$f(x)=c_0x+\frac{1}{2}c_1x^2+\cdots+\frac{1}{n+1}c_nx^n$을 생각하자. 그러면 $f(0)=f(1)=0$이다. f는 구간 $[0,\ 1]$에서 연속이고, 구간 $(0,\ 1)$에서 미분가능하므로, 롤의 정리에 의하여 점 $c\in(0,\ 1)$가 존재하여 $f'(c)=0$이다. 그러므로 방정식 $c_0+c_1x+\cdots+c_nx^n=0$은 0과 1 사이에서 적어도 하나의 실근을 갖는다.

문제 3.4.2

$f(x)=\begin{cases}\dfrac{\sin x}{x}, & 0<x\le\dfrac{\pi}{2}\\ 1, & x=0\end{cases}$로 놓자. 그러면 $\lim_{x\to0}f(x)=1=f(0)$이므로, f는 구간 $\left[0,\ \frac{\pi}{2}\right]$에서 연속이고, 구간 $\left(0,\ \frac{\pi}{2}\right)$에서 미분가능하다. f는 $\left[0,\ \frac{\pi}{2}\right]$에서 감소함수임을 보이면 충분하다.

$f'(x)=\dfrac{x\cos x-\sin x}{x^2}=\dfrac{\cos x-\dfrac{\sin x}{x}}{x}$이고, 평균값의 정리에 의하여 $\xi\in(0,\ x)$가 존재하여 $\dfrac{\sin x}{x}=\cos\xi$이다. 따라서 $f'(x)=\dfrac{\cos x-\cos\xi}{x}<0$이다. 그러므로 f는 $\left[0,\ \frac{\pi}{2}\right]$에서 감소함수이다.

문제 3.4.3

(a) 만일 $x=y$이면, 자명하다. $x\neq y$라고 하자. $y<x$라고 가정해도 무방하다. 평균값에 정리에 의하여 $\xi\in(y,\ x)$가 존재하여

$$\sin x-\sin y=\cos\xi\cdot(x-y)$$
$$\cos x-\cos y=-\sin\xi\cdot(x-y)$$

이다. $|\cos\xi|\le1$, $|-\sin\xi|\le1$이므로 결과가 나온다.

(b) 만일 $x=y$이면, 자명하다. $x\neq y$라고 하자. $y<x$라고 가정해도 무방하다. 평균값에 정리에 의하여 $\xi\in(y,\ x)$가 존재하여

$$\tan x-\tan y=\sec^2\xi\cdot(x-y)$$

이다. $|\sec\xi|\ge1$이므로 결과가 나온다.

문제 3.4.4

$f'(x)=1+\epsilon g'(x)$이고, $g'(x)$는 유계이므로, 충분히 작은 $\epsilon>0$에 대하여 $f'(x)>0$이다. 그러므로 f는 순증가함수이다. 따라서 충분히 작은 $\epsilon>0$에 대하여 f는 단사함수이다.

문제 3.4.5

평균값의 정리에 의하여 $\xi\in(x,\ x+1)$이 존재하여 $g(x)=f(x+1)-f(x)=f'(\xi)$이다. $x\to+\infty$일 때, $\xi\to\infty$이므로, $\lim_{x\to+\infty}g(x)=0$이다.

문제 3.4.6

만일 $f(b) \le f(a)$이면, 자명하다. $f(b) > f(a)$라고 하자. 임의의 $\xi \in (a, b)$에 대하여 $|f''(\xi)| < \dfrac{4}{(b-a)^2}(f(b)-f(a))$가 성립한다고 가정하자.

평균값의 정리에 의하여 $\eta \in (a, b)$가 존재하여 $f(b)-f(a) = f'(\eta)(b-a)$이다.

$f'(a)=0$이므로, 평균값의 정리에 의하여 $\xi \in (a, \eta)$가 존재하여

$$0 < f(b)-f(a) = f'(\eta)(b-a) = (f'(\eta)-f'(a))(b-a) = f''(\xi)(\eta-a)(b-a)$$

이다. 이때, $f''(\xi) > 0$이다.

$$\begin{aligned}(\eta-a)(b-a) &= a^2-(\eta+b)a+\eta b = \left(a-\frac{\eta+b}{2}\right)^2 - \frac{(\eta+b)^2}{4} + \eta b \\ &= \left(a-\frac{\eta+b}{2}\right)^2 - \frac{(\eta-b)^2}{4} \ge -\frac{(\eta-b)^2}{4} \ge -\frac{(b-a)^2}{4}\end{aligned}$$

이므로, $f(b)-f(a) \ge -f''(\xi)\dfrac{(b-a)^2}{4}$이다. 즉, $-\dfrac{4}{(b-a)^2}(f(b)-f(a)) \le f''(\xi)$. 이것은 가정에 모순이다.

$f'(b)=0$이므로, 평균값의 정리에 의하여 $\xi \in (\eta, b)$가 존재하여

$$0 < f(b)-f(a) = f'(\eta)(b-a) = (f'(\eta)-f'(b))(b-a) = f''(\xi)(\eta-b)(b-a)$$

이다. 이때, $f''(\xi) < 0$이다.

$$\begin{aligned}(\eta-b)(b-a) &= -b^2+(\eta+a)b-\eta a = -\left(b-\frac{\eta+a}{2}\right)^2 + \frac{(\eta+a)^2}{4} - \eta a \\ &= -\left(b+\frac{\eta+a}{2}\right)^2 + \frac{(\eta-a)^2}{4} \le \frac{(\eta-a)^2}{4} \le \frac{(b-a)^2}{4}\end{aligned}$$

이므로, $f(b)-f(a) \ge f''(\xi)\dfrac{(b-a)^2}{4}$이다. 즉, $f''(\xi) \le \dfrac{4}{(b-a)^2}(f(b)-f(a))$. 이것은 가정에 모순이다.

문제 3,4.7

$f'(a) = \displaystyle\lim_{h\to 0+}\frac{f(a+h)-f(a)}{h}$가 존재함을 보이자. 평균값의 정리에 의하여 $\xi \in (a, a+h)$가 존재하여 $\dfrac{f(a+h)-f(a)}{h} = f'(\xi)$이다. $h \to 0+$이면, $\xi \to a+$이다.

따라서 $\displaystyle\lim_{x\to a+} f'(x) = l$이므로, $f'(a) = \displaystyle\lim_{h\to 0+}\frac{f(a+h)-f(a)}{h} = \lim_{\xi\to a+} f'(\xi) = l$이다.

문제 3.4.8

$f'(a) < f'(b)$라고 가정해도 무방하다. $g(x) = f(x) - Mx$로 놓자. 그러면 g는 $[a, b]$에서 미분가능하다. $g'(x) = f'(x) - M$이고, $g'(a) = f'(a) - M < 0$, $g'(b) = f'(b) - M > 0$이다.

그러므로 a의 근방에서 g는 감소이고 b의 근방에서 증가이다. g는 $[a, b]$에서 연속이므로, $\xi \in [a, b]$가 존재하여 $g(\xi) = \min_{x \in [a, b]} g(x)$이다. 이때, $\xi \in (a, b)$임을 알 수 있다. 그러므로 정리 3.4.4에 의하여 $g'(\xi) = 0$이다.

문제 3.4.9

$x \in (0, \infty)$에 대하여 $g'(x) \geq 0$임을 보이면 된다. 평균값의 정리에 의하여 다음을 얻는다.

$$g'(x) = \frac{xf'(x) - f(x)}{x^2} = \frac{f'(x) - \dfrac{f(x)}{x}}{x} = \frac{f'(x) - f'(\xi_x)}{x} (0 < \xi_x < x)$$

f'는 $(0, \infty)$에서 단조증가이므로 $g'(x) \geq 0$이다.

문제 3.4.10

$h(x) = g(x) - f(x)$로 놓자. 가정에 의하여 $h'(x) > 0$이므로, 정리 3.3.8에 의하여 h는 (a, b)에서 순증가한다. $h(a) = 0$이므로, $x \in (a, b]$에 대하여 $h(x) > 0$이다. 따라서 $h(b) = g(b) - f(b) > 0$이다. 즉, $f(b) < g(b)$.

문제 3.4.11

$x \in \mathbb{R}$은 고정시키자. $\lim_{y \to x} \left| \frac{f(y) - f(x)}{y - x} \right| \leq \lim_{y \to x} |y - x| = 0$ 이므로

$f'(x) = \lim_{y \to x} \frac{f(y) - f(x)}{y - x} = 0$이다. 그러므로 정리 3.4.10에 의하여 f는 상수함수이다.

문제 3.5.1

(a) $(f^{-1})'(2) = \frac{1}{f'(f^{-1}(2))}$. $f^{-1}(2) = x \Leftrightarrow f(x) = 2$, $f'(x) = 15x^4 + 1 > 0$

$3x^5 + x - 2 = 2$, $3x^5 + x - 4 = 0$를 풀면, $x = 1$이다. 즉, $f(1) = 2$. 따라서 역함수 정리에 의하여 $(f^{-1})'(2) = \frac{1}{f'(f^{-1}(2))} = \frac{1}{f'(1)} = \frac{1}{16}$이다.

(b) $(f^{-1})'(2) = \dfrac{1}{f'(f^{-1}(2))}$.

$f^{-1}(2) = x \Leftrightarrow f(x) = 2,\ f'(x) = 2\sec^2 x > 0,\ -\dfrac{\pi}{2} < x < \dfrac{\pi}{2}$.

$2\tan x = 2,\ \tan x = 1$을 풀면, $x = \dfrac{\pi}{4}$이다. 즉, $f\left(\dfrac{\pi}{4}\right) = 2$. 따라서 역함수 정리에 의하여 $(f^{-1})'(2) = \dfrac{1}{f'(f^{-1}(2))} = \dfrac{1}{f'\left(\dfrac{\pi}{4}\right)} = \dfrac{1}{4}$이다.

문제 3.5.2

(a) $y^2 + 2xyy' - 1 = 0$이므로, $y' = \dfrac{1}{y^2 + 2xy}$.

(b) $6 - \dfrac{1}{2}(2xy)^{-1/2}(2y + 2xy') + y^3 + 3xy^2y' = 2yy'$

$6 - (2xy)^{-1/2}(y + xy') + y^3 + 3xy^2y' = 2yy',\ y' = \dfrac{6 - (2xy)^{-1/2}y + y^3}{2y + (2xy)^{-1/2}x - 3xy^2}$

(c) $y + xy' + y'\cos y = 2x,\ y' = \dfrac{2x - y}{x + \cos y}$

(d) $\dfrac{1}{2}x^{-1/2} + \dfrac{1}{2}y^{-1/2}y' = 0,\ y' = -\dfrac{\sqrt{y}}{\sqrt{x}}$

(e) $\cos(\tan y)\sec^2 y \cdot y' = 1 - y',\ y' = \dfrac{1}{1 + \cos(\tan y)\sec^2 y}$

(f) $\dfrac{2}{3}x^{-1/3} + \dfrac{2}{3}y^{-1/3}y' = 0,\ y' = -\dfrac{y^{1/3}}{x^{1/3}}$

문제 3.5.3

(a) $3x^2y + x^3y' + y^3 + 3xy^2y' = 0,\ y' = -\dfrac{3x^2y + y^3}{x^3 + 3xy^2},\ y'|_{(1,2)} = -\dfrac{14}{13}$

$$y - 2 = -\frac{14}{13}(x - 1),\ 14x + 13y - 12 = 0$$

(b) $(y + xy')\cos(xy) = y',\ y' = \dfrac{y\cos(xy)}{1 - x\cos(xy)},\ y'|_{\left(\frac{\pi}{2},1\right)} = 0$

$$y - 1 = 0\left(x - \frac{\pi}{2}\right),\ y = 1$$

(c) $(3 + \tan xy)^{-1/2}\sec^2 xy(y + xy') = 0,\ y' = -\dfrac{y}{x},\ y'|_{(1,1)} = -1$

$$y-1=-(x-1),\ x+y-2=0$$

(d) $3y^2y'+y^2+2xyy'-2x=0,\ y'=\dfrac{2x-y^2}{3y^2+2xy},\ y'|_{(1,2)}=-\dfrac{1}{8}$

$$y-2=-\frac{1}{8}(x-1),\ x+8y-17=0.$$

문제 3.6.1

f가 볼록함수라고 하고 $a<s<t<u<v<b$라고 하자. $\dfrac{f(t)-f(s)}{t-s}\le\dfrac{f(v)-f(u)}{v-u}$에서 $t\to s$와 $u\to v$를 취하면, 모든 $s<v$에 대하여 $f'(s)\le f'(v)$이다. 따라서 f'는 단조증가이다.

역으로, f'는 단조증가이면, f는 아래로 볼록이다. 그러므로 f는 볼록이다.

모든 $x\in(a,b)$에 대하여 $f''(x)\ge 0$이면 $f'(x)$는 단조증가이다. 따라서 f는 볼록이다.

역으로, f가 볼록이고 $f''(x)<0$이라 가정하자. 그러면 $f'(x)$는 감소함수이다.

$a<s<t<u<v<b$라고 하자. 이때, $\dfrac{f(t)-f(s)}{t-s}\le\dfrac{f(u)-f(v)}{u-v}$임을 알 수 있다.

$t\to s$와 $u\to v$를 취하면, $f'(s)\le f'(v)$임을 알 수 있다. 그러므로 f'는 증가함수이다. 이것은 모순이다.

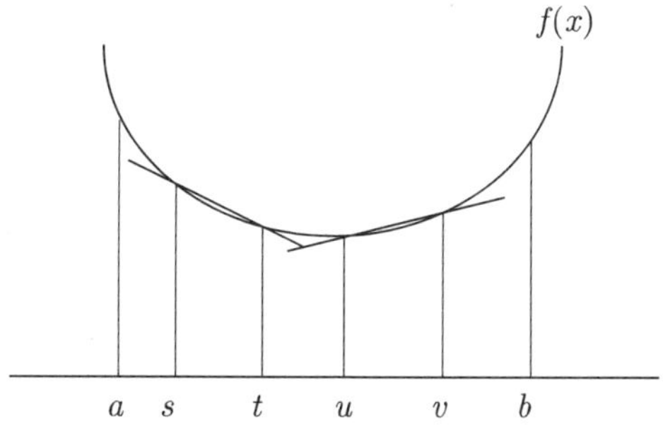

문제 4.2.1

어떤 $x_0\in[a,b]$에 대하여 $f(x_0)>0$라고 가정하자. f는 점 x_0에서 연속이므로 $\delta>0$가 존재해서 $|x-x_0|<\delta,\ x\in[a,b]$일 때, $f(x)>\dfrac{1}{2}f(x_0)>0$이 성립한다. 이때, $m=\inf\{f(x)\,|\,x\in N_\delta(x_0)\cap[a,b]\}$이라 놓으면 $m\neq 0$이다. 따라서

$$0=\int_a^b f(x)dx\ge\int_{N_\delta(x_0)\cap[a,b]}f(x)dx\ge m\cdot(N_\delta(x_0)\cap[a,b]\text{의 길이})>0.$$

이다. 이것은 모순이다.

문제 4.2.2

$$\lim_{n\to\infty}\frac{\left(\sum_{i=1}^{n}i^4\right)\left(\sum_{i=1}^{n}i^6\right)}{\left(\sum_{i=1}^{n}i^2\right)\left(\sum_{i=1}^{n}i^8\right)}=\lim_{n\to\infty}\frac{\left(\frac{1}{n}\sum_{i=1}^{n}\left(\frac{i}{n}\right)^4\right)\left(\frac{1}{n}\sum_{i=1}^{n}\left(\frac{i}{n}\right)^6\right)}{\left(\frac{1}{n}\sum_{i=1}^{n}\left(\frac{i}{n}\right)^2\right)\left(\frac{1}{n}\sum_{i=1}^{n}\left(\frac{i}{n}\right)^8\right)}=\frac{\int_0^1 x^4dx\int_0^1 x^6dx}{\int_0^1 x^2dx\int_0^1 x^8dx}=\frac{27}{35}$$

문제 4.2.3

임의의 $\epsilon>0$에 대하여 $y_0=a<y_1<\cdots<y_{k-1}<x_0<y_k=y_{k-1}+\epsilon<\cdots<y_n=b$는 $[a,\ b]$의 임의의 분할 P라 하자. 그러면

$$U(P,\ f)=\sum_{k=1}^{n}M(y_k-y_{k-1})=y_k-y_{k-1}=\epsilon$$
$$L(P,\ f)=\sum_{k=1}^{n}m(y_k-y_{k-1})=0$$

이다. $\|P\|\to 0$이면, $\epsilon\to 0$이다. 그러므로 $\lim_{\|P\|\to 0}U(P,\ f)=\lim_{\|P\|\to 0}L(P,\ f)=0$이다. 따라서 f는 $[a,\ b]$에서 적분가능하고, $\int_a^b f(x)dx=0$이다.

문제 4.2.4

모든 $x\in[a,\ b]$에 대하여 $g(x)>0$이라 가정하자. f는 $[a,\ b]$에서 연속이므로, 최댓값 · 최솟값의 정리에 의하여 $m\le f(x)\le M$이다. 여기서 m, M은 각각 $[a,\ b]$에서 f의 최솟값과 최댓값이다. 그러므로 $mg(x)\le f(x)g(x)\le Mg(x)$이다. 따라서

$$m\int_a^b g(x)dx\le\int_a^b f(x)g(x)dx\le M\int_a^b g(x)dx$$

이다. $g(x)>0$이므로 $\int_a^b g(x)dx>0$이다. 그러므로

$$m\le\int_a^b f(x)g(x)dx/\int_a^b g(x)dx\le M$$

이다. 중간값의 정리에 의하여 $\xi\in[a,\ b]$가 존재하여

$$\int_a^b f(x)g(x)dx \Big/ \int_a^b g(x)dx = f(\xi), \quad \int_a^b f(x)g(x)dx = f(\xi)\int_a^b g(x)dx.$$

$g(x) < 0$인 경우에도 마찬가지로 하면 된다.

문제 4.2.5

문제 4.2.4에 의하여 $\zeta \in [a, b]$가 존재하여 $\int_a^b f(x)g(x)dx = f(\zeta)\int_a^b g(x)dx$이다. $\phi(x) = f(x) - f(a)$로 놓자. f는 단조증가함수이므로, 모든 $x \in [a, b]$에 대하여 $\phi(x) \geq 0$이다. 그러므로

$$f(\zeta)\int_a^b g(x)dx = \phi(\zeta)\int_a^b g(x)dx + f(a)\int_a^b g(x)dx$$

이다. $G(x) = \int_x^b g(x)dx$로 놓자. 그러면 $x_1 < x_2$일 때, $G(x_1) \geq G(x_2)$임을 알 수 있다. $G(b) = 0$이므로,

$$\begin{aligned}\phi(\zeta)\int_a^b g(x)dx &= \phi(\zeta)\int_a^b g(x)dx + [\phi(b) - \phi(\zeta)]G(b) \\ &= \phi(\zeta)G(a) + [\phi(b) - \phi(\zeta)]G(b)\end{aligned}$$

이다. 그러나 $\phi(\zeta) \geq 0$이고 $\phi(b) - \phi(\zeta) = f(b) - f(a) - (f(\zeta) - f(a)) = f(b) - f(\zeta) \geq 0$이다.

따라서 $\overline{G}(G(a) \geq \overline{G} \geq G(b))$가 존재하여

$$\phi(\zeta)G(a) + [\phi(b) - \phi(\zeta)]G(b) = \overline{G}[\phi(\zeta) + (\phi(b) - \phi(\zeta))]$$

이다. 그러므로 $\phi(\zeta)\int_a^b g(x)dx = \overline{G}\phi(b)$이다. $G(x)$는 $[a, b]$에서 연속이므로 중간값의 정리에 의하여 $\xi \in [a, b]$가 존재하여 $G(\xi) = \overline{G}$이다. 그러므로

$$\phi(\zeta)\int_a^b g(x)dx = G(\xi)\phi(b) = (f(b) - f(a))\int_\xi^b g(x)dx$$

이다. 따라서

$$\begin{aligned}f(\zeta)\int_a^b g(x)dx &= \phi(\zeta)\int_a^b g(x)dx + f(a)\int_a^b g(x)dx \\ &= (f(b) - f(a))\int_\xi^b g(x)dx + f(a)\left[\int_a^\xi g(x)dx + \int_\xi^b g(x)dx\right]\end{aligned}$$

$$= f(a)\int_a^{\xi} + f(b)\int_{\xi}^b g(x)dx.$$

문제 4.2.6

(a) $u = a^{1/p}$, $v = b^{1/q}$라 놓으면, 지수함수 e^x는 볼록함수이므로

$$uv = a^{1/p}b^{1/q} = \exp\left(\frac{1}{p}\ln a + \frac{1}{q}\ln b\right) \le \frac{a}{p} + \frac{b}{q} = \frac{u^p}{p} + \frac{v^q}{q}.$$

(b) (a)에 의하여 $fg \le \frac{f^p}{p} + \frac{g^q}{q}$, $\frac{1}{p} + \frac{1}{q} = 1$이므로

$$\int_a^b fgdx \le \int_a^b \frac{f^p}{p}dx + \int_a^b \frac{g^q}{q}dx = \frac{1}{p}\int_a^b f^p dx + \frac{1}{q}\int_a^b g^q dx = \frac{1}{p} + \frac{1}{q} = 1$$

(c) f 또는 g가 0이면 자명하다. $f \not\equiv 0$, $g \not\equiv 0$이라 가정하고 $\|f\|_p = \left(\int_a^b |f|^p dx\right)^{1/p}$라 놓으면, $\int_a^b \left(\frac{|f|}{\|f\|_p}\right)^p dx = 1$, $\int_a^b \left(\frac{|g|}{\|g\|_q}\right)^q dx = 1$이므로 (b)에 의하여

$$\left|\int_a^b \frac{f}{\|f\|_p}\frac{g}{\|g\|_q}dx\right| \le \int_a^b \frac{|f|}{\|f\|_p}\frac{|g|}{\|g\|_q}dx \le 1,$$

$$\left|\int_a^b fgdx\right| \le \left(\int_a^b |f|^p dx\right)^{1/p}\left(\int_a^b |g|^q dx\right)^{1/q}$$ (슈바르츠 부등식).

문제 4.2.7

$1 = \int_a^b f^2(x)dx = [xf^2(x)]_a^b - 2\int_a^b xf'(x)f(x)dx = -2\int_a^b xf'(x)f(x)dx$이므로

$$\int_a^b xf'(x)f(x)dx = -\frac{1}{2}$$

이다. 슈바르츠의 부등식에 의하여

$$\frac{1}{4} = \left|\int_a^b f'(x)\cdot xf(x)dx\right|^2 \le \int_a^b [f'(x)]^2 dx \int [xf(x)]^2 dx$$

문제 4.2.8

$\phi : [a, b] \to \mathbb{R}$은 연속이므로, $\phi([a, b]) = [\alpha, \beta]$이다.

$$g(y+h)-g(y)=\int_a^{\phi(y+h)}f(x)dx-\int_a^{\phi(y)}f(x)dx=\int_{\phi(y)}^{\phi(y+h)}f(x)dx.$$

$f:\mathbb{R}\to\mathbb{R}$은 연속이므로, f는 임의의 닫힌구간에서 유계이다. 모든 $x\in[\alpha,\ \beta]$에 대하여 $|f(x)|\le M$이라 하자. ϕ는 $[a,\ b]$에서 연속이므로, 임의의 $\epsilon>0$에 대하여 $\delta>0$가 존재하여 $|h|<\delta$일 때, $|\phi(y+h)-\phi(y)|<\epsilon/M,\ y,\ y+h\in[a,\ b]$이다. 그러므로

$$|g(y+h)-g(y)|\le\left|\int_{\phi(y)}^{\phi(y+h)}\right|f(x)|dx|\le M|\phi(y+h)-\phi(y)|<m\cdot\frac{\epsilon}{M}=\epsilon$$

이다. 그러므로 g는 $[a,\ b]$에서 연속이다.

문제 4.2.9

$$\psi(y+h)-\psi(y)=\int_a^{\phi(y+h)}f(x)dx-\int_a^{\phi(y)}f(x)dx=\int_{\phi(y)}^{\phi(y+h)}f(x)dx.$$

적분에 관한 평균값의 정리에 의하여 $\theta(0\le\theta\le 1)$가 존재하여

$$\int_{\phi(y)}^{\phi(y+h)}f(x)dx=f(\phi(y)+\theta\Delta\phi)[\phi(y+h)-\phi(y)]$$

이다. 여기서 $\Delta\phi=\phi(y+h)-\phi(y)$이다. $f,\ \phi$는 연속이므로,

$$\lim_{h\to 0}f(\phi(y)+\theta\Delta\phi)=f(\phi(y))$$

이다. 또한, ϕ는 미분가능하므로, $\phi'(y)=\lim_{h\to 0}\dfrac{\phi(y+h)-\phi(y)}{h}$이다.

$$\frac{\psi(y+h)-\psi(y)}{h}=f(\phi(y)+\theta\Delta\phi)\cdot\frac{\phi(y+h)-\phi(y)}{h}$$

이므로, $\psi'(y)=\lim_{h\to 0}\dfrac{\psi(y+h)-\psi(y)}{h}=f(\phi(y))\phi'(y)$이다.

문제 4.2.10

문제 4.2.9에 의하여 $F'(x)=\sqrt{1+x^6}\cdot 3x^2$이므로 $F'(-1)=3\sqrt{2}\ne 0$이고 $F(-1)=0$이다. 그러므로 역함수의 정리에 의하여 -1의 근방에서 역함수 F^{-1}가 존재한다. 이때, $(F^{-1})'(0)=\dfrac{1}{F'(F^{-1}(0))}=\dfrac{1}{F'(-1)}=\dfrac{1}{3\sqrt{2}}$이다.

문제 4.3.1

(a) $x^{2/3} = t$로 놓으면, $\frac{2}{3}x^{-1/3}dx = dt$이다.

$$\int x^{-1/3}\sqrt{x^{2/3}+4}\,dx = \frac{3}{2}\int \sqrt{t+4}\,dt = (t+4)^{3/2} + C.$$

(b) $\sqrt{x-1} = t$로 놓으면, $x-1 = t^2$이므로, $dx = 2tdt$이다.

$$\int \frac{x+2}{\sqrt{x-1}}dx = \int \frac{t^2+3}{t} \cdot 2tdt = \frac{2}{3}t^3 + 6t + C.$$

(c) $\sqrt{x} = t$로 놓으면, $x = t^2$이므로, $dx = 2tdt$이다.

$$\int \frac{\sin\sqrt{x}}{\sqrt{x}}dx = \int \frac{\sin t}{t} \cdot 2tdt = -2\cos t + C.$$

(d) $\sqrt{\tan x} = t$로 놓으면, $\tan x = t^2$이므로, $\sec^2 x dx = 2tdt$이다.

$$\int \sqrt{\tan t}\, sec^2 x dx = 2\int t^2 dt = \frac{2}{3}t^3 + C.$$

(e) $\sqrt{1+6x-x^2} = t$로 놓으면, $1+6x-x^2 = t^2$이므로, $(6-2x)dx = 2tdt$이다.
$(x-3)dx = -tdt$이므로,

$$\int_1^2 \frac{x-3}{\sqrt{1+6x-x^2}}dx = -\int_6^9 dt = -3.$$

(f) $\int_0^{\pi/3}(1+\sin^2 x)\cos x dx = \int_0^{\pi/3}\cos x dx + \int_0^{\pi/3}\sin^2 x\cos x dx$

$$= \sin x \mid_0^{\pi/3} + \frac{1}{3}\sin^3 x \mid_0^{\pi/3} = \frac{\sqrt{3}}{2} + \frac{1}{3}\left(\frac{\sqrt{3}}{2}\right)^3 = \frac{5\sqrt{3}}{8}$$

문제 4.4.1

(a) $\int_{-1}^5 (x-x^2+4x+5)dx = \left[-\frac{1}{3}x^3 + \frac{5}{2}x^2 + 5x\right]_{-1}^5 = -\frac{126}{3} + \frac{120}{2} + 30 = \frac{142}{3}$

(b) $\int_1^2 (6x-x^2-x^2-4)dx = -2\int_1^2 (x^2-3x+2)dx = -2\left[\frac{1}{3}x^3 - \frac{3}{2}x^2 + 2x\right]_1^2$

$$= -2\left(\frac{7}{3} - \frac{9}{2} + 2\right) = \frac{1}{3}$$

(c) $\int_{-2}^2 \left(-\frac{1}{4}y^2 + 3 - \frac{1}{2}y^2\right)dy = 2\int_0^2 \left(-\frac{3}{4}y^2 + 3\right)dy = 2\left[-\frac{1}{4}y^3 + 3y\right]_0^2 = 2(-2+6) = 8$

(d) $\int_0^2 (x^2 - x + x)dx + \int_2^4 (x^2 - 9x + 16 + x)dx = \frac{1}{3}x^3 |_0^2 + \left[\frac{1}{3}x^3 - 4x^2 + 16x\right]_2^4 = \frac{16}{3}$

문제 4.4.2

(a) $\int_{-3}^{-2} (x^2 - 4)dx + \int_{-2}^{1} (4 - x^2)dx = \left[\frac{1}{3}x^3 - 4x\right]_{-3}^{-2} + \left[4x - \frac{1}{3}x^3\right]_{-2}^{1}$

$$= \frac{19}{3} - 4 + 12 - 3 = \frac{34}{3}$$

(b) $\int_0^{\pi} \left(\cos\frac{x}{4} - \frac{1}{2}\sin 2x\right)dx = \left[4\sin\frac{x}{4} + \frac{1}{4}\cos 2x\right]_0^{\pi} = 2\sqrt{2} - \frac{1}{2}$

문제 4.4.3

$\int_{-2}^{2} (4 - x^2)dx = 2\int_0^2 (4 - x^2)dx = 2\left[4x - \frac{1}{3}x^3\right]_0^2 = 2\left(8 - \frac{8}{3}\right) = \frac{32}{3}$

$\int_{-\sqrt{4-c}}^{\sqrt{4-c}} (4 - x^2 - c)dx = \frac{16}{3}$

$2\int_0^{\sqrt{4-c}} (4 - c - x^2)dx = \frac{16}{3}$, $\left[(4-c)x - \frac{1}{3}x^3\right]_0^{\sqrt{4-c}} = \frac{8}{3}$, $\frac{2}{3}(4-c)^{3/2} = \frac{8}{3}$

$4 - c = 4^{2/3}$, $c = 4 - 2^{4/3} = 4 - 2^3\sqrt{2}$

제5장 자연로그 함수와 지수함수

문제 5.2.1

$f(0) = f(0+0) = f(0) + f(0)$이므로, $f(0) = 0$이다.

$$f'(x) = \lim_{h\to 0}\frac{f(x+h) - f(x)}{h} = \lim_{h\to 0}\frac{f(x) + f(h) - f(x)}{h}$$
$$= \lim_{h\to 0}\frac{f(h)}{h} = \lim_{h\to 0}\frac{f(0+h) - f(0)}{h} = f'(0) = c$$

이므로, 그러므로 $f(x) = cx + C$이다. $f(0) = 0$이므로, $C = 0$이다. 따라서 $f(x) = cx$이다.

문제 5.2.2

$f(0)=f(0+0)=f(0)f(0)$이므로, $f(0)=1$이다.

$$f'(x)=\lim_{h\to 0}\frac{f(x+h)-f(x)}{h}=\lim_{h\to 0}\frac{f(x)f(h)-f(x)}{h}$$
$$=f(x)\lim_{h\to 0}\frac{f(h)-1}{h}=f(x)\lim_{h\to 0}\frac{f(0+h)-f(0)}{h}=f(x)f'(0)=cf(x.)$$

$\dfrac{f'(x)}{f(x)}=c$이므로, $\ln|f(x)|=cx+C$이다. 따라서 $f(x)=e^{cx+C}$이다. $1=f(0)=e^{C}$이므로 $f(x)=e^{cx}$이다.

문제 5.2.3

(a) $\displaystyle\int\frac{2x+1}{x^2-x}dx=\int\left(\frac{3}{x-1}-\frac{1}{x}\right)dx=3\ln|x-1|-\ln|x|+C$

(b) $\displaystyle\int_{-2}^{3}\frac{1}{x+3}dx=\ln|x+3|\,|_{-2}^{3}=\ln 6$

(c) $\displaystyle\int\frac{\sec^2 x}{\tan x}dx=\ln|\tan x|+C$

(d) $\displaystyle\int_0^{\frac{\pi}{3}}\tan x\,dx=-\ln|\cos x|\,|_0^{\pi/3}=\ln 2$

(e) $\displaystyle\int\frac{1}{x(\ln x)^2}dx=-\frac{1}{\ln x}+C$

(f) $\displaystyle\int_2^5\frac{1}{x\ln x}dx=\ln|\ln x|\,|_2^5=\ln(\ln 5)-\ln(\ln 2)$

(g) $\sqrt{1+x^{-2/3}}=t$로 놓으면, $1+x^{-2/3}=t^2$이므로, $x=(t^2-1)^{-3/2}$이다.
$dx=-3t(t^2-1)^{-5/2}dt$이므로,

$$\int\frac{1}{x\sqrt{1+x^{-2/3}}}dx=-3\int\frac{t(t^2-1)^{-5/2}}{t(t^2-1)^{-3/2}}dt=-3\int(t^2-1)^{-1}dt$$
$$=-\frac{3}{2}\int\left(\frac{1}{t-1}-\frac{1}{t+1}\right)dt$$
$$=-\frac{3}{2}[\ln|t+1|-\ln|t-1|]+C$$

문제 5.3.1

(a) $y' = \left(2x\ln x + \dfrac{1}{x}\right)e^{x^2}$

(b) $y' = \cos(e^{x+\ln x})e^{x+\ln x}\left(1+\dfrac{1}{x}\right)$

(c) $y' = e^x(\cos x - \sin x)$

(d) $y' = -\sin(xe^x)(1+x)e^x$

(e) $y = e^{x\ln x}$, $y' = x^x(1+\ln x)$

(f) $y = e^{\frac{1}{x}\ln(\ln x)}$, $y' = \dfrac{1}{x^2}(\ln x)^{1/x}\left(\dfrac{1}{\ln x} - \ln(\ln x)\right)$

(g) $y = e^{(\ln x)\ln x}$, $y' = 2x^{-1+\ln x}\ln x$

(h) $y = e^{\frac{1}{x}\ln x}$, $y' = x^{1/x}\dfrac{1-\ln x}{x^2}$

문제 5.4.1

(a) $\displaystyle\int xe^{x^2}dx = \frac{1}{2}e^{x^2} + C$

(b) $\sqrt{1+e^{2x}} = t$로 놓으면, $e^{2x} = t^2 - 1$이므로, $e^{2x}dx = tdt$이다. 따라서

$$\int e^{2x}\sqrt{1+e^{2x}}\,dx = \int t^2dt = \frac{1}{3}t^3 + C.$$

(c) $\displaystyle\int e^{\sin x}\cos x\,dx = e^{\sin x} + C$

(d) $\sqrt{x} = t$로 놓으면, $x = t^2$이므로, $dx = 2tdt$이다. 따라서

$$\int_1^9 \frac{1}{\sqrt{x}}e^{\sqrt{x}}dx = \int_1^3 \frac{1}{t}e^t \cdot 2tdt = 2e^t\,|_1^3 = 2(e^3 - e)$$

(e) $\displaystyle\int 10^{-x}dx = \int e^{-x\ln 10}dx = -\frac{1}{\ln 10}10^{-x} + C$

(f) $\displaystyle\int 3^{-x}e^x dx = \int e^{(1-\ln 3)x}dx = \frac{1}{1-\ln 3}3^{-x}e^x + C$

(g) $3^x = t$로 놓으면, $\ln 3 \cdot 3^x dx = dt$이다. 따라서

$$\int \frac{3^x}{1+3^x}dx = \frac{1}{\ln 3}\int \frac{1}{1+t}dt = \frac{1}{\ln 3}\ln|1+t| + C$$

(h) $\sin x = t$로 놓으면, $\cos x\,dx = dt$이다. 따라서

$$\int 2^{\sin x}\cos x dx = \int 2^t dt = \int e^{t\ln 2}dt = \frac{2^t}{\ln 2} + C$$

문제 5.5.1

로피탈 법칙에 의하여 다음을 알 수 있다.

$$\begin{aligned}\lim_{h\to 0}\frac{f(x+h)+f(x-h)-2f(x)}{h^2} &= \lim_{h\to 0}\frac{f'(x+h)-f'(x-h)}{2h} \\ &= \lim_{h\to 0}\frac{f'(x+h)-f'(x)-(f(x-h)-f'(x))}{2h} \\ &= \frac{1}{2}\lim_{h\to 0}\frac{f'(x+h)-f'(x)}{h}+\frac{1}{2}\lim_{h\to 0}\frac{f'(x-h)-f'(x)}{-h} \\ &= \frac{1}{2}f''(x)+\frac{1}{2}f''(x)=f''(x)\end{aligned}$$

문제 5.5.2

로피탈 법칙에 의하여 $\lim_{x\to 0}\frac{\int_0^x \sin(t^3)dt}{x^4} = \lim_{x\to 0}\frac{\sin(x^3)}{4x^3} = \frac{1}{4}$.

문제 5.5.3

(a) $\lim_{x\to 0}\frac{b^x-1}{x} = \lim_{x\to 0}\frac{e^{x\ln b}-1}{x} = \lim_{x\to 0}\ln b e^{x\ln b} = \ln b$

(b) $\lim_{x\to 0}\frac{\ln(x+1)}{x} = \lim_{x\to 0}\frac{1}{x+1} = 1$

(c) $$\begin{aligned}\lim_{x\to 0}\frac{e-(1+x)^{1/x}}{x} &= \lim_{x\to 0}\frac{e-e^{\frac{1}{x}\ln(1+x)}}{x} = \lim_{x\to 0}(1+x)^{1/x}\left(\frac{1}{x^2}\ln(1+x)-\frac{1}{x(x+1)}\right) \\ &= \lim_{x\to 0}(1+x)^{1/x}\frac{(1+x)\ln(1+x)-x}{x^2(1+x)} \\ &= e\lim_{x\to 0}\frac{\ln(1+x)+1-1}{2x+3x^2} = e\lim_{x\to 0}\frac{\frac{1}{1+x}}{2+6x} = \frac{e}{2}\end{aligned}$$

(d) $\lim_{x\to\infty}\frac{\ln x}{x} = \lim_{x\to\infty}\frac{1}{x} = 0$이다. $\frac{\ln x}{x} = t$로 놓으면,

$$\lim_{x\to\infty}\frac{x}{\ln x}[x^{1/x}-1] = \lim_{x\to\infty}\frac{e^{\frac{1}{x}\ln x}-1}{\frac{\ln x}{x}} = \lim_{t\to 0}\frac{e^t-1}{t} = \lim_{t\to 0}e^t = 1$$

(e) $\lim_{x\to0}\frac{\tan x - x}{x(1-\cos x)} = \lim_{x\to0}\frac{\sec^2 x - 1}{1+x\sin x - \cos x} = \lim_{x\to0}\frac{2\sec^2 x\tan x}{2\sin x + x\cos x}$

$$= \lim_{x\to0}\frac{2\sec^2 x\cdot\dfrac{\tan x}{x}}{2\dfrac{\sin x}{x}+\cos x} = \frac{2}{3}$$

(f) $\lim_{x-0}\frac{x-\sin x}{\tan x - x} = \lim_{x\to0}\frac{1-\cos x}{\sec^2 x - 1} = \lim_{x\to0}\frac{\sin x}{2\sec^2 x\tan x} = \lim_{x\to0}\frac{1}{2}\cos^3 x = \frac{1}{2}$

(g) $\lim_{x\to\infty}(a+x)^{p/x} = \lim_{x\to\infty} e^{\frac{p}{x}\ln(a+x)} = \exp\left(\lim_{x\to\infty}\frac{p\ln(a+x)}{x}\right)$

$$= \exp\left(\lim_{x\to\infty}\frac{p}{a+x}\right) = e^0 = 1$$

(h) $\lim_{x\to\infty}(1+x+x^2)^{1/x} = \lim_{x\to\infty}\ \exp\left(\frac{1}{x}\ln(1+x+x^2)\right) = \exp\left(\lim_{x\to\infty}\frac{\ln(1+x+x^2)}{x}\right)$

$$= \exp\left(\lim_{x\to\infty}\frac{1+2x}{1+x+x^2}\right) = e^0 = 1$$

(i) $\lim_{x\to1}\frac{1+\cos\pi x}{x^2-2x+1} = \lim_{x\to1}\frac{-\pi\sin\pi x}{2x-2} = \lim_{x\to1}\frac{-\pi^2\cos\pi x}{2} = \frac{\pi^2}{2}$

(j) $\lim_{x\to0}(\cos x)^{1/x^2} = \lim_{x\to0}\exp\left(\frac{1}{x^2}\ln(\cos x)\right) = \exp\left(\lim_{x\to0}\frac{\ln(\cos x)}{x^2}\right)$

$$= \exp\left(\lim_{x\to0}\frac{-\tan x}{2x}\right) = e^{-1/2}$$

(k) $\lim_{x\to\infty}\sin x^{1/x} = \lim_{x\to\infty}\ \sin(e^{\frac{1}{x}\ln x}) = \sin\left(\exp\left(\lim_{x\to\infty}\frac{\ln x}{x}\right)\right) = \sin 1$

(l) $\lim_{x\to\infty}\left(1+\frac{1}{x}\right)^{\ln x} = \lim_{x\to\infty}\ \exp\left((\ln x)\ln\left(1+\frac{1}{x}\right)\right) = \exp\left(\lim_{x\to\infty}\frac{\ln\left(1+\dfrac{1}{x}\right)}{\dfrac{1}{\ln x}}\right)$

$$= \exp\left(\lim_{x\to\infty}\frac{\dfrac{1}{1+1/x}\left(-\dfrac{1}{x^2}\right)}{-\dfrac{1}{x(\ln x)^2}}\right) = \exp\left(\lim_{x\to\infty}\frac{(\ln x)^2}{x+1}\right)$$

$$= \exp\left(\lim_{x\to\infty}\frac{2\ln x}{x}\right) = e^0 = 1$$

(m) $\lim_{x\to2}\frac{1}{x-2}\int_2^x \sin t\,dt = \lim_{x\to2}\sin x = \sin 2$

해답

문제 5.4.4

f가 $x=0$에서 연속임을 보이기 위해서는 $\lim_{x\to0}f(x)=f(0)=0$임을 보이면 된다. $x=\frac{1}{t}$로 놓으면, $x\to0$일 때, $t\to\pm\infty$이다. 따라서 $\lim_{x\to0}f(x)=\lim_{x\to0}xe^{-1/x^2}=\lim_{t\to\pm\infty}\frac{1}{t}e^{-t^2}=0$이다.

$f'(0)=\lim_{h\to0}\frac{f(0+h)-f(0)}{h}=\lim_{h\to0}\frac{he^{-1/h^2}}{h}=\lim_{h\to0}e^{-1/h^2}=0$이므로 f는 $x=0$에서 미분 가능하다.

문제 5.6.1

$\tan^{-1}\frac{1}{5}=\alpha$, $\tan^{-1}\frac{1}{239}=\beta$로 놓자. 그러면 $\tan\alpha=\frac{1}{5}$, $\tan\beta=\frac{1}{239}$이다.

$$\tan(4\alpha-\beta)=\frac{\tan4\alpha-\tan\beta}{1+\tan4\alpha\tan\beta},\ \tan4\alpha=\frac{2\tan2\alpha}{1-\tan^2 2\alpha},\ \tan2\alpha=\frac{2\tan\alpha}{1-\tan^2\alpha}$$

$$\tan2\alpha=\frac{2\cdot\frac{1}{5}}{1-\left(\frac{1}{5}\right)^2}=\frac{5}{12},\ \tan4\alpha=\frac{2\cdot\frac{5}{12}}{1-\left(\frac{5}{12}\right)^2}=\frac{120}{119}$$

$$\tan(4\alpha-\beta)=\frac{\tan4\alpha-\tan\beta}{1+\tan4\alpha\tan\beta}=\frac{\frac{120}{119}-\frac{1}{239}}{1+\frac{120}{119}\cdot\frac{1}{239}}=\frac{120\cdot239-119}{119\cdot239+120}$$

$$=\frac{119\cdot239+239-119}{119\cdot239+120}=\frac{119\cdot239+120}{119\cdot239+120}=1$$

이므로, $4\alpha-\beta=\frac{\pi}{4}$이다.

문제 5.6.2

$$\lim_{x\to0}\frac{\tan^{-1}x-\sin^{-1}x}{x(1-\cos x)}=\lim_{x\to0}\frac{\frac{1}{1+x^2}-\frac{1}{\sqrt{1-x^2}}}{1-\cos x+x\sin x}=\lim_{x\to0}\frac{-\frac{2x}{(1+x^2)^2}-\frac{x}{(1-x^2)^{3/2}}}{2\sin x+x\cos x}$$

$$=-\lim_{x\to0}\frac{\frac{2}{(1+x^2)^2}+\frac{1}{(1-x^2)^{3/2}}}{2\cdot\frac{\sin x}{x}+\cos x}=-1$$

문제 5.6.3

(a) $$\lim_{n\to\infty}\left[\frac{n}{n^2+1^2}+\frac{n}{n^2+2^2}+\cdots+\frac{n}{n^2+n^2}\right]=\lim_{n\to\infty}\sum_{k=1}^{n}\frac{1}{1+\left(\frac{k}{n}\right)^2}\cdot\frac{1}{n}$$

$$=\int_0^1\frac{1}{1+x^2}dx=\tan^{-1}x\,|_0^1=\frac{\pi}{4}$$

(b) $$\lim_{n\to\infty}\left[\frac{1}{\sqrt{n^2+1^2}}+\frac{1}{\sqrt{n^2+2^2}}+\cdots+\frac{1}{\sqrt{n^2+n^2}}\right]=\lim_{n\to\infty}\sum_{k=1}^{n}\frac{1}{\sqrt{1+\left(\frac{k}{n}\right)^2}}\cdot\frac{1}{n}$$

$$=\int_0^1\frac{1}{\sqrt{1+x^2}}dx$$

$x=\tan\theta$로 놓으면, $dx=\sec^2\theta d\theta$이므로,

$$\int_0^1\frac{1}{\sqrt{1+x^2}}dx=\int_0^{\pi/4}\frac{1}{\sec\theta}\cdot\sec^2\theta d\theta=\int_0^{\pi/4}\sec\theta d\theta=\ln|\sec\theta+\tan\theta|\,|_0^{\pi/4}$$
$$=\ln(\sqrt{2}+1)$$

(c) $$\lim_{n\to\infty}\sum_{k=1}^{n}\frac{n}{n^2+k^2\pi^2/16}=\lim_{n\to\infty}\sum_{k=1}^{n}\frac{1}{1+\frac{\pi^2}{16}\left(\frac{k}{n}\right)^2}\cdot\frac{1}{n}=\int_0^1\frac{1}{1+\frac{\pi^2}{16}x^2}dx$$

$$=\frac{4}{\pi}\tan^{-1}\left(\frac{\pi}{4}x\right)\Big|_0^1=\frac{4}{\pi}\tan^{-1}\left(\frac{\pi}{4}\right)$$

문제 5.7.1

(a) $$\cosh^2 x-\sinh^2 x=\left(\frac{e^x+e^{-x}}{2}\right)^2-\left(\frac{e^x-e^{-x}}{2}\right)^2$$

$$=\frac{e^{2x}+2+e^{-2x}}{4}-\frac{e^{2x}-2+e^{-2x}}{4}=1$$

(b) $$\sinh(x+y)=\frac{e^{x+y}-e^{-x-y}}{2}=\frac{e^xe^y-e^{-x}e^{-y}}{2}$$

$\cosh x=\dfrac{e^x+e^{-x}}{2}$, $\sinh x=\dfrac{e^x-e^{-x}}{2}$이므로,

$e^x=\cosh x+\sinh x$, $e^{-x}=\cosh x-\sinh x$이다.

그러므로

$$\sinh(x+y)=\frac{1}{2}[(\cosh x+\sinh x)(\cosh y+\sinh y)-(\cosh x-\sinh x)(\cosh y-\sinh y)]$$
$$=\sinh x\cosh y+\cosh x\sinh y$$

해답

(c) $\cosh(x+y) = \frac{1}{2}(e^{x+y} + e^{-x-y}) = \frac{1}{2}(e^x e^y + e^{-x} e^{-y})$

$= \frac{1}{2}[(\cosh x + \sinh x)(\cosh y + \sinh y) + (\cosh x - \sinh x)(\cosh y - \sinh y)]$

$= \cosh x \cosh y + \sinh x \sinh y$

(d) $1 - \tanh^2 x = 1 - \frac{\sinh^2 x}{\cosh^2 x} = \frac{\cosh^2 x - \sinh^2 x}{\cosh^2 x} = \frac{1}{\cosh^2 x} = \mathrm{sech}^2 x$

(e) $\coth^2 x - 1 = \frac{\cosh^2 x}{\sinh^2 x} - 1 = \frac{\cosh^2 x - \sinh^2 x}{\sinh^2 x} = \frac{1}{\sinh^2 x} = \mathrm{cosech}^2 x$

(f) $\sinh^{-1} x = y \Leftrightarrow x = \sinh y$

$$x = \frac{e^y - e^{-y}}{2},\ (e^y)^2 - 2xe^y - 1 = 0,\ e^y = x \pm \sqrt{x^2+1}$$

$e^y > 0$이므로, $e^y = x + \sqrt{x^2+1}$ 이다. 그러므로 $y = \ln(x + \sqrt{x^2+1})$이다.

$\cosh^{-1} x = y \Leftrightarrow x = \cosh y$

$$x = \frac{e^y + e^{-y}}{2},\ (e^y)^2 - 2xe^y + 1 = 0,\ e^y = x \pm \sqrt{x^2-1}$$

$e^y > 0$이므로, $e^y = x + \sqrt{x^2-1}$ 이다. 그러므로 $y = \ln(x + \sqrt{x^2-1})$이다.

$\tanh^{-1} x = y \Leftrightarrow x = \tanh y$

$$x = \frac{e^y - e^{-y}}{e^y + e^{-y}},\ x = \frac{(e^y)^2 - 1}{(e^y)^2 + 1},\ x[(e^y)^2 + 1] = (e^y)^2 - 1,\ (1-x)(e^y)^2 = x+1$$

$$(e^y)^2 = \frac{1+x}{1-x},\ e^y = \sqrt{\frac{1+x}{1-x}}$$

그러므로 $y = \ln\sqrt{\frac{1+x}{1-x}} = \frac{1}{2}\ln\frac{1+x}{1-x}$ 이다.

(g) $[\sinh x]' = \left(\frac{e^x - e^{-x}}{2}\right)' = \frac{e^x + e^{-x}}{2} = \cosh x$

$[\cosh x]' = \left(\frac{e^x + e^{-x}}{2}\right)' = \frac{e^x - e^{-x}}{2} = \sinh x$

$[\tanh x]' = \left(\frac{\sinh x}{\cosh x}\right)' = \frac{\cosh^2 x - \sinh^2 x}{\cosh^2 x} = \frac{1}{\cosh^2 x} = \mathrm{sech}^2 x$

$[\coth x]' = \left(\frac{\cosh x}{\sinh x}\right)' = \frac{\sinh^2 x - \cosh^2 x}{\sinh^2 x} = -\frac{1}{\sinh^2 x} = -\mathrm{cosech}^2 x$

문제 6.1.1

(a) $\displaystyle\int x\tan^{-1}x dx = \frac{1}{2}x^2\tan^{-1}x - \frac{1}{2}\int \frac{x^2}{1+x^2}dx$

$\displaystyle = \frac{1}{2}x^2\tan^{-1}x - \frac{1}{2}\int\left(1 - \frac{1}{1+x^2}\right)dx$

$\displaystyle = \frac{1}{2}x^2\tan^{-1}x - \frac{1}{2}(x - \tan^{-1}x) + C$

(b) $\displaystyle\int x(\ln x)^2 dx = \frac{1}{2}x^2(\ln x)^2 - \int x\ln x dx$

$\displaystyle = \frac{1}{2}x^2(\ln x)^2 - \left[\frac{1}{2}x^2\ln x - \frac{1}{2}\int x dx\right]$

$\displaystyle = \frac{1}{2}x^2(\ln x)^2 - \frac{1}{2}x^2\ln x + \frac{1}{4}x^2 + C$

(c) $\displaystyle\int \sin(\ln x)dx = x\sin(\ln x) - \int\cos(\ln x)dx$

$\displaystyle = x\sin(\ln x) - [x\cos(\ln x) + \int\sin(\ln x)dx]$

그러므로 $\displaystyle\int\sin(\ln x)dx = \frac{1}{2}x(\sin(\ln x) - \cos(\ln x)) + C.$

(d) $x^2 = t$로 놓으면, $2xdx = dt$이다. 그러므로

$$\int x^3\cos(x^2)dx = \frac{1}{2}\int t\cos t dt = \frac{1}{2}[t\sin t - \int \sin t dt]$$
$$= \frac{1}{2}(t\sin t + \cos t) + C$$

(e) $x^2 = \tan\theta$로 놓으면, $2xdx = \sec^2\theta d\theta$이다. 그러므로

$$\int \frac{x^7}{(1+x^4)^{3/2}}dx = \frac{1}{2}\int\sec^2\theta d\theta = \frac{1}{2}\tan\theta + C$$

(f) $x^2 = t$로 놓으면, $2xdx = dt$이다. 그러므로

$$\int_0^1 x^5e^{-x^2}dx = \frac{1}{2}\int_0^1 t^2e^{-t}dt = \frac{1}{2}\left[-t^2e^{-t}\,|_0^1 + 2\int_0^1 te^{-t}dt\right]$$
$$= -\frac{1}{2}e^{-1} + 2\left[-te^{-t}|_0^1 + \int_0^1 e^{-t}dt\right]$$
$$= -\frac{5}{2}e^{-1} - 2e^{-t}|_0^1 = -\frac{9}{2}e^{-1} + 2$$

문제 6.1.2

$\cos(\alpha\pm\beta)=\cos\alpha\cos\beta\mp\sin\alpha\sin\beta,\ \sin(\alpha\pm\beta)=\sin\alpha\cos\beta\pm\cos\alpha\sin\beta$

$$\sin\alpha\sin\beta=\frac{1}{2}[\cos(\alpha-\beta)-\cos(\alpha+\beta)]$$

$$\sin\alpha\cos\beta=\frac{1}{2}[\sin(\alpha+\beta)+\sin(\alpha-\beta)]$$

$$\cos\alpha\cos\beta=\frac{1}{2}[\cos(\alpha+\beta)+\cos(\alpha-\beta)]$$

(a)
$$\begin{aligned}\int_0^{2\pi}\sin mx\sin nx\,dx&=\frac{1}{2}\int_0^{2\pi}[\cos(m-n)x-\cos(m+n)x]dx\\&=\frac{1}{2}\begin{cases}\left[\frac{1}{m-n}\sin(m-n)x-\frac{1}{m+n}\sin(m+n)x\right]_0^{2\pi}, & m\neq n\\ 2\pi-\int_0^{2\pi}\cos(m+n)x\,dx, & m=n\end{cases}\\&=\begin{cases}0, & m\neq n\\ \pi, & m=n\end{cases}\end{aligned}$$

(b)
$$\begin{aligned}\int_0^{2\pi}\sin mx\cos nx\,dx&=\frac{1}{2}\int_0^{2\pi}[\sin(m+n)x+\sin(m-n)x]dx\\&=\frac{1}{2}\begin{cases}\left[-\frac{1}{m+n}\cos(m+n)x-\frac{1}{m-n}\cos(m-n)x\right]_0^{2\pi}, & m\neq n\\ \int_0^{2\pi}\sin(m+n)x\,dx, & m=n\end{cases}\\&=0\end{aligned}$$

(c)
$$\begin{aligned}\int_0^{2\pi}\cos mx\cos nx\,dx&=\frac{1}{2}\int_0^{2\pi}[\cos(m+n)x+\cos(m-n)x]dx\\&=\frac{1}{2}\begin{cases}\left[\frac{1}{m+n}\sin(m+n)x+\frac{1}{m-n}\sin(m-n)x\right]_0^{2\pi}, & m\neq n\\ \int_0^{2\pi}\cos(m+n)x\,dx+2\pi, & m=n\end{cases}\\&=\begin{cases}0, & m\neq n\\ \pi, & m=n\neq 0\\ 2\pi, & m=n=0\end{cases}\end{aligned}$$

문제 6.1.3

(a) $\cos x=t$로 놓으면, $-\sin x\,dx=dt$이다. 그러므로

$$\int\sin^3x\cos^2x\,dx=\int\cos^2x(1-\cos^2x)\sin x\,dx=\int t^2(t^2-1)dt=\frac{1}{5}t^5-\frac{1}{3}t^3+C$$

(b) $\sec x = t$로 놓으면, $\sec x \tan x dx = dt$이다. 그러므로

$$\begin{aligned}\int \tan^3 x \sec^3 x dx &= \int (\sec^2 x - 1)\sec^2 x \cdot \sec x \tan x dx \\ &= \int (t^2 - 1)t^2 dt = \frac{1}{5}t^5 - \frac{1}{3}t^3 + C\end{aligned}$$

(c) $\cos(3x) = t$로 놓으면, $-3\sin(3x)dx = dt$이다. 그러므로

$$\begin{aligned}\int \sin^3(3x)\cos^4(3x)dx &= \int (1 - \cos^2(3x))\cos^4(3x)\sin(3x)dx \\ &= -\frac{1}{3}\int (1 - t^2)t^4 dt = -\frac{1}{15}t^5 + \frac{1}{21}t^7 + C\end{aligned}$$

(d) $\sin x = t$로 놓으면, $\cos x dx = dt$이다. 그러므로

$$\begin{aligned}\int \sin^{3/2} x \cos^3 x dx &= \int \sin^{3/2} x(1 - \sin^2 x)\cos x dx = \int t^{3/2}(1 - t^2)dt \\ &= \frac{2}{5}t^{5/2} - \frac{2}{9}t^{2/9} + C\end{aligned}$$

(e) $\sin 2x = t$로 놓으면, $2\cos 2x dx = dt$이다. 그러므로

$$\int \sin 2x \sin 4x dx = 2\int \sin^2 2x \cos 2x dx = \int t^2 dt = \frac{1}{3}t^3 + C$$

문제 6.1.4

$f' = \sin^m x \cos x$, $g = \cos^{n-1} x$로 놓으면,

$f = \dfrac{1}{m+1}\sin^{m+1} x$, $g' = -(n-1)\cos^{n-2} x \sin x$이다.

부분적분법에 의하여 다음을 얻는다.

$$\begin{aligned}&\int \sin^m x \cos^n x dx = \int \sin^m x \cos x \cdot \cos^{n-1} x dx \\ &= \frac{1}{m+1}\sin^{m+1} x \cos^{n-1} x + \frac{n-1}{m+1}\int \sin^{m+2} x \cos^{n-2} x dx \\ &= \frac{1}{m+1}\sin^{m+1} x \cos^{n-1} x + \frac{n-1}{m+1}\int \sin^m x(1 - \cos^2 x)\cos^{n-2} x dx \\ &= \frac{1}{m+1}\sin^{m+1} x \cos^{n-1} x + \frac{n-1}{m+1}\int \sin^m x \cos^{n-2} x dx - \frac{n-1}{m+1}\int \sin^m x \cos^n x dx.\end{aligned}$$

$$\left(\frac{m+n}{m+1}\right)\int \sin^m x \cos^n x dx = \frac{1}{m+1}\sin^{m+1} x \cos^{n-1} x + \frac{n-1}{m+1}\int \sin^m x \cos^{n-2} x dx$$

해답

이므로,

$$\int \sin^m x\cos^n x dx = \frac{1}{m+n}\sin^{m+1}x\cos^{n-1}x + \frac{n-1}{m+n}\int \sin^m x\cos^{n-2}x dx$$

이다.

$\frac{\pi}{2} - x = t$로 놓으면, $dx = -dt$이다. 그러므로

$$-\int \cos^m t\sin^n t dt = \int \sin^m x\cos^n x dx$$
$$= \frac{1}{m+n}\cos^{m+1}t\sin^{n-1}t - \frac{n-1}{m+n}\int \cos^m t\sin^{n-2}t dt.$$

따라서

$$\int \cos^m t\sin^n t dt = -\frac{1}{m+n}\cos^{m+1}t\sin^{n-1}t + \frac{n-1}{m+n}\int \cos^m t\sin^{n-2}t dt$$

이다. 이때, m과 n을 교환하면,

$$\int \cos^n t\sin^m t dt = -\frac{1}{m+n}\cos^{n+1}t\sin^{m-1}t + \frac{m-1}{m+n}\int \cos^n t\sin^{m-2}t dt.$$

문제 6.2.1

(a) $x = 5\sin\theta$로 놓으면, $dx = 5\cos\theta d\theta$, $\cos\theta = \frac{\sqrt{25-x^2}}{5}$이다. 그러므로

$$\int \frac{x^3}{\sqrt{25-x^2}}dx = 125\int \sin^3\theta d\theta$$
$$= 125\int (1-\cos^2\theta)\sin\theta d\theta = 125\left(-\cos\theta + \frac{1}{3}\cos^3\theta\right) + C$$
$$= -25\sqrt{25-x^2} + \frac{1}{3}(25-x^2)^{3/2} + C$$

(b) $x = 5\tan\theta$로 놓으면, $dx = 5\sec^2\theta d\theta$, $\sec\theta = \frac{\sqrt{x^2+5}}{5}$이다. 그러므로

$$\int \frac{x^3}{\sqrt{x^2+25}}dx = 125\int \tan^3\theta\sec\theta d\theta = 125\int (\sec^2\theta - 1)\sec\theta\tan\theta d\theta$$
$$= 125\left(\frac{1}{3}\sec^3\theta - \sec\theta\right) + C = \frac{1}{3}(x^2+5)^{3/2} - 25\sqrt{x^2+5} + C$$

(c) $2x = 3\sec\theta$로 놓으면, $2dx = 3\sec\theta\tan\theta d\theta$, $\sin\theta = \frac{\sqrt{4x^2-9}}{2x}$이다. 그러므로

$$\int \frac{1}{x^2\sqrt{4x^2-9}}dx = \frac{2}{9}\int \sin\theta\cos\theta d\theta = \frac{1}{9}\sin^2\theta + C = \frac{4x^2-9}{36x^2}+C$$

(d) $(x+2)(3-x) = -x^2+x+6 = -\left(x-\frac{1}{2}\right)^2+\frac{25}{4}$. $x-\frac{1}{2}=\frac{5}{2}\sin\theta$로 놓으면, $dx = \frac{5}{2}\cos\theta d\theta$이다. 그러므로

$$\int_{-1}^{1}\frac{1}{\sqrt{(x+2)(3-x)}}dx = \int_{\sin^{-1}\left(-\frac{3}{5}\right)}^{\sin^{-1}\left(\frac{1}{5}\right)} d\theta = \sin^{-1}\left(\frac{1}{5}\right) - \sin^{-1}\left(-\frac{3}{5}\right)$$

(e) $x^2 = \sin\theta$로 놓으면, $2xdx = \cos\theta d\theta$이다.

$$\int_0^{1/\sqrt{2}}\frac{x\sin^{-1}(x^2)}{\sqrt{1-x^4}}dx = \frac{1}{2}\int_0^{\pi/6}\theta d\theta = \frac{1}{4}\left(\frac{\pi}{6}\right)^2$$

(f) $x^2+x+1 = \left(x+\frac{1}{2}\right)^2+\frac{3}{4}$. $x+\frac{1}{2} = \frac{\sqrt{3}}{2}\tan\theta$로 놓으면, $dx = \frac{\sqrt{3}}{2}\sec^2\theta d\theta$, $\sec\theta = \frac{x^2+x+1}{\sqrt{3}/2}$이다. 그러므로

$$\begin{aligned}\int \frac{x}{\sqrt{x^2+x+1}}dx &= \int\left(-\frac{1}{2}+\frac{\sqrt{3}}{2}\tan\theta\right)\sec\theta d\theta \\ &= -\frac{1}{2}\ln|\sec\theta+\tan\theta| + \frac{\sqrt{3}}{2}\sec\theta + C \\ &= -\frac{1}{2}\ln\left|\frac{x^2+x+1}{\sqrt{3}/2}+\frac{x+1/2}{\sqrt{3}/2}\right| + x^2+x+1+C \\ &= -\frac{1}{2}\ln\left|x^2+x+\frac{3}{2}\right| + x^2+x+C'\end{aligned}$$

(g) $x^2-2x+4 = (x-1)^2+3$. $x-1 = \sqrt{3}\tan\theta$로 놓으면, $dx = \sqrt{3}\sec^2\theta d\theta$이다.

$$\int_1^2 \frac{1}{(x^2-2x+4)^{3/2}}dx = \frac{1}{3}\int_0^{\pi/6}\cos\theta d\theta = \frac{1}{3}\sin\theta\,|_0^{\pi/6} = \frac{1}{6}$$

문제 6.3.1

(a) $\displaystyle\int \frac{x^2+2x-2}{x^3-4x}dx = -2\int\frac{1}{x}dx + 6\int\frac{1}{x-2}dx - 2\int\frac{1}{x+2}dx$

$$= -2\ln|x| + 6\ln|x-2| - 2\ln|x+2| + C$$

(b) $\displaystyle\frac{x^3-4x-1}{x(x-1)^3} = \frac{1}{x}+\frac{A}{x-1}+\frac{B}{(x-1)^2}+\frac{C}{(x-1)^3}$

해답

$x^3-4x-1=(x-1)^3+Ax(x-1)^2+Bx(x-1)+Cx$

$1=1+A,\ 0=-3+A+B,\ -4=3-2A-B+C$

$A=0,\ B=3,\ C=-4$

$$\begin{aligned}\int\frac{x^3-4x-1}{x(x-1)^3}dx &= \int\frac{1}{x}dx+3\int\frac{1}{(x-1)^2}dx-4\int\frac{1}{(x-1)^3}dx\\ &= \ln|x|-\frac{3}{x-1}+\frac{2}{(x-1)^2}+C\end{aligned}$$

(c) $\dfrac{x^3+x+2}{x(x^2+1)^2}=\dfrac{2}{x}+\dfrac{Ax+B}{x^2+1}+\dfrac{Cx+D}{(x^2+1)^2}$

$x^3+x+2=2(x^2+1)^2+x(x^2+1)(Ax+B)+x(Cx+D)$

$0=2+A,\ 1=B,\ 0=4+A+C,\ 1=B+D$

$A=-2,\ B=1,\ C=2,\ D=-1$

$$\begin{aligned}\int\frac{x^3+x+2}{x(x^2+1)^2}dx &= 2\int\frac{1}{x}dx+\int\frac{-2x+1}{x^2+1}dx+\int\frac{2x-1}{(x^2+1)^2}dx\\ &= 2\ln|x|-\ln(x^2+1)+\tan^{-1}x-\frac{1}{x^2+1}-\int\frac{1}{(x^2+1)^2}dx.\end{aligned}$$

$x=\tan\theta$로 놓으면, $dx=\sec^2\theta d\theta$, $\sin\theta=\dfrac{x}{\sqrt{x^2+1}}$, $\cos\theta=\dfrac{1}{\sqrt{x^2+1}}$이다. 그러므로

$$\begin{aligned}\int\frac{1}{(x^2+1)^2}dx &= \int\cos^2\theta d\theta=\frac{1}{2}\int(\cos 2\theta+1)d\theta=\frac{1}{4}\sin 2\theta+\frac{1}{2}\theta\\ &= \frac{1}{2}\frac{x}{x^2+1}+\frac{1}{2}\tan^{-1}x+C.\end{aligned}$$

(d) $$\begin{aligned}\int\frac{x^3+x^2+x-1}{x^2+2x+2}dx &= \int(x-1)dx+\int\frac{x+1}{x^2+2x+2}dx\\ &= \frac{1}{2}x^2-x+\frac{1}{2}\ln(x^2+2x+2)+C\end{aligned}$$

(e) $\dfrac{x^2+1}{x^3+x^2+x}=\dfrac{1}{x}+\dfrac{Ax+B}{x^2+x+1}$

$x^2+1=x^2+x+1+x(Ax+B)$

$1=1+A,\ 0=1+B$

$$\int \frac{x^2+1}{x^3+x^2+x}dx = \int \frac{1}{x}dx - \int \frac{1}{\left(x+\frac{1}{2}\right)^2+\frac{3}{4}}dx$$

$$= \ln|x| - \frac{\sqrt{3}}{2}\tan^{-1}\left(\frac{x+\frac{1}{2}}{\sqrt{3}/2}\right) + C$$

(f) $\dfrac{1}{x^6-1} = \dfrac{1}{(x^3+1)(x^3-1)} = \dfrac{1}{2}\left(\dfrac{1}{x^3-1} - \dfrac{1}{x^3+1}\right)$

$$\frac{1}{x^3-1} = \frac{1}{(x-1)(x^2+x+1)} = \frac{1}{3}\frac{1}{x-1} + \frac{Ax+B}{x^2+x+1}$$

$3 = x^2+x+1+3(x-1)(Ax+B)$

$0 = 1+3A,\ 0 = 1-3A+3B,\ 3 = 1-3B$

$A = -\dfrac{1}{3},\ B = -\dfrac{2}{3}$

$$\frac{1}{x^3+1} = \frac{1}{(x+1)(x^2-x+1)} = \frac{1}{3}\frac{1}{x+1} + \frac{Cx+D}{x^2-x+1}$$

$3 = x^2-x+1+3(x+1)(Cx+D)$

$0 = 1+3C,\ 0 = -1+3C+3D,\ 3 = 1+3D$

$C = -\dfrac{1}{3},\ D = \dfrac{2}{3}$

$$\int \frac{1}{x^6-1}dx = \frac{1}{2}\left[\frac{1}{3}\int \frac{1}{x-1}dx - \frac{1}{3}\int \frac{x+2}{x^2+x+1}dx\right]$$

$$-\frac{1}{2}\left[\frac{1}{3}\int \frac{1}{x+1}dx - \frac{1}{3}\int \frac{x-2}{x^2-x+1}dx\right]$$

$$= \frac{1}{6}\ln|x-1| - \frac{1}{6}|x+1| - \frac{1}{6}\int \frac{x+2}{x^2+x+1}dx + \frac{1}{6}\int \frac{x-2}{x^2-x+1}dx$$

$$\int \frac{x+2}{x^2+x+1}dx = \frac{1}{2}\int \frac{2x+1}{x^2+x+1}dx + \frac{3}{2}\int \frac{1}{x^2+x+1}dx$$

$$= \frac{1}{2}\ln(x^2+x+1) + \sqrt{3}\tan^{-1}\left(\frac{x+\frac{1}{2}}{\sqrt{3}/2}\right) + C$$

$$\int \frac{x-2}{x^2-x+1}dx = \frac{1}{2}\int \frac{2x-1}{x^2-x+1}dx - \frac{3}{2}\int \frac{1}{x^2-x+1}dx$$

$$= \frac{1}{2}\ln(x^2-x+1) + \sqrt{3}\tan^{-1}\left(\frac{x-\frac{1}{2}}{\sqrt{3}/2}\right) + C$$

문제 6.4.1

$t=\tan\frac{x}{2}$로 놓자.

(a) $\int\frac{1}{3+2\cos x}dx=\int\frac{1}{3+2\cdot\frac{1-t^2}{1+t^2}}\cdot\frac{2}{1+t^2}dt=\int\frac{2}{5+t^2}dt$

$=\frac{2}{\sqrt{5}}\tan^{-1}\frac{t}{\sqrt{5}}+C$

(b) $\int\frac{1}{1+\sin x}dx=\int\frac{1}{1+\frac{2t}{1+t^2}}\cdot\frac{2}{1+t^2}dt=\int\frac{2}{(1+t)^2}dt=-\frac{2}{1+t}+C$

(c) $\int\frac{3+\sin x}{2-\cos x}dx=\int\frac{3+\frac{2t}{1+t^2}}{2-\frac{1-t^2}{1+t^2}}\cdot\frac{2}{1+t^2}dt=2\int\frac{3t^2+2t+3}{(t^2+1)(3t^2+1)}dt$

$\frac{3t^2+2t+3}{(t^2+1)(3t^2+1)}=\frac{At+B}{t^2+1}+\frac{Ct+D}{3t^2+1}$

$3t^2+2t+3=(At+B)(3t^2+1)+(Ct+D)(t^2+1)$

$0=3A+C,\ 3=3B+D,\ 2=A+C,\ 3=B+D$

$A=-1,\ B=0,\ C=3,\ D=3$

$\int\frac{-t}{t^2+1}dt=-\frac{1}{2}\ln(t^2+1)+C$

$\int\frac{3t+3}{3t^2+1}dt=\frac{1}{2}\int\frac{6t}{3t^2+1}dt+\int\frac{1}{t^2+1/3}dt$

$=\frac{1}{2}\ln(3t^2+1)+\sqrt{3}\tan^{-1}(\sqrt{3}t)+C$

(d) $\int\frac{1}{2+2\sin x+\cos x}dx=\int\frac{1}{2+2\cdot\frac{2t}{1+t^2}+\frac{1-t^2}{1+t^2}}\cdot\frac{2}{1+t^2}dt$

$=\int\frac{2}{t^2+4t+3}dt=\int\frac{2}{(t+1)(t+3)}dt=\int\left(\frac{1}{t+1}-\frac{1}{t+3}\right)dt$

$=\ln|t+1|-\ln|t+3|+C$

(e) $\int\frac{1}{3\sin x+4\cos x}dx=\int\frac{1}{3\cdot\frac{2t}{1+t^2}+4\cdot\frac{1-t^2}{1+t^2}}\cdot\frac{2}{1+t^2}dt$

$$= \int \frac{1}{2+3t-2t^2}dt = -\int \frac{1}{(2t+1)(t-2)}dt$$
$$= -\int \left(\frac{1}{5}\frac{1}{t-2} - \frac{2}{5}\frac{1}{2t+1}\right)dt$$
$$= -\frac{1}{5}\ln|t-2| + \frac{1}{5}\ln|2t+1| + C$$

(f) $$\int \frac{\sec^3 x}{\cos x - 1}dx = -\int \frac{\sec^3 x(\cos x + 1)}{\sin^2 x}dx = -\int \frac{\sec^2 x}{\sin^2 x}dx - \int \operatorname{cosec}^2 x dx$$
$$= -4\int \operatorname{cosec}^2 2x dx - \int \operatorname{cosec}^2 x dx$$
$$= 2\cot 2x + \cot x + C$$

문제 6.5.1

(a) $\sqrt[3]{x^2+1} = t$로 놓으면, $x^2+1=t^3$, $2xdx = 3t^2dt$이다. 그러므로

$$\int x^3 \sqrt[3]{x^2+1}\,dx = \frac{3}{2}\int t(t^3-1)dt = \frac{3}{2}\left(\frac{1}{5}t^5 - \frac{1}{2}t^2\right) + C = \frac{3}{10}t^5 - \frac{3}{4}t^2 + C$$

(b) $\sqrt{x} = t$로 놓으면, $\frac{1}{2\sqrt{x}}dx = dt$, $dx = 2tdt$이다. 그러므로

$$\int \frac{1}{1+\sqrt{x}}dx = \int \frac{2t}{1+t}dt = 2\int \left(1 - \frac{1}{1+t}\right)dt = 2t - 1\ln|1+t + \mathrm{C}$$

(c) $x = t^4$으로 놓으면, $dx = 4t^3dt$이다. 그러므로

$$\int \frac{1}{x^{1/2} - x^{1/4}}dx = \int \frac{4t^3}{t^2-t}dt = \int \frac{4t^2}{t-1}dt$$
$$= 4\int \left(t+1+\frac{1}{t-1}\right)dt = 2(t+1)^2 + 4\ln|t-1| + C$$

(d) $\sqrt{x} = t$로 놓으면, $\frac{1}{2\sqrt{x}}dx = dt$, $dx = 2tdt$이다. 그러므로

$$\int \frac{1-\sqrt{x}}{1+\sqrt{x}}dx = \int \frac{2t(1-t)}{1+t}dt = 2\int \left(-t+2-\frac{2}{1+t}\right)dt$$
$$= -t^2 + 4t - 4\ln|t+1| + C$$

(e) $\sqrt[3]{x^4+1} = t$로 놓으면, $x^4+1 = t^3$, $4x^3dx = 3t^2dt$이다. 그러므로

$$\int x^7 \sqrt[3]{x^4+1}\,dx = \frac{3}{4}\int t^2(t^3-1)dt = \frac{3}{4}\left(\frac{1}{6}t^6 - \frac{1}{3}t^3\right) + C = \frac{1}{8}t^6 - \frac{1}{4}t^3 + C$$

해답

(f) $x^{1/3}=t$로 놓으면, $x^{-2/3}dx=dt$, $dx=t^2dt$이다. 그러므로

$$\int \frac{1}{x^{2/3}(1+x^{2/3})}dx=\int \frac{1}{1+t^2}dt=\tan^{-1}t+C$$

문제 6.5.2

$\pi-x=t$로 놓으면, $dx=-dt$이다. 그러므로

$$\int_0^{\pi}\frac{x\sin x}{1+\cos^2 x}dx=\int_0^{\pi}\frac{(\pi-t)\sin t}{1+\cos^2 t}dt=\pi\int_0^{\pi}\frac{\sin x}{1+\cos^2 x}dx-\int_0^{\pi}\frac{x\sin x}{1+\cos^2 x}dx.$$

따라서

$$\int_0^{\pi}\frac{x\sin x}{1+\cos^2 x}dx=\frac{\pi}{2}\int_0^{\pi}\frac{\sin x}{1+\cos^2 x}dx$$

$$=-\frac{\pi}{2}\tan^{-1}(\cos x)\,|_0^{\pi}=-\frac{\pi}{2}\left(-\frac{\pi}{4}-\frac{\pi}{4}\right)=\frac{\pi^2}{4}.$$

제7장 적분의 응용

문제 7.1.1

(a) $V=\int_0^8 2\pi(y+1)(2-y^{1/3})dy=2\pi\left[-\frac{3}{7}y^{7/3}-\frac{3}{4}y^{4/3}+y^2+2y\right]_0^8$

$=2\pi\left[-\frac{3}{7}\cdot 2^7-\frac{3}{4}\cdot 2^4+8^2+16\right]$

$=2\pi\left[-\frac{3}{7}\cdot 128+68\right]=\frac{184\pi}{7}$

(b) $V=\int_{\pi/4}^{3\pi/4}\pi(-1+\sin x)^2dx-\int_{\pi/4}^{3\pi/4}\pi(-1+\cos x)^2dx$

$=\pi\int_{\pi/4}^{3\pi/4}(-2\sin x+\sin^2 x+2\cos x-\cos^2 x)dx$

$=\pi\int_{\pi/4}^{3\pi/4}(2\cos x-2\sin x-\cos 2x)dx$

$=\pi\left[2\sin x+2\cos x-\frac{1}{2}\sin 2x\right]_{\pi/4}^{3\pi/4}=\pi$

(c) $V = \pi \int_0^1 (x^2-1)^2 dx - \pi \int_0^1 (x-1)^2 dx$

$$= \pi \int_0^1 (x^4 - 3x^2 + 2x) dx = \frac{\pi}{5}$$

(d) $V = \int_1^{\sqrt{2}} 2\pi(x-1)(x^2-x)dx + \int_{\sqrt{2}}^2 2\pi(x-1)(2-x)dx$

$$= 2\pi\left[\frac{1}{4}x^4 - \frac{2}{3}x^3 + \frac{1}{2}x^2\right]_1^{\sqrt{2}} + 2\pi\left[-\frac{1}{3}x^3 + \frac{3}{2}x^2 - 2x\right]_{\sqrt{2}}^2$$

$$= 2\pi\left(-\frac{7}{4} + \frac{4}{3}\sqrt{2}\right)$$

(e) $V = \pi \int_1^e (\ln x)^2 dx - \pi \int_1^e \left(\frac{1}{2}x - \frac{1}{2}\right)^2 dx$

$$= \pi\left[x(\ln x)^2 \,|_1^e - \int_1^e \ln x dx\right] - \frac{1}{4}\pi\left[\frac{1}{3}(x-1)^3\right]_1^e$$

$$= \pi\left[e - \left(x \ln x \,|_1^e - \int_1^e dx\right)\right] - \frac{1}{12}\pi(e-1)^3$$

$$= \pi(e-1) - \frac{1}{12}\pi(e-1)^3$$

(f) x, y-축을 $\frac{\pi}{4}$ 만큼 회전시킨 축을 각각 X, Y라 하면, 구좌표 (x, y)와 신좌표 (X, Y)와 관계는 다음과 같다.

$$\begin{cases} x = \frac{1}{\sqrt{2}}X - \frac{1}{\sqrt{2}}Y \\ y = \frac{1}{\sqrt{2}}X + \frac{1}{\sqrt{2}}Y \end{cases}.$$

이때, XY-평면 위의 원 방정식은 $\left(X - \frac{1}{\sqrt{2}}\right)^2 + \left(Y - \frac{1}{\sqrt{2}}\right)^2 = 1$이다.

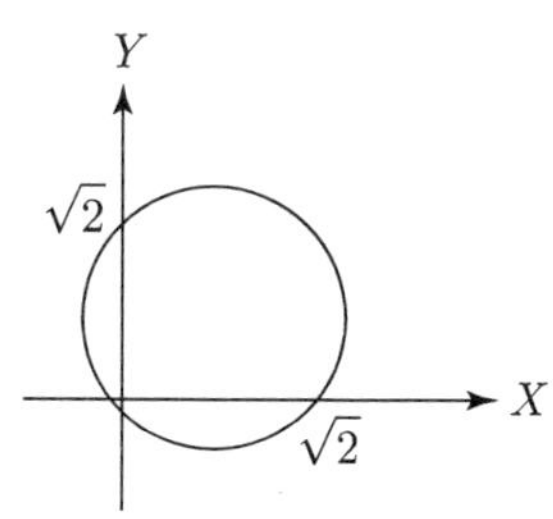

$$V=\pi\int_0^{\sqrt{2}}\left(\frac{1}{\sqrt{2}}-\sqrt{1-\left(X-\frac{1}{\sqrt{2}}\right)^2}\right)^2 dX,\ X-\frac{1}{\sqrt{2}}=\sin\theta,\ dX=\cos\theta d\theta$$

$$=\pi\int_{-\pi/4}^{\pi/4}\left(\frac{1}{\sqrt{2}}-\cos\theta\right)^2\cos\theta d\theta$$

$$=2\pi\int_0^{\pi/4}\left(\frac{1}{2}\cos\theta-\sqrt{2}\cos^2\theta+\cos^3\theta\right)d\theta$$

$$=2\pi\int_0^{\pi/4}\left[\frac{1}{2}\cos\theta-\frac{\sqrt{2}}{2}(\cos 2\theta+1)+(1-\sin^2\theta)\cos\theta\right]d\theta$$

$$=2\pi\int_0^{\pi/4}\left[\frac{3}{2}\cos\theta-\frac{\sqrt{2}}{2}(\cos 2\theta+1)-\sin^2\theta\cos\theta\right]d\theta$$

$$=2\pi\left[\frac{3}{2}\sin\theta-\frac{\sqrt{2}}{2}\left(\frac{1}{2}\sin 2\theta+\theta\right)-\frac{1}{3}\sin^3\theta\right]_0^{\pi/4}$$

$$=2\pi\left[\frac{3\sqrt{2}}{4}-\frac{\sqrt{2}}{2}\left(\frac{1}{2}+\frac{\pi}{4}\right)-\frac{\sqrt{2}}{12}\right]$$

$$=2\pi\left(\frac{5\sqrt{2}}{12}-\frac{\sqrt{2}\pi}{8}\right)$$

문제 7.2.1

(a) $L=\int_0^{\pi/8}\sqrt{4\sin^2 2t+4\cos^2 2t}\,dt=\frac{\pi}{4}$

(b) $L=\int_1^2\sqrt{1+\left(-\frac{1}{2x}+\frac{1}{2}x\right)^2}\,dx=\int_1^2\sqrt{\frac{1}{4x^2}+\frac{1}{2}+\frac{1}{4}x^2}\,dx$

$$=\int_1^2\sqrt{\left(\frac{1}{2x}+\frac{1}{2}x\right)^2}\,dx=\int_1^2\left(\frac{1}{2x}+\frac{1}{2}x\right)dx=\left[\frac{1}{2}\ln x+\frac{1}{4}x^2\right]_1^2$$

$$=\frac{1}{2}\ln 2+\frac{3}{4}$$

(c) $L=\int_1^2\sqrt{1+e^{2y}}\,dy,\ \sqrt{1+e^{2y}}=t,\ 1+e^{2y}=t^2,\ e^{2y}dy=tdt,\ dy=\frac{t}{t^2-1}dt$

$$=\int_{\sqrt{1+e^2}}^{\sqrt{1+e^4}}\frac{t^2}{t^2-1}dt=\int_{\sqrt{1+e^2}}^{\sqrt{1+e^4}}\left[1+\frac{1}{2}\left(\frac{1}{t-1}-\frac{1}{t+1}\right)\right]dt$$

$$=(1+e^4)^{1/2}-(1+e^2)^{1/2}+\frac{1}{2}\left(\ln\frac{\sqrt{1+e^4}-1}{\sqrt{1+e^2}-1}-\ln\frac{\sqrt{1+e^4}+1}{\sqrt{1+e^2}+1}\right)$$

문제 7.3.1

(a) $A=\int_1^{27}2\pi y^{1/3}\sqrt{1+\frac{1}{9}y^{-4/3}}\,dy,\ y^{1/3}=t,\ \frac{1}{3}y^{-2/3}dy=dt,\ dy=3t^2dt$

$$= \int_1^3 2\pi t\sqrt{1+\frac{1}{9}t^{-4}}\,3t^2dt$$

$$= 6\pi\int_0^3 t\sqrt{t^4+\frac{1}{9}}\,dt,\ t^2=\frac{1}{3}\tan\theta,\ 2tdt=\frac{1}{3}\sec^2\theta d\theta$$

$$= \pi\int_0^{\tan^{-1}27}\frac{1}{3}\sec^3\theta d\theta$$

$$= \frac{\pi}{3}\left[\frac{1}{2}\sec\theta\tan\theta\,|_0^{\tan^{-1}27}+\frac{1}{2}\int_0^{\tan^{-1}27}\sec\theta d\theta\right]$$

$$= \frac{\pi}{3}\left[\frac{27}{2}\sec(\tan^{-1}27)+\frac{1}{2}\ln(\sec(\tan^{-1}27)+27)\right]$$

(b) $A=\int_0^6 2\pi\left(3-\frac{1}{3}y\right)\sqrt{1+\frac{1}{9}}\,dy=\frac{2\sqrt{10}\pi}{3}\left[3y-\frac{1}{6}y^2\right]_0^6=8\sqrt{10}\pi$

(c) $A=\int_1^2 2\pi(y^2-1)\sqrt{1+4y^2}\,dy,\ 2y=\tan\theta,\ 2dy=\sec^2\theta d\theta$

$$= \frac{1}{2}\int_{\tan^{-1}2}^{\tan^{-1}4}\left(\frac{1}{4}\tan^2\theta-1\right)\sec^3\theta d\theta$$

$$= \frac{1}{2}\int_{\tan^{-1}2}^{\tan^{-1}4}\left(\frac{1}{4}\sec^2\theta-\frac{5}{4}\right)\sec^3\theta d\theta$$

$$= \frac{1}{8}\int_{\tan^{-1}2}^{\tan^{-1}4}\sec^5\theta d\theta-\frac{5}{8}\int_{\tan^{-1}2}^{\tan^{-1}4}\sec^3\theta d\theta$$

$\int\sec^n\theta d\theta=\frac{1}{n-1}\sec^{n-1}\theta\tan\theta+\frac{n-2}{n-1}\int\sec^{n-2}\theta d\theta$를 이용하여라.

문제 7.4.1

$x\pm1=\tan\theta,\ dx=\sec^2\theta d\theta$

$$\int_0^\infty\frac{1}{x^4+4}dx=\frac{1}{8}\int_0^\infty\frac{x+2}{x^2+2x+2}dx-\frac{1}{8}\int_0^\infty\frac{x-2}{x^2-2x+2dxdx}$$

$$= \frac{1}{8}\int_{\pi/4}^{\pi/2}\frac{1+\tan\theta}{\sec^2\theta}\sec^2\theta d\theta-\frac{1}{8}\int_{-\pi/4}^{\pi/2}\frac{-1+\tan\theta}{\sec^2\theta}\cdot\sec^2\theta d\theta$$

$$= \frac{1}{8}\int_{\pi/4}^{\pi/2}(1+\tan\theta)d\theta-\frac{1}{8}\int_{-\pi/4}^{\pi/2}(-1+\tan\theta)d\theta$$

$$= \frac{1}{8}\int_{\pi/4}^{\pi/2}(1+\tan\theta)d\theta-\frac{1}{8}\int_{-\pi/4}^{\pi/4}(-1+\tan\theta)d\theta-\frac{1}{8}\int_{\pi/4}^{\pi/2}(-1+\tan\theta)d\theta$$

$$= \frac{1}{8}\int_{\pi/4}^{\pi/2} 2d\theta + \frac{1}{8}\int_{-\pi/4}^{\pi/4} d\theta$$

$$= \frac{1}{8}\cdot\frac{\pi}{2} + \frac{1}{8}\cdot\frac{\pi}{2} = \frac{\pi}{8}$$

문제 7.4.2

(a) $$\int_0^\infty x^5 e^{-x}dx = -x^5e^{-x}\,|_0^\infty + 5\int_0^\infty x^4e^{-x}dx$$

$$= -5x^4e^{-x}\,|_0^\infty + 20\int_0^\infty x^3e^{-x}dx$$

$$= -20x^3e^{-x}\,|_0^\infty + 60\int x^2e^{-x}dx$$

$$= -60x^2e^{-x}\,|_0^\infty + 120\int_0^\infty xe^{-x}dx$$

$$= -120xe^{-x}\,|_0^\infty + 120\int_0^\infty e^{-x}dx$$

$$= -120e^{-x}\,|_0^\infty = 120$$

(b) $x-1=\sin\theta,\ dx=\cos\theta d\theta$로 놓으면.

$$\int_1^2 \frac{1}{\sqrt{x(2-x)}}dx = \int_1^2 \frac{1}{\sqrt{2x-x^2}}dx = \int_1^2 \frac{1}{\sqrt{1-(x-1)^2}}dx$$

$$= \int_0^{\pi/2} d\theta = \frac{\pi}{2}$$

문제 7.4.3

$$\int_0^\infty \frac{\cos x}{1+x}dx = \frac{\sin x}{1+x}\,|_0^\infty + \int_0^\infty \frac{\sin x}{(1+x)^2}dx = \int_0^\infty \frac{\sin x}{(1+x)^2}dx$$

문제 7.4.4

(a) $$\int_1^N \frac{[x]}{x^{s+1}}dx = \int_1^2 \frac{[x]}{x^{s+1}}dx + \int_2^3 \frac{[x]}{x^{s+1}}dx + \cdots + \int_{N-1}^N \frac{[x]}{x^{s+1}}dx$$

$$= \int_1^2 \frac{1}{x^{s+1}}dx + \int_2^3 \frac{2}{x^{s+1}}dx + \cdots + \int_{N-1}^N \frac{N-1}{x^{s+1}}dx$$

$$= \left[-\frac{1}{s}x^{-s}\right]_1^2 + \left[-\frac{2}{s}x^{-s}\right]_2^3 + \cdots + \left[-\frac{N-1}{s}x^{-s}\right]_{N-1}^N$$

$$= \frac{1}{s}\left[\left(\frac{1}{1^s}-\frac{1}{2^s}\right)+\left(\frac{2}{2^s}-\frac{2}{3^s}\right)+\cdots+\left(\frac{N-1}{(N-1)^s}-\frac{N-1}{N^s}\right)\right]$$
$$= \frac{1}{s}\left[\sum_{n=1}^{N}\frac{1}{n^s}-\frac{1}{N^{s-1}}\right].$$

$$\zeta(s) = s\int_1^\infty \frac{[x]}{x^{s+1}}dx = \lim_{N\to\infty}\sum_{n=1}^{N}\frac{1}{n^s} = \sum_{n=1}^{\infty}\frac{1}{n^s}.$$

(b) $\zeta(s) = s\int_1^\infty \frac{[x]}{x^{s+1}}dx$

$$= s\int_1^\infty \frac{[x]-x+x}{x^{s+1}}dx = s\int_1^\infty \frac{1}{x^s}dx - s\int_1^\infty \frac{x-[x]}{x^{s+1}}dx$$
$$= s\left[\frac{1}{-s+1}x^{-s+1}\right]_1^\infty - s\int_1^\infty \frac{x-[x]}{x^{s+1}}dx$$
$$= \frac{s}{s-1} - s\int_1^\infty \frac{x-[x]}{x^{s+1}}dx$$

(c) $\int_1^\infty \frac{x-[x]}{x^{s+1}}dx \le \int_1^\infty \frac{1}{x^{s+1}}dx = -\frac{1}{s}x^{-s}\Big|_1^\infty = \frac{1}{s} < \infty$ 이므로 $\int_1^\infty \frac{x-[x]}{x^{s+1}}dx$는 비교판정법에 의하여 수렴한다.

문제 7.4.5

(a) $a_n = \int_{a+\frac{1}{n}}^b f(x)dx,\ b_n = \int_{a+\frac{1}{n}}^b g(x)dx$로 놓자. 그러면 충분히 큰 n에 대하여 $\{a_n\}$ $\{b_n\}$은 증가수열이다. 가정에 의하여 $a_n \le b_n$이고, $\{b_n\}$은 수렴한다. 그러므로 $\{b_n\}$은 유계이다. 따라서 $\{a_n\}$은 유계이고 증가수열이다. 그러므로 $\{a_n\}$은 단조수렴정리에 의하여 수렴한다. 그러므로 $\int_a^b f(x)dx$는 수렴한다.

(b) $\int_a^b f(x)dx$는 수렴한다고 가정하자. 그러면 (a)에 의하여 $\int_a^b g(x)dx$는 수렴한다. 이것은 모순이다. 그러므로 $\int_a^b f(x)dx$는 발산한다.

문제 7.4.6

임의의 $\epsilon > 0$에 대하여 $\delta > 0$가 존재하여 $a < x < a+\delta,\ x\in(a,\ b]$일 때 $\left|\frac{f(x)}{g(x)}-A\right| < \epsilon$이다. 즉, $(A-\epsilon)g(x) < f(x) < (A+\epsilon)g(x)$. 그러므로 문제 7.4.5에 의하여 만일

$\int_0^\infty g(x)dx$가 수렴(발산)하면, $\int_a^b f(x)dx$도 수렴(발산)한다. 그 역도 성립한다.

만일 $A=0$이면, 임의의 $\epsilon>0$에 대하여 $\delta>0$가 존재하여 $a<x<a+\delta$, $x\in(a,\ b]$일 때 $\frac{f(x)}{g(x)}<\epsilon$이다. 즉, $f(x)<\epsilon g(x)$. 그러므로 문제 7.4.5에 의하여 $\int_a^b f(x)dx$는 수렴한다.

만일 $A=\infty$이면, 임의의 $M>0$에 대하여 $\delta>0$가 존재하여 $a<x<a+\delta$, $x\in(a,\ b]$일 때 $\frac{f(x)}{g(x)}>M$이다. 즉, $Mg(x)<f(x)$. 그러므로 문제 7.4.6에 의하여 $\int_a^b f(x)dx$는 발산한다.

문제 7.4.7

(a) $\frac{x}{3x^4+5x^2+1}\le\frac{1}{3x^3}$이고, $\int_1^\infty\frac{1}{3x^3}dx=-\frac{1}{6x^2}\Big|_1^\infty=\frac{1}{6}$이므로, 정리 7.4.7에 의하여 $\int_1^\infty\frac{x}{3x^4+5x^2+1}dx$는 수렴한다.

(b) $\lim_{x\to\infty}\frac{x^2-1}{\sqrt{x^6+16}}\Big/\frac{1}{x}=1$이고, $\int_2^\infty\frac{1}{x}=\infty$이므로, 정리 7.4.9에 의하여 $\int_2^\infty\frac{x^2-1}{\sqrt{x^6+16}}dx$는 발산한다.

(c) $\lim_{x\to\infty}\frac{e^{-x^2}}{1/(x+1)^2}=0$이고, $\int_0^\infty\frac{1}{(x+1)^2}dx=-\frac{1}{x+1}\Big|_0^\infty=1$이므로 정리 7.4.9에 의하여 $\int_0^\infty e^{-x^2}dx$는 수렴한다.

(d) $\frac{x-1}{x}\le\ln x,\ x\ge1$이므로, $\frac{x-1}{x(x+1)}\le\frac{\ln x}{x+1}$이다.

$\lim_{x\to\infty}\frac{x-1}{x(x+1)}\Big/\frac{1}{x}=1$이므로, 정리 7.4.9에 의하여 $\int_1^\infty\frac{x-1}{x(x+1)}dx$는 발산한다. 그러므로 정리 7.4.7에 의하여 $\int_1^\infty\frac{\ln x}{x+1}dx$는 발산한다.

(e) $\int_0^\infty\frac{1-\cos x}{x^2}dx=\int_0^c\frac{1-\cos x}{x^2}dx+\int_c^\infty\frac{1-\cos x}{x^2}dx$

$\frac{1-\cos x}{x^2}\le\frac{2}{x^2}$, $x\in[c,\ \infty)$이므로 정리 7.4.7에 의하여 $\int_c^\infty\frac{1-\cos x}{x^2}dx$는 수렴한다.

$\lim_{x\to0+}\frac{1-\cos x}{x^2}\Big/(1+x)^{-2}=\lim_{x\to0+}\frac{2(1+x)^2\sin^2\frac{1}{2}x}{x^2}=\frac{1}{2}$이므로, 문제 4.7.6에 의하여 $\int_0^c\frac{1-\cos x}{x^2}dx$는 수렴한다. 그러므로 $\int_0^\infty\frac{1-\cos x}{x^2}dx$는 수렴한다.

(f) $\lim_{x\to 2+}\frac{1}{x^2(x^3-8)^{2/3}}\Big/\frac{1}{(x-2)^{2/3}}=\lim_{x\to 2+}\frac{1}{x^2}\left(\frac{1}{x^2+2x+4}\right)^{2/3}=\frac{1}{8\sqrt[3]{18}}$ 이고.

$\int_2^3\frac{1}{(x-2)^{2/3}}dx=3(x-2)^{1/3}|_2^3<\infty$ 이므로 문제 7.4.6에 의하여

$\int_2^3\frac{1}{x^2(x^3-8)^{2/3}}dx$는 수렴한다.

(g) $\int_1^5\frac{1}{\sqrt{(5-x)(x-1)}}dx=\int_1^3\frac{1}{\sqrt{(5-x)(x-1)}}dx+\int_3^5\frac{1}{\sqrt{(5-x)(x-1)}}dx$

$\lim_{x\to 1+}\frac{1}{\sqrt{(5-x)(x-1)}}\Big/(x-1)^{-1/2}=\frac{1}{2}$ 이고, $\int_1^3\frac{1}{\sqrt{x-1}}dx=2(x-1)^{1/2}|_1^3<\infty$

이므로 $\int_1^3\frac{1}{\sqrt{(5-x)(x-1)}}dx$는 문제 7.4.6에 의하여 수렴한다.

$\lim_{x\to 5-}\frac{1}{\sqrt{(5-x)(x-1)}}\Big/(5-x)^{-1/2}=\frac{1}{2}$ 이고, $\int_1^3\frac{1}{\sqrt{5-x}}dx=-2(5-x)^{1/2}|_3^5<\infty$

이므로 $\int_3^5\frac{1}{\sqrt{(5-x)(x-1)}}dx$는 문제 7.4.6에 의하여 수렴한다. 그러므로

$\int_1^5\frac{1}{\sqrt{(5-x)(x-1)}}dx$는 수렴한다.

(h) $\lim_{x\to\pi/2-}\frac{1}{(\cos x)^{1/n}}\Big/\left(\frac{\pi}{2}-x\right)^{-1/n}=\lim_{x\to\pi/2-}\left(\frac{\frac{\pi}{2}-x}{\cos x}\right)^{1/n}=1$ 이고,

$$\int_0^{\pi/2}\frac{1}{\left(\frac{\pi}{2}-x\right)^{1/n}}dx=-\frac{n}{n-1}\left(\frac{\pi}{2}-x\right)^{n/(n-1)}|_0^{\pi/2}<\infty$$

이므로, 문제 7.4.6에 의하여 $\int_0^{\pi/2}\frac{1}{(\cos x)^{1/n}}dx,\ n>1$는 수렴한다.

(i) $\lim_{x\to 0+}\frac{\sin x}{x^3}/x^2=1$ 이고 $\int_0^{\pi}\frac{1}{x^2}dx=-\frac{1}{x}\ |_0^{\pi}=\infty$ 이므로 문제 7.4.6에 의하여

$\int_0^{\pi}\frac{\sin x}{x^3}dx$는 발산한다.

(j) $\lim_{x\to 1-}\frac{2^{\sin^{-1}x}}{1-x}\Big/(1-x)^{-1}=2^{\pi/2}$ 이고, $\int_{-1}^1\frac{1}{1-x}dx=-\ln|1-x||_{-1}^1=\infty$ 이므로

문제 7.4.6에 의하여 $\int_{-1}^1\frac{2^{\sin^{-1}x}}{1-x}dx$는 발산한다.

• 참고문헌

1. Hungerford, T.W.: Algebra, Holt, Rinehart and Wilson, Inc., 1974.
2. Lipschutz, S.: General Topology, Mcgraw-Hill, Inc., 1965.
3. Miller, K.S.: Advanced Real Calculus, Harper & Brothers, New York, 1956.
4. Rudin, W.: Principles of Mathematical Analysis, 3rd ed., Mcgraw-Hill Kogakusha, Ltd, 1964.
5. Silverman, H.: Complex Variables, Houghton Mifflin Co., Boston, 1975.
6. Spiegel, M.R.: Advanced Calculus, Mcgraw-Hill, Inc., 1963.
7. 김광회 외 6인: 미적분학, 경문사, 1997.
8. 이우영 역: 유클리드 기하학과 비유클리드 기하학, 경문사, 1990.
9. 이일해: 선형대수학, 3정판, 희중당, 1993.
10. 엄상섭: 일반기하학, 교학사, 1976.

찾아보기

고등미적분학 1권

ː ㄹ ...

ː ㅁ ...

ː ㅂ ...

:기타 ...

고등미적분학 2권

:ㄱ ...

ㅅ...

ㅇ...

교원 임용고사를 대비하기 위한
수학이론과 문제풀이 시리즈 1

고등미적분학 1

지은이 김광희
펴낸이 조경희
펴낸곳 경문사
펴낸날 2016년 9월 1일 1판 1쇄
등 록 1979년 11월 9일 제 313-1979-23호
주 소 04057, 서울특별시 마포구 와우산로 174
전 화 (02)332-2004 팩스 (02)336-5193
이메일 kyungmoon@kyungmoon.com
facebook facebook.com/kyungmoonsa

값 22,000원

ISBN 978-89-6105-333-4